2022年度版 秋10月試験対応

**PM**

情報処理技術者試験

# プロジェクト
# マネージャ

TAC情報処理講座

ALL
IN
**O** NE
オールインワン
パーフェクトマスター

JN172870

TAC出版

TAC PUBLISHING Group

# はじめに

本書は，プロジェクトマネージャ試験—午前Ⅱ，午後Ⅰ，午後Ⅱの３つの試験対策に特化した受験対策本です。

次の『知識編』と『演習編』により，合格に必要な実戦知識とスキルを，短時間で身につけることができます。

● 「第１編　知識編」《専門知識解説》
- 午前Ⅱ関連知識…頻出事項についての解説　※セキュリティ分野にも対応!!
- 午後Ⅰ関連知識…プロジェクトマネジメントについてのベースとなる専門知識
- 午後Ⅱ関連知識…マネジメント分野ごとの基本的な流れ
  ※本書解説は，*PMBOK*® ガイド　第６版に準拠しています。

● 「第２編　演習編」《解答テクニック＆問題演習》
- 第１部　午前Ⅱ試験対策…選択式対策。再出題率の高い情報内容をマスターするための問題演習
- 第２部　午後Ⅰ試験対策…記述式テクニック「二段階読解法」「三段跳び法」などの演習
- 第３部　午後Ⅱ試験対策…論文式テクニック「ステップ法」「自由展開法」などの演習

特に，論文系試験ということで，午後Ⅱ試験に対し苦手意識を持つ方が多くいらっしゃいますが，実は，午後Ⅰ試験までの合格者の約半分の方が，午後Ⅱ試験を突破し，合格されています。

『演習編』の「ステップ法」「自由展開法」は，論文を書くことが苦手な方のためにＴＡＣが編み出したノウハウです。これらを駆使して出題意図に適う合格論文を目指してください。

同じく『演習編』には，過去問題を掲載しています。各試験の解法テクニックを習得したら，過去問題で実践演習してみてください。頭で理解するだけではなく，演習を繰り返し，自分のスキルとして身につけることが重要です。

以上，本書は，受験者のみなさまに，合格のためのもっとも効果的な学習方法を提供しています。本書を活用して，みなさまが試験に合格されることを祈っています。

2022年２月　ＴＡＣ情報処理講師室

## 本書の特徴と学習法

### 第1編　知識編

第1編知識編は,

- 平成22年度以降出題された午前Ⅱ問題を解くために必要な知識,
  （プロジェクトマネジメント分野，開発技術分野，セキュリティ分野）
- 午後Ⅰ問題に解答するために覚えてほしい専門知識,
- 午後Ⅱ問題への論述の基礎となるマネジメント分野ごとのプロジェクトマネジメントの流れ

を必要十分な量に絞って掲載しています。また，プロジェクトマネジメントの国際的な標準になっている*PMBOK®* ガイドの第6版に沿った説明（P.14参照）をしています。

各試験で，頻出されるキーワード，項目をしっかり学習してください。

### 知識編の頁構成

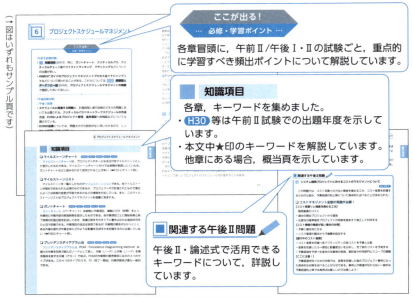

（→図はいずれもサンプル頁です）

**ここが出る！**
**⋯ 必修・学習ポイント ⋯**
各章冒頭に，午前Ⅱ/午後Ⅰ・Ⅱの試験ごと，重点的に学習すべき頻出ポイントについて解説しています。

**知識項目**
各章，キーワードを集めました。
- H30 等は午前Ⅱ試験での出題年度を示しています。
- 本文中★印のキーワードを解説しています。他章にある場合，概当頁を示しています。

**■関連する午後Ⅱ問題**
午後Ⅱ・論述式で活用できるキーワードについて，詳説しています。

▶第1編 知識編の頁構成

※以上は「4 プロジェクト統合マネジメント」～「13 プロジェクトステークホルダマネジメント」までの頁構成です。「1 プロジェクトマネージャ」～「3 開発技術関連の基本知識」と「14 セキュリティ」では，**ここが出る！** **必修・学習ポイント**，**■関連する午後Ⅱ問題** のアイテムがありません。

## 第2編　演習編

第2編演習編は，解法テクニック解説と過去問題演習です。

### 第1部　午前Ⅱ試験対策—問題演習

午前Ⅱ試験は**多肢選択式**（四肢択一）です。第2編第1部では，再出題率の高い過去問題に取り組んで下さい。第1編「知識編」で学習したことを習得できているかどうか，確認しましょう。

過去問題から再出題率の高い問題をピックアップしています。

出題テーマに関連したキーワードも解説しています。1問で，数倍の知識を習得することができます。

簡潔に要領よく，解説しています。

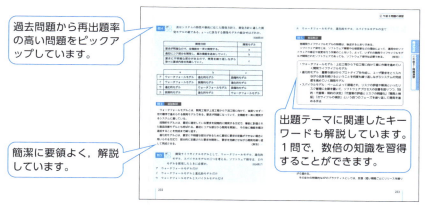

▶第2編第1部　午前Ⅱ問題演習の頁構成

### 第2部　午後Ⅰ試験対策—①問題攻略テクニック

午後Ⅰ試験は**記述式**です。そのための解法テクニックを身につけましょう。

#### ■ 三段跳び法

午後Ⅰ試験は，プロジェクトの現場で発生しがちなリスクや品質，スケジュールやコストなどについて，試験問題として設定されている"事例"のなかで，どのような対策を講じるべきかや，処置のねらいなどについて問われます。午前Ⅱ試験より深い知識と，実践への適用力が問われます。

しかし，午後Ⅰ試験は，プロジェクトマネージャとしての経験など受験者の経験を問うものではなく，事例を踏まえながら"設問の要求事項"に答えてゆけばよいのです。そのためには，ホップ，ステップ，ジャンプの三段跳び法が有効です。

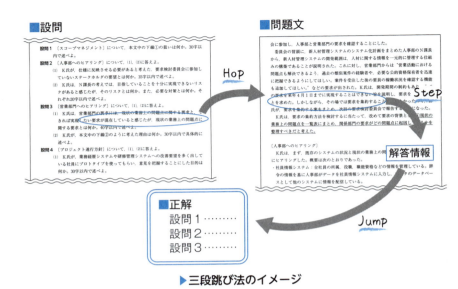

▶三段跳び法のイメージ

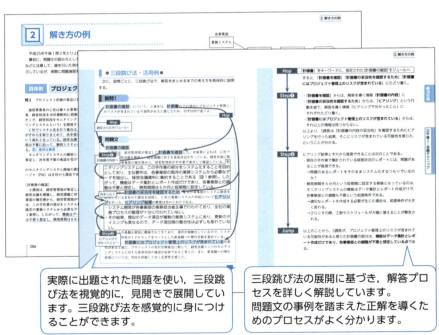

実際に出題された問題を使い，三段跳び法を視覚的に，見開きで展開しています。三段跳び法を感覚的に身につけることができます。

三段跳び法の展開に基づき，解答プロセスを詳しく解説しています。
問題文の事例を踏まえた正解を導くためのプロセスがよく分かります。

▶第2編第2部 三段跳び法解説の頁構成

　第2編第2部で三段跳び法を理解したら，第2編第3部「午後Ⅰ試験対策─②問題演習」を活用して，解き方をマスターしましょう。

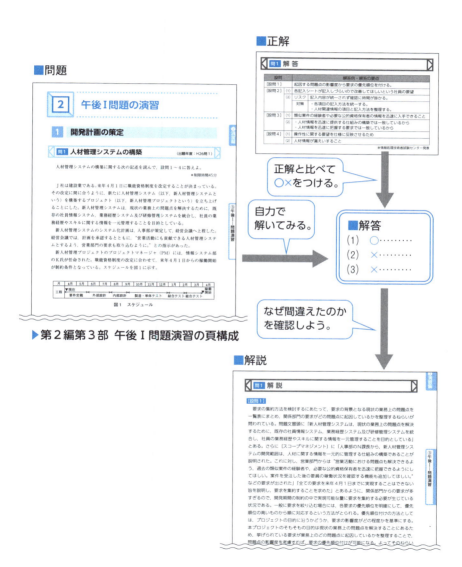

▶第2編第3部 午後Ⅰ問題演習の頁構成

# 第4部　午後Ⅱ試験対策①—問題攻略テクニック

　午後Ⅱ試験は論述式です。2000字以上を手書きすることが求められますので，試対策をしっかり講じておく必要があります。しかし，難易度が高い試験というわけではありません。問題文をきちんと読み，設問文で指示されている論点について，的確に論じることができれば，合格できます。第2編第4部では，そのような合格論文を書くため，「ステップ法」をはじめ，論述展開のためのテクニックを展開しています。

## ■ ステップ法

　章構成と論述ネタを5つのステップを踏んで，組み立ててゆく方法です。

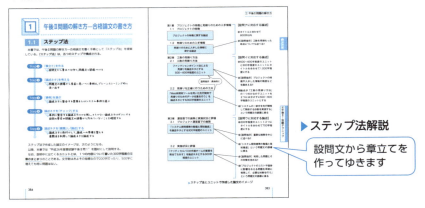

▶ ステップ法解説

設問文から章立てを
作ってゆきます

## ■ 自由展開法

　論述ネタ（解答のネタ）を思いつくまま，自由に発展，展開させてゆく方法です。

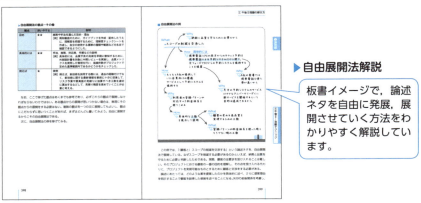

▶ 自由展開法解説

板書イメージで，論述
ネタを自由に発展，展
開させていく方法をわ
かりやすく解説してい
ます。

## ■ "そこで私は" 展開法

　前提となる状況や条件を挙げ，それらを「そこで私は」と受け，対処法や改善策を展開していく方法です。

▶ "そこで私は" 展開法

## ■ "最初に，次に" 展開法

　実務手順を，「最初に」「次に」と列挙してゆく方法です。

▶ "最初に，次に" 展開法

## 第5部　午後Ⅱ試験対策②─問題演習

　以上のテクニックを，第2編第5部「午後Ⅱ試験対策─②問題演習」を使って定着させましょう。「問題分析」と「論文設計シート」を活用すると，論文を組み立てやすくなります。

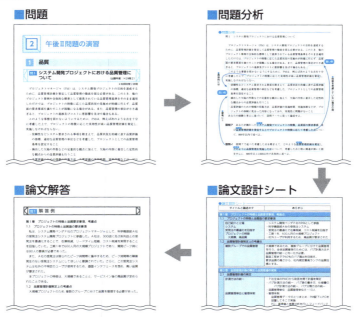

▶第2編第5部　午後Ⅱ問題演習の頁構成

# プロジェクトマネージャ試験概要

- 試験日　　：10月〈第2日曜日〉
- 合格発表　：12月
- 受験資格　：特になし
- 受験手数料：7,500円（消費税込み）

　※試験日程等は，変更になる場合があります。

最新の試験情報は，下記IPA（情報処理推進機構）ホームページにて，ご確認ください。
https://www.jitec.ipa.go.jp

## 出題形式

| 午前Ⅰ 9:30〜10:20 (50分) | | 午前Ⅱ 10:50〜11:30 (40分) | | 午後Ⅰ 12:30〜14:00 (90分) | | 午後Ⅱ 14:30〜16:30 (120分) | |
|---|---|---|---|---|---|---|---|
| 出題形式 | 出題数 解答数 | 出題形式 | 出題数 解答数 | 出題形式 | 出題数 解答数 | 出題形式 | 出題数 解答数 |
| 多肢選択式 (四肢択一) | 30問 30問 | 多肢選択式 (四肢択一) | 25問 25問 | 記述式 | 3問 2問 | 論述式 | 2問 1問 |

## 合格基準

| 時間区分 | 配点 | 基準点 |
|---|---|---|
| 午前Ⅰ | 100点満点 | 60点 |
| 午前Ⅱ | 100点満点 | 60点 |
| 午後Ⅰ | 100点満点 | 60点 |
| 午後Ⅱ | ― | Aランク※ |

## ※論述式試験の評価ランクと合否関係

| 評価ランク | 内容 | 合否 |
|---|---|---|
| A | 合格水準にある | 合格 |
| B | 合格水準まであと一歩である | 不合格 |
| C | 内容が不十分である | |
| D | 出題の要求から著しく逸脱している | |

## 免除制度

　高度試験及び支援士試験の午前Ⅰ試験については，次の条件1〜3のいずれかを満たすことによって，その後2年間受験を免除する。

条件1：応用情報技術者試験に合格する。

条件2：いずれかの高度試験又は支援士試験に合格する。

条件3：いずれかの高度試験又は支援士試験の午前Ⅰ試験で基準点以上の成績を得る。

## 試験の対象者像

| | |
|---|---|
| **対象者像** | 高度IT人材として確立した専門分野をもち，システム開発プロジェクトの目標の達成に向けて，責任をもって，プロジェクト全体計画（プロジェクト計画及びプロジェクトマネジメント計画）を作成し，必要となる要員や資源を確保し，予算，スケジュール，品質などの計画に基づいてプロジェクトを実行・管理する者 |
| **業務と役割** | 情報システム又は組込みシステムのシステム開発プロジェクトの目標を達成するために，責任者として当該プロジェクトを計画，実行，管理する業務に従事し，次の役割を主導的に果たすとともに，下位者を指導する。<br>① 必要に応じて，個別システム化構想・計画の策定を支援し，策定された個別システム化構想・計画に基づいて，当該プロジェクトをマネジメントする方法をプロジェクト全体計画として作成する。<br>② 必要となる要員や資源を確保し，プロジェクト組織を定義する。<br>③ スコープ・予算・スケジュール・品質・リスクなどを管理して，プロジェクトを円滑にマネジメントする。進捗状況を把握し，問題や将来見込まれる課題を早期に把握・認識し，適切な対策・対応を実施する。<br>④ プロジェクトのステークホルダに，適宜，プロジェクト全体計画，進捗状況，課題と対応策などを報告し，支援・協力を得て，プロジェクトを円滑にマネジメントする。<br>⑤ プロジェクトフェーズの区切り及び全体の終了時，又は必要に応じて適宜，プロジェクトの計画と実績を分析・評価し，プロジェクトのその後のマネジメントに反映するとともに，ほかのプロジェクトの参考に資する。 |
| **期待する技術水準** | プロジェクトマネージャの業務と役割を円滑に遂行するため，次の知識・実践能力が要求される。<br>① 組織戦略及びシステム全般に関する基本的な事項を理解している。<br>② 個別システム化構想・計画及びステークホルダの期待を正しく認識し，実行可能なプロジェクト全体計画を作成できる。<br>③ 前提・制約の中で，変化に適応して，プロジェクトの目標を確実に達成できる。<br>④ スコープ・要員・資源・予算・スケジュール・品質・リスクなどを管理し，プロジェクトチームの全体意識を統一して，プロジェクトをマネジメントできる。<br>⑤ プロジェクトの進捗状況や将来見込まれるリスクを早期に把握し，変更を管理して，適切に対応できる。<br>⑥ プロジェクトの計画・実績を適切に分析・評価できる。また，その結果をプロジェクトのその後のマネジメントに活用できるとともに，ほかのプロジェクトの参考に資することができる。 |
| **レベル対応** | 共通キャリア・スキルフレームワークの<br>人材像：プロジェクトマネージャのレベル4の前提要件 |

## 出題範囲（午前Ⅰ・Ⅱ）

試験区分 / 出題分野 / 共通キャリア・スキルフレームワーク

高度試験・支援士試験 ─ 午前Ⅱ（専門知識）

| 分野 | 大分類 | # | 中分類 | 情報セキュリティマネジメント試験 | 基本情報技術者試験 | 応用情報技術者試験 | 午前Ⅰ（共通知識） | ITストラテジスト試験 | システムアーキテクト試験 | プロジェクトマネージャ試験 | ネットワークスペシャリスト試験 | データベーススペシャリスト試験 | エンベデッドシステムスペシャリスト試験 | ITサービスマネージャ試験 | システム監査技術者試験 | 情報処理安全確保支援士試験 |
|---|---|---|---|---|---|---|---|---|---|---|---|---|---|---|---|---|
| テクノロジ系 | 1 基礎理論 | 1 | 基礎理論 | | | | | | | | | | | | | |
| | | 2 | アルゴリズムとプログラミング | | | | | | | | | | | | | |
| | 2 コンピュータシステム | 3 | コンピュータ構成要素 | | | | | | ○3 | | ○3 | ○3 | ◎4 | ○3 | | |
| | | 4 | システム構成要素 | ○2 | | | | | ○3 | | ○3 | ○3 | ○3 | | | |
| | | 5 | ソフトウェア | | ○2 | ○3 | ○3 | | | | | | ◎4 | | | |
| | | 6 | ハードウェア | | | | | | | | | | ◎4 | | | |
| | 3 技術要素 | 7 | ヒューマンインタフェース | | | | | | | | | | | | | |
| | | 8 | マルチメディア | | | | | | | | | | | | | |
| | | 9 | データベース | ○2 | | | | | ○3 | | | ◎4 | | ○3 | ○3 | ○3 |
| | | 10 | ネットワーク | ○2 | | | | | ○3 | | ◎4 | | | ○3 | ○3 | ◎4 |
| | | 11 | セキュリティ※ | ◎2 | ◎2 | ◎3 | ◎3 | ◎4 | ◎4 | ◎3 | ◎4 | ◎4 | ◎4 | ◎4 | ◎4 | ◎4 |
| | 4 開発技術 | 12 | システム開発技術 | | | | | | ◎4 | | ○3 | ○3 | ◎4 | | ○3 | |
| | | 13 | ソフトウェア開発管理技術 | | | | | | ○3 | | ○3 | ○3 | ◎4 | | | ○3 |
| マネジメント系 | 5 プロジェクトマネジメント | 14 | プロジェクトマネジメント | ○2 | | | | | | ◎4 | | | | ◎4 | | |
| | 6 サービスマネジメント | 15 | サービスマネジメント | ○2 | | | | | | ○3 | | | | ◎4 | ○3 | ○3 |
| | | 16 | システム監査 | ○2 | | | | | | | | | | ○3 | ◎4 | ○3 |
| ストラテジ系 | 7 システム戦略 | 17 | システム戦略 | ○2 | ○2 | ○3 | ○3 | ◎4 | ○3 | | | | | | | |
| | | 18 | システム企画 | ○2 | | | | ◎4 | ◎4 | ○3 | | | | | | |
| | 8 経営戦略 | 19 | 経営戦略マネジメント | | | | | ◎4 | | | | | | | ○3 | |
| | | 20 | 技術戦略マネジメント | | | | | ○3 | | | | | | | | |
| | | 21 | ビジネスインダストリ | | | | | ◎4 | | | | | ○3 | | | |
| | 9 企業と法務 | 22 | 企業活動 | ○2 | | | | ◎4 | | | | | | | ○3 | |
| | | 23 | 法務 | ◎2 | | | | ○3 | | ○3 | | | | | ○3 | ◎4 |

注記1　○は出題範囲であることを，◎は出題範囲のうちの重点分野であることを表す。
注記2　2，3，4は技術レベルを表し，4が最も高度で，上位は下位を包含する。
※　"中分類11：セキュリティ"の知識項目には技術面・管理面の両方が含まれるが，高度試験の各試験区分では，各人材像にとって関連性の強い知識項目を技術レベル4として出題する。

## 出題範囲（午後Ⅰ，Ⅱ）

1　プロジェクトの立ち上げ・計画に関すること

　　プロジェクト，プロジェクトの目標，組織の戦略と価値創成，プロジェクトマネジメント，マネジメントプロセスの修整，プロジェクトの環境，プロジェクトライフサイクル，プロジェクトの制約，個別システム化計画の作成と承認，プロジェクト憲章の作成，ステークホルダの特定，プロジェクトチームの編成，システム開発方針の設定，プロジェクト全体計画（プロジェクト計画及びプロジェクトマネジメント計画）の作成，スコープの定義，要求事項と優先度，WBSの作成，活動の定義，資源の見積り，プロジェクト組織の定義，活動の順序付け，活動期間の見積り，スケジュールの作成，コストの見積り，予算の作成，リスクの特定，リスクの評価，品質の計画，調達の計画，コミュニケーションの計画，関連法規・標準　など

2　プロジェクトの実行・管理に関すること

　　プロジェクト作業の指揮，ステークホルダのマネジメント，プロジェクトチームの開発，リスクへの対応，品質保証の遂行，供給者の選定，情報の配布，プロジェクト作業の管理，変更の管理，スコープの管理，資源の管理，プロジェクトチームのマネジメント，スケジュールの管理，コストの管理，リスクの管理，品質管理の遂行，調達の運営管理，コミュニケーションのマネジメント，マネジメントプロセスの改善，機密・契約の管理，プロジェクトに関する内部統制　など

3　プロジェクトの終結に関すること

　　プロジェクトフェーズ又はプロジェクトの終結，プロジェクトの評価指標と評価手法，プロジェクトの完了基準，プロジェクトの計画と実績の差異分析，検収結果の評価，契約遵守状況評価，得た教訓の収集，プロジェクト完了報告の取りまとめ　など

# Contents

## 第1編 知識編

## 第2編　演習編

## 第1部　午前Ⅱ試験対策—問題演習

# 第2部　午後Ⅰ試験対策—①問題攻略テクニック

# 第3部　午後Ⅰ試験対策—②問題演習

# 第4部　午後Ⅱ試験対策—①問題攻略テクニック

# 第5部　午後Ⅱ試験対策—②問題演習

第1編

知識編

# 1 プロジェクトマネージャ

## 1.1 プロジェクトとプロジェクトマネージャ

**プロジェクト**とは，定例的ではない非日常的な業務で，一つ一つがユニークな成果物を生みだす業務を指す。つまり，プロジェクトには開始や終了の明確な期限がある。プロジェクトマネージャ試験で取り扱うプロジェクトは，ほとんどがシステム開発あるいはシステム再構築なので，その成果物もまたシステムとなる。基幹系システムやWebシステムの開発や再構築，あるいはパッケージソフトウェアの導入といったプロジェクトがよく出題される。以降，本書では特に断らない限り，プロジェクトとはシステム開発プロジェクトのことを指す。

**プロジェクトマネージャ**は，プロジェクトの計画や遂行，管理に全責任を持ち，プロジェクトがその目的を達成するように，プロジェクトを推進していく責任を負うもので，プロジェクトの発足を認めるプロジェクト憲章と呼ばれる公的な文書の中で任命される。

 **ここが大事**

**[本試験で出題されるプロジェクトマネージャ]**

　プロジェクトマネージャ試験での午後問題の事例は「ある企業A社が自社の基幹システムの再構築を決定し，その遂行をベンダB社に請負契約で発注する」というようなものが多い。この場合，発注元のA社内で「基幹システム再構築プロジェクト」が発足し，プロジェクトマネージャも任命される。同時に，請け負ったB社側でも，請負契約を契機に「A社基幹システム再構築プロジェクト」がスタートし，B社側のプロジェクトマネージャが任命される。プロジェクトマネージャ試験で出題される場合，そのほとんどが実際に開発を行うベンダ側（B社）から見たプロジェクトで，ベンダ側のプロジェクトマネージャの立場から，プロジェクトマネージャとしてどのように対応し，考えるべきかについて出題される。自社のシステムを社内の情報システム部が開発するというような設定の場合もあるが，その場合は，情報システム部の部長あるいは課長がプロジェクトマネージャとなり，その視点からの問題が出題される。

## ❏ ISO 21500，JIS Q 21500　R2　H31　H30　H27

ISO 21500は，「プロジェクトマネジマントの概念およびプロセスに関する包括的な手引きを提供する」ものとして，2012年に策定されたプロジェクトマネジメントに関する国際標準である。JIS Q 21500は，ISO 21500を2018年にJIS化した「プロジェクトマネジメントの手引」である。

## ❏ プロジェクトガバナンス　H27

ガバナンスとは，何らかの役割を委託されたときに，委託する側の利益や期待に合致するかを適時モニタリングして，成果物が期待した価値を生み出すようにコントロールする仕組みのことで，委託される側にその責任がある。株主が会社の運営を役員に委託する際に，株主利益に反しないように会社に備えられているコントロールの仕組みを企業ガバナンスという。ISO 21500では，プロジェクトガバナンスについて『ガバナンスとは，それによって組織を指揮し，コントロールする枠組みである。プロジェクトガバナンスは，プロジェクトアクティビティに特に関連する組織ガバナンスの分野を含むものであるが，これに限定されない』としている。

プロジェクトの適切なガバナンスを維持する責任は『プロジェクトスポンサー又はプロジェクト運営委員会に割り当てられる』とあり，プロジェクトスポンサについては『プロジェクトを承認し，経営的決定を下し，プロジェクトマネージャの権限を超える問題及び対立を解決する』，プロジェクト運営委員会については『プロジェクトに上級経営レベルでの指導を行うことによりプロジェクトに寄与する』とされている。

## ❏ プログラム　H26　H24

プログラムマネジメントとは，プロジェクトを個々にマネジメントするよりも多くの成果価値やコントロールを得るために，相互に関連するプロジェクトグループを調和のとれた方法で一元的にマネジメントすることであり，その相互に関連したプロジェクトグループをプログラムという。また，プログラムをマネジメントすることに責任を持つ者をプログラムマネージャと呼ぶ。プログラムマネージャは，関連するプロジェクトの調和がとれるように，個々のプロジェクトの支援や指導をする。

## 1.2　プロジェクトマネジメントに必要な能力

プロジェクトでは，そのプロジェクトで生産するプロダクト（システム開発プロジェクトであれば，開発されるシステム）を作るためのプロセスと，スケジュール計画

を立てたり，進捗を把握して，計画とずれている場合に是正したりするといったプロジェクトをマネジメントするためのプロセスの両方を実行する必要がある。プロジェクトマネージャが，プロジェクトを的確に進めていくためには，プロジェクトマネジメントのプロセスに関する知識・能力に加えて，プロダクトを生産するために必要な利用者の業務やプロダクトに関連した知識・能力，一般的なマネジメントスキルが必要である。

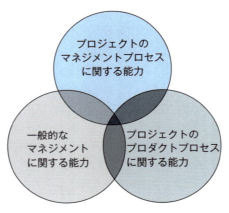

▶プロジェクトマネジメントに必要な能力

　このうち，一般的なマネジメントスキルとして，財務管理と会計，購買と調達，マーケティングと販売，契約と商法，製造と配送，ロジスティックスとサプライチェーン，戦略計画・戦術計画・業務計画，組織構造・組織行動・要員管理・キャリアパス，情報技術など多岐にわたる分野の一般的知識や，次に挙げるリーダシップやコミュニケーション力，ネゴシエーションなどの人間関係のスキル，問題解決力，組織力，標準と法規の知識，文化に関する知識などが必要である。

❶ リーダシップ

　リーダシップとは，問題や課題に対して，そのあるべき姿と実現に至る戦略的なプロセスを提示し，関係者を説得して，関係者がベクトルを合わせて積極的に戦略の実現に向かうようにさせる能力のことである。

❷ コミュニケーション力

　コミュニケーション力は，広義には，プレゼンテーション技術，ミーティング技術，説得の技術，交渉の技術などを包含する。コミュニケーション力は，プロジェクトの成否にかかわる重要な能力である。プロジェクトは，関係者間で要求が対立し，交渉

の技術が必要になる場面の連続である。

ミーティングの中でも問題解決ミーティングが重要であるが，問題解決のプロセスが，関係者の対話によって衆知が結集される展開となるためにはコミュニケーション力が必要である。

ミーティングでは，事実をもとにして論理を展開できる能力，相手の意見を明瞭化し確認する能力，アイデアを模索するプロセスを展開できる能力，称賛の手法，建設的批評と主張，意見の相違への対処ができる能力などの技術が必要である。

また，プロジェクトでは，状況報告，提案報告，成果報告など多くのプレゼンテーション場面があり，プレゼンテーション技術はすべてのメンバが身につけていなければならないスキルである。特に，プロジェクトマネージャはプロジェクトの状況に関する説明責任があり，高いプレゼンテーション能力が要求される。

プレゼンテーションの目的を設定する，聴衆のニーズを分析する，視覚的に分かりやすく伝える方法を検討する，プレゼンテーション全体の構成を考えて，序論・本論・結論を作成する，といった基本的なスキルは実務を通じて身につけておかなければならない。

❸ ネゴシエーション

ネゴシエーションとは，顧客やプロジェクトメンバなどのステークホルダ間での利害の衝突など，プロジェクトの中で発生する課題や問題に対して，妥協点を探り出し，交渉する能力である。プロジェクトの期間中，常時必要とされる。

価格と仕様に関する交渉，リリース時期と運用に関する交渉，プロジェクトメンバとの作業内容，報告方法などに関する交渉，利害対立のマネジメントなど，ネゴシエーションによって成果を獲得していかなければならない。

ネゴシエーションの手順は，まず戦略を立案する，次に合意への到達方法の検討，交渉相手との対話を実践していくこと，そして双方が了解した成果を定着させること，である。

## ❏ PMIタレントトライアングル

*PMBOK*®ガイド第6版では，プロジェクトマネージャのコンピテンシーとして，図1.2に示すPMIタレントトライアングルが新しく示された。

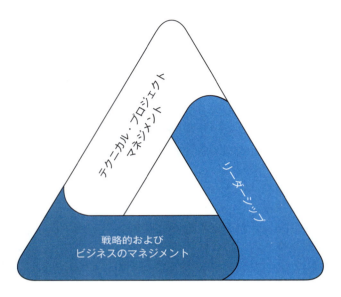

▶**PMIタレント・トライアングル**（出典　*PMBOK*® ガイド 第6版 P.57 図3-2）

### ❏ テクニカルプロジェクトマネジメント

テクニカルプロジェクトマネジメントは，プロジェクトを成功させるためのプロジェクトマネジメント知識を効果的に適用するスキルのことである。

### ❏ 戦略的マネジメントスキルおよびビジネスマネジメントスキル

戦略的マネジメントスキルおよびビジネスマネジメントスキルは，プロジェクトの事業価値を最大化する戦略や，プロジェクトの適切な実行戦略を講じるスキルのことである。

## 1.3　ステークホルダ　H28 H26 H25 H24

ステークホルダは，ISO 21500では『プロジェクトの任意の局面に利害関係を持つか，影響を及ぼすか，影響されるか，又は影響されると自覚する人，グループ又は組織』と定義されている。

ステークホルダの例を次図に示す。ステークホルダは，プロジェクトの内部と外部の両方に存在し，個人の場合も組織の場合もあり，プロジェクトに直接参加しない者

も含まれる。また，プロジェクトのスポンサやプロジェクトマネージャといった個人として特定される者だけでなく，個人としては特定されないエンドユーザなどもステークホルダに含まれる。

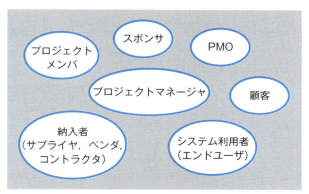

▶ステークホルダの例

## 1.4 プロジェクトライフサイクル H28 H26 H25 H24

プロジェクトの開始時点から終了するまでのすべてを**プロジェクトライフサイクル**というが，一般的なシステム開発プロジェクトでは，序盤の立上げ時や遂行時，終盤時とプロジェクトの経過時間に応じて，コストや要員数，リスクなどが次図に示すように3つのパターンで推移する。

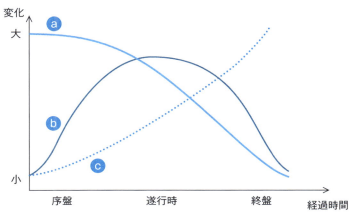

▶経過時間による変化の例

〈のパターン〉

● 不確実性の度合い

● リスク

● プロジェクト完成時のコストに対してステークホルダが及ぼす影響の度合い

　プロジェクトの開始時は，具体的な計画や施策の実行前であるため，その後のプロジェクト実行時に具体的に起こる事象が予測しづらい。そのため不確実性の度合いが最も高く，プロジェクトの失敗につながる事象が発生するリスクも大きい。

　また，プロジェクトの開始時には，ステークホルダからの合意を得る必要がある。この合意内容がプロジェクトを大きく左右するため，プロジェクト完成時のコストに対してステークホルダが及ぼす影響の度合いは，プロジェクトの序盤が最も高い。

〈bのパターン〉

● プロジェクト要員の必要人数

　プロジェクト要員の必要人数は，プロジェクト開始時点では，その作業が計画策定が大部分であることから多くを必要とせず，プログラムの設計や製造工程のように，プロジェクトの遂行段階において最も多くが必要となる。その後，プロジェクトが終了時点に近づくと減っていく。

〈cのパターン〉

● 変更やエラー訂正にかかるコスト

　プロジェクトの終盤で変更やエラー訂正が発生した場合，それまで積み上げてきたプロジェクトの成果に対しても手戻りが発生するため，コストが多くかかる。よって，変更やエラー訂正にかかるコストは，プロジェクトの初期段階よりも終盤のほうが高い。

# 2 PMBOK®ガイド

　米国のプロジェクトマネジメント協会PMIが1996年に発表したプロジェクトマネジメントの知識体系が*PMBOK*® (Project Management Body Of Knowledge)*ガイド*である。以降，数年ごとに改訂を重ね，2021年に最新の第7版が公開された。

　現在のプロジェクトマネージャ試験のシラバスはJIS Q 21500：2018に基づいて

おり，これはPMBOK®ガイド第6版と整合性がとられている。このため本書では
PMBOK®ガイド第6版について述べる。

　プロジェクトの遂行には，プロジェクトの目的であるシステムそのものを開発する
ためのプロダクトプロセスと，プロジェクトのマネジメントのために必要なプロジェ
クトマネジメントプロセスの両方が必要である。第6版では，アジャイル開発を行う
場合のプロダクトプロセスについても，個々のプロセスで言及している。

　プロジェクトマネジメントプロセスは，プロジェクトやフェーズ（要件定義や開発
など）ごとに反復的に繰り返し実行されるが，次の5つのプロセス群に大別される。

　❶ 立上げ，❷ 計画，❸ 実行，❹ 監視コントロール，❺ 終結

　*PMBOK®*ガイド第6版では，次表のような構成要素を主要な構成要素として挙げ，
その相互関係を次頁図のように表している。

▶**主要な構成要素**（出典　*PMBOK®* ガイド 第6版 P.18 表1-3）

| 『*PMBOK®ガイド*』の<br>主要な構成要素の説明 | 概要 |
|---|---|
| プロジェクト・ライフサイクル | プロジェクトの開始から完了に至るまで、プロジェク<br>トが経験する一連のフェーズ。 |
| プロジェクト・フェーズ | 論理的に関連のあるプロジェクトのアクティビティ<br>の集合。ひとつ以上の成果物の完了によって終了す<br>る。 |
| フェーズ・ゲート | フェーズの終了時点で実施するレビュー。次のフェー<br>ズへの継続、修正を伴う継続、あるいはプロジェクト<br>やプログラムの中止を判断する。 |
| プロジェクトマネジメント・<br>プロセス | 最終的な結果に向けて系統的に実行する一連のアク<br>ティビティ。例えば、ひとつ以上のインプットからひ<br>とつ以上のアウトプットを生み出すこと。 |
| プロジェクトマネジメント・<br>プロセス群 | プロジェクトマネジメントのインプット、ツール、技<br>法およびアウトプットを論理的にグループ分けした<br>もの。プロジェクトマネジメント・プロセス群には、<br>立上げ、計画、実行、監視・コントロール、終結が含<br>まれる。プロジェクトマネジメント・プロセス群はプ<br>ロジェクト・フェーズではない。 |
| プロジェクトマネジメント<br>知識エリア | 知識に対する要求事項によって定義されたもので、構<br>成要素となるプロセス、実務慣行、インプット、アウ<br>トプット、ツール、および技法の観点から記述されて<br>いるプロジェクトマネジメントの特定の分野。 |

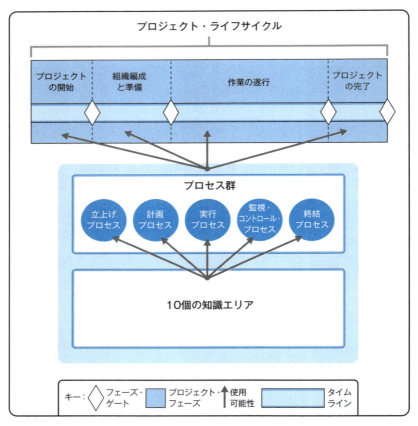

▶**主要な構成要素の相互関係**（出典　*PMBOK*® ガイド 第6版 P.18 図1-5）

　またプロジェクトマネジメントプロセスは，次の10のプロジェクトマネジメント知識エリアに整理されている。

**❶ プロジェクト統合マネジメント**

　プロジェクトへの多様な要求を調整しながら，他のマネジメントエリアのプロセスの成果を一貫したプロジェクト計画にまとめ，これを実行する。また，実績と計画の差異から必要に応じた対処を行い，変更要求に対する調整も行う。顧客やプロジェクトの所属する組織（専門部署）などステークホルダとの連携にも責任を持つ。プロジェクトの最後では，プロジェクトの終了状況を確認して完了報告書を作成し，プロジェクトのすべての活動を終結する。

**❷ プロジェクトスコープマネジメント**

プロジェクトの目的として決められている機能と特徴を持つ成果物を作り出すための作業範囲を計画し，コントロールする。プロジェクトに含まれているものと含まれていないものを明確にする。

**❸ プロジェクトスケジュールマネジメント**

プロジェクトが設定されている期間で完了するように，作業順序を設定し，時系列的な計画を立て，コントロールする。作業定義と作業順序の設定には，プロダクトプロセスの確立が前提となる。

**❹ プロジェクトコストマネジメント**

コストを見積もり，時系列的な予算配分を決定する。また，承認された予算の範囲内でプロジェクトを完了するための管理を行う。アーンドバリュー法による分析で，コストはスコープやスケジュールと合わせて統合的にコントロールする。

**❺ プロジェクト品質マネジメント**

プロジェクトとプロダクトが要求品質を満たすことを保証する。成果物，プロダクトプロセス，プロジェクトマネジメントプロセスのすべてが品質保証活動の対象になる。

**❻ プロジェクト資源マネジメント**

プロジェクトに必要な資源の量や種類を見積もり，要員を確保し，個人およびチームの最大限の能力を開発する。プロジェクト組織の役割分担や指示や報告の系統も定める。組織の新規性と有期性，時系列的な規模変化に適合したマネジメントに留意する必要がある。

**❼ プロジェクトコミュニケーションマネジメント**

プロジェクトで必要な情報の作成，収集，配布，蓄積，最終処理の計画とコントロールを行う。必要な情報をどのようにして提供するのかをステークホルダごとに計画し，実行する。プレゼンテーション，ディスカッションなどの一般的なコミュニケーションスキルが，コミュニケーションマネジメントの基盤になる。

**❽ プロジェクトリスクマネジメント**

プロジェクトの達成目標を改善する可能性のある事象（好機）と悪化させる可能性のある事象（脅威）をともにリスクとして取り扱う。改善の幅を最大に，悪化を最小にとどめることを目的とする。リスクそのものは，他のマネジメントエリアに存在する。そのため，他のマネジメントエリアとの間で多岐にわたる相互作用を必要とする。

**❾ プロジェクト調達マネジメント**

プロジェクト実行組織の外部から，製品やサービスを調達するプロセスを対象にし

たマネジメントである。納入者の引受け業務も，納入者にとっては一つのプロジェクトである。

**❿ プロジェクトステークホルダマネジメント**

　ステークホルダそれぞれのプロジェクトへの期待や影響度の分析に基づいて，ステークホルダからプロジェクトに効果的な関与が得られるようにマネジメントする。

　ここでは，知識エリアについての簡単な説明とプロセス群と知識エリアの対応表を示す。それぞれの知識エリアの詳細については，4 **プロジェクト統合マネジメント**以降で詳しく説明する。

## ▶プロジェクトマネジメントプロセス群と知識エリアの対応表

（出典 *PMBOK*® ガイド 第6版 P.25 表1-4）

❶知識編

| 知識エリア | プロジェクトマネジメント・プロセス群 | | | | |
|---|---|---|---|---|---|
| | 立上げ<br>プロセス群 | 計画<br>プロセス群 | 実行<br>プロセス群 | 監視・<br>コントロール・<br>プロセス群 | 終結<br>プロセス群 |
| 4. プロジェクト<br>統合マネジメント | 4.1 プロジェクト憲章の作成 | 4.2 プロジェクトマネジメント計画書の作成 | 4.3 プロジェクト作業の指揮・マネジメント<br>4.4 プロジェクト知識のマネジメント | 4.5 プロジェクト作業の監視・コントロール<br>4.6 統合変更管理 | 4.7 プロジェクトやフェーズの終結 |
| 5. プロジェクト・<br>スコープ・<br>マネジメント | | 5.1 スコープ・マネジメントの計画<br>5.2 要求事項の収集<br>5.3 スコープの定義<br>5.4 WBSの作成 | | 5.5 スコープの妥当性確認<br>5.6 スコープのコントロール | |
| 6. プロジェクト・<br>スケジュール・<br>マネジメント | | 6.1 スケジュール・マネジメントの計画<br>6.2 アクティビティの定義<br>6.3 アクティビティの順序設定<br>6.4 アクティビティ所要期間の見積り<br>6.5 スケジュールの作成 | | 6.6 スケジュールのコントロール | |
| 7. プロジェクト・<br>コスト・<br>マネジメント | | 7.1 コスト・マネジメントの計画<br>7.2 コストの見積り<br>7.3 予算の設定 | | 7.4 コストのコントロール | |
| 8. プロジェクト<br>品質マネジメント | | 8.1 品質マネジメントの計画 | 8.2 品質のマネジメント | 8.3 品質のコントロール | |
| 9. プロジェクト<br>資源マネジメント | | 9.1 資源マネジメントの計画<br>9.2 アクティビティ資源の見積り | 9.3 資源の獲得<br>9.4 チームの育成<br>9.5 チームのマネジメント | 9.6 資源のコントロール | |
| 10. プロジェクト・<br>コミュニケーショ<br>ン・マネジメント | | 10.1 コミュニケーション・マネジメントの計画 | 10.2 コミュニケーションのマネジメント | 10.3 コミュニケーションの監視 | |
| 11. プロジェクト・<br>リスク・<br>マネジメント | | 11.1 リスク・マネジメントの計画<br>11.2 リスクの特定<br>11.3 リスクの定性的分析<br>11.4 リスクの定量的分析<br>11.5 リスク対応の計画 | 11.6 リスク対応策の実行 | 11.7 リスクの監視 | |
| 12. プロジェクト・<br>調達マネジメント | | 12.1 調達マネジメントの計画 | 12.2 調達の実行 | 12.3 調達のコントロール | |
| 13. プロジェクト・<br>ステークホルダ<br>ー・マネジメント | 13.1 ステークホルダーの特定 | 13.2 ステークホルダー・エンゲージメントの計画 | 13.3 ステークホルダー・エンゲージメントのマネジメント | 13.4 ステークホルダー・エンゲージメントの監視 | |

## ❏ テーラリング（修整）

　実際のプロジェクトを実施する場合には，組織やプロジェクトの特性に合わせて，マネジメントプロセスを取捨選択する必要がある。プロジェクトの規模や外部調達の有無などで，必要となるマネジメントプロセスも異なるし，実施する詳細度，回数なども異なってくる。プロジェクトの目的を達成するために最も適切なプロジェクトマネジメントのプロセスをカスタマイズして設定することをテーラリングという。

### ！ ここが大事

**[PMBOKについての出題と本書の対応]**

　プロジェクトマネージャ試験の午前Ⅱ問題では，H31年から*PMBOK®ガイド第6版*について出題されるようになった。

　また，PMBOKについて出題される場合，主にプロジェクトマネジメントプロセスの「インプット」や「ツールと技法」で列挙されている項目について取り上げられることが多い。**是正処置，組織のプロセス資産，資源カレンダー，発生確率・影響度マトリックス**などである。時には，複数のプロセスの共通のインプットが問われる。

　したがって，本書では，各知識エリアのマネジメントプロセスの「インプット」と「ツールと技法」「アウトプット」については，午前Ⅱ対策として，**各マネジメント**の「概観図」にそのすべてを一覧で紹介する。

　なお，H30年以降のPMBOKからの出題では，それまでと違って「プロジェクト・リスク・マネジメント」のようにPMBOKの表記で出題されている。本書でも*PMBOK®*ガイドから引用する図表の表記はオリジナルのままとする。

　また，知識項目によっては内容に踏み込んで出題されている。具体的には，リスク対応戦略や，要素分解の中の**ローリングウェーブ計画法，クリティカルチェーン，デシジョンツリー分析，アーンドバリューマネジメント（EVM）**のグラフなどである。特に，EVMについては，午前Ⅱ問題で出題されるだけではなく，午後Ⅰ問題の中でも理解しておくべき知識として"説明なし"に出題されるようになっている。

　本書では，これらの午前Ⅱ問題で出題される知識項目と，午後Ⅰ問題や午後Ⅱ問題を解くために理解しておくべき知識項目については，各知識エリアの全体の流れの説明の後——■知識項目で，詳しく説明している。

# 3 開発技術関連の基本知識

　ここでは，システム開発技術に関連する知識の説明を行う。実際に，平成22年以降にプロジェクトマネージャ試験に出題された知識項目を中心に説明する。

## 3.1　共通フレーム　H30 H28 H26 H24

　国内のシステムおよびソフトウェア開発とその取引の明確化を可能にするとともに，システムおよびソフトウェア開発の国際取引における相互理解を容易にし，市場の透明性および取引の可視化を高めるための共通の物差しとなることを目的として，1998年に最初の共通フレームが策定された。最新版は，2013年に策定された「共通フレーム2013 SLCP－JCF2013」である。

　ソフトウェアの企画，開発，運用，保守，廃棄にかかわる諸活動のことをソフトウェアライフサイクルプロセス（Software Life Cycle Process）と呼ぶ。ソフトウェアライフサイクルプロセスについては，国際標準規格（ISO/IEC 12207）が策定され，日本工業規格（JIS X 0160：2012）にもなっている。共通フレームは，この最新のISO/IEC 12207（JIS X 0160：2012）規格をベースとしている。

　共通フレームの基本構成を次図に示し，いくつかのプロセスについて説明する。

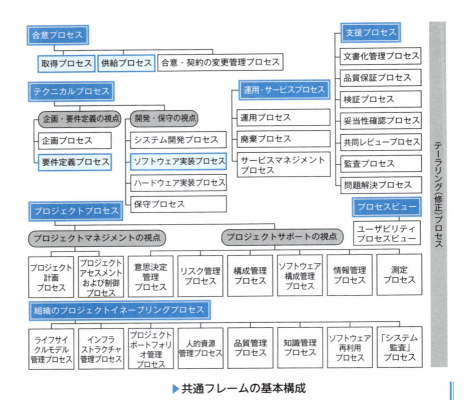

▶共通フレームの基本構成

● 取得プロセス

　取得プロセスは，顧客が自らのニーズを満足させるシステム，ソフトウェア製品，サービスを取得する場合の契約に関連するプロセスである。発注側が自らのニーズを定義し，提案依頼書を準備・提出し，供給者を選択して契約し，最後にシステム，ソフトウェア製品，サービスを受け入れるまでを範囲とする。取得の準備，取得の通知，供給者の選定，契約の合意，合意の監視，取得者の受入れ，取得プロセスの終了という7つのアクティビティからなる。

● 供給プロセス

　供給プロセスは，合意した要件を満たしたシステム，ソフトウェア製品，サービスを顧客へ提供する側の契約に関連したプロセスである。提案依頼書に応じて提案書作成を決定すること，もしくは製品やサービスを提供する契約を発注者と締結することからスタートし，プロジェクト計画を作成・実行して発注者に納入するまで

を範囲とする。供給の機会の判別，供給者の提案依頼，契約の合意，契約の実行，製品・サービスの納入および支援，供給プロセスの終了という6つのアクティビティからなる。

● 要件定義プロセス

要件定義プロセスは，ステークホルダが必要とするサービスを提供できるよう，システムへの要件を定義することが目的のプロセスである。システムのすべてのライフサイクルにおけるステークホルダとその種類を特定し，それぞれのニーズを特定するところからスタートし，最終的に要件についての合意を形成し，確定するまでを範囲とする。

プロセス開始の準備，利害関係者の識別，要件の識別，要件の評価，要件の合意，要件の記録という6つのアクティビティからなる。

● ソフトウェア実装プロセス

ソフトウェア実装プロセスは，システムの要素であるソフトウェア品目（ソフトウェア製品またはソフトウェアサービス）を開発するためのプロセスをいう。ソフトウェア品目は，ステークホルダの要件（動作やインタフェース，実装にあたっての制約条件など）を満足させるように開発する。

## 3.2 開発モデル

開発モデルとは，製品である情報システムの構築で実施される工程の手順パターンのことである。新規にソフトウェア開発を行う場合，開発対象のシステム規模，開発期間，開発品質，開発費用などの開発特性にふさわしい開発モデルを選定する必要がある。

### ❏ ウォータフォールモデル **H26** **H25** **H24**

ウォータフォールモデルとは，ソフトウェア開発をいくつかの工程に分けて計画実行していく，最も代表的で基本となる開発モデルである。最初に開発するシステム全体を包括した設計を行い，その設計に基づいて最終的な完成に向かって開発を進める。

ウォータフォールモデルの最大の特徴は，各工程の終了基準を前もって明確に定義しておき，その基準を達成しない場合は次の工程に進まないことである。逆に，いったん次の工程に進んだ後は，原則として前の工程には戻らない。あたかも滝が上から下へ流れるように，上流工程から下流工程に向けて，後戻りせず一定の順序で工程が進むことから，ウォータフォールモデルと呼ばれている。要求が明確になっていて，

全機能を一斉に開発するシステムに適している。

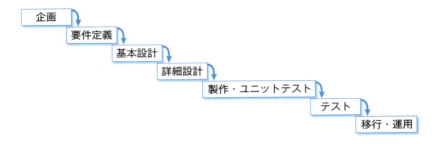

▶ウォータフォールモデル

　このモデルによる開発の長所は，工程がきちんと定義されていることから，大規模システム開発においても開発管理が容易なことである。ただし，早期にシステム全体の要件を定義する必要があるため，完成直前で問題が認識されたり，開発期間中に大きく変化した要求には対応しづらいという欠点がある。

## ❏ スパイラルモデル　H25　H24

　スパイラルモデルは，ベーム（Boehm）によって提唱されたプロセスモデルで，独立性の高い部分ごとに要件定義，設計，プログラミング，テストというプロセスを「目的・代替案・制約の決定」「代替案の評価とリスクの明確化，解消」「開発と検証」「次サイクルの検討」という４つのフェーズを繰り返しながら開発を進めていく開発技法である。開発工程のリスク管理に主眼が置かれており，リスクの評価や解消および要件定義の段階でプロトタイピング手法を適用することが多い。パイロット的な小規模システムや要件の確定したサブシステムの開発を先行させることによって，リスク管理を重視したシステム開発を行うことができ，段階的に機能追加を繰り返し，各繰返しの段階でユーザの要求を確定し，機能を充実させていく。

## ❏ 段階的モデル　H26

　段階的モデルとは，最初に確定している要求を段階的に開発する方式で，事前に計画された製品改善モデルとも呼ばれる。最初にコアな部分から開発を実施し，その後に機能を順次追加することを完成まで繰り返す。

## ❏ 進化的モデル　H26 H24

進化的モデルとは，要求に不明確な部分があるために最初に要求の定義ができない場合に用いられる方式で，部分的に定義された要求を開発し，要求を洗練させながら開発を繰り返して完成させる。

## ❏ RAD

少人数の開発チームがユーザの参画を得ながら，プロトタイピングやCASEツールなどを用いて短期間にシステムを開発する手法のことをRAD（Rapid Application Development；迅速適用業務開発法）という。仕様定義，プロトタイプの作成，ユーザによる評価（ユーザレビュー），システム生成・テストを繰り返しながらプロトタイプを完成させていく方法であり，これをスパイラルアプローチという。また，スパイラルアプローチに時間的な制約を設けることをタイムボックスといい，これによって短期間の開発を実現する。

## ❏ プロトタイプ　H25

要件定義の段階でプロトタイプ（試作品）を作成し，その結果を以降の開発工程に反映させる開発手法である。ユーザ要求の明確化や仕様の実現性評価を目的として，各種開発手法の中で採用されることが多い。

なお，要件定義の段階でイメージを把握するために利用したプロトタイプを本番では捨ててしまうモックアップ型と呼ばれるものと，本番でも使用する機能型プロトタイプがある。ウォータフォールモデルと組み合わせて使用するプロトタイプは，モックアップ型が中心となっている。

## ❏ アジャイル型開発　H29

2001年にアジャイルソフトウェア開発宣言が発表された。不確実なビジネス環境において変化するニーズに迅速に対応することを目的とするソフトウェア開発手法である。アジャイル型開発は，顧客の参画度合いが高い，反復・漸進型である，動くソフトウェアを成長させていく，開発前の固定の要求を前提としないなどの特徴がある。

● ベロシティ…固定の期間中に，そのチームが達成できる要求のボリューム・作業量
● プロダクトバックログ…プロダクトとして実現したいことを優先順位付けしてリストにしたもの
● ストーリポイント…顧客の要求（ソフトウェアで実現したいこと）であるユーザストーリを見積もるための単位

- バーンダウンチャート…未実現の機能や作業を時間軸に沿って折れ線グラフ化したもので，進捗を把握できる

## ❏ XP `H30` `H29` `H28` `H26`

XP（eXtreme Programming；エクストリームプログラミング）は，アジャイル型開発手法の先駆けである。開発の初期段階の設計よりもコーディングとテストを重視し，各工程を順番に積み上げていくことよりも，常にフィードバックを行って修正・再設計していくことを重視する。XPのプラクティス（実践規範）には，ペアプログラミング，反復，テスト駆動開発，リファクタリングなどがある。
- ペアプログラミング…プログラミング（コード作成）を二人一組で行い「片方が書いたコードを，片方がチェック（レビュー）する」という作業を交代しながら進める。
- 反復…短い期間ごとにリリースを繰り返すこと
- テスト駆動開発…まずテストを作成し，そのテストに合格するように実装を進めること
- リファクタリング…バグがなくても，コードの効率や保守性を改善していくこと

## ❏ リーンソフトウェア開発 `R3` `H30` `H27`

リーンソフトウェア開発は，日本の自動車製造におけるムダを省いたリーン生産方式をソフトウェア開発に適用したもので，アジャイル型開発手法の一つである。現場に適応した具体的な実践手順を作り出す助けとなるもので，次に示す7つの原則を提示している。

7つの原則：「ムダをなくす」「品質を作り込む」「知識を作り出す」「決定を遅らせる」「早く提供する」「人を尊重する」「全体を最適化する」

## ❏ スクラム `H27`

スクラムはアジャイル型開発手法の一つで，スプリントという短い開発期間を設定し，透明性と検査，適応によって，経験に基づいた最適化を進めながら，各スプリントの中で選択した機能を開発していく。開発体制は，機能を決定するプロダクトオーナ，全体をマネジメントするスクラムマスタ，開発作業を行う開発チームの3つで構成される。

毎朝デイリースクラムというミーティングで「昨日したこと」「今日すること」「問題点」を確認する。各スプリントの最後では，振り返りのレトロスペクティブミーテ

ィングを行い，成果と反省をまとめ，次のスプリントでその経験を反映する。

## 3.3 設計技法

代表的な設計技法について説明する。フールプルーフなどの信頼性設計技法は，午前Ⅱ試験での出題が特に頻繁であるので，しっかりと覚えてほしい。

### ❏ データ中心アプローチ技法

データ中心アプローチ（DOA：Data Oriented Approach）技法とは，業務の中で取り扱われるデータそのものは比較的変化が少ない点に着目し，抽象データ型から構成されるデータ基盤を事前に構築して，そのデータ基盤上にビジネスプロセスを構築していくという開発技法である。

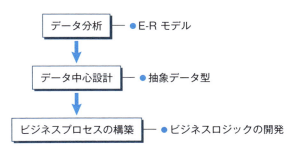

▶ データ中心アプローチ技法

### ❏ 構造化技法

構造化技法とは，システムを構成する機能に着目し，機能ごとのモジュール分割を行って機能の階層構造化を図るとともに，構造化プログラミングを実施してその品質を向上させていく開発技法である。要求分析やシステム設計においては，DFD（Data Flow Diagram）を採用して機能分析を行い，モジュール分割を行って機能の階層構造化を図る。

21

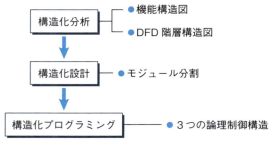

▶**構造化技法**

## ❏ オブジェクト指向技法

　オブジェクト指向技法は，機能とデータが一体化したモノをシステムの構成要素としてとらえ，識別したモノを再利用可能なコンポーネントとして開発していく技法である。オブジェクトを利用する場合に，その内部構造を知る必要はない。オブジェクトは独立した単位であるので，別の目的にも再利用できる。

　オブジェクト指向の主要な技術として，情報隠ぺいとカプセル化，クラスとインスタンス，クラス階層化，多相性，継承，集約，メッセージパッシング，委譲などが挙げられる。

　また，このオブジェクト指向技法を適用し，オブジェクトの分散化を実現する分散オブジェクト技術が開発されている。代表的な分散オブジェクト技術として，CORBA（Common Object Request Broker Architecture），Microsoft社の提唱する分散オブジェクト技術，Java分散オブジェクト技術などが挙げられる。

## ❏ ロバストネス分析　R3

　オブジェクト指向開発におけるロバストネス分析では，ユースケース図やユースケースの詳細な記述で表された要求モデルを入力として，ユースケースのクラスをバウンダリクラス，コントロールクラス，エンティティクラスの3つに分けて分析し，クラス間の関連を定義してロバストネス図を作成する。このロバストネス分析を行うことで，ユースケースの問題点をなくし，仕様の抜けや漏れを減らし，品質の高いユースケースにすることができる。

## ❏ フールプルーフ　H29 H28 H27 H25

　フールプルーフとは，システムで意図していない誤操作や正しくないデータが入力

されないようにする信頼性設計技法のことである。不特定多数の人が使用するプログラムでは，プログラムの機能を理解しないまま操作される可能性が高いため，誤操作対応やデータチェックをより厳重に行うフールプルーフを採用したプログラム設計を行う必要がある。プログラムの操作マニュアルを作成するだけでなく，エラーデータが入力されたときはエラーメッセージを表示して再入力させるように制御する。

## ❏ フェールセーフ　H29　H28　H27　H25

フェールセーフとは，システムの一部に故障や異常が発生したとき，その影響が安全な方向に働くように，システムの信頼性を追求する耐障害設計の考え方をいう。データの喪失，装置への障害拡大，運転員への危害などを減じる方向にシステムを制御する。

交通管制システムが故障したときに，車両などが事故を起こさないように，信号機に赤色が点灯するようにする設計は，フェールセーフの考えに基づいている。

## ❏ フェールソフト　R3　H29　H28　H27　H25

フェールソフトとは，システムの一部が故障したときに，故障を起こした装置や部分を切り離して，処理能力を落としても，システムの全面停止を回避するという信頼性設計技法である。

## ❏ フォールトトレラント　H29　H28　H27　H25

フォールトトレラントとは，冗長構成を講じることによって，システムが部分的に故障してもシステム全体として必要な機能を維持できるようにする高信頼化設計技法である。

具体的には，ハードディスクにRAID 1を採用することなどである。

## ❏ リバースエンジニアリング

リバースエンジニアリングとは，通常の開発作業とは逆にプログラムのソースコードから設計仕様などを導き出す技術のことである。ソフトウェアの再開発や設計仕様書のない現行システムの保守作業を行う際に活用される。

## ❏ リエンジニアリング

リエンジニアリングでは，リバースエンジニアリングによって現行システムの上流開発工程の成果物(設計情報)を再生産し，その仕様を修正して新システムを構築する。

## ❏ 構造化プログラミング　H28 H26

構造化プログラミングとは，各手続きの構造を明確に，整理された形で（構造化定理に基づいて）記述する手法である。

## ❏ コンポーネント指向プログラミング　H28 H26

コンポーネント指向プログラミングは，再利用を前提としたソフトウェア部品であるコンポーネントを組み合わせることでシステムを構築する手法である。

## ❏ ビジュアルプログラミング　H28 H26

ビジュアルプログラミングとは，各機能を表すアイコンを画面上で並べるなど，視覚的な操作によってプログラム作成を支援する手法である。

## ❏ SOA　R2 H25

SOA（Service Oriented Architecture）とは，個々の利用者に提供するサービスを，実現する機能単位の集まりととらえ，利用者や業務上から要求されるサービスを設計するという，大規模な情報システムの開発方式の考え方のことである。個々の利用者は，それぞれが担当する業務に役立つサービスを連携させて利用する。そのため，担当する業務に変化が生じた場合，そのサービス間の連携を業務の変更内容に応じて動的に変更できるように，サービス間の関係は疎結合で設計しておく必要がある。

## ❏ マッシュアップ　R3 H31 H29 H27

Webコンテンツ作成におけるマッシュアップとは，複数の異なるコンテンツ（サービス）を取り込み，それらを組み合わせて利用し，新しいコンテンツ（サービス）を作成する手法を総称した言葉である。

# 3.4　テスト技法

## ❏ ホワイトボックステスト

ホワイトボックステストは，プログラム内部のロジックに基づいてテストケースを設計する技法である。ホワイトボックステストの設計には，すべての命令を最低1回は実行させる命令網羅や，各判定を少なくとも1回は判定させる判定条件網羅，判定条件中のすべての条件で，真と偽を少なくとも1回はとらせる条件網羅などがある。

## ❏ ブラックボックステスト

ブラックボックステストとはプログラムのロジックはブラックボックスとして，機能仕様に基づいて，入力とその結果に着目してテストケースを設計する技法である。正常処理となる入力値と異常処理となる入力値に分割して，それぞれの代表値を用意する同値分割と，正常と異常の境界付近の値をテストケースとして採用する限界値分析という手法がある。

## ❏ エラー埋込み法　H26

エラー埋込み法とは，故意に埋め込んだエラーも，ソフトウェアに潜在していたエラーも，同じ比率で発見されることを前提にした，ソフトウェアの残存エラー数を推定する方法である。試験では，次の例のような残存エラー数を求める形式での出題が多い。

> 例　埋め込んだエラーが100個で，テストで30個のエラーが発見され，そのうちの20個が埋め込まれたエラーであった場合の残存エラー数は，次のように計算する。
>
> 故意に埋め込んだ100個の埋込みエラーのうち，20個が発見されているので，未発見の埋込みエラーは，80個である。また，検査グループが発見したエラー30個のうち，20個が埋込みエラーなので，ソフトウェアに潜在していたエラーと埋込みエラーの比は，1：2である。同じ比率でエラーが残存していると考えると，未発見の埋込みエラーが80個なので，埋込みエラーを除くエラーの残存数をxとすると，x：80＝1：2なので，x＝40である。よって，埋込みエラーを除く残存エラー数を40と推定できる。

## ❏ All-Pair法（ペアワイズ法）　H31

All-Pair法（ペアワイズ法）は，直交表によるテストケースの作成条件を緩和した技法で，2因子間の取り得る値の組合せが同一回数でなくても，1回以上存在すればよいとしてテストケースを設計する技法である。

## 3.5　開発規模と生産性

開発規模と生産性には，深い関連がある。一般に，プロジェクトメンバが増えるほど，メンバ間のコミュニケーションチャネル数が増え，結果として，コミュニケーションにかかる工数が増えていく。また，開発生産性のグラフと全体の生産性を表す式

については，午前Ⅱ問題で繰り返し出題されているので，しっかりと理解してほしい。

## ❏ コミュニケーションチャネルの数

　プロジェクトメンバがn人の場合，コミュニケーションチャネル数は，プロジェクトメンバのうちから，任意の2人を選ぶ組合せの数だけ存在するので，コミュニケーションチャネル数は，次式で求められる。

$$_nC_2 = n \times (n-1) \div 2$$

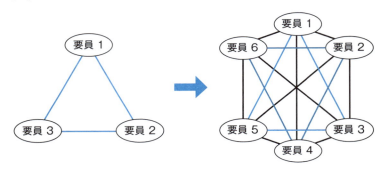

要員が2倍になるとコミュニケーションチャネル数は5倍になる

▶要員数と要員間のコミュニケーションチャネル数

## ❏ 開発生産性と規模のグラフ　R2　H30　H28　H26　H24

　COCOMOには，システム開発の工数を見積もる式の一つとして次式がある。

　　　開発工数＝3.0×(開発規模)$^{1.12}$

　開発生産性は，開発規模を開発工数で除した値なので，次のようになる。

　　　開発規模÷開発工数＝開発規模÷(3.0×(開発規模)$^{1.12}$)

$$= \frac{1}{3} \times (開発規模)^{-0.12}$$

　よって，開発規模と開発生産性の関係を表すグラフは，次のようになる。

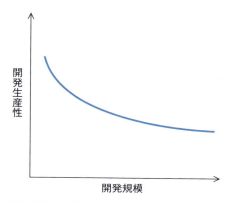

▶開発規模と開発生産性の関係を表したグラフ

## ❑ 全体の生産性を表す式　H31 H29 H27

システム開発の各工程の生産性が，次のとおりである場合，全体の生産性を表す式は，次のように求める。

[生産性]

設計工程：X ステップ/人月

製造工程：Y ステップ/人月

試験工程：Z ステップ/人月

システムの規模をSステップとすると，各工程の工数は，次のようになる。

設計工程：S÷X（人月）

製造工程：S÷Y（人月）

試験工程：S÷Z（人月）

プロジェクト全体の工数は，各工程の工数の和であるので，次のとおりである。

$$\frac{S}{X}+\frac{S}{Y}+\frac{S}{Z}$$

上記が全体の工数なので，全体の生産性は，次のようになる。

$$\text{全体の生産性}=\frac{S}{\dfrac{S}{X}+\dfrac{S}{Y}+\dfrac{S}{Z}}$$

$$=\frac{1}{\dfrac{1}{X}+\dfrac{1}{Y}+\dfrac{1}{Z}}$$

# 4 プロジェクト統合マネジメント

〈午前Ⅱ試験対策〉

- 　　　知識項目 の中では特に，**プロジェクト憲章**や**組織のプロセス資産**，**傾向分析**，**変更要求**などを，しっかりと学習してほしい。これらは午前Ⅱに限らず，午後Ⅰでもよく目にするキーワードである。

- *PMBOK*®ガイドの**プロジェクトマネジメントプロセス名**やその**インプット**などについて問われることがある。これらについては，**4.2** **概観図とデータフロー図** の中の，**プロジェクト統合マネジメントの概観**で確認しておいてほしい。

＊

〈午後試験対策〉

- まず，**4.1** **全体の流れ** で，プロジェクト統合マネジメントでは何を行うのかを理解してほしい。このとき，プロジェクト統合マネジメントのプロセスと他の知識エリアのプロセスとの関係も押さえてほしい。そのためには，各『**プロセス群**』内の関係図 （P.32 P.34 P.36 P.37 P.40）を利用するとよい。

- 次に，プロジェクトマネジメントプロセス間の関係を，**4.2** の**データフロー図**においてドキュメントの流れを追うことで，統合マネジメントの各プロセスのアウトプットがどのようなマネジメントプロセスに影響するのかなどを確認してほしい。

□午後Ⅰ対策

- 午後Ⅰ試験では，何かのマネジメントに特化する問題よりも総合問題が出題されることが多いため，プロジェクトの計画や実行時に中心となる**統合マネジメントの問題**は頻繁に出題される。

- 具体的には，プロジェクトの特徴を鑑みながら，どのように計画を立てるべきか，どのように利害の衝突を調整するか，どのようにトレードオフを解消するのか，あるいはどのようなリスクへの対応策を講じるべきか，ステークホルダの要求をどのように調整してまとめるかなどが問われている。

- また，プロジェクトの途中で発生した**スコープ変更への対処，問題の発生したプロジェクトの立て直し**などについて問われる場合もある。

□**午後Ⅱ対策**

- これまでは，遂行中に発生した問題解消のために，トレードオフとなる知識エリア間の調整を図ってどのように**トレードオフを解消したか**や，プロジェクトの工程の完了評価において，**完了評価の内容や把握した問題と次工程への影響，知見を活用した問題の迅速な解決**などについて出題されている。過去に出題された問題から，求められている問題解決の方針などを抜き出しているので人材像や解決手順の参考にしてほしい。

## 4.1 全体の流れ

**プロジェクト統合マネジメント**は，すべての知識エリアの結果を統合する業務であり，プロジェクトマネージャのみが責任を担う。それぞれの知識エリアのプロセスは独立して存在するものではなく相互に関連し合っているため，各知識エリアのプロセスを統合するという作業は必須である。したがって，プロジェクト統合マネジメントのプロセスは，立上げ，計画，実行，監視・コントロール，終結というプロセス群ごとに，それぞれのプロセス群における各知識エリアのプロセスを統合するためのプロセスが存在している。このプロセス群の流れはしばしば繰り返し行われるため，プロジェクト統合マネジメントは反復的で，プロジェクトライフサイクルの中で繰り返し実施される。

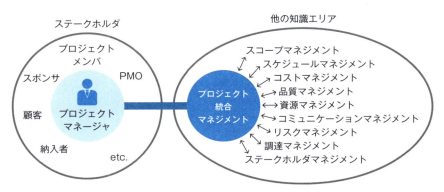

▶**プロジェクト統合マネジメントの位置づけ**

また，このような各プロセス群における統合を担うプロセスのほかに，承認された計画に対する変更を統合的に管理する統合変更管理，プロジェクトライフサイクルを通じて既存の知識を活用したり新しい知識を創造したりするナレッジマネジメントの業務も行う。

　プロジェクト統合マネジメントで行われる業務を，時間軸に沿って説明していく。

## 1 プロジェクトの構想立案（プロジェクト開始前のフェーズ）

　このフェーズは，企業などがその戦略や外部からのさまざまな要請に基づいて，**実施すべきプロジェクトを選択するフェーズ**である。社内の企画チーム，ビジネスアナリスト，ストラテジストといった役割を持った人が複数のプロジェクトの候補から実施すべきプロジェクトを選択する。選択にあたってはその経済価値や企業戦略を加味したさまざまな分析技法が使われる。例えば，ROI（Return On Investment）★はプロジェクトの投資に対してどれだけの利益が得られるかという指標で，数値が高いほどプロジェクトを実施することにより得られるメリットが大きいということになる。実際のプロジェクトの選定では，このほかにさまざまな企業戦略や制約条件を考慮し，最適なプロジェクト候補を選定する。

　企業などの戦略目標を達成するために，複数のプロジェクトや定常業務などを統括して管理することを**ポートフォリオマネジメント**という。ポートフォリオマネジメントの活動において，戦略目標の実現にかかわるいくつものプロジェクトの候補から実施すべき複数のプロジェクトを選択したり，実施しているプロジェクト，さらには終了したプロジェクトも含めて，その状況分析を行ったりプロジェクトに関する方針を決めたりする。最終的に，組織で実施するプロジェクトはビジネスアナリストやストラテジストの分析や提言をもとに，費用対効果や戦略的価値を正しく判断して実施されるべきである。

　プロジェクトの構想立案フェーズは，プロジェクト開始前のフェーズであり，この時点では，まだプロジェクトマネージャという役割は存在しない。しかし，その後のプロジェクトを担当するプロジェクトマネージャがこのフェーズに参加することが望ましい。その理由の一つは，プロジェクトマネージャが，構想立案フェーズで確認した企業の戦略やプロジェクトの目的をプロジェクトの実施チームの責任者として正しく理解し，実施するプロジェクトメンバに正しく伝える必要があるからである。もう一つの理由は，構想立案チームに，そのプロジェクトの実施可能性や実施のリスクなどをプロジェクトの専門家として助言するためである。したがって，プロジェクトが

正式に開始される前のこの段階からプロジェクトマネージャが参加する場合，これらの意義について十分に理解して参加する必要がある。

プロジェクトの構想立案に，外部のコンサルタント会社が参加して提言を行うことがある。このとき，コンサルタント会社は発注者の立場に立って最善の提案を行う。選択されたプロジェクトをベンダが請負契約で受注する場合，一般にベンダはこの企画構想フェーズには参加していない。発注者側では，企画構想をもとに選択されたプロジェクトの提案依頼書（RFP）（➡P.203）や見積り依頼書（RFQ）をベンダに提示し，ベンダはそれに対して提案書を作成する。

## 2 プロジェクトの立上げ

プロジェクトを実施するためには，予算や人などのリソースが必要となる。通常，組織で予算や人を新たに割り当ててもらうためには，組織内での正式な承認が必要となる。**プロジェクトを正式に承認してもらうプロセス**が，**プロジェクトの立上げ**プロセスである。そして，プロジェクトを正式に承認したことを示す文書を**プロジェクト憲章**★と呼ぶ。日本におけるプロジェクトの実務では，プロジェクト憲章という名称を用いることは少ない。実際にはプロジェクト定義書，プロジェクト企画書などと呼ばれることが多い。小規模なプロジェクトであれば，稟議書がプロジェクト憲章の役割を果たしていることもあるだろう。

通常，組織内で予算や人の割当てを承認してもらうには，何のために予算や人が必要なのか，いつどのような活動を行うつもりなのか，そのことによって組織にどのようなメリットが生じるのか，といったことを説明する必要がある。したがって，プロジェクト憲章には，それらのことを説明する内容が記述される。具体的には，**プロジェクトの目的，目標，プロジェクトへの要求事項や作成しようとしている成果物の概要，概要レベルでのスケジュール，必要な予算**などが記述される。また，承認されたプロジェクトを担当する**プロジェクトマネージャの名前とその権限**についても，明確に記述される。そのプロジェクトを行うことが組織にとって確かに有意義であると認められたら，プロジェクト憲章が承認され（承認印が押され），プロジェクトが正式に立ち上がる。

プロジェクト憲章は，プロジェクトマネージャよりも上位レベルの管理者等の名前で発行するものであるが，実際にはプロジェクトマネージャが作成し，発行者の承認を得るという形をとることも多い。

ベンダが請負契約でプロジェクトを実施する場合は，締結された契約書がプロジェ

クト憲章に相当するといわれている。SIベンダにとっては，契約書を締結することでプロジェクトが正式に承認されるということである。

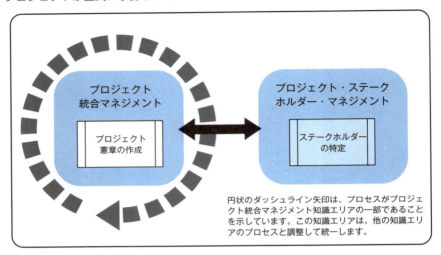

▶**立上げプロセス群**（出典　*PMBOK*® ガイド 第6版 P.562 図2-2）

## 3 プロジェクトマネジメント計画書の作成

　プロジェクトの開始が決定したらプロジェクトマネジメント計画書★を作成する。計画書はスコープ，スケジュール，コストを始め，品質，資源，コミュニケーション，リスク，調達，ステークホルダという知識エリアごとに作成した計画を統合し，一つの計画書にまとめる。それぞれの知識エリアはお互いに関連し合っているため，プロジェクト統合マネジメントの観点でそれらを調整し，バランスを保ちながら計画書として完成させなければならない。

　プロジェクトには，成果物の詳細や作業工数が事前に予測しやすいものとしにくいものがある。前者のようなプロジェクトでは，プロジェクトの進め方として予測型のアプローチをとることが多い。予測型では，はじめにプロジェクトマネジメント計画書をしっかりと作成し，計画どおりにプロジェクトを実行することを重視する。システム開発におけるウォータフォールモデル（➡P.17）の開発がこれにあたる。このタイプのプロジェクトでは，計画段階でプロジェクトのスコープ，スケジュール，コストを確定する。

　一方，プロジェクト開始時に成果物や作業工数が予測しにくいプロジェクトでは，

適応型のアプローチが適している。適応型では，プロジェクトを計画どおり進めることよりも，変化を積極的に受け入れながらプロジェクトを進めることを重視する。プロジェクトへの要求事項に対しても優先順位に沿って段階的に成果物を作成しながら，最終成果物を構築していく。アジャイル型（➡P.19)のシステム開発がこれにあたる。このタイプのプロジェクトは，少人数のチームで短い期間の開発サイクルを繰り返す。そして，期間内で開発可能な成果物を完成させては，再度見直し開発を繰り返すという方式で実施される。定められたスケジュールやコストの範囲内で開発できる成果物を作成するので，プロジェクトスコープに流動性を持たせるという特徴がある。

　計画書が完成したら，関係者の承認を得てプロジェクトの実行が開始される。

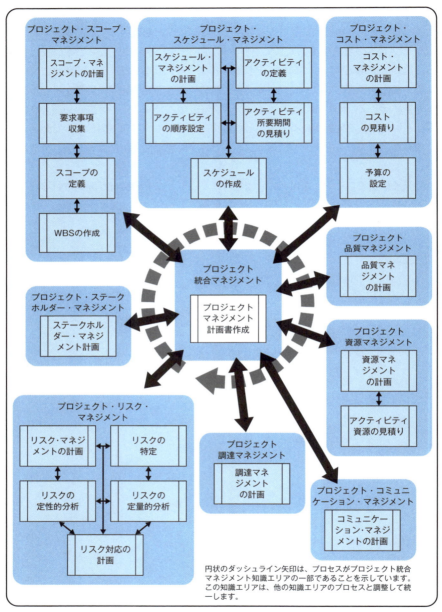

**▶計画プロセス群**（出典 *PMBOK®* ガイド 第6版 P.566 図3-1）

※「ステークホルダー・マネジメント計画」は，「ステークホルダー・エンゲージメントの計画」です。

# ４ プロジェクト作業の実行とコントロール

　プロジェクトマネージャは承認された計画に従ってプロジェクトの作業を進め，それらの作業の完了を確認する。プロジェクトで実行する必要のある作業はWBS（Work Breakdown Structure）（➡P.71）で定義され，その実行順序はスケジュールに示される。計画された作業以外にも，発生した問題への対応として必要な作業（**是正処置**★）や，リスクへの対応として必要な作業（**予防処置**★），あるいは承認された変更要求によって計画と異なる作業の指示を行うこともある。

---

## ■ 関連する午後Ⅱ問題

> **Q** **システム開発プロジェクトにおけるトレードオフの解消について** 〔H25問2〕
>
> 　この問題では，プロジェクトの遂行中に発生した問題を解消しようとして，プロジェクトの複数の制約条件がトレードオフの関係になったときに，どのようにトレードオフを解消させたかについて述べることが求められた。
>
> ### ❏ トレードオフとは？
> 　複数の条件を同時に満足させようとしても，一つを満足させようとすると，残りの条件を満足させられない状態をトレードオフという。
>
> **【例】**
> 　納期と予算という制約条件があるプロジェクトにおいて，納期に遅れそうになっているので，納期を満足させるために要員を追加すると予算超過となり，予算を守るために現状の要員だけで対処すると納期遅延になるケース。
>
> **【解消するには？】**
> 　制約条件である納期と予算について分析をし，その他の条件も考慮に入れながら調整し，納期と予算が同時に受け入れられる状態を探すようにする。
>
> **【ここに注意！】**
> 　プロジェクトにおけるトレードオフの状況について，明確にその状況を述べることが大事。回答では，その点について曖昧な論述がみられ，試験センターより注意を促されている。

---

　プロジェクトの実行中は，それぞれの作業の状況を監視するとともに，各作業が終了したら作業の実績データや成果物を確認し，それぞれの作業が計画どおりに完了し

たのかを判断する。そして，発見された問題やリスクに対して対応策を考える。これ
らの作業においては，品質データの分析や確認，作業完了の判断などプロジェクトマ
ネジメントの他の知識エリアの作業も必要となり，プロジェクト統合マネジメントプ
ロセスはそれらを統括して管理する。

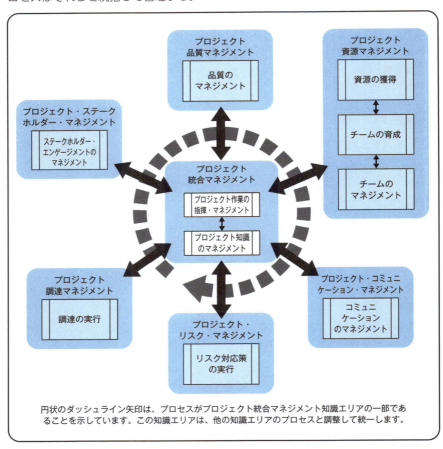

▶**実行プロセス群**（出典　*PMBOK*® *ガイド* 第 6 版 P.596 図4-1）

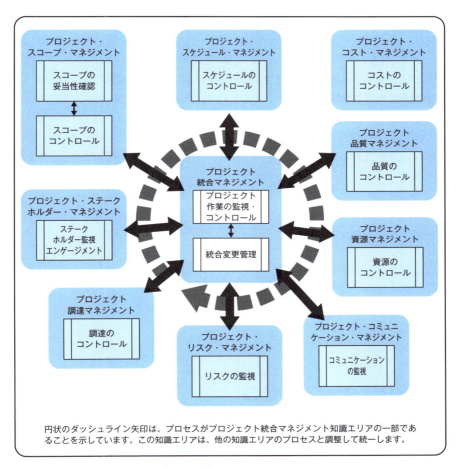

円状のダッシュライン矢印は、プロセスがプロジェクト統合マネジメント知識エリアの一部であることを示しています。この知識エリアは、他の知識エリアのプロセスと調整して統一します。

▶**監視・コントロールプロセス群**（出典 *PMBOK*® ガイド 第6版 P.614 図5-1）

※「ステークホルダー監視エンゲージメント」は，「ステークホルダー・エンゲージメントの監視」です。

## 5 統合変更管理

　プロジェクトにおいては，計画し承認されたスコープ，スケジュール，コストを変更したほうがよい状況が発生する。このようなプロジェクトの変更要求に対して総合的に判断し，必要な変更を確実に実施することも，プロジェクト統合マネジメントの重要な業務である。

　プロジェクトマネージャは，顧客や社内の上司などのステークホルダに対して，プ

ロジェクトで設定された目標（品質，コスト，納期，スコープ）を達成することを約束している。プロジェクトの実績が計画を下回った，あるいは下回りそうになった場合，プロジェクトマネージャは，自らの裁量で計画の変更を行うことがある。しかし，プロジェクトの目標を変える必要がある場合には，正式な変更管理プロセスを通して，正式な承認を得なければならない。そのために，正式な変更管理手順★を事前に決めておくことが重要である。プロジェクトでは，さまざまなところから変更の要望が出されることがあるが，正式に承認された変更要求以外には対応してはならない。そのために，変更管理手順の中で変更の承認権限が誰にあるのかを明確にすることが大切である。

　プロジェクトで正式な変更を承認する組織を変更管理委員会（CCB：Change Control Board）★と呼ぶ。そこには，予算の変更や納期の変更を承認できる権限のあるステークホルダが含まれる。プロジェクトマネージャがそのメンバに加わることもある。

　プロジェクトマネージャは，プロジェクトにおいて発生する変更要求★を適切に管理できるように，すべての変更要求を一元管理し，それぞれの変更要求のステータス（承認待ち，承認済み，却下された等）を把握できるようにする。そして承認された変更対応が確実に実施されるように，必要な作業をチームメンバに指示するとともに，その結果を確認し対応状況を管理することが求められる。

## 6 プロジェクト知識の管理

　プロジェクト統合マネジメントの業務の一つに，組織内に蓄積された既存の知識を活用してプロジェクトの活動を改善したり，今後の改善につながるようにプロジェクト実施中に生まれるさまざまな教訓を整理し蓄積する業務がある。教訓をプロジェクトの終結時にまとめて整理するようにすると，時間が経ってしまった有用な教訓が忘れられ失われてしまうおそれがあるため，プロジェクトライフサイクルを通して発生した教訓を，そのつど知識データベースとして整理しながら蓄えることが重要である。

　また，組織内に蓄積された知識データベースを，各プロジェクトで有効活用できるように，利用しやすい形で保存しておくことも大切である。

# 7 プロジェクトの終結

プロジェクト統合マネジメントの最後の重要な業務に，プロジェクトの終結作業がある。プロジェクトには必ず始まりと終わりがあり，目的を果たして終了とすべきである。プロジェクトは，通常，管理しやすいようにフェーズに分けられる（要件定義フェーズ，設計フェーズ，製造フェーズ，テストフェーズなど）。それぞれのフェーズで作り上げるべき成果物を順番に確実に仕上げることにより，プロジェクトの最終成果物を完成させることができる。そのため，プロジェクト全体の終結時だけではなく，各フェーズの終結時にも，各フェーズが適切に終結したかを確認する必要がある。

## ■ 関連する午後Ⅱ問題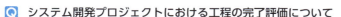

### Q システム開発プロジェクトにおける工程の完了評価について　　H25問3

この問題では，プロジェクトの工程の完了評価について，工程の完了条件と次工程の開始条件，完了評価の内容や，把握した問題と次工程への影響，対応策，加えて生じた問題の原因と再発防止策などについて述べることが求められた。

### ❏ 完了評価で問題になる点は？

【完了評価で把握される問題の例】

- 工程の成果物の承認プロセスが一部未完了
- 次工程の開発技術者が，計画上の人員に対して未充足

【対応策の検討で大事な点は？】

- 次工程にどのような影響を与えるかを分析し，対応策を検討する。
- 納期を変えずにスケジュールの調整を行うなどの対応策も含めて検討する。
- 類似の問題が発生しないように，問題の背景や原因を把握して再発防止策を立案する。

【ここに注意！】

最初に，工程の完了条件と次工程の開始条件を明確に述べることが大切。その点が不明確だと，以降に述べる完了評価の問題点が読み手（採点者）に伝わりにくくなる。

終結の業務で最も重要なことは，プロジェクトで計画した作業がすべて完了し，最終成果物が完成したことを確認することである。**最終成果物の完成を判断するために**

は，計画時にプロジェクト完了基準を作成し，プロジェクトの依頼者と実施者との間で合意しておく必要がある。プロジェクトの完了にあたっては，その完了基準が満たされていることを確認することになる。完了基準は通常，スコープ，スケジュール，コスト，品質といった目標が達成されたかを評価するための指標となる。

　終結作業においては，成果物の完成の確認という要素のほかに，プロジェクト活動に関するさまざまな終結業務を行う。その一つは，要員の解放である。プロジェクトマネージャは終結に向けて計画的に要員を解放していく必要がある。また，プロジェクトの教訓に関しても，時々で整理してきたものを最終的にまとめあげ，組織に提供する必要がある。さらに，プロジェクトに関するアカウントコードのクローズなど社内の手続きも行う。

　プロジェクトが請負で実施されている場合は，発注者に対する納品作業と契約の終了業務も必要である。

　最終的にすべての業務の完了を確認してプロジェクトは終結する。

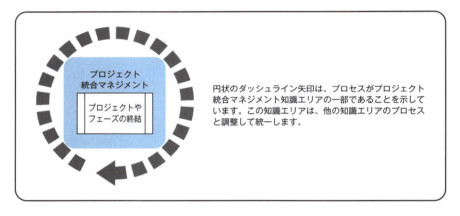

円状のダッシュライン矢印は、プロセスがプロジェクト統合マネジメント知識エリアの一部であることを示しています。この知識エリアは、他の知識エリアのプロセスと調整して統一します。

▶**終結プロセス群**（出典　*PMBOK®ガイド* 第6版 P.633 図6-1）

## 4.2　概観図とデータフロー図

*PMBOK®*ガイド第6版による，プロジェクト統合マネジメントの概観図と，プロジェクト憲章の作成のデータフロー図，プロジェクト作業の指揮・マネジメントのデータフロー図，プロジェクト作業の監視・コントロールのデータフロー図，統合変更管理のデータフロー図，プロジェクトやフェーズの終結のデータフロー図，を次に示す。

　データフロー図では，マネジメントプロセスへのインプットとアウトプットの詳細と，それらが他のマネジメントプロセスとどのように関係しているかを図示しているので，そのプロセスで作成したデータがどのプロセスに関係し，影響しているかを視覚的に把握することができる。特にプロジェクト統合マネジメントは，他のすべての知識エリアのマネジメントプロセスと関係する中心的なマネジメントエリアであるため，データフロー図でデータの流れを追うことで，マネジメントプロセス同士の関係が理解しやすくなる。

## プロジェクト統合マネジメントの概観

### 4.1 プロジェクト憲章の作成

.1 インプット
.1 ビジネス文書
.2 合意書
.3 組織体の環境要因
.4 組織のプロセス資産

.2 ツールと技法
.1 専門家の判断
.2 データ収集
.3 人間関係とチームに関するスキル
.4 会議

.3 アウトプット
.1 プロジェクト憲章
.2 前提条件ログ

### 4.2 プロジェクトマネジメント計画書の作成

.1 インプット
.1 プロジェクト憲章
.2 他のプロセスからのアウトプット
.3 組織体の環境要因
.4 組織のプロセス資産

.2 ツールと技法
.1 専門家の判断
.2 データ収集
.3 人間関係とチームに関するスキル
.4 会議

.3 アウトプット
.1 プロジェクトマネジメント計画書

### 4.3 プロジェクト作業の指揮・マネジメント

.1 インプット
.1 プロジェクトマネジメント計画書
.2 プロジェクト文書
.3 承認済み変更要求
.4 組織体の環境要因
.5 組織のプロセス資産

.2 ツールと技法
.1 専門家の判断
.2 プロジェクトマネジメント情報システム
.3 会議

.3 アウトプット
.1 成果物
.2 プロジェクトマネジメント情報システム
.3 課題ログ
.4 変更要求
.5 プロジェクトマネジメント計画書更新版
.6 プロジェクト文書更新版
.7 組織のプロセス資産更新版

### 4.4 プロジェクト知識のマネジメント

.1 インプット
.1 プロジェクトマネジメント計画書
.2 プロジェクト文書
.3 成果物
.4 組織体の環境要因
.5 組織のプロセス資産

.2 ツールと技法
.1 専門家の判断
.2 知識マネジメント
.3 情報マネジメント
.4 人間関係とチームに関するスキル

.3 アウトプット
.1 教訓登録簿
.2 プロジェクトマネジメント計画書更新版
.3 組織のプロセス資産更新版

### 4.5 プロジェクト作業の監視・コントロール

.1 インプット
.1 プロジェクトマネジメント計画書
.2 プロジェクト文書
.3 作業パフォーマンス情報
.4 合意書
.5 組織体の環境要因
.6 組織のプロセス資産

.2 ツールと技法
.1 専門家の判断
.2 データ分析
.3 意思決定
.4 会議

.3 アウトプット
.1 作業パフォーマンス報告書
.2 変更要求
.3 プロジェクトマネジメント計画書更新版
.4 プロジェクト文書更新版

### 4.6 統合変更管理

.1 インプット
.1 プロジェクトマネジメント計画書
.2 プロジェクト文書
.3 作業パフォーマンス報告書
.4 変更要求
.5 組織体の環境要因
.6 組織のプロセス資産

.2 ツールと技法
.1 専門家の判断
.2 変更管理ツール
.3 データ分析
.4 意思決定
.5 会議

.3 アウトプット
.1 承認済み変更要求
.2 プロジェクトマネジメント計画書更新版
.3 プロジェクト文書更新版

### 4.7 プロジェクトやフェーズの終結

.1 インプット
.1 プロジェクト憲章
.2 プロジェクトマネジメント計画書
.3 プロジェクト文書
.4 受入れ済み成果物
.5 ビジネス文書
.6 合意書
.7 調達文書
.8 組織のプロセス資産

.2 ツールと技法
.1 専門家の判断
.2 データ分析
.3 会議

.3 アウトプット
.1 プロジェクト文書更新版
.2 最終プロダクト、サービス、所産の移管
.3 最終報告書
.4 組織のプロセス資産更新版

▶**プロジェクト統合マネジメントの概観**（出典 *PMBOK*® ガイド 第6版 P.71 図4-1）

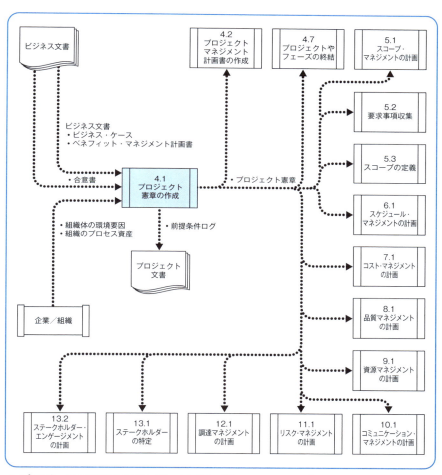

▶プロジェクト憲章の作成：データフロー図（出典　*PMBOK*® ガイド 第6版 P.76 図4-3）

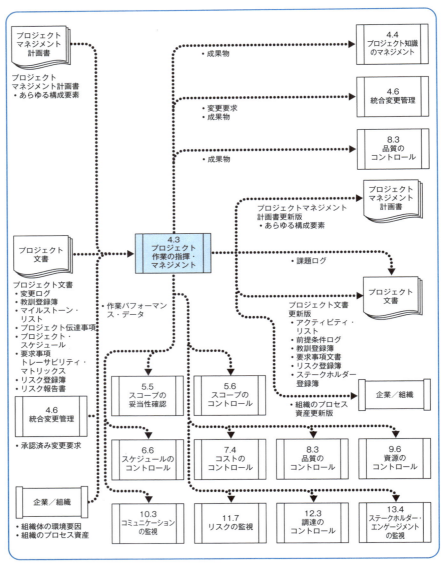

▶プロジェクト作業の指揮・マネジメント：データフロー図

(出典 *PMBOK*® ガイド 第6版 P.91 図4-7)

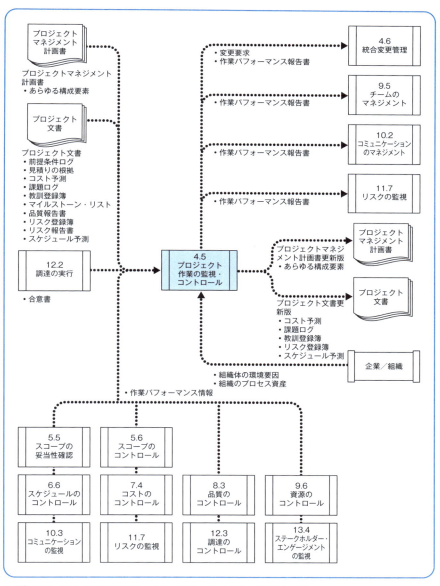

▶プロジェクト作業の監視・コントロール：データフロー図

（出典 *PMBOK* ガイド 第6版 P.106 図4-11）

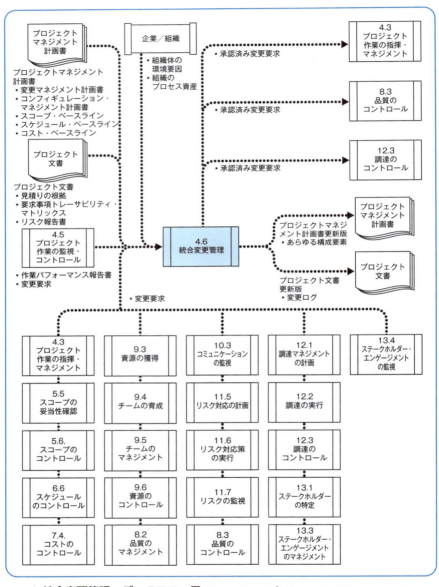

▶統合変更管理：データフロー図（出典　*PMBOK*® ガイド 第6版 P.114 図4-13）

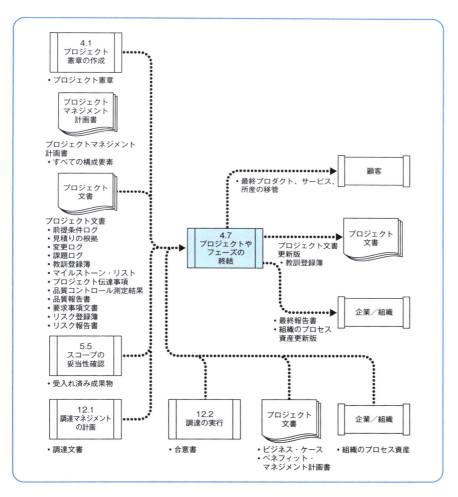

▶プロジェクトやフェーズの終結：データフロー図

（出典　*PMBOK*® ガイド 第 6 版 P.122 図4-15）

# 知識項目

## ❏ プロジェクト憲章　R2　H30　H26　H25　H24

プロジェクト憲章は，プロジェクトを公式に立ち上げるための文書である。
*PMBOK®*ガイドでは，プロジェクト憲章作成プロセスにおいて作成される。プロジェクトマネージャもこのプロジェクト憲章の中で正式に任命される。また，次のような事項について，その概要情報が文書化される。

〔プロジェクト憲章の主な項目〕
プロジェクトの目的，プロジェクト目標と成功基準，要求事項，主要な成果物，プロジェクトの全体リスク，主なマイルストーンやスケジュール，事前承認された財源，主要なステークホルダリスト，プロジェクトの終了基準，プロジェクトマネージャとその権限

## ❏ 組織のプロセス資産　R3　H29　H27　H26

*PMBOK®*ガイドでは，組織のプロセス資産は『母体組織が使用し，同組織に特有の計画書，プロセス，方針，手続き，および知識ベース』(*PMBOK®*ガイド 第6版 P.718) と説明されており，組織におけるプロジェクトの遂行や統制に用いられる実務慣行や知識，作成されたものなどを指す。また，組織のプロセス資産は"プロセス，方針および手続き"と"組織の知識ベース"とに分類される。

《プロセス，方針および手続きに含まれるもの》

　・標準プロセスやその適合基準や方針
　・プロダクトライフサイクルおよびプロジェクトライフサイクル
　・各種テンプレート
　・プロジェクトに関連する手続き，指示書

《組織の知識ベースに含まれるもの》

　・これまでのプロジェクトで作成されたベースラインなどのプロジェクトファイル
　・組織の所有するプロジェクトに関連する実績情報

## ❏ 組織体の環境要因　H29　H27

*PMBOK®*ガイドでは，組織体の環境要因は『チームの直接管理下にはないが，プロジェクト，プログラム，あるいはポートフォリオに対して，影響を及ぼし，制約し，または方向性を示すような条件』(*PMBOK®*ガイド 第6版 P.717) と説明されている。

　具体的には，組織文化，構造，ガバナンス，施設などの地理的分布，組織のインフラストラクチャ，市場の状況，法的制約，国や業界の標準などである。

### ❏ 投資効果　ROI H28 ／NPV H28 H24 ／PBP

　プロジェクトなどに投資した効果を測る方法には，さまざまな方法がある。これまで，試験で出題された投資効果の計算方法は，次のとおりである。

- ●ROI（Return On Investment；投資利益率）…投資額に対してどれだけの収益（利益）を得られるかを示す指標であり，その計算式は次のとおりである。

　　　ROI＝収益÷投資額

　ROIの値が大きいほど，投資効果が高いと評価できる。

- ●NPV（Net Present Value；正味現在価値）…将来得られるキャッシュイン（現金流入）を現在価値に置き換えたものから投資のキャッシュアウト（現金流出）を差し引いて算出し，投資回収できるかを評価する指標である。

　　　キャッシュインの現在価値の総和－キャッシュアウト＞0

　であれば，投資効果があると判断できる。

　　n年後のキャッシュインがx，1年間の割引率がy％の場合，現在価値は次式で求める。

　　　現在価値＝x÷(1＋y÷100)$^{n}$

- ●PBP（Pay Back Period）…投資を回収できるまでに要する回収期間のことである。投資した金額をより早く回収できる投資案件が望ましいと評価される。

### ❏ 前提条件　　H25

　前提条件とは，プロジェクトの立上げ時や計画時などその時点で未確定の要素に対して，設定した条件を指す。

### ❏ 制約条件　　H25

　制約条件とは，プロジェクトマネジメントの選択肢を制限する要因となるような，設定された条件のことである。

　　例 予算，納期，組織，労働環境などに関する条件

### ❏ 前提条件ログ

　前提条件ログとは，プロジェクトの全段階における前提条件と制約条件を記録する

プロジェクト文書のことである。

## ❏ プロジェクトマネジメント計画書

プロジェクトマネジメント計画書は，プロジェクトを実行，監視・コントロール，終結させるそれぞれの段階で，どのようにマネジメントするのかについて記述した計画書である。

具体的には，他の知識エリアの補助マネジメント計画書やすべてのベースライン，プロジェクトのマネジメントに必要な情報をまとめたものである。

▶ **プロジェクトマネジメント計画書に含まれる項目例**

(出典　*PMBOK*® ガイド 第6版P.89 表4-1より作成)

| 項目 | 内容 |
|---|---|
| 補助マネジメント計画書 | スコープ・マネジメント計画書　要求事項マネジメント計画書<br>スケジュール・マネジメント計画書　コスト・マネジメント計画書<br>品質マネジメント計画書　資源マネジメント計画書<br>コミュニケーション・マネジメント計画書<br>リスク・マネジメント計画書　調達マネジメント計画書<br>ステークホルダー・エンゲージメント計画書 |
| ベースライン | スコープ・ベースライン（スコープ記述書，WBS，WBS辞書）<br>スケジュール・ベースライン（実績と比較する基準になるスケジュールモデル）<br>コスト・ベースライン（実績と比較する基準になる時間軸で表された予算） |
| その他 | 変更マネジメント計画書<br>コンフィギュレーション・マネジメント計画書<br>パフォーマンス測定ベースライン<br>プロジェクト・ライフサイクルの記述<br>開発アプローチ |

## ❏ プロジェクト文書

プロジェクト文書は，プロジェクトマネジメント計画書ではないが，プロジェクトを効果的にマネジメントするために使用される文書で，次のものを挙げている。

▶**プロジェクト文書**（出典　PMBOK® ガイド 第6版P.89 表4-1より作成）

アクティビティ属性／アクティビティ・リスト／前提条件ログ／見積りの根拠／変更ログ
コスト見積り／コスト予測／所用期間見積り／課題ログ／教訓登録簿
マイルストーン・リスト／物的資源の割当て／プロジェクト・カレンダー
プロジェクト伝達事項／プロジェクト・スケジュール
プロジェクト・スケジュール・ネットワーク図／プロジェクト・スコープ記述書
プロジェクト・チームの任命／品質コントロール測定結果／品質尺度／品質報告書
要求事項文書／要求事項トレーサビリティ・マトリックス
資源ブレークダウン・ストラクチャー／資源カレンダー／資源要求事項／リスク登録簿
リスク報告書／スケジュール・データ／スケジュール予測／ステークホルダー登録簿
チーム憲章／テスト・評価文書

## ❏ 課題ログ

　**課題ログ**はプロジェクトで発生した対応が必要になる問題をすべて記録するプロジェクト文書のことである。発生日や内容，優先順位，対応の担当者，解決予定日，解決策，解決日などを記録し，課題の状況の把握や確実な解決に役立つ。問題管理台帳などともいう。

## ❏ 作業パフォーマンス情報

　作業パフォーマンスデータは，プロジェクトの実行中に収集されたプロジェクトのさまざまな側面の実測データである。この収集された作業パフォーマンスデータは，必要なコントロールプロセスに渡されて分析される。プロジェクトマネジメント計画書やプロジェクト文書などに基づいて分析されたものが**作業パフォーマンス情報**である。プロジェクトの計画と実績の差異を把握するための情報である。

## ❏ 傾向分析　R3 H31 H28 H26

　**傾向分析**とは，時間の経過に伴ってパフォーマンスの変化がどのような傾向を示しているかを明らかにすることである。プロジェクトにおいては，予定どおりの進捗やコスト，品質などを達成することを目的に，プロジェクトの当初からパフォーマンスが改善傾向にあるか，悪化傾向にあるか，時間の経過に伴うその変動を分析し，悪化傾向にある場合には必要な対処を行う。代表的な傾向分析にアーンドバリュー（EV）分析がある。プロジェクトのチェックポイントにおけるCPI（コスト効率指数）やSPI（スケジュール効率指数）の値で分析を行う。

## ❏ 差異分析　H26

　プロジェクトにおけるスコープ，コスト，スケジュールのベースラインに対して，プロジェクトの実績を測定し，ベースラインと実績との差異を明確にし，差異が生じた原因や差異の度合いを分析し，是正処置などが必要かどうかを決定するのが差異分析である。アーンドバリューマネジメントにおいては，コスト差異やスケジュール差異をもとに差異分析を実施し，是正処置の必要性を検討する。

## ❏ 変更要求　R2　H30　H29

　いったん定めたプロジェクトスコープの拡張や縮小を行うためには，統合変更管理プロセスを通して，正式な変更として処理されなければならない。文書や成果物，ベースラインへの修正を求める正式な提案が変更要求である。また，要求事項には，是正処置，予防処置，欠陥修正が含まれる。
- 是正処置…計画と実績のずれを元に戻すように再調整するための処置
- 予防処置…プロジェクトが計画どおりに進むように事前に行う処置
- 欠陥修正…プロジェクトの成果物の不具合を修正するための作業

　JIS Q 21500では，プロセス群を立ち上げ，計画，実行，管理，終結の5つとしているが，"変更要求"の提出を契機にこのうちの実行プロセス群と管理プロセス群が相互に作用するとされている。

## ❏ プロジェクト作業の管理の目的　R2

　JIS Q 21500によれば，プロセス"プロジェクト作業の管理"の目的は，「プロジェクト全体計画に従って，統合的な方法でプロジェクト活動を完了すること」である。

| 変更要求書 | | | 管理 No. | |
|---|---|---|---|---|
| 変更依頼 | | | | |
| プロジェクト名 | | | 依頼日 | |
| 依頼者 | | | 部門 | |
| 変更依頼内容 | | | | |
| 変更理由 | | | | |
| 変更しない場合の影響 | | | | |
| 変更による影響 | | | | |
| 補足事項 | | | | |
| 回答 | | | | |
| 回答者 | | | 回答日 | |
| 対策案 | | | | |
| 作業内容 | | | | |
| スケジュールへの影響 | | | | |
| コストへの影響 | | | | |
| 要員への影響 | | | | |
| 品質への影響 | | | | |
| 実施上の問題点 | | | | |
| 補足事項 | | | | |
| 変更実施判定 | | | | |
| 決定者 | | | 決定日 | |
| 採用/不採用 | 1．採用　2．不採用　3．ペンディング | | | |
| 補足事項 | | | | |

▶ **変更要求書の例**

## ❏ 変更管理委員会（CCB）

変更管理委員会は，プロジェクトで発生したすべての変更要求を判断し，承認もしくは却下する最上位の機関である。変更要求がもたらすコスト，スケジュール，資源への影響やリスクなどを検討し，変更要求の承認や却下を総合的に判断する。

会議を開催する間隔やメンバはあらかじめ規定されているが，緊急に開催される場合もある。

## ❏ 変更管理システム，変更管理手順

変更管理システム，変更管理手順は，プロジェクトにおける変更要求の管理を行う仕組みや手順のことである。組織によって標準手続きが異なるうえ，プロジェクトの特性に合わせてカスタマイズされるため，決まりはないが，その一例を次図に示す。

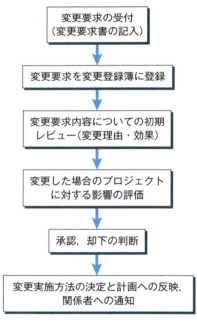

▶変更管理手順の例

## ❏ コンフィギュレーションマネジメント（構成管理） H30

コンフィギュレーションマネジメントは，構成要素を特定し，変更実施の結果として得られる現状を把握するための記録，（変更などによって）要求事項が満たされて

いるかの検証（監査）の支援を行うマネジメントである。具体的には，プロジェクトのプロダクト，サービス，所産，構成要素などに対する変更と実施状況を記録・報告したり，要求事項への適合性を検証する活動を支援したりする。

### ❏ 教訓登録簿

教訓登録簿は，プロジェクトで得られた知識や状況説明などの共有化のために，それらを登録しておくプロジェクト文書のことである。ビデオ，写真なども含めて教訓が生かせる適切な方法で記録される。

### ❏ プロジェクト完了報告書

プロジェクト完了報告書は，プロジェクトの完了時点で，次のような項目についてその状況を文書化したものをいう。単に**完了報告書**，あるいは**最終報告書**ともいう。

「残されたすべての問題」も，引継ぎ可能な状態にするために記録する。

---

〔プロジェクト完了報告書の掲載項目〕
- プロジェクトの目的や目標の達成状況 ● 最終成果物の機能・性能・品質
- プロジェクト計画と実績の差異 ● 問題点への対応 ● 変更要求への対応
- プロジェクト作業過程 ● 契約の遵守状況 ● 残されたすべての問題

---

# 5 プロジェクトスコープマネジメント

〈午前Ⅱ試験対策〉

- 　**知識項目** の中では，**機能要件**や**非機能要件**，**プロジェクトスコープ記述書**，**WBS**，**ワークパッケージ**などが繰り返し出題されている。
- *PMBOK*®ガイドのプロジェクトマネジメントプロセス名やその**インプット**などについて問われることがある。これらについては，**5.2** **概観図とデータフロー図** の中の，**プロジェクトスコープマネジメントの概観**で確認しておいてほしい。

――――――――――――＊――――――――――――

〈午後試験対策〉

□**午後Ⅰ対策**

- 午後Ⅰ試験では，要件定義がうまくできないプロジェクトや遂行中に変更要求がでた事例などが出題されることが多い。**スコープに関連する問題**として，**要件定義をうまくまとめていくための策**や，**スコープ変更に伴うリスク**にどのように対処するか，**スコープ変更の原因に着目した再発防止**などについて問われる。
- スコープの変更は他の全ての知識エリアに影響するため，それらの**トレードオフ**を把握して対処することも求められる。

□**午後Ⅱ対策**

- これまでの出題ポイントとしては，要件定義段階での**要件膨張への対策**や**スコープ変更への対応**について出題されている。**5.1** **全体の流れ** でも出題内容について触れているので，プロジェクトマネージャとして求められる対応を理解する手がかりにしてほしい。

## 5.1 全体の流れ

プロジェクトにおいて「スコープ」という言葉を用いるときには，プロダクトスコープとプロジェクトスコープの2つの意味合いがある。プロダクトスコープとは『プロダクト，サービス，所産を特徴づけるフィーチャー（特性）や機能』（*PMBOK®ガイド 第6版 P.131*）のことであり，プロジェクトで作成する成果物そのものを意味する。プロジェクトスコープとは『規定されたフィーチャーや機能をもつプロダクト，サービス，所産を生み出すために実行される作業』（*PMBOK®ガイド 第6版 P.131*）のことであり，成果物を生み出すために行う作業を意味する。

▶スコープ

スコープマネジメントの領域は成果物を中心に考える。プロジェクトでどのような成果物を作る必要があるかを明確にし，その成果物を作るために必要な作業を洗い出して定義する。なお，プロジェクトスコープという言葉は，プロダクトスコープも含めて用いられることもある。

プロジェクトスコープは，WBS（Work Breakdown Structure）★によって階層的に詳細な作業に展開される。このとき，展開された最下位の作業をワークパッケージ★と呼ぶ。WBSによってスコープがより明確になるとともに，詳細な作業ごとに責任者を割り当てたり，作業の完了を確認したりすることで，プロジェクトスコープの管理をより精密に行うことができる。

## 1 スコープマネジメント計画書作成

プロジェクトには独自の成果物を作成するという特徴がある。つまり，プロジェクトの成果物ははじめて作成されるものになる。そのため，**どのような成果物を作成するかをプロジェクトごとに最初に定義する必要がある。**この作業をスコープ定義という。

システム開発のライフサイクルにおいては，要件定義や要求定義と呼ばれる工程が，

詳細なスコープを定義するフェーズと位置づけられる。スコープを定義するには，まず成果物であるシステムに対する要求事項を収集し，その要求事項に基づいてプロジェクトで実現するスコープを定義していく。要件定義開始時にそれなりにスコープが定まっていれば，計画段階でスコープの定義を行い，要件定義以降を実行フェーズとして順次実施できる。

　この場合，計画段階で策定したスコープを要件定義段階で詳細化するという位置づけになる。要件定義開始前にスコープがあまり確定しておらず，見積りに大きなブレが生じる可能性がある場合は，いったん要件定義作業を一つのプロジェクト，もしくは全体のプロジェクトの中のサブプロジェクトとして実施し，スコープを固めてから，それ以降を別フェーズとして実施したりする。また，要求が頻繁に変化することが予想される場合には，はじめにスコープを確定させるのではなく，プロジェクトを進めながら要求に柔軟に対応できるよう，ゆるやかにスコープを定義することが望ましい。

　スコープマネジメント計画書では，プロジェクトスコープをどのように定義し，確定するか，当初の計画からスコープを変更する場合にはどのような手順で行うか，スコープの完了をどのように確認するか，などを定めて，プロジェクトチームで共有する。

## 2 プロジェクトスコープ定義

　プロジェクトのスコープを定義するには，そのプロジェクトに対する要求事項を整理することが重要である。要求事項の大部分は成果物の特性や機能であるが，なかにはプロジェクトの進め方などに対する要求もある。これらの要求事項のまとめ方は，プロジェクトの種類によって異なる。

---

〔要求事項のまとめ方〕
- 特定の企業の業務を支援するシステムを構築する場合
  ⇒その業務を分析して要求を整理する
- パッケージソフトウェアやゲームなど市場に出す製品を開発する場合
  ⇒プロジェクトチーム内でアイデアを出したり，マーケットリサーチをしたりしながら要求事項をまとめる
- ウォータフォール型の開発の場合⇒要求事項を始めに確定させる
- アジャイル型の開発の場合
  ⇒システムの開発を進めながら要求事項を洗練させる

---

　また要求事項の中には，スケジュールやプロジェクト要員の条件など最終的に完成する成果物の機能とは直接関係しない要求も含まれる場合があり，これらの要素も考慮しながらプロジェクトに対する要求事項をまとめていく。

　**プロジェクトに対する要求事項が整理されたら，実現可能性や制約などを考慮しながら，プロジェクトで実施する範囲を決める。**この作業をスコープ定義という。要求を実現するために必要な機能を定義したり，プロトタイプを使って完成イメージを確認したりしながら，構築するシステム機能を確定していく。その際，業務を遂行するためにシステムが備えるべき機能（機能要件）だけでなく，性能や信頼性など，その機能を実現する上での条件（非機能要件）も定義する必要がある。

　また，スコープには最終成果物が備えるべき特性を示すプロダクトスコープと，プロジェクトで実施する作業の範囲を表すプロジェクトスコープがあり，スコープ定義の結果として，プロジェクトスコープ記述書★には，双方を含めたスコープ全体が記述される。

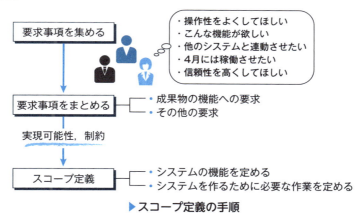

▶スコープ定義の手順

### ■アジャイル型開発などの適応型開発の場合

　プロジェクトスコープは開発者の視点でのシステム的な機能で表さずに，ユーザストーリという利用者の特性で表現されることが多い。ユーザストーリはプロダクトバックログ（まだ実現されていない，プロダクトへの要求の一覧）にまとめられ，優先順位が付けられたうえで，プロジェクトの残存期間で実施すべき作業の範囲を決めていく。

　プロダクトバックログは，1〜2週間のタイムボックスで実施するイテレーションバックログとして抽出され，イテレーションごとの実現機能の一覧表として利用され

る。つまり，アジャイル型開発においては，一般にプロダクトバックログでプロジェクトスコープを定義する。ただし，ウォータフォールモデルのように初期にスコープ全体を確定するのではなく，プロジェクトを通してプロジェクトバックログを頻繁に見直し，更新する。

### ■ 関連する午後Ⅱ問題

> **Q** システム開発プロジェクトにおける要件定義のマネジメントについて
>
> H24問1
>
> この問題では，要件定義で要件の膨張を防ぐための対応策や，要件の不備を防ぐための対応策について実施状況と評価を含めて述べることが求められた。
>
> #### ❏ 要件定義での問題点は？
> 【要件定義における問題点】
> ❶ 要求を詳細にする過程や新たな要求の追加に対処する過程での要件の膨張
> ❷ 要件の定義漏れや定義誤りに要件定義工程で気づかず，後工程で不備が判明する
>
> 【❶ 要件の膨張への対応策には】
> ・要求の優先順位を決定する仕組みの構築
> ・要件の確定に関する承認体制の構築
>
> 【❷ 要件の不備の防止策】
> ・過去のプロジェクトを参考にチェックリストを整備する
> ・プロトタイプを用いる
>
> 【ここに注意！】
> 要件の膨張を防ぐための対応策が求められているが，要件が膨張した後の対策について述べる人がいる。それでは論点に答えたことにならないので，注意しよう！

## ❸ プロジェクトスコープをWBSに展開

　プロジェクトスコープは，段階的により詳細な作業へと展開していく。プロジェクトスコープを詳細度に沿って階層的に展開し，示したものをWBSと呼び，展開された最下位層の作業をワークパッケージと呼ぶ。ワークパッケージごとにその作業の内

容や責任者，必要な資源，必要なコストなどを見積もる。

　また，一つ一つの作業の構成要素の詳細な記述は，別にWBS辞書★に記述する。WBSの表現方法には，階層図形式と表形式がある。一般的に実務ではWBSは階層図で表すより表形式で表すことが多い。表形式で表せば，WBSで定義した作業の右側に担当者や期間などの情報を同時に書き表し，WBSとWBS辞書（辞書の一部の項目にとどまるかもしれないが）を兼ねることができて便利だからである。

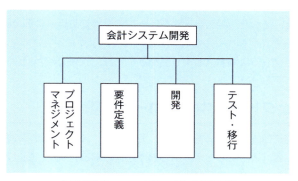

▶WBSのフェーズレベルの展開例

| No | 作業 | | 担当 | 工数 | 作業期間 | 成果物 |
|---|---|---|---|---|---|---|
| 1. | 企画 | | | | | |
| 1.1 | | 現状分析 | A | 10日×2人 | 2月1日～2月12日 | 現状分析報告書 |
| 1.2 | | 要求分析 | A | ＊日×＊人 | ＊月＊日～＊月＊日 | 要求分析報告書 |
| 1.3 | | 要求仕様書作成 | A | ＊日×＊人 | ＊月＊日～＊月＊日 | 要求仕様書 |
| 2. | システム設計 | | | | | |
| 2.1 | | 要求仕様確認 | B | ＊日×＊人 | ＊月＊日～＊月＊日 | 機能仕様書 |
| 2.2 | | ソフトウェア設計 | C | ＊日×＊人 | ＊月＊日～＊月＊日 | ソフトウェア設計書 |
| 2.3 | | 画面設計 | D | ＊日×＊人 | ＊月＊日～＊月＊日 | 画面設計書 |
| 2.4 | | 帳票設計 | D | ＊日×＊人 | ＊月＊日～＊月＊日 | 帳票設計書 |
| 2.5 | | データ設計 | D | ＊日×＊人 | ＊月＊日～＊月＊日 | データ設計書 |
| 3. | ソフトウェア開発 | | | | | |
| 3.1 | | プログラム設計 | C | ＊日×＊人 | ＊月＊日～＊月＊日 | プログラム設計書 |
| 3.2 | | プログラミング | E | ＊日×＊人 | ＊月＊日～＊月＊日 | ソフトウェア |
| 3.3 | | 単体テスト | E | ＊日×＊人 | ＊月＊日～＊月＊日 | テスト済みソフトウェア |

以下省略

▶表形式のWBSの例

なお，作業の進め方（スケジュール）を表現するときには，ワークパッケージをもとに，スケジュールの単位となるアクティビティを定義する。ワークパッケージが十分に詳細化されており，そのままスケジュールの単位として利用できる場合はワークパッケージをそのままアクティビティとして利用できる。一般的には，**スケジュールを作成するときには，ワークパッケージをさらに詳細に複数のアクティビティに展開する。**

　なお，プロジェクトマネジメントの用語としては，WBSの要素である作業やワークパッケージと，それを展開したスケジュールの要素であるアクティビティは，スコープを表すものとスケジュールを表すものとして，別々に定義されている。しかし，実際のプロジェクトでは両者はあまり区別されず，どちらもタスクと呼ぶこともある。

## 4 プロジェクト実行中のスコープの管理

　システム開発プロジェクトにおいては，完成したシステムが顧客の要求に合致しておらず，顧客に受け入れてもらえないことが起こり得る。また，受け入れてもらえたとしても，顧客のニーズに合わないため完成したシステムが使われずに廃棄されてしまうこともある。スコープマネジメントの重要な役割の一つは，**顧客の要求を満たすように定義されたスコープが確実に実現され，顧客のニーズを満たしていることを確認すること**である。最終的にはプロジェクト終了前にスコープ全体が完了したかを確認する必要があるが，フェーズごとに，さらに作業ごとに，それぞれで実現すべきスコープが完了したことを確認することも重要である。

　このようにスコープの完了を確認するには，事前に作成した完了基準を満たしているかという視点でスコープの完了を判断できるようにすることが望ましい。少なくともプロジェクト全体の完了は，プロジェクトスコープ記述書で定義した受入れ基準が満たされたかどうかで判断する。これに沿うように，フェーズの完了基準，各作業の完了基準を定義するとよい。このとき，スコープのほかに品質をはじめ，そのほかの知識エリアの要素の確認も同時に必要である。スコープを完了させるうえで，他の知識エリアが求める条件を満たしたかについては，プロジェクト統合マネジメントにおいて判断される。

## 5 プロジェクトスコープの変更管理

　情報システムやソフトウェアに対する変更要求は，さまざまな理由で頻繁に生じる。

例えば，スコープ定義のタイミングで要求を明確にできず，スコープが確定しないまま（実質的にはスコープを暫定的に定義して）プロジェクトを開始することがある。設計，開発とプロジェクトを進めていくにつれて，顧客や利用者の要求が明確になってくる。また，画面などの操作性に関する要求は，使ってみてはじめて出てくることも多い。このようなとき，顧客や利用者は最初に提示した要求，およびその結果として定義されたスコープと異なるものを欲することがある。そして，スコープ（要求仕様）に対する変更要求が提示される。また，スコープ定義が適切に行われていた場合でも，外的な要因で変更要求が出される場合もある。

**変更要求に対応するか否かは変更管理システムを通して処理される**。スコープが変更されたら，変更後のスコープを正しく把握して，現時点で何を作成し，どのような作業をする必要があるのかを，常にプロジェクトに携わる全員に理解させることが重要である。この共有がなされていないと，誤った成果物を作ったり，誤った作業をしてしまうことにつながる。

プロジェクト実行中の利用者に接する機会に，利用者から直接，「このような機能が欲しい」「このように変更してほしい」といった要望を出されることもある。そのとき，変更管理システムを通さずに正式に承認されていない変更要求に対応してしまうと，定義されたスコープと実態に乖離が生じる。このような，管理されていないスコープ変更を**スコープクリープ**と呼ぶ。プロジェクトマネージャは，スコープクリープを発生させないようにスコープの管理をしなければならない。また，いつまでも要求仕様に対する変更要求（つまり，仕様変更要求）を受けつけていては，スケジュールを守ることは困難である。そこで，通常は，**仕様凍結時期を設定し，これ以降の仕様変更は原則受けつけない**，というタイミングを設けることが一般的に行われる。ただし，仕様凍結後でも，プロジェクトの成否に関わるような重要な変更要求には対応しなければならないことがある。

### ■アジャイル型開発では

一つのイテレーションが終わるごとに，その間に発生した変更要求も含めて，次のイテレーションの開発項目の見直しを行う。イテレーションは2～4週間程度の短いサイクルで繰り返されるので，変更要求を柔軟に受けつけることができる。最初にプロダクトスコープを確定することが難しいプロジェクトでは，プロジェクトを進めながら仕様変更に柔軟に対応することで，よりよい成果物を完成させることができる。

**Q** **システム開発プロジェクトにおけるスコープのマネジメントについて**

H24問2

　この問題では，プロジェクトの遂行中にスコープの変更が発生した場合のスコープ変更の要否の決定にいたるまでの経緯，変更決定後のスコープ再定義における留意点などについて述べることが求められた。

### ❏ スコープ変更へはどのように対応する？

**【スコープの変更原因→その影響例】**
- 事業環境の変化に伴う業務要件の変更→納期の遅延や品質の低下
- 連携対象システムの追加などシステム要件の変更→予算の超過や納期の遅延

**【変更を決定するまでにすべきこと】**
- スコープの変更による予算，納期，品質への影響を把握し，プロジェクト目標の達成に及ぼす影響を最少にするための対策などを検討し，プロジェクトの発注者を含む関係者と協議してスコープの変更の要否を決定する

**【変更する場合にすべきこと】**
- プロジェクトの成果物の範囲と作業の範囲を再定義して関係者に周知する。
- 成果物の不整合を防ぐこと，特定の担当者への作業の集中を防ぐことに留意する

**【ここに注意！】**
　論点の一つとして，スコープ変更にいたった原因を述べることが求められていたが，そこを曖昧なままで変更結果だけを述べている論文がみられた。論点については，落とさずに全部網羅しよう！

## 5.2 概観図とデータフロー図

　*PMBOK*®ガイド第6版による，プロジェクトスコープマネジメントの概観と，要求事項収集のデータフロー図，スコープの妥当性確認のデータフロー図，スコープのコントロールのデータフロー図を示す。

　データフロー図は，マネジメントプロセスへのインプットとアウトプットの詳細と，それらが他のマネジメントプロセスとどのように関係しているかを図示しているので，そのプロセスで作成したデータがどのプロセスに関係し，影響しているかを視覚的に把握してほしい。

**プロジェクト・スコープ・マネジメントの概観**

### 5.1 スコープ・マネジメントの計画

.1 インプット
　.1 プロジェクト憲章
　.2 プロジェクトマネジメント計画書
　.3 組織体の環境要因
　.4 組織のプロセス資産

.2 ツールと技法
　.1 専門家の判断
　.2 データ分析
　.3 会議

.3 アウトプット
　.1 スコープ・マネジメント計画書
　.2 要求事項マネジメント計画書

### 5.4 WBSの作成

.1 インプット
　.1 プロジェクトマネジメント計画書
　.2 プロジェクト文書
　.3 組織体の環境要因
　.4 組織のプロセス資産

.2 ツールと技法
　.1 専門家の判断
　.2 要素分解

.3 アウトプット
　.1 スコープ・ベースライン
　.2 プロジェクト文書更新版

### 5.2 要求事項の収集

.1 インプット
　.1 プロジェクト憲章
　.2 プロジェクトマネジメント計画書
　.3 プロジェクト文書
　.4 ビジネス文書
　.5 合意書
　.6 組織体の環境要因
　.7 組織のプロセス資産

.2 ツールと技法
　.1 専門家の判断
　.2 データ収集
　.3 データ分析
　.4 意思決定
　.5 データ表現
　.6 人間関係とチームに関するスキル
　.7 コンテキスト・ダイアグラム
　.8 プロトタイプ

.3 アウトプット
　.1 要求事項文書
　.2 要求事項トレーサビリティ・マトリックス

### 5.5 スコープの妥当性確認

.1 インプット
　.1 プロジェクトマネジメント計画書
　.2 プロジェクト文書
　.3 受入れ済み成果物
　.4 作業パフォーマンス・データ

.2 ツールと技法
　.1 検査
　.2 意思決定

.3 アウトプット
　.1 受入れ済み成果物
　.2 作業パフォーマンス情報
　.3 変更要求
　.4 プロジェクト文書更新版

### 5.3 スコープの定義

.1 インプット
　.1 プロジェクト憲章
　.2 プロジェクトマネジメント計画書
　.3 プロジェクト文書
　.4 組織体の環境要因
　.5 組織のプロセス資産

.2 ツールと技法
　.1 専門家の判断
　.2 データ分析
　.3 意思決定
　.4 人間関係とチームに関するスキル
　.5 プロダクト分析

.3 アウトプット
　.1 プロジェクト・スコープ記述書
　.2 プロジェクト文書更新版

### 5.6 スコープのコントロール

.1 インプット
　.1 プロジェクトマネジメント計画書
　.2 プロジェクト文書
　.3 作業パフォーマンス・データ
　.4 組織のプロセス資産

.2 ツールと技法
　.1 データ分析

.3 アウトプット
　.1 作業パフォーマンス情報
　.2 変更要求
　.3 プロジェクトマネジメント計画書更新版
　.4 プロジェクト文書更新版

▶ **プロジェクトスコープマネジメントの概観** （出典　*PMBOK*® ガイド 第6版 P.130 図5-1）

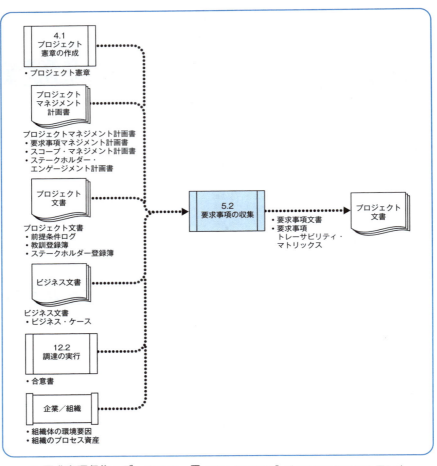

▶要求事項収集：データフロー図（出典　*PMBOK®* *ガイド* 第6版 P.139 図5-5）

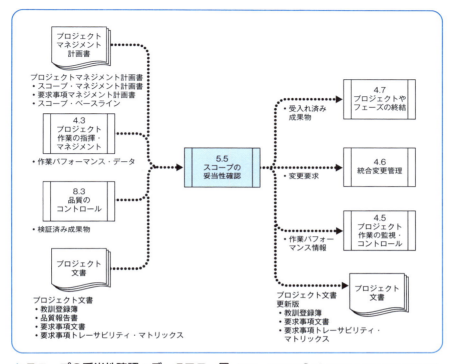

▶**スコープの妥当性確認：データフロー図**（出典 *PMBOK*® ガイド 第6版 P.164 図5-16）

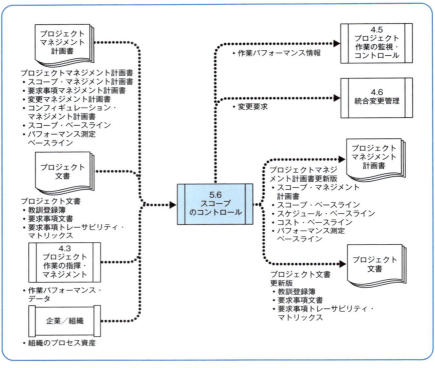

▶スコープのコントロール：データフロー図

（出典　*PMBOK*® ガイド 第6版 P.168 図5-18)

# 知識項目

## ❏ スコープ（プロダクトスコープ，プロジェクトスコープ）

スコープにはプロダクトスコープとプロジェクトスコープとがある。

プロダクトスコープは，プロジェクトの成果物を明らかにしたものであり，プロジェクトスコープは，そのプロダクトを生成するためにプロジェクトで必要となるあらゆる作業を明らかにしたものである。

## ❏ 要求事項文書

要求事項文書は，要求事項をステークホルダやその優先順位などで分類して記述するプロジェクト文書である。要求事項の一つ一つについて，プロジェクトのビジネスニーズをどのように満たすかを記述する。また，要求事項は，測定やテストが可能でステークホルダに承認される必要がある。

## ❏ 要求事項トレーサビリティマトリックス

要求事項トレーサビリティマトリックスの例を次図に示す。図に示すとおり，要求事項がプロジェクトのどのビジネスニーズやプロジェクト目標に関連づけられるものかや，それを満足させる成果物との対応を表形式で示すプロジェクト文書である。また，この文書によって，承認された要求事項がプロジェクトの中で間違いなく実現されたかどうかを確認することができる。

| 要求事項トレーサビリティ・マトリックス | | | | | | | | |
|---|---|---|---|---|---|---|---|---|
| **プロジェクト名：** | | | | | | | | |
| **コストセンター：** | | | | | | | | |
| **プロジェクトの記述：** | | | | | | | | |
| ID | アソシエイト ID | 要求事項の記述 | ビジネス・ニーズ、好機、目的および目標 | プロジェクト目標 | WBS 成果物 | プロダクト設計 | プロダクト開発 | テストケース |
| 001 | 1.0 | | | | | | | |
| | 1.1 | | | | | | | |
| | 1.2 | | | | | | | |
| | 1.2.1 | | | | | | | |
| 002 | 2.0 | | | | | | | |
| | 2.1 | | | | | | | |
| | 2.1.1 | | | | | | | |
| 003 | 3.0 | | | | | | | |
| | 3.1 | | | | | | | |
| | 3.2 | | | | | | | |
| 004 | 4.0 | | | | | | | |
| 005 | 5.0 | | | | | | | |

▶**要求事項トレーサビリティマトリックスの例**

（出典　*PMBOK® ガイド* 第6版P.149 図5-7）

## ❏ 機能要件　`H25`

　機能要件とは，システムを使って実現したいことを説明したもので，業務要件を満たすためにシステムが実現すべき入力や処理，出力などの機能に関する要件である。

## ❏ 非機能要件　`H27` `H25`

　非機能要件とは，そのシステムの機能を問題なく利用し続けるには，どのような品質が必要かを説明したものである。IPAによる「非機能要求グレード」ではシステムに関する非機能要件は，可用性，性能・拡張性，運用・保守性，移行性，セキュリティ，システム環境・エコロジの大きく6つに分類されている。また，ソフトウェア製品品質における使用性の副特性の一つである「習得性」は，非機能要件の運用・保守性に含まれる。

　例えば，「4時間以内のトレーニングで新しい画面インタフェースを操作できること」などは，習得のしやすさを指しており，習得性に該当する。

## ❏ データ収集

　データ収集は，ヒアリング，ブレーンストーミング，インタビュー，アンケート，プロトタイプなどのさまざまな手段でユーザの要求事項を収集することである。

❶ 知識編

## ❏ ブレーンストーミング

ブレーンストーミングは，参加者を一カ所に集め，進行役の下で，誰かの意見から別の意見を引き出すなどしながら，次々にアイデアを集める。出されたアイデアの評価をせず，できるだけ自由に発想させる手法である。

### ■ノミナル・グループ技法

ノミナル・グループ技法はブレーンストーミングに投票プロセスを加えた技法。この投票プロセスは，引き続き行うブレーンストーミングや優先順位づけに最も役に立つアイデアを格付けするために使用される。

## ❏ プロジェクトスコープ記述書　H31 H25

プロジェクトスコープ記述書はプロジェクトのスコープを明確にする文書で，段階的に詳細化されていくプロダクトスコープとプロジェクトスコープ，主要な成果物（中間成果物を含む），前提条件や制約条件が記述される。また，成果物を受け入れてもらうために満たすべき条件である受入基準や，スコープに含まれていると誤解されることを防ぐために，スコープ外と明示することが望ましい除外事項についても記述される。

## ❏ WBS　H29 H25

WBS（Work Breakdown Structure；作業分解図）は，プロジェクトの目標達成に必要な作業をトップダウンで抽出し，階層構造で表す図である。プロジェクトが実行する作業を，要素成果物を主体としてトップダウンに分解する。

プロダクトプロセスのフェーズレベルのタスクから，さらに細かい作業要素に分解していき，作業全体を表現していく。プロジェクトに必要な作業は，網羅的にすべて書き出し，書き出された作業を完了させれば，プロジェクトは終了する。逆に，WBSに含まれていない作業はプロジェクトの範囲外である。このWBSの最下層の作業をワークパッケージという。WBSは，一般的に次の性質を持っている。

〔WBSの性質〕
- プロジェクト全体を論理的な作業に分解し階層構造化したもの
- 階層の上位層には概要的な作業が並び，下層にはそれを詳細化した作業が並ぶ
- 各作業には，成果物とそれに関連する作業が割り当てられる
- 最終的に，この下層の作業でスケジュールや資源，コストの見積りができるレベルになる

- ●実績測定のベースラインを定義できる
- ●作業の責任と権限を明確化できる

## ❏ 標準WBS

標準WBSとは，WBSの作成作業を効率的にするための，再利用可能な標準的なWBSであり，開発組織などにおける業務標準として準備される性格のものである。多くのプロジェクトは，プロジェクト全体の内容では異なるものであっても，その作業要素としては似通った部分が多い。このため，過去の類似プロジェクトで作成されたWBSは，新規プロジェクトにも活用できる場合が多く，標準化が効果的である。情報システムの場合，ソフトウェアライフサイクルが同様であり，各フェーズにおいて作成される成果物も類似している。

## ❏ ワークパッケージ　H31　H29　H25

WBSの要素分解は，要素がマネジメント可能なレベルまで行う。ここで得られた最下位層の構成要素をワークパッケージという。

このワークパッケージを，さらにプロジェクトの見積りやスケジュールの作成・実行・監視などの対象となる，詳細化された作業単位に分解したものをアクティビティという。

## ❏ 要素分解　H29

要素分解とは，プロジェクトの開始から完成までの作業を，各種の管理ができるレベルまで，より細かく分解することをいう。システム開発プロジェクトでは，要素分解のレベルでは，ソフトウェアライフサイクルの各フェーズ，例えば，要件定義，開発，移行・テストなどとし，要素分解は，各フェーズの作業を，例えば要件定義を，要求仕様確認，ソフトウェア設計，画面設計，帳票設計などに分解し，それを繰り返して，管理可能なレベルまでに細分化する。細分化された作業を，コストや作業期間の見積りができるか否かを検証しながら，構成要素にさらに分解していく。

WBSは次の3つのルールに基づいて分解される。

〔要素分解の3つのルール〕
- ●100％ルール…上位の作業を下位の複数の作業に展開するときに，漏れ（上位の作業に含まれているのに下位の作業として存在しない）や過剰（上位の作業に含まれていない作業が下位の作業として存在している）があってはならない

- 段階的詳細化…概要レベルの作業をより詳細な下位の作業に展開するにあたって，その時点で詳細な作業に展開できない作業は詳細化できるところまで展開し，プロジェクトが進み残りの作業を詳細に展開するに十分な情報が得られるようになってから詳細化する
- 成果物志向…各作業はその成果物または達成基準が明確になっており，WBSによって作業の順序を表してはならない（WBSはあくまでも作成すべきものや実施すべきことを表しているのであって，どのように行うのかは示さない）

## ❏ ローリングウェーブ計画法　H29 H26

後工程の要素分解を早い段階で実施することが難しい場合がある。そのようなときは，他の計画プロセスを実施したり，成果物などについて合意されるまで待ち，それから詳細な要素分解を行う。このような，早期に完了させる作業は詳細に実施し，作業の実施まで期間がある作業は上位レベルにとどめておいて，時期がきたら詳細化を繰り返す反復計画技法をローリングウェーブ計画法と呼ぶ。

## ❏ スコープベースライン　H28 H25

承認されたスコープ記述書，WBS，WBS辞書をスコープベースラインという。このスコープベースラインを変更するには，正式な変更管理システムを通す必要がある。

## ❏ WBS辞書

WBS辞書はWBSの各作業について，次のような情報をまとめた文書である。スケジュールの情報やコスト見積り，資源などの情報は，他のプロセスで作成された時点で追加される。

〔WBS辞書の内容〕
・WBS識別コード　・作業内容　・前提条件，制約条件　・担当部門，担当者　・生成される成果物　・スケジュール情報　・必要な資源　・コスト見積り受入基準（完了基準）

## ❏ スコープのコントロール　H28

プロジェクトのスコープとは，プロジェクトにおいて作成する情報システムやマニュアルなどの成果物並びに，それを作成するために必要となるすべての活動のことである。また，スコープのコントロールとは，このスコープの状況を監視してWBSな

どのスコープベースラインに対する変更を管理するプロセスである。

　具体的には，「連携する計画であった外部システムのリリースが延期になったために，外部システムとの連携にかかわる作業を別のプロジェクトで実施することにした」などの活動である。

# 6 プロジェクトスケジュールマネジメント

## ここが出る！
### … 必修・学習ポイント …

〈午前Ⅱ試験対策〉

- **知識項目** の中では，**ガントチャート**，**クリティカルパス**，**クリティカルチェーン法**や**ファストトラッキング**，**クラッシング**などの出題が多い。
- *PMBOK®*ガイドの**プロジェクトマネジメントプロセス名**やその**インプット**などについて問われることがある。これらについては，**6.2** **概観図とデータフロー図** の中の，**プロジェクトスケジュールマネジメントの概観**で確認しておいてほしい。

————————※————————

〈午後試験対策〉

□午後Ⅰ試験

- **スケジュールに関する問題**は，計画と遂行のどちらの段階においても出題される。**クリティカルパス**や**ネットワークスケジュールの作成方法**，**アーンドバリューマネジメント（EVM）によるプロジェクト管理**，**進捗遅延への対応**などについて出題される。
- **EVMの指標**については，問題文内での説明がなく用いられるので，しっかりと学習しておいてほしい。

□午後Ⅱ試験

- これまでは，**工数見積りにおける工夫や進捗遅延への対応**などについて出題されている。**6.1** **全体の流れ** でも出題内容について触れているので，プロジェクトマネージャとして求められる対応を理解する手がかりにしてほしい。

## 6.1 全体の流れ

プロジェクトスケジュールマネジメントは，スコープとして定義した成果物をいつ，どのように作り出すのかを計画し，その実行を管理する。この知識エリアのもっとも

重要な作業は，WBSで展開したワークパッケージをもとに，スケジューリングの単位であるアクティビティを定義し，そのアクティビティの順序設定と所要期間見積りを行い，スケジュールを作成することである。スケジュールを作成するにあたっては，リソースの制約を考慮して作業負荷のバランスをとったり，資源を追加してプロジェクト期間の短縮を試みたりする。

プロジェクトは通常，フェーズに分けて管理する。スケジュールを作成する際にも，まずフェーズ単位でスケジューリングを行い，それぞれのフェーズの中で，各アクティビティをスケジューリングする。プロジェクトの実行においては，フェーズごとにすべてのアクティビティが完了したかを確認し，順次フェーズを進めるという形で管理を行う。

■**アジャイル型開発では**

スコープはユーザ視点での要求記述であるユーザストーリで定義される。そして，プロジェクト全体の期間に短期間（2～4週間程度であることが多い）のイテレーションを何回繰り返すかを決める。各イテレーションでは，メンバが自主的にユーザストーリの優先度に従って作業を実施する。イテレーションの中では，各作業をいつからいつまでに行うという計画は作らず，メンバが優先度を考慮しながら作業を進めるのが特徴である。

## 1 スケジュールマネジメントの計画作成

どの知識エリアでもそうだが，最初にその知識エリアのマネジメントをどのように実行するかを計画する。スケジュールマネジメントにおいても，スケジュールマネジメントのプロセス全体をどのように実行するのかについて具体的に計画し，プロジェクトメンバで共有する。

スケジュールを作成するにあたって考慮しなければならないことは，プロジェクトのアプローチである。プロジェクト開始時点で立案した計画を厳密に進めていくことを重視するのか，成果物全体を完成させる作業を何回かに分けて，漸次成果物を完成させていくのか，あるいは一定期間（タイムボックス）の作業を繰り返しながら，優先順位をもとに時間内でできる範囲での成果物を完成させるように進めていくのかなどによってスケジュール管理の方法が大きく異なる。

また，これまでに同じようなプロジェクトを実施したことがあったり，組織が標準的なスケジュールチャートを持っていたりする場合は，そのスケジュールをテンプレートとして新しいプロジェクトのスケジュールを計画することもある。

## 2 アクティビティの定義

スケジュールを作成する単位をアクティビティと呼んでいる。スケジュールを作成するにあたっては，まずプロジェクトで実施する必要のあるアクティビティを定義する必要がある。プロジェクトのすべてのアクティビティを定義し，その順序関係や所要期間を考慮しながらカレンダーに当てはめていくとスケジュールができあがる。

アクティビティは，WBSで展開したワークパッケージをもとに定義する。ワークパッケージがスケジュール管理を行う上で十分なレベルで詳細化されていれば，ワークパッケージをそのままアクティビティとして使うこともある。しかし，多くの場合には，ワークパッケージを完成させるための手順をさらに詳細に分割して定義しアクティビティとする。また，標準的なスケジュールのテンプレートを使用する場合は，テンプレートのアクティビティを追加，削除，修正しながらプロジェクトのスケジュールを作成することになる。どのような方法でアクティビティを定義するにしても，プロジェクト実施に必要なアクティビティすべてを重複や不足がないように定義する必要がある。

一つのフェーズの中のすべてのアクティビティが完了したら次のフェーズを開始するという考え方で，少なくとも，前のフェーズの終了までには次のフェーズのアクティビティをすべて挙げておく必要がある。

## 3 アクティビティの順序設定と所要期間見積り

アクティビティを定義したら，どのような順番でアクティビティを実行する必要があるかを決め（アクティビティ順序設定），それぞれのアクティビティを実行するのにどれだけの期間がかかるのかを見積もる（アクティビティ所要期間見積り）。アクティビティの所要期間は，アクティビティを実施するために使用する資源に依存する。例えば，誰が担当するかによって所要期間は異なる（スキルの高いエンジニアと新人レベルのエンジニアとでは同じことを行うのに要する時間は異なるであろう）。また，手作業で行うか自動化ツールを使うかによっても，所要期間は異なる。そのため，個々のアクティビティを実行するために利用する資源を見積もり（この作業自体は資源マネジメントに含まれる），その結果をもとに所要期間を見積もる必要がある。

アクティビティ間の順序関係を考える際には，まず，設計後にコーディングというような**論理的に変更できない順序関係**（これを強制依存関係という）を定義する。論理的な順序関係はプロジェクト内のアクティビティ間に存在する場合もあれば，プロ

ジェクトの外で行われているアクティビティやイベントとの間に存在することもある。

また，論理的な依存関係はなくても，作業の進めやすさやこれまでの慣習等を考慮してあえてアクティビティ間に依存関係をつけることもある。このように，必ずしもその順番で行う必然性はないが設定されている依存関係は，任意依存関係と呼ばれる。論理的な依存関係と同じようにプロジェクトの外部のアクティビティと任意依存関係を定義することもある。

■アジャイル型開発では

定められたイテレーションの中で優先順位の高いものから取り組んでいくことが基本になるので，ウォータフォールモデルで進めるように，個々のアクティビティの所要期間をしっかりと見積もることまでは一般的には行わない。その機能の優先度を考慮してイテレーションに割り振られる。

■ 関連する午後Ⅱ問題

Q システム開発プロジェクトにおける工数の見積りとコントロールについて

H26問1

この問題では，工数の見積りのために入手した情報と見積り方法，工数をコントロールするための運営面での施策について実施状況と評価を含めて述べることが求められた。

❏ 見積り方法とコントロールの施策は？

【工数見積り方法】

• 見積りを行う時点までに入手した情報とその精度を踏まえて，❶～❸の方法のいずれかで見積もる

❶ 開発規模と生産性からトップダウンで

❷ WBSの各アクティビティをベースにボトムアップで

❸ ❶と❷を組み合わせて

【見積りにおける工夫点の例】

• 機能やアクティビティ別の生産性の基準値，類似プロジェクトの経験値，調査機関が公表している調査結果などを用いて，使用する開発技術，品質目標，スケジュール，組織要因体制などのプロジェクトの特徴を考慮して工数を見積もる。

- 未経験の開発技術を使うなど，経験値の入手が困難な場合は，システムの一部分を先行開発して関係する係数を実測するなどの工夫で，見積りの精度を高める。

**【工数をコントロールするときの運営面での施策】**

- システム開発標準の整備と周知徹底や要員への適正な作業割当てなどで，見積りどおりの生産性を維持する。
- 次の事項を常に把握して，コストや進捗に影響を与える問題を早期に発見し，対策する
  ❶ 進捗に応じた工数の実績と見積りの差異
  ❷ 開発規模や生産性にかかわる見積りの前提条件の変更内容

**【ここに注意！】**

　運営面での施策を述べる場合に，なぜその施策で工数がコントロールできるのかが伝わるように述べることが重要なので，明確に述べておこう！

# 4 プロジェクトスケジュールの作成

　順序関係と所要期間をもとに，それぞれのアクティビティをカレンダーに対応させて実施時期を決めると，プロジェクトのスケジュールができあがる。

　代表的なスケジュールの表記方法には，プロジェクトスケジュールネットワーク図，ガントチャート（バーチャート）★，マイルストーンチャート★がある。

| アクティビティ | | 開始日 | 終了日 | 1日　　10日　　　20日　　　30日 |
|---|---|---|---|---|
| アクティビティ1 | 予 | 4/1 | 4/8 | |
| | 実 | 4/1 | 4/9 | |
| アクティビティ2 | 予 | 4/1 | 4/10 | |
| | 実 | 4/1 | 4/10 | |
| アクティビティ3 | 予 | 4/11 | 4/18 | |
| | 実 | 4/11 | | |
| アクティビティ4 | 予 | 4/15 | 4/24 | |
| | 実 | | | |
| アクティビティ5 | 予 | 4/19 | 4/30 | |
| | 実 | | | |

▶ガントチャートの例

| 週 | 1 W | 2 W | 3 W | 4 W | 5 W | 6 W | 7 W |
|---|---|---|---|---|---|---|---|
| 成果物1 | ▲ | | ◆ | | | | |
| 成果物2 | | ▲ | | ◆ | | | |
| 成果物3 | | | ▲ | | ◆ | | |
| ⋮ | | | | | | | |

レビュー日▲　完了日◆

▶マイルストーンチャートの例

プロジェクトスケジュールネットワーク図★には，アクティビティをノード（通常，四角形）で表し，アクティビティ間の順序関係を矢印で示したプレシデンスダイアグラム法（PDM）★と，アクティビティを矢印で，矢印間の結節点をノード（通常，円形）で表したアローダイアグラム法（ADM）★がある。

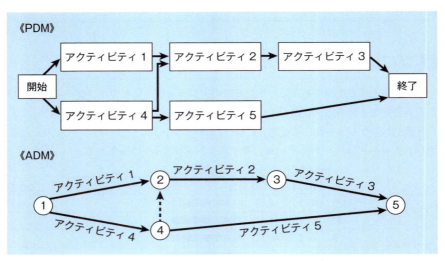

▶PDMとADMによるネットワーク図の例

代表的なスケジュール作成技法にはクリティカルパス法★がある。クリティカルパス法では，まず資源の制約を考えずに，なるべく早くアクティビティを実施した場合のプロジェクトのスケジュールを作成する。次にその期間を超えない範囲で各アクティビティの開始をどこまで遅らせることができるかを計算する（各アクティビティの最早開始日と最遅開始日を求める）。最早開始日と最遅開始日の一致するアクティビ

ティとは作業期間に余裕がないアクティビティである。この**作業時間に余裕のないアクティビティをつないだパス**が<u>クリティカルパス</u>である。クリティカルパスはプロジェクトの開始アクティビティから終了アクティビティまで，最低一つのルートがあり，複数ルートになることもある。通常は全体のスケジュールに余裕期間（スケジュールバッファ）を設けるので，クリティカルパスは，余裕がまったくない経路というよりも，最も時間がかかり余裕が少ない経路といえる。

また，最早開始日と最遅開始日が異なるアクティビティは，その差分が作業の余裕期間と考えられる。この余裕期間を<u>フロート</u>という。**フロートを持つアクティビティは，その範囲内で開始時期を遅らせてもプロジェクト全体の実施期間には影響が出ない**。

このようにスケジュールは，各アクティビティの依存関係と所要期間を基にして作成することができるが，実務では組織内にスケジュールのテンプレートが存在することもある。このような場合はそのテンプレートをもとに，プロジェクト特有の要素を加えながらスケジュールを作成する。

## 5 要員の割当て

プロジェクトスケジュールを確定するにあたって，各アクティビティを実施する予定の時期にアクティビティを実行するために必要な資源が利用可能かどうかを考慮する必要がある。必要な資源が利用できなければ，アクティビティを実行することはできない。アクティビティに必要な資源のうち人的資源が最も大きな要素を占めている。各アクティビティの依存関係と所要期間だけをもとに作成したスケジュールはその制約を考慮していないので，**各アクティビティに要員を割り当てることができるかどうかを検討する**。そのためにガントチャートを使用して，各アクティビティを実施するために必要な要員を期間別に集計する。そして**期間別要員数がプロジェクト期間を通して平準化されているか**，また，**最大の要員数が必要な期間にそれだけの数の要員が確保できるか**などを検討する。さらに，必要な要員のスキルや能力も考慮して，それだけのスキルや能力を持つ要員が必要数確保できるかを検討することもある。

この結果をもとに，要員の負荷の高い時期のアクティビティの開始時期を調整する。調整方法としては，まずフロートのある作業の開始日をずらすことで，ある時期に必要な要員を減らす。要員数の制約が厳しいときは，フロートのないクリティカルパス上のアクティビティの開始を調整する必要があることもある（その場合，プロジェクト期間が延びることになる）。

**自社内で要員が賄えない場合は，外部から要員を調達することもある。**この場合，契約作業や契約期間などが，プロジェクトスケジュール管理に影響を与える。

■**アジャイル型開発では**

　アジャイル型開発においては，先にアクティビティを定義してそれに要員を割り当てるという考え方ではなく，要員を事前に固定的に割り当て，固定された要員でイテレーション内に対応できる範囲でスコープを調整しスケジューリングを行う。この方法では，先にアクティビティの依存関係や開始時期を厳密には定義しない。

　一つのイテレーションが終わるごとに，その間に発生した変更要求も含めて，次のイテレーションの開発項目の見直しを行う。イテレーションは 2 〜 4 週間程度の短いサイクルで繰り返されるので，変更要求を柔軟に受けつけることができる。最初にプロダクトスコープを確定することが難しいプロジェクトでは，プロジェクトを進めながら仕様変更に柔軟に対応することで，よりよい成果物を完成させることができる。

## 6 スケジュールの調整

　要員が確保できたら，再度制約条件やリスクを確認する。その結果，期日までにすべてのアクティビティが完了できる見込みがなければ，スケジュールを短縮する必要がある。そのための技法には，クラッシング★とファストトラッキング★がある。スケジュール短縮は，プロジェクトスケジュール作成時に実施する必要が生じる場合もあれば，プロジェクト実施中に進捗遅れを回復するために実施する必要が生じることもある。

　クラッシングとは，**クリティカルパス上のアクティビティに資源を投入して作業期間を短くすること**である。資源はプロジェクト外部から投入することもあれば，プロジェクト内部で並行して稼働しているフロートを持ったアクティビティから移動させることもできる。ファストトラッキングは，**通常は順次実行するアクティビティを並行して実行することにより作業期間を短くすること**である。

　資源やコストなどを総合的に調整したスケジュールが完成したら承認を得る。スケジュールもスコープ同様，段階的詳細化を行うものなので，計画段階ではマスタスケジュールの承認を得る。承認されたマスタスケジュールは，スケジュールベースライン★という位置づけになり，プロジェクトマネジメント計画書の一部となる。

# 7 プロジェクト実施中のスケジュール管理

　プロジェクトを実施しながらスケジュールを段階的に詳細化し，スケジュールと作業実績とを比較し，スケジュールどおりに進行しているかを監視することでスケジュールの管理を行う。進捗を評価するには，進捗測定時点でアクティビティが予定より何日進んでいるか遅れているかを見る方法と，成果物がどのくらい完成しているかを見る方法がある。前者の方法の例としては，ガントチャートに予定と実績のバーを示す方法や，その上にイナズマ線を作成して示す方法などがある。後者の方法の例としては，成果物の完成度合いを割合（計画では何パーセント完成する予定が，現時点で何パーセント完成している）で示す方法や，個数や量（計画では何個完成する予定が，現時点で何個完成している）で表現する方法がある。アーンドバリューマネジメントを使うと，スコープ，スケジュール，コストを組み合わせて客観的に管理できる。アーンドバリューマネジメントの詳細は，7 プロジェクトコストマネジメント で説明する。

　進捗の遅れが予想されるときや，実際に遅れてしまった場合には，遅れの原因を追究し対応策を打つ必要がある。遅れを取り戻すために，クリティカルパス上のアクティビティに対して，クラッシングやファストトラッキングを行うこともある。

---

## ■ 関連する午後Ⅱ問題

**Q システム開発プロジェクトにおける進捗管理について**　　H22問3

　この問題では，プロジェクトで重点的に管理したアクティビティや進捗管理の方法，進捗遅れの兆候を早期に把握し完了日を守るための対策，それでも進捗が遅れた原因と影響の分析，追加の対策と結果について述べることが求められた。

### ❏ 重要なアクティビティの進捗管理では？

【アクティビティの進捗管理】
- 技術的なリスク要因が存在するアクティビティ
  - ❶ スキルの高い要員を配置する
  - ❷ チェックポイントを細かく設定して進捗を確認する
- 兆候を把握したときには？　→予防処置を講じる

【それでも進捗が遅れた場合は？　→原因分析】
- 原因が技術的な問題に起因する場合→必要な技術者を追加投入する

- 仕様確定の遅れに起因する場合→利用部門の責任者と作業方法の見直しを検討する

　　　　　　　　　　　　　　→レビューチームを編成する

※できるだけ定量的に分析して，確実に回復できる対策をとる必要がある

【ここに注意！】

　遅延対策の論述に力が入るあまり，原因や影響の分析について述べることを忘れがち。論点はすべて落とさないように！

## 8 プロジェクトの終了

　プロジェクトが予定どおりに終了できない場合，完了時期を遅らせる必要が生じることがある。承認された完了時期を遅らせる場合には，スケジュール変更要求を出して統合変更管理プロセスを通して正式な承認を受ける必要がある。その際には，プロジェクトのオーナなど関係者を集め，遅らせる期間，対応するための作業コスト，要員確保などについても考慮し，どのような対応を行うか協議する必要がある。何らかの事情で完了時期を遅らせることができない場合には，スコープを変更して予定期日での完了を目指すこともある。

■**アジャイル型開発プロジェクトでは**

　基本的に予定したイテレーションの回数が終わった時点でプロジェクトは終了する。それまでのイテレーションで一部の機能を完成させながら，可能な範囲で最適な成果物の完成としてプロジェクトを終了する。

## 6.2　概観図とデータフロー図

　*PMBOK*®ガイド第6版による，プロジェクトスケジュールマネジメントの概観と，スケジュールの作成のデータフロー図，スケジュールのコントロールのデータフロー図を次に示す。

　データフロー図では，マネジメントプロセスへのインプットとアウトプットの詳細と，それらが他のマネジメントプロセスとどのように関係しているかを図示しているので，そのプロセスで作成したデータがどのプロセスに関係し，影響しているかを視覚的に把握してほしい。

## プロジェクト・スケジュール・マネジメントの概観

### 6.1 スケジュール・マネジメントの計画

.1 インプット
　.1 プロジェクト憲章
　.2 プロジェクトマネジメント計画書
　.3 組織体の環境要因
　.4 組織のプロセス資産

.2 ツールと技法
　.1 専門家の判断
　.2 データ分析
　.3 会議

.3 アウトプット
　.1 スケジュール・マネジメント計画書

### 6.4 アクティビティ所要期間の見積り

.1 インプット
　.1 プロジェクトマネジメント計画書
　.2 プロジェクト文書
　.3 組織体の環境要因
　.4 組織のプロセス資産

.2 ツールと技法
　.1 専門家の判断
　.2 類推見積り
　.3 パラメトリック見積り
　.4 三点見積り
　.5 ボトムアップ見積り
　.6 データ分析
　.7 意思決定
　.8 会議

.3 アウトプット
　.1 所要期間見積り
　.2 見積りの根拠
　.3 プロジェクト文書更新版

### 6.2 アクティビティの定義

.1 インプット
　.1 プロジェクトマネジメント計画書
　.2 組織体の環境要因
　.3 組織のプロセス資産

.2 ツールと技法
　.1 専門家の判断
　.2 要素分解
　.3 ローリング・ウェーブ計画法
　.4 会議

.3 アウトプット
　.1 アクティビティ・リスト
　.2 アクティビティ属性
　.3 マイルストーン・リスト
　.4 変更要求
　.5 プロジェクトマネジメント計画書更新版

### 6.5 スケジュールの作成

.1 インプット
　.1 プロジェクトマネジメント計画書
　.2 プロジェクト文書
　.3 合意書
　.4 組織体の環境要因
　.5 組織のプロセス資産

.2 ツールと技法
　.1 スケジュール・ネットワーク分析
　.2 クリティカル・パス法
　.3 資源最適化
　.4 データ分析
　.5 リードとラグ
　.6 スケジュール短縮
　.7 プロジェクトマネジメント情報システム
　.8 アジャイルのリリース計画

.3 アウトプット
　.1 スケジュール・ベースライン
　.2 プロジェクト・スケジュール
　.3 スケジュール・データ
　.4 プロジェクト・カレンダー
　.5 変更要求
　.6 プロジェクトマネジメント計画書更新版
　.7 プロジェクト文書更新版

### 6.3 アクティビティの順序設定

.1 インプット
　.1 プロジェクトマネジメント計画書
　.2 プロジェクト文書
　.3 組織体の環境要因
　.4 組織のプロセス資産

.2 ツールと技法
　.1 プレシデンス・ダイアグラム法
　.2 依存関係の決定と統合
　.3 リードとラグ
　.4 プロジェクトマネジメント情報システム

.3 アウトプット
　.1 プロジェクト・スケジュール・ネットワーク図
　.2 プロジェクト文書更新版

### 6.6 スケジュールのコントロール

.1 インプット
　.1 プロジェクトマネジメント計画書
　.2 プロジェクト文書
　.3 作業パフォーマンス・データ
　.4 組織のプロセス資産

.2 ツールと技法
　.1 データ分析
　.2 クリティカル・パス法
　.3 プロジェクトマネジメント情報システム
　.4 資源最適化
　.5 リードとラグ
　.6 スケジュール短縮

.3 アウトプット
　.1 作業パフォーマンス情報
　.2 スケジュール予測
　.3 変更要求
　.4 プロジェクトマネジメント計画書更新版
　.5 プロジェクト文書更新版

▶ **プロジェクトスケジュールマネジメントの概観**

(出典　*PMBOK*® ガイド 第6版 P.174 図6-1)

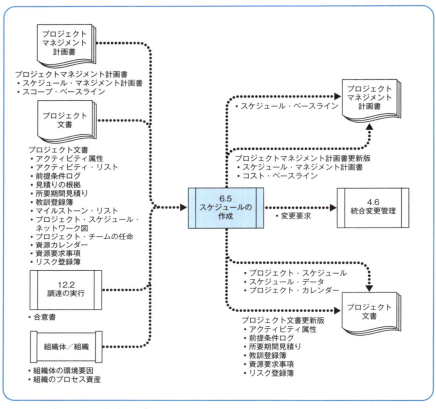

▶ **スケジュールの作成：データフロー図**（出典　*PMBOK®* ガイド 第6版 P.206 図6-15）

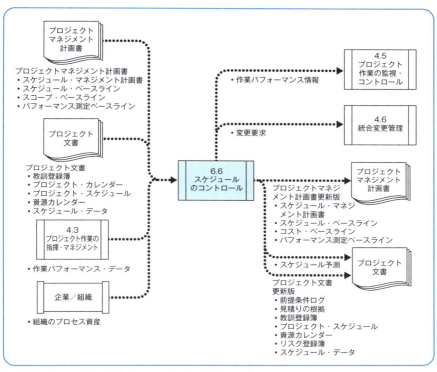

▶スケジュールのコントロール：データフロー図

（出典　*PMBOK®* ガイド 第 6 版 P.223 図6-23)

## 知識項目

### ❏ マイルストーンチャート  H29 H27 H24

　マイルストーンチャートは，プロジェクトのキーとなる日付をマイルストーンとして表示したものである。マイルストーンチャートだけでは期間が表現しにくいため，ガントチャートなどと組み合わせて使用されることが多い（➡P.80にチャート例）。

### ❏ マイルストーンリスト

　マイルストーンを一覧にしたものがマイルストーンリストである。各マイルストーンが契約で定められた必須のものであるか，プロジェクト内で計画されたもので場合によっては時期の変更が可能であるかなどの情報を付加している。また，このマイルストーンリストはプロジェクトマネジメント計画書に含まれる。

### ❏ ガントチャート  R3 R2 H31 H29 H27 H24

　ガントチャート（バーチャート）は縦軸に作業項目，横軸に日付（時間）をとり，作業別に作業内容の実施時期を図示したものである。各作業項目ごとに開始時期と終了時期の計画日程を記述しておき，実績日程をそのすぐ下に書き込むため進捗状況をひと目で把握できる。作業項目の追加は容易であるが，作業間の関係が分かりにくく，ある作業の遅れが作業全体にどのような影響を及ぼすかを把握するのには適していない（➡P.79にチャート例）。

### ❏ プレシデンスダイアグラム法  R3 H29 H25 H24

　プレシデンスダイアグラム法（PDM：Precedence Diagramming Method）は，個々の作業を四角で囲んだノードとして表し，作業（ノード）と作業（ノード）を，順序関係を表す矢印線（アロー）で結ぶ。PDMの作業間の順序関係には次の4つのタイプがある。この4つのタイプのうち，FS（完了－開始）の順序関係が最も一般的である。

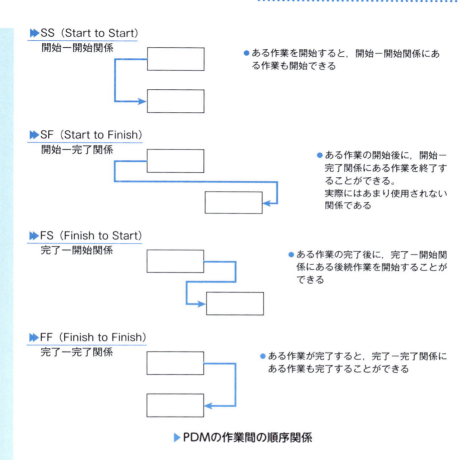

▶SS（Start to Start）
開始－開始関係

● ある作業を開始すると，開始－開始関係にある作業も開始できる

▶SF（Start to Finish）
開始－完了関係

● ある作業の開始後に，開始－完了関係にある作業を終了することができる。
実際にはあまり使用されない関係である

▶FS（Finish to Start）
完了－開始関係

● ある作業の完了後に，完了－開始関係にある後続作業を開始することができる

▶FF（Finish to Finish）
完了－完了関係

● ある作業が完了すると，完了－完了関係にある作業も完了することができる

▶ PDMの作業間の順序関係

## ❏ リードとラグ

　リードやラグは作業順序の設定に関係する言葉で，リードは先行作業と後続作業がオーバラップする期間である。例えば，新しい作業場所でテストを行う場合に，先行作業の完了と同時にテストを実施できるようにするため，前もって作業環境の整備を行っておくことが可能な場合，その期間のことを指す。一方，ラグは，先行作業の完了後から後続作業の開始までの待ち期間である。例えば，結合テスト完了後に機材を移動して運用テストを行う場合，機材の搬送期間中は関連する作業に着手できないが，その搬送期間などを指す。

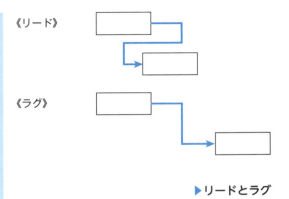

《リード》

《ラグ》

▶リードとラグ

## ❏ プロジェクトスケジュールネットワーク図　H29

　プレシデンスダイアグラム法による**プロジェクトスケジュールネットワーク図**の例を示す。

　作業Hと作業Iは，作業Hの開始から10日後に作業Iを開始できるという関係で，作業Fと作業Gの関係は，作業Fの終了から15日後に作業Gを開始できる関係である。

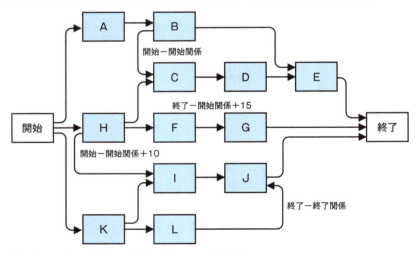

▶プロジェクトスケジュールネットワーク図の例

（出典　*PMBOK*® ガイド 第6版 P.193 図6-11）

## ❏ アローダイアグラム法　R2　H27　H25

アローダイアグラム法（ADM：Arrow Diagramming Method）は，個々の作業を矢印線（アロー）で表し，作業（アロー）と作業（アロー）を○印のノードで結ぶ。

アローダイアグラム法で定義できる作業間の順序関係は，完了−開始関係（FS）だけである。また，同期が必要な作業は，点線の矢印線のダミー作業を利用して表す。ダミー作業は順序関係だけを示すもので，時間やコストは０として扱う。なお，アローダイアグラム法は作業間の順序関係のすべてを表現できないことやダミー作業が必要になることなどから最近ではあまり使用されず，プレシデンスダイアグラム法を利用することが多い。（➡P.80にADMの例）

## ❏ 三点見積り法

三点見積り法では，各作業の作業期間がβ分布すると仮定して，楽観値，最可能値，悲観値の３つの見積り値を用いて所用期間の期待値や標準偏差を計算し，その期待値や標準偏差を利用してプロジェクトがある期間内に終了する確立を求める。

期待値＝（楽観値＋最可能値×４＋悲観値）÷６

標準偏差＝（悲観値−楽観値）÷６

## ❏ モンテカルロ分析　H26

モンテカルロ分析は，プロジェクトの所要期間を個々のアクティビティの確率分布から計算するシミュレーション技法の代表的手法である。

## ❏ クリティカルパス法（CPM：Critical Path Method）

R3　R2　H27　H26　H25

クリティカルパス法はネットワークの経路のうち，作業の開始から終了までの余裕期間が最も少ない工程であるクリティカルパスを検証する手法で，クリティカルパス上の作業が遅れるとプロジェクト全体の作業工程も遅れるため，クリティカルパスは重点的に管理される。

クリティカルパスの計算は，資源に関する制限は考慮せずに作業の所要期間とそれぞれの作業の依存関係に基づいて行う。すなわち，ネットワークの開始から終了に向かってなるべく早く各アクティビティを実施したときの最早日時を求める。これをフォワードパス計算という。最早開始日やプロジェクトの最早終了日を算出できる。その後，フォワードパス計算で求めたプロジェクトの最早終了日を超えない範囲で各アクティビティの開始時期をどこまで遅らせることができるかを考える。その方法は，

最早終了日を基準にして，最後のアクティビティから順に開始に向かって行う。この作業はバックパス計算と呼ばれ，各アクティビティの最遅開始日が分かる。

　最早開始日と最遅開始日が同じアクティビティは，作業期間に余裕がないアクティビティということになる。この作業期間に余裕のないアクティビティをつないだパスをクリティカルパスという。

　また，アクティビティごとの最早開始日と最遅開始日の差をフロートあるいはフリーフロートと呼ぶ。後続のアクティビティに遅れを発生させない範囲での各アクティビティにおける余裕期間である。

　次図の例は，開始指定日の20日後を終了日に指定したものである。このネットワークのクリティカルパスは，Ⓐ→Ⓑ→Ⓒ→ⒹとⒶ→Ⓑ→Ⓒ→Ⓖの２つのパスで，このクリティカルパスの所要期間は18日である。ネットワーク全体を20日間で終了することが条件なので，プロジェクト全体の余裕（フロート）は，２日間である。

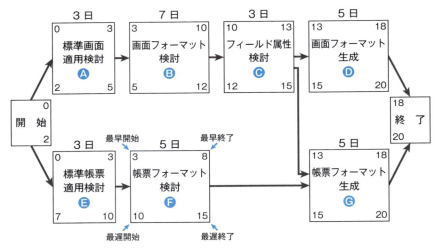

▶クリティカルパスの例

## ❏ クリティカルチェーン法　R3 H31 H29 H27 H26 H25

　クリティカルチェーン法（Critical Chain Method）では，人や資源などのリソースの依存関係を考慮して求めた最長経路であるクリティカルチェーンによってプロジェクトスケジュールを修正する。

　また，クリティカルチェーン法では，アクティビティそれぞれの所要期間を見積もる際には，余裕を含ませずに見積もり，クリティカルチェーンが判明したあとで，ク

❶知識編

リティカルチェーン上にないアクティビティのチェーンがクリティカルチェーンに合流する部分に**合流バッファ**を設けたり，プロジェクト全体の余裕期間（**プロジェクトバッファ**）を加えたりしてプロジェクト全体の期間とする。個々のアクティビティの遅れはこのプロジェクトバッファを消費することで補い，プロジェクトバッファの消費率によって，納期遅れのリスクを把握する。個々のアクティビティに余裕を持たせる場合より短期間での完成が可能である。

## ❏ クラッシング R3 H29 H27 H25 H24

**クラッシング**は，プロジェクトのスケジュール短縮技法の一つである。クリティカルパス上の作業について，投入する要員を増加することによって，所要期間の短縮を図るものである。次図の例は，クリティカルパス上の作業の「画面フォーマット検討」を担当する設計者を一人増やすことによって，スケジュールの短縮を図っている。クラッシングの注意点としては，投入する要員分のコストが増加することと，追加投入する要員の確保が可能であることなどが挙げられる。なお，要員を追加する作業を決定するときは，クリティカルパス上の作業のうち，期間短縮に必要なコストが最も少ないものから順に選ぶようにする。

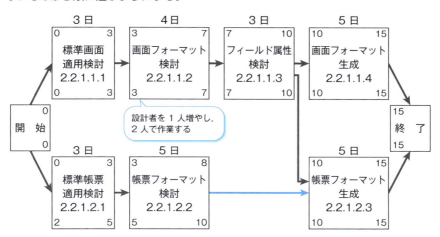

▶クラッシングの例

## ❏ ファストトラッキング H30 H29 H27 H25 H24

**ファストトラッキング**は，クリティカルパス上の作業について，その一部の作業を並列して行えるようにネットワークを組み替えることによって，所要期間の短縮を図

るものである。次図の例は，クリティカルパス上の作業の「フィールド属性検討」を
下部のパスに移動し「画面フォーマット検討」と2日間並行作業させることで，期間
短縮を図っている。ファストトラッキングの際には，投入する要員分のコストが増加
することや新たに投入する要員の確保が可能であることだけでなく，並行作業になる
ために管理が難しくなり，通常はリスクの増大を伴うことにも注意が必要である。

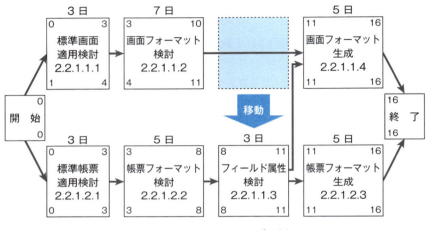

▶ファストトラッキングの例

## ❏ 資源平準化　R2

　**資源平準化**（リソースレベリング）とは，人的リソースなどの資源の集中化を避け
るために行われる調整作業である。スケジュールを作成していると，ネットワーク上
において一時期に作業が集中し，特定の要員の負荷が大きくなったり，大量の要員が
必要になってしまうことがある。人的リソースの集中は，要員の継続性の点において
も，要員のスキルレベルの問題から生じる品質への観点からも好ましくない。このよ
うな場合には，ネットワークの一部の作業時期をずらしたり，可能な作業順序の調整
などにより，特定の要員への負荷の集中をなくしたり，要員のピークの時期をならす
リソースレベリングを実施する。また，作業時期をずらすことでクリティカルパスが
変わることもあるので注意する必要がある。

## ❏ スケジュールベースライン

　**スケジュールベースライン**とは，承認されたスケジュールモデルのことで，プロジ
ェクトの遂行中に集められた実績値と比較する際の基準になる。

❶知識編

## ❏ プロジェクトスケジュール

**プロジェクトスケジュール**は各アクティビティの開始日と終了日を設定したもので，資源についての割当てを確認したものである。

## ❏ トレンドチャート　H29 H27 H24

**トレンドチャート**は，システム開発を行うときの費用管理と進捗管理を同時に行うための手法である。プロジェクトスケジュールにおけるマイルストーンが達成された時点で，その時点までの所要期間と予算消化率を評価する。予算消化の状態は縦（Y）軸で見て，進捗は横（X）軸で見るので，マイルストーンの予定の位置より実績の位置が低ければ，予算を下回っていることになり，高ければ予算を上回っていることになる。同じ高さなら予算どおりである。また，マイルストーンの予定位置より実績の位置が左にあれば，進捗が予定より早いことになり，右にあれば遅れていることになる。

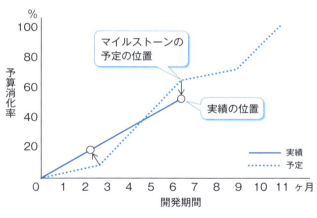

▶トレンドチャートの例

## ❏ ブルックスの法則　H27

フレデリック・ブルックスが『人月の神話』の中で述べている，「遅れているソフトウェアプロジェクトへの要員追加は，プロジェクトをさらに遅らせる」との，プロジェクトマネジメントの人的資源に関する法則を**ブルックスの法則**という。ブルックスは，この法則が成り立つ理由を追加要員への教育に人員を割かれることと，追加要員を加えたことで組織内のコミュニケーションコストが増大することとしている。

# 7 プロジェクトコストマネジメント

**〈午前Ⅱ試験対策〉**

- ▊ **知識項目** の中では，**ファンクションポイント法**や**アーンドバリューマネジメント**などがいろいろな形で出題されている。
- *PMBOK®*ガイドの**プロジェクトマネジメントプロセス名**やその**インプット**などについて問われることがある。これらについては，**7.2** **概観図とデータフロー図** の中の，プロジェクトコストマネジメントの概観で確認しておいてほしい。

---✳---

**〈午後試験対策〉**

□**午後Ⅰ試験**

- 午後Ⅰ問題では，コストだけに特化した問題はこれまであまり出題されていない。しかし，**見積りや契約**，**差異分析**，**変更管理**などと関連して**トレードオフの判断**が必要な場合にはコストの要素が含まれていることが多い。

□**午後Ⅱ試験**

- コストマネジメントの計画と管理の両面について問う問題では，**コスト見積り**と，**コスト差異の把握と予算超過の防止**について問われている。**7.1** **全体の流れ** でも出題内容について触れているので，プロジェクトマネージャとして求められる対応を理解する手がかりにしてほしい。

## 7.1 全体の流れ

**プロジェクトコストマネジメント**は，アクティビティの実施にかかるコストを管理する。プロジェクト開始時にアクティビティの実施に必要な資源とコストを見積もる（資源見積りは資源マネジメントに含まれる）。そのコストを積み上げ，さらに予備費を加え，プロジェクトの総予算を決定する。コストを見積る際には，スコープ，スケ

ジュール，品質，リスク，資源などの要求を満たすことを考慮する必要がある（例えば，品質保証のためのコストが必要だったり，リスク対応のためのコストが必要だったりする）。そのうえで実現可能なコストを考慮するが，コストの制約によってスコープや品質など他の要素の要求が制限されることもある（予算不足のために，スコープを減らしたり，品質面で妥協せざるを得ないことがある）。こうしてさまざまな要素の要求をバランスさせて最終的に総予算を確定する。

　プロジェクトの実行時は，**その時期までに使用する予定だったコストと実際に使用したコストとを比較しながらコストを管理する**。コストの予定と実績に何らかの乖離が生じた場合でも，他の知識エリアの状況を考慮してコストの使用状況が適切か否かを判断する必要がある。例えば，測定時点で計画よりも多くのコストを使っていたとしても，予定よりもプロジェクトの作業が進んでいれば問題はない。逆に，測定時点でのコストの使用実績が計画以下であったとしても，作業が進んでいないためにコストを消費していないのであれば問題になる。

## 1 プロジェクトの立上げと総予算計画

　プロジェクトの立上げ段階では，プロジェクトの実施可否を検討するために概算コストが見積もられる。この時点では，プロジェクトのスコープを詳細に検討してコストを見積もるのではなく，支出できる予算枠の制約や成果物が生み出す価値から投資可能な予算を設定することもある。この段階で決めた予算が，この後のプロジェクト計画で詳細なコスト計画を立てるときの制約条件になることもある。この段階はまだプロジェクトの開始前なので，プロジェクトマネージャは正式には任命されていない。しかし，プロジェクトマネージャとなる予定の者もできるだけこの段階から参画し，予算内でプロジェクトを実施できるかについて助言することが望まれる。
《請負契約でプロジェクトが実施される場合》
　発注者側の予算の制約や受注者側のビジネス戦略がコストに影響を与える。
　　　●発注者側…そのプロジェクトの実現可能な予算を準備する。
　　　●受注者側…提案時にできるだけ正確にコストを見積もり，営業戦略も加味して提案価格を決める。
《準委任契約や派遣契約で費やした工数に応じてコストが発生する場合》
　コスト管理は基本的には発注者側の責任であり，発注者側でプロジェクト実施のための総工数やコストを正しく把握し，投入工数や期間を確定する。

# 2 コストマネジメントの計画

プロジェクトの実施が承認されたら，まず，プロジェクトにどのようなコストマネジメントが要求されているかを明確にすることから始める。一般的には各企業でコストマネジメントに関する統一されたルールが定められている。例えば，アクティビティごとに予定コストと実績を管理することで，どのような種類のアクティビティにどれだけのコストが必要かを分析する企業もある。あるいは，部門の要員コストを年間計画で定義しているところでは，プロジェクト単位での要員コストは正確に管理していないこともある。また，プロジェクトに投入する要員の工数をコストの代替として管理する企業もある。

プロジェクトのコストを計上する方法には，個別原価方式と標準原価方式がある。

- **個別原価方式**…プロジェクト要員の個人ごとの給料やプロジェクトで使用した備品代などの直接経費と，複数のプロジェクトを支援する間接部門の経費や企業全体の光熱費などの間接費をプロジェクトに割り当てる間接経費を使ってコストを計算する。
- **標準原価方式**…要員をランク等でグループ分けして，グループ別に一定の要員の単価を決める方法である。この単価の中に直接費と間接費が含まれている。各要員のコストが一定なので，プロジェクト実施中にコストの把握が容易で管理しやすい。

また，外部から調達する場合は，契約によってコスト管理が異なる。

《金額固定の請負契約でプロジェクトが実施される場合》
- 発注者側…契約時に支払うコストが確定しているので，請負契約で委託している作業に対するコスト管理はほとんど行う必要がない。
- 受注者側…受注額から自社のコストを引いた額が利益になるため，できるだけ受注額を上げコストを下げるように努力する。受注側のプロジェクトマネージャはコストだけでなく自社の利益に関する管理が求められることもある。

《準委任契約や派遣契約で費やした工数に応じてコストが発生する場合》
- 支払額は，要員の単価と稼働実績に基づいて決まる。
- この要員単価には受注者側のコストと利益が含まれており，かつ受注者には成果物の完成責任もないので，一般に受注者にとってコストのリスクは小さい。

コストマネジメント計画では，このようなコストの計上方式や，契約方式に合わせて，どのようにコスト管理を行うかを決める必要がある。

# 3 コスト見積りと予算の設定

　計画作成時にはコストを見積もり，予算を設定する。コストの見積り方法には次の3種類の方法がある。

- **類推見積り**★…類推見積りは，過去の経験や類似のプロジェクトをもとに類推する見積方法である
- **ボトムアップ見積り**★…ボトムアップ見積りは，WBSの最下位層であるワークパッケージごとにコストを見積もり，それを集約する方法である
- **パラメトリック見積り**★…パラメトリック見積りは，何らかのパラメタを利用して行う見積りで，ファンクションポイント法などがある

　　例　**ファンクションポイント法**★…ソフトウェアの規模をファンクションポイント数で見積もり，総ファンクションポイント数にファンクションポイントあたりの生産性を掛け合わせて工数を見積もる

　コスト見積りの前提となるのはスコープである。これだけの作業を実施するには，これくらいのコストがかかるということである。一般に，見積りに利用できる情報量が多ければ，あるいはより詳細な情報が利用できれば，それだけ見積りの精度は高くなる。プロジェクトが進行すればより多くの情報が入手できるし計画もより詳細化できるが，プロジェクトの開始段階では情報が少ないため，見積りの精度は落ちる。特に，パラメトリック見積りはパラメタとして使える情報がなければ利用できないし（プロジェクト開始前にファンクションポイント数を適切に算出できるだけの情報が揃っていないことは多い），ボトムアップ見積りもWBSが作成される前は利用できない。WBSが作成されても，その詳細度が低いと見積りの精度も落ちる。したがって，プロジェクトの初期には類推見積りしか適用できないことも多い。ただし，初期段階での見積りが粗くても，徐々に見積りのインプットとなる情報が揃ってくるので，見積りの精度を高めるために何度も再見積りを行うことがすすめられる。

　コストの見積りが終わったら，スケジュールに合わせて，使用するコストを期間配分した計画を作成する。この期間配分された（どの時点でどれだけのコストを使うかという予定を明らかにした）予算が承認されると**コストベースライン**★となる。

■**アジャイル型に代表される適応型開発では**

　予測が難しいタイプのプロジェクトで実施されることもあり，はじめにスコープを確定させて見積りを行うという手順はとらない。プロジェクトの期間と予算を事前に

設定しておき，その間に小刻みに成果物の作成を繰り返しながら最終的な成果物を完成させる。計画段階で詳細な見積りを行うことはないが，このシステムにどれだけのコストをかける必要があるかを事前に分析する必要があるため，概要レベルでの見積りを行う。よく行われるのは，開発初期にユーザストーリという特性やユーザにとって意味のある機能をもとに，プロジェクト全体のコストを見積もる方法である。

# 4 遂行時のコスト管理

　プロジェクトのコスト管理の基本は，**予定のコスト計画（コストベースライン）に対して実績としてコストがどのくらい使われているかを確認し，コスト超過の傾向が見られればコストを抑える対策を実施すること**である。使わなかったコストは他の作業に回すことができるので，一般にコストの実績はある作業や期間の単位で計画と実績を比較するよりも，その時点までの累積値として計画と実績を比較することが多い。

　また，ある時点までに費やしたコストが予定よりオーバーしていることが必ずしも問題だとは限らない。進捗が予定よりも進んでおり測定時点で計画よりも多くの作業を完了していて，超過しているコストがその作業分であれば，それはまったく問題ない。むしろ進捗が予定よりも進んでおりプロジェクトとしては望ましい状態という評価になる。そのため，**コストの実績は進捗との兼ね合いで評価する必要がある。**

　スケジュールとコストの両面を同時に管理する方法として，**アーンドバリューマネジメント**（EVM）★がある。アーンドバリューマネジメントは，各アクティビティの予定コストをそのアクティビティの価値とみなすところがポイントで，あるアクティビティが完了したら，どんなによいものでも，そのアクティビティの価値を予定したコストの値で示すというものである。EVMに用いる基本の指標は次の3つである。

- **PV**（プランドバリュー）…PVにおいては，評価時点までのアクティビティの計画コストの累積値を予定コスト，または予定出来高として計画の基準ラインとする。プロジェクト終了時のPVはプロジェクトの総予算を表す。
- **AC**（実コスト）…ACは，ある時点までに実際にかかったコストの累積値のことである。作業済みのすべてのアクティビティの実コストを集めて求める。
- **EV**（アーンドバリュー）…EVは，作業済みのアクティビティの計画コスト（すなわち，アクティビティの価値）を累積したもので，出来高ともいう。

　EVMでは，このPV，AC，EVの3つの指標を比較することで，スケジュールとコ

ストを総合的に分析しプロジェクトの進捗を表す。例えば，ACがPVより低いときは予定よりもコストは使っていないが，EVがACよりさらに低いと，使用したコストに見あっただけの成果物が完了できていないと判断できる。

EVMを使うとその時点の進捗状況が客観的に把握できるだけでなく，現在のプロジェクトの状況をもとに客観的にプロジェクトの終了時の予測を行うことも可能になる。

## ■ 関連する午後Ⅱ問題

### Q システム開発プロジェクトにおけるコストのマネジメントについて

H23問1

　この問題では，コスト見積りの方法と精度を高める工夫，コスト差異を把握するための仕組み，予算超過の防止策について具体的に述べることが求められた。

### ❏ コストマネジメント全般の見識が必要！

【コスト見積りと精度を高める工夫】
- 開発要員のコスト
- 過去の類似プロジェクトから類推
- 生産性の基準値をプロジェクトの特徴を踏まえて修正して利用する

【コスト情報の精度が低い場合の対策】
- 予算に幅を持たせる
- リスク管理の観点から予備費を設定する

【遂行中のコスト管理】
- コスト差異を把握→各アクティビティの実コストを予算と比較
- 差異を把握したら→原因と影響度合いを分析し，完了時のコストを予測する
- 予算超過を予想→生産性の改善策の実施，委託者や利用部門とスコープの調整

【ここに注意！】
　予算超過を防ぐための対策では，差異を把握した後のプロジェクト事例に沿った具体的な対策を述べることが大切である。事例との関連が伝わらない一般的な予算超過防止策では高得点は難しいので注意しよう！

## 5 予備費の考え方

プロジェクトの実行では，各アクティビティが予定したコストで終わるとは限らない。プロジェクトにはさまざまなリスクがあり，計画どおりの作業だけを行えば済むということは少ない。リスクの発生を抑えたり，リスク事象が実際に発生したときに対応できるように，予備費を持っておく必要がある。計画段階で特定したリスクの大きさに応じて準備しておく予備費を**コンティンジェンシー予備**★という。リスクへの対応のための予備なので，プロジェクトマネージャが自分の判断で使うことができるコストという位置づけになる。コンティンジェンシー予備もコストベースラインに組み込んでおく。

しかし，計画段階に特定できていなかったリスクが発生することもある。そのようなリスクへ対応できるだけの予備費がないと，いざというときにプロジェクトを進めることが困難になることもある。このような特定されていなかったリスクへの備えとして持っておく予備費を**マネジメント予備**★という。これはいざというときの備えで，プロジェクト外のマネジメントが確保している。プロジェクトマネージャが自らの判断で使うことは許されず，正式な変更管理プロセスを経て承認されないとコストベースラインに組み込むことはできないという位置づけのものである。通常，予算が足りなければ正式な承認を得て追加予算をもらうことになるが，この追加予算の出所がマネジメント予備である。

## 6 プロジェクトの終結とコスト

プロジェクトが完了したら，プロジェクトで使ったコストを集約して，プロジェクトの報告書にまとめる。

集計されたコストはそのプロジェクトの評価に使用されるとともに，他の知識エリアの実績と一緒に組織内で蓄積し，再利用できるようにすることが望まれる（ **4** **統合マネジメント** の **6** **プロジェクト知識の管理** 参照）。このように実績情報を蓄積し，計画と実績との差異分析などを行うことで，組織としてコスト見積りの精度を高めていく。

## 7.2 概観図とデータフロー図

PMBOK®ガイド第6版による，プロジェクトコストマネジメントの概観と，予算の作成のデータフロー図，コストのコントロールのデータフロー図を示す。

データフロー図では，マネジメントプロセスへのインプットとアウトプットの詳細とそれらが他のマネジメントプロセスとどのように関係しているかを図示しているので，そのプロセスで作成したデータがどのプロセスに関係し，影響しているかを視覚的に把握してほしい。

▶**プロジェクトコストマネジメントの概観**（出典　*PMBOK®* ガイド 第6版 P.232 図7-1）

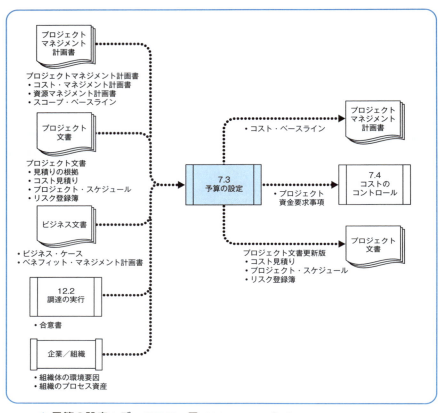

▶**予算の設定：データフロー図**（出典　*PMBOK*® ガイド 第6版 P.249 図7-7）

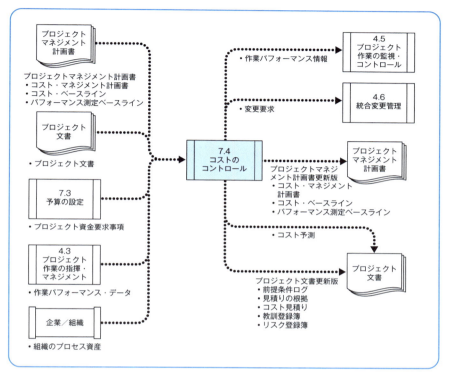

▶ **コストのコントロール：データフロー図**（出典 *PMBOK®* ガイド 第6版 P.258 図7-11）

## 知識項目

### ❑ 類推見積り（トップダウン見積り）

　類推見積りとは，過去の同様のプロジェクトや，標準的なプロジェクトから，プロジェクトやアクティビティのコストや所要期間を推定する方法である。推定方法には，経験者が過去の経験から自分の感覚で見積もるような大まかな方法や，企業などで準備している標準的な開発方法のテンプレートに合わせて計算する方法などがある。類推見積りは，開発した情報システムを他の部署に横展開するなどの過去に同様のプロジェクトが存在している場合や，類似のアプリケーション業務や開発手法のデータが十分に蓄積されている場合などに適した方法である。しかし，個人の経験や主観に頼るところも多く，新技術をとり入れた情報システムや大規模なプロジェクトでは，十

分な見積り精度を得るのは難しい。

## ❏ パラメトリック見積り

パラメトリック見積りとしては，COCOMO，Putnam，Dotyモデルなどが知られている。どれもソフトウェア工学としてプログラムのステップ数や開発生産性といった指標と全体の開発工数をモデルを使って説明する手法である。最近の情報システム開発は，ソフトウェアパッケージを利用したり，コーディング作業が不要な言語を使用したりしており，これらのモデルが当てはまらないケースも多いが，考え方の基本として活用できる理論である。

簡易版として，全プログラムの本数，ステップ数，画面数などから開発規模を想定する方法がある。例えば，1画面を1人月，600ステップの開発を1人月などとして，システム全体を見積もる方法である。パラメトリック見積りの一つとして現在も研究され，適用が工夫されている方法として，ファンクションポイント法がある。

## ❏ ファンクションポイント法　H29 H27 H25

ファンクションポイント法はシステムの規模を客観的に示すための手法で，開発するシステムの入出力データ要素を5つのタイプに分割し，それぞれのタイプごとに要素数を計算し，その要素数とタイプ別の重み付けを掛け合わせてシステムの規模を数値化する。

完成後のシステムの機能を想定して規模を算定するので，開発言語や開発手法に依存しない客観的な見積りが可能である。

〔ファンクションポイントの計算手順〕
❶ システムのインタフェースの数を5つのファンクションタイプに分割し，それぞれのファンクションタイプごとに，その処理が複雑か，単純か，その中間か，に分類してそれぞれの重み付け係数を定義する。ファンクションタイプは，次のとおりである。

　ⅰ　外部入力：ユーザの入力データの数（入力ファイル）

　ⅱ　外部出力：ユーザへ出力されるデータの数（出力帳票）

　ⅲ　論理的内部ファイル：システム内で使用する主要論理データ（論理データベースなど）

　ⅳ　外部インタフェース：他のシステムとのインタフェース（ファイル）

　ⅴ　外部照会：照会画面による照会機能数

また，重み付け係数の定義の例は，次表のとおりである。

▶ファンクション数の重み付け係数定義の例

| ファンクションタイプ | 複雑度重み付け係数 | | |
|---|---|---|---|
| | 単純 | 中間 | 複雑 |
| 外部入力 | × 1 | × 2 | × 3 |
| 外部出力 | × 4 | × 5 | × 7 |
| 論理的内部ファイル | × 2 | × 3 | × 4 |
| 外部インタフェース | × 5 | × 7 | ×12 |
| 外部照会 | × 3 | × 5 | × 7 |

❷ これら5つのタイプの重み付けごとにシステムのインタフェースを分類し，その数を集計する。その数に重み付けを乗じたものの合計値を計算する。この値はファンクション数といい，最終的なファンクションポイント算出の調整前の値である。

❸ システムの複雑度を加味するために，処理複雑度係数を計算する。この係数計算のためには，処理複雑度に対する影響要因としていくつかの項目を算定し，その項目がシステムの複雑度にどのくらい影響するかを数値で表す。このとき個人差が出ないようにポイントの客観的な定義が必要である。影響度算出基準の定義の例を次表に示す。

▶影響度算定基準の例

| 影響要因 | 影響度算定基準 | | |
|---|---|---|---|
| | 0 点 | 5 点 | 10点 |
| 1：処理形態 | バッチ中心 | クライアントサーバ | インターネット利用 |
| 2：応答時間 | 制約なし | 目標時間がある | 厳しい制限がある |
| 3：運用の容易性 | 制約なし | 既存の方法で行う | 新しい仕組みが必要 |
| 4：バックアップ | バックアップ不要 | 定期的に必要 | リアルタイムで必要 |
| 5：障害回復時間 | 制限なし | 1 日以内 | 数分以内 |
| 6：参照システム | 既存システムのコピー | 類似システムあり | 初めての開発 |
| 7：開発環境 | 十分な開発環境あり | 若干の制約がある | 開発環境に制限がある |

❹ 影響度から，次の式で処理複雑度係数を計算する。

処理複雑度係数＝0.65＋0.01×影響度

　この係数は影響度算定基準の合計値（この算定基準の例の場合，0から最大70ポイントである）によって，最低0.65，最大1.35，平均1.0になるようにしたものである。影響度算定基準の影響要因の数や算定基準の配点によって，この式も調整する必要がある。

❺ 最終的なファンクションポイントは，次の式で表す。

ファンクションポイント＝ファンクション数×処理複雑度係数

## ❏ COSMIC法　R3

　COSMIC法は，JIS X 0143として制定されているソフトウェアの機能規模を測定する手法である。銀行や経理，人事，物流などのアプリケーションや機械制御装置に組み込まれたソフトウェアなどのリアルタイムソフトウェア，あるいは両者の複合したソフトウェアを対象とする。利用者機能要件と機能プロセスに着目して，機能プロセスごとに①～③の手順で見積りを行う。

　　①データ移動を，エントリ，エグジット，読込み，書込みという4つの型に分類する。

　　②データ移動の型ごとに，その個数に単位規模を乗じる。

　　③②で求めた型ごとの値の合計を，機能プロセスの機能規模とする。

## ❏ ボトムアップ見積り

　ボトムアップ見積りは，プロジェクトの作業を見積りが可能な詳細作業に分割し，それぞれの作業の見積りを積み上げていく方法である。見積り工数の根拠を第三者に示す場合に，最も説得力のある見積り方法であるが，作業工程を網羅的に定義し，過不足のない作業分割を行う必要がある。

　具体的には，スコープマネジメントの成果であるWBSのワークパッケージを作業工数やコストの見積りに使用する。ボトムアップによる見積り手法の難点は，作成したWBSの精度に大きく依存する点である。WBSの精度を高める方法として，情報システム開発の標準的なモデルが存在する場合は，そのモデルから標準的WBSを作成しておき，個々のプロジェクトではそれを基礎にしてプロジェクト独自のWBSを作成するといった方法がある。

## ❏ コンティンジェンシー予備

　コンティンジェンシー予備は，事前に対応できないリスクや，対応後の残存リスク，

あるいは受容すると決めたリスクといった既知のリスクが現実化した場合に対応するためのものである。**コンティンジェンシー予備はプロジェクトマネージャの責任において使用できる**。コンティンジェンシー予備の額は、見積りコストの一定の割合としたり、一定の金額にしたりする。場合によっては、定量的分析によって設定されることもある。

## ❏ マネジメント予備

　プロジェクトには未知のリスクも存在する。この未知のリスクへの対応に用いられるのがマネジメント予備である。マネジメント予備はプロジェクトマネージャの権限で使用することはできず、**正式な変更管理プロセスを経て承認を得る必要がある**。

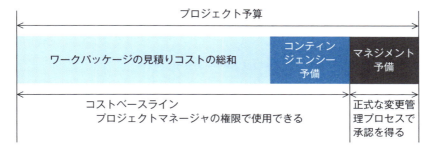

▶プロジェクト予算の構成

## ❏ コストベースライン

　コストベースラインは、すべてのワークパッケージの見積りコストの合計とコンティンジェンシー予備で構成される。実際はプロジェクトのスケジュールに合わせて、時間軸ごとにどれくらいのコストを使用するかの予定を立てたものがコストベースラインとなる。これにマネジメント予備を加えたものがプロジェクト予算となる。

　プロジェクトの立上げ時や終了間際は支出額がそれほど多くないことから、次図に示すように、一般にコストベースラインはグラフにするとS字状のカーブになる。

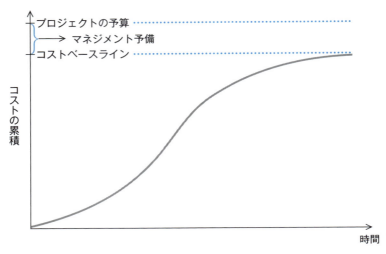

▶コストベースライン

## ❏ アーンドバリューマネジメント(EVM)

R2 H30 H29 H28 H27 H25

　プロジェクトの全作業を金銭価値に置き換えて，チェックポイントごとの達成予定額を設定し，達成作業量を金銭価値に換算したものと比較することによって，プロジェクトの進捗管理を行う方法をアーンドバリューマネジメントという。

　一方，達成額と実コストとの比較によってコスト面での進捗も数量的に把握することができ，全体としてスケジュールとコストを統一的に把握することが可能である。

　また，作業状況とコストの進捗状況およびその結果を用いて今後の予測ができる。

　次図に示すように，分析はそれぞれの作業に対して3つの数値を金銭価値で計算することが基本である。

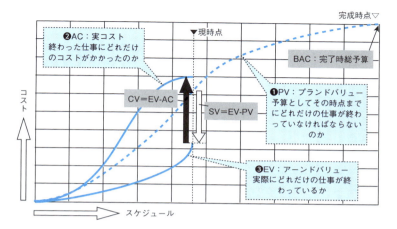

**▶分析に使用されるPV，AC，EV**

**❶ PV（プランドバリュー）**

PVとは，所定の期間内で，この作業に割り振られた承認済みの見積り金額のことである。

次図の例では，分析工程に15人日，1人日8万円と見積もっているので，

分析工程のPV＝15×8＝120（万円）　となる。

**❷ AC（実コスト）**

ACとは，所定の期間内で，この作業を完成させるために要した実際の費用（金銭価値）のことである。

次図の例では，分析工程を実際に完成させるために30人日かかっているので，

分析工程のAC＝30×8＝240（万円）　となる。

**❸ EV（アーンドバリュー）**

EVとは，報告時点でのその作業の成果物（出来高）を金銭換算したものである。このアーンドバリューの測定基準には，固定法などのような基準が使われる。

例えば，固定法の0－100ルールでは，当該作業が完成しなければ0％，完成すれば100％とみなすルールである。次図の例では，分析工程が完成しない限りEVは0であり，完成してはじめてEVは120万円と評価される。作る側から見れば最も厳しい評価ルールである。

ほかに20－100ルールや30－100ルールもある。これは，作業の開始時に，20％または30％の出来高があったとみなすもので，前記の分析工程の例では，開始時点でEVは24万円または36万円と評価される。これは成果物が何もないのに出来

高が評価されることになる。

　作業を細分化しそれぞれの作業の進捗方法を定量的に定義して，より実態に合わせるのが望ましいが，あまりに細かく管理する場合には，管理作業のオーバヘッドがかかりすぎる場合があり，アーンドバリューの測定基準をどのように設定するかは大きなポイントである。

| 工程 | 単金（万円／人日） | 予定工数（人日） | 実績工数（人日） | 1／15　2／15　3／15　4／15　5／15 報告日 |
|---|---|---|---|---|
| 分析 | 8 | 15 | 30 | ★ 1／30完了 |
| 設計 | 6 | 90 | 80 | ★ 3／15完了 |
| 製造 | 4 | 240 | 120 | |
| 試験 | 6 | 60 | | |

　EVの評価ルールは 0 -100ルール
　製造工程のEVの評価単位はプログラム別
　48本中 4／15時点で24本予定，36本完成

| | PV | AC | EV |
|---|---|---|---|
| 分析 | 8×15＝120 | 8×30＝240 | 8×15＝120 |
| 設計 | 6×90＝540 | 6×80＝480 | 6×90＝540 |
| 製造 | 4×240×(24/48)＝480 | 4×120＝480 | 4×240×(36/48)＝720 |
| 4／15までの累積値 | 120+540+480＝1140 | 240+480+480＝1200 | 120+540+720＝1380 |
| 試験 | 6×60＝360 | | |

| | | 評　価 |
|---|---|---|
| CV | 1380－1200＝＋180 | 180万円分のコスト低減 |
| SV | 1380－1140＝＋240 | 240万円分成果物が早い |
| CPI | 1380÷1200＝1.15 720/480＝1.5 | 1.15倍のコスト低減傾向 製造工程は1.5倍のコスト低減傾向 |
| SPI | 1380÷1140＝1.21 720/480＝1.5 | 予定より1.21倍の生産性 製造工程では予定の1.5倍の生産性 |
| BAC | 120+540+ 4×240+360＝1980 | 開始時プロジェクト予算 |
| EAC | 1200+(1980－1380)÷1.15＝1722 | 4／15時点の完成時総コストは，予算よりも1980－1722＝258万円分コスト低減されると予測する |

※EACは，このコスト効率指数が続くものとして予測した。

▶計算事例

112

○**コスト差異（CV）**：CV＝EV－AC

○**スケジュール差異（SV）**：SV＝EV－PV

○**コスト効率指数（CPI）**：CPI＝EV÷AC

○**スケジュール効率指数（SPI）**：SPI＝EV÷PV

○**完成時総コスト見積り（EAC）**

　現時点での完成時総コスト見積りとは，計測時点までの実コストに基づいたプロジェクトの完了日における総コストの見積り予測であるが，その見積りにはいくつかの方法がある。ここで，**BAC**（完成時総予算）とはプロジェクト完了時点のPVの累積値で，EACからACを引いた値を残作業のコスト見積り（ETC）という。

　　　ETC＝EAC－AC

《現在のコスト効率の傾向が将来も続くと予測される場合》

　これまでの累積コスト効率指数（CPI）の傾向でコストが発生すると仮定すると，完成時点ではどれだけのコストになるかを考える。

　　　EAC＝AC＋（BAC－EV）÷CPI＝BAC÷CPI

《これまでの差異は一過性で今後は計画どおりに進むと予想される場合》

　　　EAC＝AC＋（BAC－EV）

《将来のコスト効率は過去のスケジュール効率で影響されると予想される場合》

　　　EAC＝AC＋（BAC－EV）÷（CPI×SPI）

　CPIとSPIに80対20などの重み付けをして用いる場合もある。

　　　EAC＝AC＋（BAC－EV）÷（0.8CPI＋0.2SPI）

《将来のコスト効率は，直前3回のコスト効率と同じになると予想される場合》

　直前3回の測定期間のEVとACをそれぞれEV1，EV2，EV3，AC1，AC2，AC3とすると，

　　　EAC＝AC＋（BAC－EV）÷｛（EV1＋EV2＋EV3）÷（AC1＋AC2＋AC3）｝

▶EVMにおいて利用する指標

| 確認したい事項 | 利用する指標 | 値 | 意味 |
|---|---|---|---|
| 計画どおりに進んでいるか? | SV | ＜0 | 計画より遅れている |
| | | ＝0 | 計画どおり |
| | | ＞0 | 計画より早く成果物ができている |
| 予算内か? | CV | ＜0 | 予算を超過している |
| | | ＝0 | 予算と一致している |
| | | ＞0 | 予算より実コストが少ない |
| 成果物の出来高傾向<br>作業の進捗傾向を知りたい | SPI | ＜1 | 作業が遅れている傾向にある |
| | | ＝1 | 計画どおり |
| | | ＞1 | 作業が早く進んでいる傾向にある |
| 費用の発生傾向は? | CPI | ＜1 | 成果物の割には実コストが多い |
| | | ＝1 | 予定どおり |
| | | ＞1 | 成果物の割には実コストが少ない |
| プロジェクトの最終コストは<br>いくらになるか? | EAC | | |
| 残作業のコストは<br>いくらになるか? | ETC | | |

○実コストは予算内
　＆進捗も予定より進んでいる

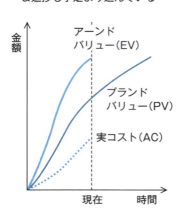

○実コストは予算超過
　＆進捗も予定より遅れている

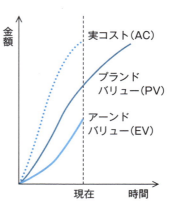

▶EVMのグラフ

# 8 プロジェクト品質マネジメント

〈午前Ⅱ試験対策〉

- **知識項目** の中では，**QC7つ道具**それぞれの図についての出題が最も多く，次いで**CMMI**，**SPA**などが出題されている。
- **品質特性**は，JIS X 25010についてH30年にはじめて出題され，R2年にも出題されている。前規格でもよく出題されていたので今後も出題の可能性は高い。
- *PMBOK®*ガイドの**プロジェクトマネジメントプロセス名**やその**インプット**などについて問われることがある。これらについては，**8.2** **概観図とデータフロー図** の中の，**プロジェクト品質マネジメントの概観**で確認しておいてほしい。

---- ＊ ----

〈午後試験対策〉

□午後Ⅰ試験

- プロジェクト品質マネジメントについては，品質に特化した問題としても，あるいは他のテーマの中に含まれる問題としてもしばしば出題される。**レビューに関する問題**や**品質指標の活用**，**品質報告に関する問題**，**品質リスクに対応するテスト工程の施策**，**成果物の品質向上策**などについて問われている。

□午後Ⅱ試験

- これまでは，品質目標を阻害する要因に応じて立案した**品質確保策を含めた品質計画**や，**品質管理計画を策定する上での考慮点**，**品質管理計画の策定と品質管理の実施方法およびその評価**，品質目標を逸脱した工程での原因分析や対応策，再発防止策などについて論じることが求められている。**8.1** **全体の流れ** でも出題内容について触れているので，プロジェクトマネージャとして求められる対応を理解する手がかりにしてほしい。

プロジェクト活動における品質マネジメントの考え方は，製造業の量産活動において培われた統計学的な品質管理技術が基本になっている。古くから研究されたその品質管理の基本は学ぶべきことが多く，プロジェクトの品質マネジメントとして活用されている。ただし，プロジェクトではこれまで経験のない独自の成果物を1回だけ生産するという特徴があるので，その特徴を考慮した品質マネジメントの考え方も必要になる。

〔品質マネジメントの基本概念〕

● 品質と等級

　品質と等級の概念はそれぞれ異なるものである。ISO 9000★の定義では，品質とは『対象に本来備わっている特性の集まりが，要求事項を満たす程度』のことをいう。これに対して等級とは『同一の用途をもつ対象の，異なる要求事項に対して与えられる区分又はランク』のことをいう。プロジェクトチームはプロジェクトに対する品質と等級の要求の違いについて理解し，プロジェクトを実施する必要がある。

● 検査より予防

　検査より予防という概念は，プロジェクトライフサイクルの活動に大きく影響する。成果物の検査で品質上の課題を見つけるよりも，設計段階など早い段階で予防するほうがよいという考え方である。誤りを予防するためのコストは，あとで発見された誤りを是正するコストより少ないとされている。

● 品質コスト（COQ）

　品質コスト★は，要求事項への不適合を予防するコスト，プロダクトやサービスが要求事項に適合したかどうかを検査するコスト，および，完成品の不適合の結果として生じる手直しを行うコストの総額である。これらのコストの総額が最も低くなるようにバランスよくコストを配分することが重要になる。

　これら品質に関する基本的な考え方はシステム開発プロジェクトにも適用できる。品質と等級の概念は，システム開発においては広い意味でどちらも品質という考え方をとっている。等級は構築するシステムに求められる要求品質ということができる。そのシステムが設計どおりに完成したとして発揮する品質であり，設計品質，外部品質ともいう。これに対して狭義の品質は，いわゆるシステムのバグがどれだけ取り除

かれているかという信頼性にかかわる品質であり，作り込み品質ともいわれる。これは，基本的にシステムの構築活動で実現するものなので，プログラム品質とも呼ばれている。

　システム開発の品質コストについては，不具合がプロジェクトの後半になって発見されるほどその解決のためのコストが大きくなるという分析結果が出ている。ウォータフォールモデルにおいて，そのフェーズの問題はそのフェーズ内できちんと解決し，次のフェーズに持ち込まないという考え方は，まさしく品質コストの考え方といえる。

## ■1 品質マネジメントの計画

　プロジェクトマネジメント計画を策定する過程で，プロジェクト活動や成果物に求められる品質の評価指標となる品質管理項目（これを品質メトリクスという）と目標値を定め，それをもとにプロジェクトの各段階で品質を評価するための品質基準を設定し，品質を管理するための仕組みを明確にして，品質マネジメント計画書を策定する。これはプロジェクトマネジメント計画書を構成する補助計画書として作成される。

　品質マネジメントは，品質保証（QA；Quality Assurance）と品質管理（QC；Quality Control）に分かれる。品質保証は，品質を作り込み顧客へ提供するために十分なレベルの品質が実現できたことを保証するためのプロセスで，品質管理は品質基準が満たされているかを評価し，十分でなければ欠陥修正を行わせるためのプロセスである。どちらのプロセスも設定した品質基準をもとに行われる。したがって，品質マネジメント計画の基本は，まず品質基準を定義し，どのような方法で品質マネジメントを行うかを定めることである。ただし，要求された品質を実現するためには，相応のコストがかかる。プロジェクトのコストや工数の制約を考慮しながら，そのプロジェクトに適した品質マネジメント計画を作成することが大切である。

　顧客や市場に提供すべき製品やサービスの品質は，組織として保証する必要があるため，通常はプロジェクトごとではなく組織で達成すべき品質基準を規定している。

〔品質指標〕
- コンピュータシステム
  RASIS（次の特性の頭文字）
    Reliability（信頼性），　Availability（可用性），　Serviceability（保守性）
    Integrity（保全性），　　Security（安全性）
- システム／ソフトウェア製品の品質特性★　（JIS X 25010）

- ８つの品質特性…機能適合性，性能効率性，互換性，使用性，信頼性，セキュリティ，保守性，移植性
- 品質特性を細分化した31の品質副特性

　次に，品質基準を達成できているか否かを判断するための品質データをどのようなタイミングで集め，どのように評価し解決するかという仕組みを作る必要がある。このような仕組みは品質管理標準といった形で，プロジェクトの実施標準に組み込まれることが多い。

　システム開発における品質保証の手順を表したものとしてVモデルが有名である。これは左上から右下がりに要件定義，外部設計，内部設計，実装と品質を作り込むプロセスが並び，下から右上がりに，単体テスト，統合テスト，システム検証テストと作り込んだ品質を確認するプロセスが並ぶ。このVモデルはウォータフォールモデルのフェーズの考え方に合わせて品質保証の基本プロセスとして利用されている。

　システム開発プロジェクトを顧客から受託して実施している場合には，自社の品質基準を適用するのか，顧客の品質基準を適用するのかを明確にする必要がある。顧客の品質基準を適用する必要がある場合には，早急にその内容を精査し，プロジェクト計画の中に反映しておくことが重要である。また，このような品質基準について何らかの取り決めがない場合や，プロジェクト特有の品質管理が必要とされる場合には，プロジェクトマネージャがそのプロジェクトに適した品質基準を設定する必要がある。

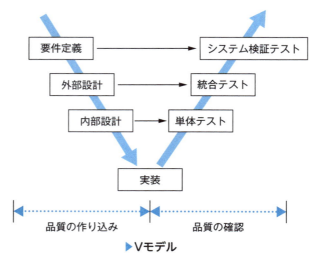

▶Vモデル

## ■ 関連する午後Ⅱ問題

**Q** **システム開発プロジェクトにおける品質確保策について** `H23問2`

　この問題では，設定された品質目標，品質目標の達成を阻害する要因，その要因に応じて品質計画に含めた品質確保策，予算や納期の制約を考慮して工夫した点，工夫した結果への評価について具体的に述べることが求められた。

## ❏ 品質計画について述べよう！

● 品質目標達成を阻害する要因を見極め，要因に応じた品質確保策を計画することが大事となる。

【要因の例と品質確保策の例】

・要員の業務知識が不十分：要件の見落としや誤解の防止が必要
　　　→業務に詳しい人を交えたウォークスルーによる設計内容確認
　　　→プロトタイプによる利用者の確認

・稼働中のシステムの改修の影響が広範囲に及ぶ：既存機能のデグレード防止が必要
　　　→構成管理による修正箇所の確認
　　　→既存機能を含めた回帰テスト

【予算や納期の制約を考慮した品質確保策への工夫の例】

・ウォークスルー→対象を難易度の高い要件に絞る→設計期間を短縮

・プロトタイプ→表計算ソフトを利用して画面・帳票を作成→設計費用削減

・構成管理ツールを活用して修正範囲を特定→修正の不備の早期発見→改修期間短縮

・回帰テストで前回開発のテスト項目やテストデータを使用→テスト費用削減

【ここに注意！】

　計画段階での品質マネジメントに関する出題であるので，実際に発生した品質問題への対応に終始する論述には，決してならないようにしよう！　計画時点での品質確保策をきちんと述べることが重要！

───────── ✳ ─────────

**Q** **システム開発プロジェクトにおける品質管理について** `H29問2`

　この問題では，品質管理計画を策定する上での考慮点，品質管理計画の策定方法と品質管理の実施方法，品質管理計画の内容の評価，実施結果の評価，今後の改善策について具体的に述べることが求められた。

❶ 知識編

● 計画策定では，他の事例や全社標準の品質管理基準をカスタマイズして，プロ
ジェクトの特徴に応じた実効性の高い計画にする必要がある。

**【策定にあたっての考慮点】**

● 信頼性などシステムへの要求事項を踏まえ，品質状況を的確に表す品質評価の
指標，適切な品質管理単位などを考慮した，プロジェクト独自の品質管理基準
を設定する

● 定量的な観点（摘出欠陥件数など）と定性的な観点（欠陥内容など）の両面で
評価する

● 品質評価のための情報収集方法，品質評価の実施時期，実施体制などが，プロ
ジェクトの体制に見合っていて，実現可能であること

**【品質管理の実施】**

計画で述べた収集方法や実施体制で，実際どのように品質管理を実施したかを
述べる。

このとき，計画時に考慮したこととの関連が分かる工程を中心に論述する。

**【ここに注意！】**

プロジェクトの特徴に応じた計画の策定について述べるため，最初のプロジェ
クトの特徴で品質計画に関連する特徴を述べることが重要！　この特徴が品質計
画に関係ないと，以降の論述との一貫性に欠けてしまうので注意しよう！

## 2 プロジェクト実行時の品質マネジメント

プロジェクト実行中の品質マネジメントには品質保証と品質管理の2つの視点があ
る。

**品質保証では品質確保のためのプロセスを定義し，通常プロジェクト活動のアクテ
ィビティの一つとして組み込む**。プロジェクトマネージャは，プロジェクトの品質マ
ネジメント活動が適切に効率よく実行されるように，さまざまな仕組みを工夫して品
質基準を達成する責任がある。

**品質管理では，各アクティビティの成果物が定められた品質基準を満たしているか
という視点で検査する**。品質の検査は，そのプロセスの重要性などに応じて詳細に行
われることもあれば，簡易的な方法で行われたり，効率よく行うためにサンプリング
で行われることもある。また，品質管理作業そのものを独立したアクティビティとし

て定義することもある。

　さらに，フェーズの切れ目では，次のフェーズに問題を持ち越さないために，厳密な品質の確認が行われることもある。このようなフェーズの完了確認のために行われる品質管理は品質ゲートとも呼ばれる。各アクティビティやフェーズの完了を確認するため，それぞれのフェーズにおける品質基準を事前に定義しておく必要がある。

　システム開発プロジェクトにおいては，設計段階の管理項目は**レビュー★**や**ウォークスルー★**の回数などである。また，この段階でプロトタイプなどを作成し，設計内容を確認することで品質を高める方法も行われる。開発段階での管理項目としては，テスト工程でのテスト項目の数や，テストで見つかった不具合の数などが代表的である。単体テスト，結合テスト，システムテストと進むごとに検査すべき管理項目も変化していく。

　品質を評価した結果，品質基準が満たされていないと判断された場合や，その他予期しない問題が発生した場合は，その問題が解決するまで監視することが重要である。また，問題を分析して記録しておくことは，他の同種の問題解決や今後の問題発生の予防に役立つ。このような目的で，すべての問題は**問題管理台帳（課題ログ）**（➡ P.51）に記載し状況を管理する。

---

〔一般的な問題管理手順〕
❶ 問題を発見した人は決められた様式の問題報告書を起票する。
❷ 管理担当者はそれを問題管理台帳に登録し，分析担当者，解決担当者，管理者などに作業の依頼や報告を行い，問題解決のための一連の作業を管理する。
❸ その問題が解決し最初の問題報告者が確認すれば，その問題をクローズする。

---

　管理担当者は定期的にその問題管理台帳を分析し，プロジェクトマネージャとともに解決案を考え実施する。このような問題管理の仕組みが，問題管理台帳を軸にして効率よく実施されていることをプロジェクトマネージャは確認し管理する。問題管理の仕組みをうまく回すには，各問題に対して責任者を決めることと解決予定日を定めることが重要である。また，いつまでも変化のない問題は強制的にクローズするなど，問題管理台帳を活性化する必要がある。

## 3 品質の評価と分析手法

　成果物に対する品質確認の結果，品質基準が満たされていない場合，その成果物を

作成するアクティビティは完了とはならずやり直しが必要となる。フェーズ完了時の品質評価で品質基準が満たされていない場合は、品質基準を満たすまでフェーズを完了できない。

　品質管理項目を評価するときには、単純に管理項目が基準を満たしたという判断を行うが、集めたデータの特性を分析し客観的に分かりやすく表記することで、品質の問題を分かりやすく示すことができる。そのような分析や表示方法として、QC 7つ道具★をはじめとした多くの技法が考案され、利用されている。たとえばパレート図★は、障害を解消するために重点思考で対応策を考えるべき作業を明確にする。特性要因図★は、ある特性の要因をさまざまな視点で掘り下げて分析するときに有効である。管理図★は、時系列的に計測値を折れ線グラフで示し、管理限界を超えたか、あるいはどのような傾向があるかなどを分析できる。

　このほか、障害管理においては、時間軸上に障害の発生件数と解決件数の累積値を折れ線グラフで表した信頼度成長曲線★もよく使用される。これはシステムテストの段階などでよく利用されるものだが、最初は障害の発生頻度が高くグラフは上に向かって伸びるが、日が経つにしたがって発生頻度が減少し、グラフは横になっていく。このグラフの状況から、システムから多くの障害が取り除かれ安定してきたことを判断できる。

---

## ■ 関連する午後II問題

### Ｑ 情報システム開発プロジェクトにおける品質の評価，分析について

H27問2

　この問題では、品質目標範囲を実測値が逸脱した工程、評価指標の設定、目標範囲を逸脱した原因の特定と分析、影響の分析、その対応策、再発防止策と再発防止策を実施するために必要となった見直し内容、実施状況の監視方法について具体的に述べることが求められた。

### ❏ 品質が下回った場合の対応について述べよう！

【計画段階】

　開発工程ごとに成果物（設計書、プログラムなど）の品質評価指標と目標範囲を定める。

【遂行中：評価指標の実績値を収集】

　目標範囲を逸脱→原因を分析・特定→他の成果物への影響も分析

【具体例】
- 設計工程：レビュー指摘密度が上限を超えている
    →指摘内容を調査→要件との不整合の指摘事項が多い
    →原因：要件定義書の記述に難解な点があった
    →さらに他の成果物への波及の有無を分析
    →対応策，再発防止策の立案
- 対応策を実施するために必要なスケジュールや開発体制などの見直しを実施し，対応策や再発防止策の実施状況を監視する。

【ここに注意！】
　論述では，一貫性が重要！　最初のプロジェクトの目標や特徴との関連性は，常に意識して論述する必要がある。また，実施状況の監視方法もその対応策の監視にふさわしいものでなければならない。

## 4 プロジェクトの終了と品質管理

　基本的には，すべてのプロジェクトスコープの完了がプロジェクト完了の条件である。品質の視点からも，すべての品質管理項目が基準を満たし，未対応の問題がなくなるとプロジェクトを終了できる。いくつかの品質要件が満足できていない場合でも，本番稼働させたほうがメリットが大きい場合には，条件付きでプロジェクトを終了させることもある。

　システム開発プロジェクトにおいては，完成したシステムが，求められる品質条件を満たすことで，システム開発の完了と本番移行が行われる。その結果，品質的にも問題がないと判断した時点で，プロジェクトは完了となる。

　プロジェクト終了後は，各種の品質管理項目（品質メトリクス）の実績情報を整理し記録する。プロジェクト実施中はプロジェクトマネージャが品質に責任を持つが，プロジェクトが終了して顧客に提供した後では，組織として品質に責任を持つ必要があるので，品質に関する情報は，しかるべきステークホルダに報告する必要がある。システムの本来の品質は，利用して要求を満足させることができたかということによって評価すべきことなので，プロジェクト終了後でも，完成したシステムを提供して実際に品質はどうであったのかを確認することが望まれる。

## 8.2　概観図とデータフロー図

*PMBOK*®ガイド第6版による，プロジェクト品質マネジメントの概観と，主要な
プロジェクト品質マネジメントプロセスの相互関係，品質のコントロールのデータフ
ロー図を示す。

データフロー図では，マネジメントプロセスへのインプットとアウトプットの詳細
と，それらが他のマネジメントプロセスとどのように関係しているかを図示している
ので，そのプロセスで作成したデータがどのプロセスに関係し，影響しているかを視
覚的に把握してほしい。

▶**プロジェクト品質マネジメントの概観**（出典　*PMBOK*® *ガイド* 第6版 P.272 図8-1）

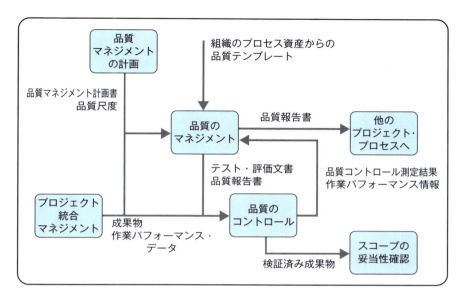

▶主要なプロジェクト品質マネジメントプロセスの相互関係

（出典　*PMBOK®* ガイド 第6版 P.273 図8-2）

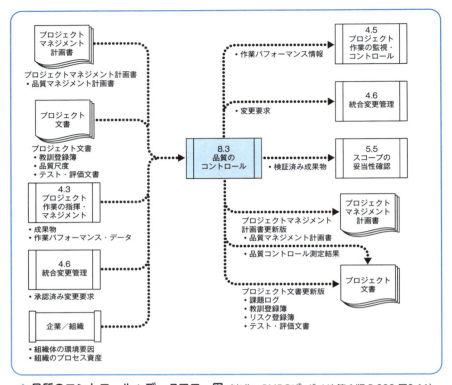

▶**品質のコントロール：データフロー図**（出典　*PMBOK*® ガイド 第6版 P.299 図8-11）

## 知識項目

### ❏ 品質コスト　H27

　品質コストは，品質を確保するために発生するすべてのコストで，適合コストと不適合コストに分類される。

- 適合コスト…適合コストは，欠陥を回避するためにプロジェクト期間中に発生するコストで，予防コストと評価コストに分類される。
  - ・予防コスト…有効な品質保証マネジメントを計画，実行，維持していくためのコスト。品質マネジメントの計画や訓練なども含まれる。
  - ・評価コスト…成果物が品質基準を満たすことを確保するためのコストで，評価，

測定，品質監査，テスト，受入れ検査などのコストも含まれる。

● **不適合コスト**…不適合コストは，不良によってプロジェクトの期間内やプロジェクト終了後に発生するコスト（不良コスト）で，内部不良コストと外部不良コストに分類される。

  ● 内部不良コスト…出荷前に発見された品質基準に合わない製品から生じるロス。再設計やプログラム修正工数なども含まれる。

  ● 外部不良コスト…低品質の製品を顧客に出荷したために生じるコスト。アフタサービス，苦情処理，リコール，製造物責任などに要するコスト。直接的な損失だけでなく間接的な損失についても考慮する必要がある。信頼の失墜（ブランド価値の低下）や，逸失利益なども含まれる。

一般に，品質適合度を上げる（欠陥率を下げる）ためには，適合度が100％に近づくほど（欠陥率が0％に近づくほど），級数的に予防コスト，評価コストがかかる。逆に，結果として適合度が100％に近づくほど（欠陥率が0％に近づくほど），不良コストは減少する。このとき，トータル品質コストが最少になる品質水準を経済的適合品質水準と呼ぶ。

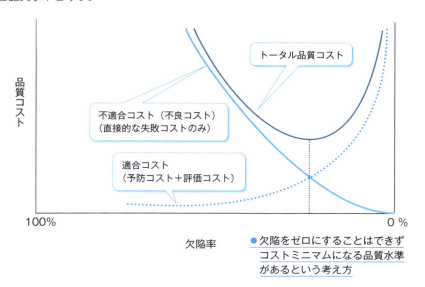

▶ **品質コストの相関関係**

## ❏ CMMI  H28 H24

CMMI（Capability Maturity Model Integration）は，ソフトウェア開発プロセスの成熟度評価モデルであるCMMに，多くのCMM改善事例を反映させたモデルである。CMMは，**ソフトウェアを評価対象として，開発と保守のプロセス改善を支援する目的で作成された成熟度モデル**である。CMMIは，CMMで評価対象としていたソフトウェアに加え，ハードウェアを含む製品やサービスを評価対象にしている。また，組織がプロセスを改善することに役立つ，ベストプラクティスの適用に対する手引きを提供している。

CMMIの評価には，CMMと同様に「初期」「管理された」「定義された」「定量的に管理された」「最適化している」と，全体を5段階で評価する段階表現のほかに，22のPA（Process Area）についてそれぞれPAごとの能力レベルを評価する連続表現の方法がある。

## ❏ SPA  H28 H26

SPA（Software Process Assessment）は，ソフトウェアプロセスがどの程度の能力水準にあり，継続的に改善されているかどうかを判定することを目的とする，ソフトウェアの開発と支援の作業について評価改善を行う方法論である。評価のための基準としてCMM（Capability Maturity Model）が用いられる。

## ❏ ISO 9000  H28 H26

ISO 9000シリーズは，品質マネジメントシステムを規定した国際標準である。ISO 9000シリーズの中核はISO 9001であり，品質マネジメントシステムの要求事項が記載されている。ISO/IEC 90003はISO 9001の要求事項をソフトウェアに適用するための指針である。ISO 9004はISO 9001の要求事項を参照しながら品質マネジメントシステムで業務パフォーマンスを向上させるための指針であり，品質マネジメントシステムを導入する際に参考になる。

## ❏ 品質特性（JIS X 25010）  R2 H30

JIS X 0129-1「ソフトウェア製品の品質-第1部：品質モデル」の後継規格であるJIS X 25010「システム及びソフトウェア製品の品質要求及び評価　システム及びソフトウェア品質モデル」に規定されたシステムとソフトウェアの利用時の品質特性の定義と品質副特性，並びに，製品品質特性の定義と副特性を表に示す。

▶利用時の品質特性の定義と品質副特性

| 特性 | 定義 | 副特性 |
|------|------|--------|
| 有効性 | 明示された目標を利用者が達成する上での正確さ及び完全さの度合い | 有効性 |
| 効率性 | 利用者が特定の目標を達成するための正確さ及び完全さに関連して，使用した資源の度合い | 効率性 |
| 満足性 | 製品又はシステムが明示された利用状況において使用されるとき，利用者ニーズが満足される度合い | 実用性，信用性，快感性，快適性 |
| リスク回避性 | 製品またはシステムが，経済状況，人間の生活又は環境に対する潜在的なリスクを緩和する度合い | 経済リスク緩和性，健康・安全リスク緩和性，環境リスク緩和性 |
| 利用状況網羅性 | 明示された利用状況及び当初明確に識別されていた状況を超越した状況の両方の状況において，有効性，効率性，リスク回避性，及び満足性を伴って製品又はシステムが使用できる度合い | 利用状況完全性，柔軟性 |

▶製品品質特性の定義と副特性

| 特性 | 定義 | 副特性 |
|------|------|--------|
| 機能適合性 | 明示された状況下で使用するとき，明示的ニーズ及び暗黙のニーズを満足させる機能を，製品又はシステムが提供する度合い | 機能完全性，機能正確性，機能適切性 |
| 性能効率性 | 明記された状態(条件)で使用する資源の量に関係する性能の度合い | 時間効率性，資源効率性，容量満足性 |
| 互換性 | 同じハードウェア環境又はソフトウェア環境を共有する間，製品，システム又は構成要素が他の製品，システム又は構成要素の情報を交換することができる度合い，及び/又はその要求された機能を実行することができる度合い | 共存性，相互運用性 |
| 使用性 | 明示された利用状況において，有効性，効率性及び満足性をもって明示された目標を達成するために，明示された利用者が製品又はシステムを利用することができる度合い | 適切度認識性，習得性，運用操作性，ユーザエラー防止性，ユーザインタフェース快美性，アクセシビリティ |
| 信頼性 | 明示された時間帯で，明示された条件下に，システム，製品又は構成要素が明示された機能を実行する度合い | 成熟性，可用性，障害許容性，回復性 |

| | | |
|---|---|---|
| セキュリティ | 人間又は他の製品若しくはシステムが，認められた権限の種類及び水準に応じたデータアクセスの度合いをもてるように，製品又はシステムが情報及びデータを保護する度合い | 機密性，インテグリティ，否認防止性，責任追跡性，真正性 |
| 保守性 | 意図した保守者によって，製品又はシステムが修正することができる有効性及び効率性の度合い | モジュール性，再利用性，解析性，修正性，試験性 |
| 移植性 | 一つのハードウェア，ソフトウェア又は他の運用環境若しくは利用環境からその他の環境に，システム，製品又は構成要素を移すことができる有効性及び効率性の度合い | 適応性，設置性，置換性 |

## ❏ 品質尺度　H30

品質尺度は，品質マネジメントの実行のプロセスで管理対象として使用される品質特性の解説と，それらをいかに測定するかについて具体的に述べたものである。

## ❏ QC 7つ道具

ソフトウェアの品質マネジメントにおいても，TQCで使われたQC 7つ道具が役に立つことは多い。パレート図，特性要因図，ヒストグラム，グラフ，管理図，チェックシート，散布図，層別を指す。（当初は，管理図がグラフに含まれていて7つだった）

## ❏ パレート図　H30 H26

パレート図は，項目をデータ件数の多い順（度数の降順）に並べた棒グラフと，その度数の累積比率（累積和）を表す折れ線グラフを，一つにまとめた図である。ABC分析などの，主要な原因を識別して，重点的に管理・対応すべき項目を選び出す目的で用いられる。

複数の問題が存在するときに，重要な問題から先にとりあげたり，多くの原因の中で結果に対する影響度の高いものから対策を打つことは，資源や期間に制約があるプロジェクトにおいては重要である。パレート図は，このような重点指向を支援するためのツールとして，問題の重要度を視覚化するために有効である。

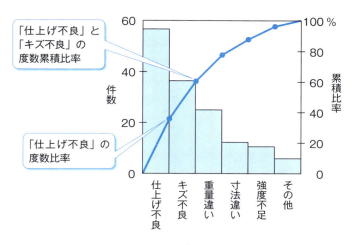

▶パレート図の例

## ❏ 特性要因図　　H30　H28　H26

物事の原因と結果の関係をまとめて表現するために，特性要因図が使われる。ある結果（品質特性）をもたらす要因を樹木の枝のように分類し細分化していくことで，問題の要因の整理とその対策の検討などに有効である。図の形状から魚の骨（フィッシュボーン）とも呼ばれる。

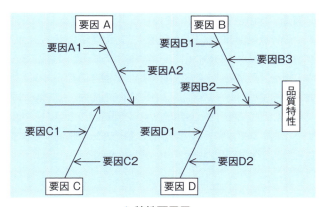

▶特性要因図

## ❏ ヒストグラム　H24

　ある特性値が幅広く分布しているときに，特性値の範囲をいくつかに分割して，計測値などがそれぞれの範囲にいくつ入っているかを計算して，その値を棒グラフにしたもの。

　ヒストグラムを見ることで，特性値の分布状況を視覚的に把握できる。

## ❏ グラフ

- ●**積上げ棒グラフ**…積上げ棒グラフは，内訳の各量を積み上げた棒グラフで，複数項目の総量と内訳の推移を把握するのに適している。
- ●**層グラフ**…層グラフは，項目の総量と内訳の推移を把握するのに適している。内訳の推移は，各層の厚さの変化の様子から把握する。
- ●**二重円グラフ**…二重円グラフは，内側の円と外側の円の内訳の構成比を比較したり，大項目から小項目へと内訳を詳細化して，それぞれの割合を把握するのに適している。
- ●**レーダチャート**…レーダチャートは，くもの巣チャートとも呼ばれ，複数項目間での比較や全体に対するバランスを表現するのに適したグラフである。単一項目の比較では使用しない。

## ❏ 管理図　H30　H26　H24

　管理図は，製造工程の管理や監視に使われるグラフである。中心線（CL）と合理的に定められた限界線（UCL，LCL）を利用する。管理図を使うことにより，データのバラツキが偶然要因によるものか，工程異常によるものかを判定できる。

　測定値が中心線を7回連続で上回る，あるいは7回連続で下回るという可能性は極めて低く，通常は発生しない。たとえ，基準の範囲内の値（上方管理限界と下方管理限界の間）であったとしても，中心線に対して7回連続で上回る，あるいは7回連続で下回るといった測定結果が得られた場合は，製造方法や測定方法などに問題があると判断することを，"7の法則"（the Rule of Seven）と呼ぶ。

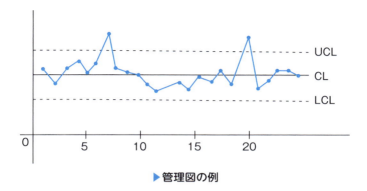

▶管理図の例

## ❏ チェックシート

　作業を確実に実行するために，作業の実行を点検する点検用チェックシートが使われる。

　また，データを集計する場合，あらかじめ集計項目を定めておき，整理や集計がしやすいように表にして記入していくという方法をとることがある。このようなチェックシートを記録用チェックシートという。

## ❏ 散布図　H30 H26

　散布図は，縦軸と横軸に別々にデータ特性（変数）をとり，計測（観察）したサンプルをプロットしていく図である。データ特性間の相関関係を把握するのに適している。相関図と呼ぶこともある。

【適している例】　・最寄り駅の乗降客数と来客数　・売場面積と売上

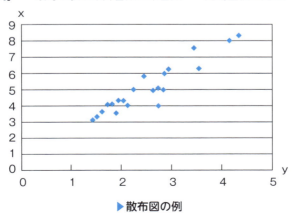

▶散布図の例

## ❏ 層別　H24

層別とは，多くのデータを解析する際に，データをデータの持つ特性に応じてグループ化することである。例えば，複数台の工作機械を利用して製作した部品の寸法データがある場合，製作した工作機械ごとに層別にして部品寸法の分布を調べることで，全体の分布を見ていても分からない工作機械ごとの特有の平均と分散が判明することがある。

## ❏ レビュー

システム開発プロジェクトでは，設計の成果物である仕様書や設計書をレビューすることによってその品質を評価する。レビューは，**上流工程での欠陥除去に多大な効果をもたらす**もので，ソフトウェアの品質保証において重要な位置づけにある。

レビュー技法には，ウォークスルーやインスペクションがある。ウォークスルーは，成果物作成時に個々に実施されることが多く，インスペクションは，次フェーズに進めてよいかの確認として公式に行われることが多い。

レビュー実施の際には，指摘件数の目標値を設定し，実績値を収集する。レビュー後には指摘件数やその内容を分析し，品質マネジメントに役立てる。レビューは複数人が集まって実施するので，できるだけ短時間に多くの確認を行いたい。レビューの効率的な実施には，確認すべき項目をリストアップしたチェックシートを用意するなど，事前準備が重要である。

## ❏ ウォークスルー

ウォークスルーは開発担当者が主体となって，多くの場合，非公式に少人数で機能や処理の流れを追いながらレビューする方法である。

〔ウォークスルーでの注意点〕
- ウォークスルーの設定は，検討対象の成果物を作成した担当者自身が行う。
- ウォークスルーには，原則として管理者は出席しない。管理者が出席した場合，発見されたエラーの数で担当者の能力を評価しない。
- 事前に参加者に資料を配布しておき，参加者は検討して質問を用意しておく。
- 少人数のミーティング形式で短時間に行う。
- 欠陥の検出を目的として，解決方法には立ち入らない。

ウォークスルーは，もとは欠陥の検出を目的としたものだったが，それに加えて要員教育の一環や知識の共有などのコミュニケーション手段として行われることがある。

なお，品質保証活動において，ウォークスルーは計画的に実施すべきものであり，詳細日程が決まらなくても，フェーズごとのウォークスルー回数程度は決めておきたい。

## ❏ インスペクション

インスペクションは，訓練されたモデレータ（調整役，司会者）が管理・進行するレビューで，ウォークスルーに比較すると公式な意味合いが強い。レビューの結果を記録に残し，欠陥の分析やその後のフォローに役立たせる。

C.Jonesの『ソフトウェア品質のガイドライン』によると，インスペクションとして認められるための条件には次の項目がある。

---

〔インスペクションとして認められるための条件〕
● セッションを進めるモデレータ（調整役）の存在
● 記録をとる書記の存在
● それぞれのセッションの前に適切な準備期間をとること
● 発見された欠陥の記録・管理
● 欠陥のデータを個人の評価や罰則的な目的に用いないこと

---

## ❏ チェックリスト

チェックリストは，計画された作業項目が達成されたかどうか，要求事項のリストが満たされているかどうかなどを確認するための有効な道具で，作業ごとに固有の項目がある。一般に，企業は標準的なチェックリストを保有しており，そこには頻繁に発生する作業での確認事項が記されている。

## ❏ 監査

プロジェクトが決められたとおりに実施されているかを監査する。監査の実施においては，判定のための監査基準が必要である。

品質監査の実施は，組織内で行う内部監査が多いが，組織外による外部監査もある。

品質マネジメント計画書とそこで定義された成果物文書などが監査対象文書になり，定義され計画された品質保証の活動が適切に実施されているかが監査される。また，承認された変更要求などが適切に実施されているかなどの確認もする。

● 内部監査…内部監査は，一般にはプロジェクトから独立した所属組織の監査部署（品

質保証部門やPMOなど）が実施する。

● 外部監査…外部監査は，二者間契約によるシステム開発の場合には顧客側が監査を行う第二者監査もあるが，一般的には第三者機関による品質監査が多い。

## ❏ 信頼度成長曲線

ソフトウェアのテスト工程で，最初のうちはバグの発見件数はそれほど多くない。これは，テスト内容が基本的な項目であることや，その基本的な項目でバグが見つかるとテストが思うように進まないことなどによる。しかし，ある時点を過ぎるとバグ発見頻度は一気に増加し，テスト終盤ではバグの発生頻度は再び少なくなる。

この様子を表すため，横軸に期間，縦軸に累積バグ数をとってグラフにしたものを信頼度成長曲線と呼ぶ。普通にテストが進んでいる場合には，信頼度成長曲線は次図のようにきれいなS字型のカーブを描く。したがって，テスト工程の期間中に，毎日（単位期間ごと）のバグの発見数の累積をプロットしていくことにより，テスト工程やテスト方法の異常を監視することができる。また，解決済みのバグ数も同時にグラフ化することにより，テスト工程が収束に向かっているか否かを判断できる。

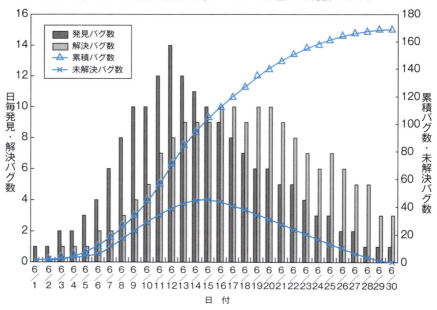

▶ 信頼度成長曲線

# 9 プロジェクト資源マネジメント

## ここが出る！
### … 必修・学習ポイント …

〈午前Ⅱ試験対策〉

- **知識項目** の中では，**RACIチャート**での**責任分担マトリックス**が頻繁に出題されている。また，**教育技法**や**コンフリクトマネジメント**，法的知識としては**労働基準法**なども出題される。
- *PMBOK*®*ガイド*の**プロジェクトマネジメントプロセス名**やその**インプット**などについては，**9.2** **概観図とデータフロー図** の中の，プロジェクト資源マネジメントの概観で確認しておいてほしい。

———————————— ＊ ————————————

〈午後試験対策〉

□午後Ⅰ試験

- 資源マネジメントに特化した問題は少ないが，R2年に**プロジェクトチームの開発**をテーマとした問題が出題された。総合問題の中で，**追加要員の教育の問題**や，**要員の確保，必要なスキルを有する要員の手配**などを回答させる問題が出題されている。

□午後Ⅱ試験

- チームリーダなどへの業務の分担，分担上のルール，評価について，あるいは**組織要員管理**としてプロジェクトの遂行中に察知した**人間的側面の問題に関する対策**，要員に期待した能力が十分に発揮されない場合の対応策や再発防止策，**プロジェクトチーム内の対立の解消について**などについて論じることが求められている。**9.1** **全体の流れ** でも出題内容について触れているので，プロジェクトマネージャとして求められる対応を理解する手がかりにしてほしい。

# 全体の流れ

プロジェクト資源マネジメントは，物的資源（装置，資材，施設，インフラストラクチャ等）と人的資源（プロジェクトの役割と責任を割り当てられた人員）に対するマネジメントに分けることができる。

物的資源のマネジメントは，効率的かつ効果的な方法でプロジェクトを成功裏に完了させるために必要な物的資源を割り当て使用することである。資源の効率的なマネジメントおよびコントロールが，プロジェクトを成功裏に完了させることにつながる。

人的資源をマネジメントするには，さまざまな人間関係のスキルとコンピテンシーが必要である。プロジェクトマネージャは，プロジェクトチームのマネージャであるとともにリーダであり，要員の獲得，プロジェクトチームの編成，マネジメント，動機づけ，権限委譲などに努力を払う必要がある。

## 1 資源マネジメントの計画

資源マネジメントの計画は大きく2つのフェーズで実施される。まずプロジェクトの立上げフェーズで，プロジェクトに必要な資源の概要を把握し，その資源が利用可能であることを確認する。必要な資源が利用できる見込みがなければプロジェクトの開始が困難なこともある。そこで，プロジェクトに必要な資源を大まかに想定し，それらの資源が利用可能か，あるいはどのように確保し管理していくのか方針を定める。

次にプロジェクト計画の策定フェーズで，プロジェクトの実施が確定したのち，プロジェクトに必要な資源を具体的に見積もり，それらの調達や管理方法について，物的資源と人的資源それぞれについて検討する。これらは組織の方針やルールが大きく影響するので，制約条件などを確認しながら資源マネジメントを計画する。

## 2 プロジェクト資源の見積り

プロジェクトのスコープが確定し，WBSをもとにアクティビティを定義しスケジュールを作成するときに，アクティビティに必要な資源を検討する。アクティビティを実施するために，どのような資源がいつどのくらい必要かを見積ることで，プロジェクトライフサイクルにおいて，それぞれの資源が必要な時期と量を把握でき，実施可能なスケジュールやコストを計画することができる。資源の空き状況によってはスケジュールやコストを調整する必要があり，場合によってはスコープの見直しをする

こともある。

　見積りの対象は大きく分けて物的資源と人的資源がある。物的資源としては，本番稼働環境，開発環境，ネットワーク回線，作業スペースなどが考えられる。人的資源とはプロジェクトを実施する要員のことだが，社内の要員をプロジェクトに割り当てる，新たに要員を雇用する，他社から要員を調達するなどがある。

## ３ ITプロジェクトの人的資源

　ITプロジェクトで必要な能力は多岐にわたるため，すべての能力を有する人は限られている。そして，必要な能力が備わった要員が担当しないと実行することが困難なアクティビティは多い。そこで，スケジュールが決まったら，アクティビティごとの必要人数だけでなく，個々のアクティビティの実行にどのような能力を要するか特定し，その能力を有する要員が，いつ，どれだけ必要かを検討し，組織において要員を管理しているマネージャに要求する。つまり，ITプロジェクトでは人的資源を確保するうえで，必要な能力（主に技術力）を特定し確保することが重要である。

　組織は要員の稼働状況を常に管理し，要求された能力の要員をプロジェクトに割り当てる。必要な能力の要員が十分に確保できない場合は，他部門からの調達や，外部企業からの調達を考える。

　月や週などの一定期間ごとにどれだけの要員が必要かを棒グラフで表したものを要員ヒストグラムという。要員を日ごとに増やしたり減らしたりすることは困難な場合が多く，日ごとに要員数が異なる状況でスケジュール管理を行うのもたいへんである。また，同時に確保できる要員数の制限以上の人数は確保できない。したがって，**要員の数はある一定期間で変動することなく，できるだけ平準化することが望まれる**。依存関係をもとにして理想的なスケジュールを作成しても，具体的に要員を配置すると，要員数の制約で同時に実行できないアクティビティが発生し，それらを逐次行うように変更しなければならないこともある。このように，要員数を平準化すると，理想的なスケジュールよりも必要な作業期間が長くなることが多い。このような観点からもプロジェクトの実施可能性を確認したうえで，必要であればスコープ，スケジュール，コストなどを見直してプロジェクト計画を確定させる。

**Q**　**システム開発プロジェクトにおける業務の分担について**　　H22問2

　この問題では，チームリーダなどに分担させたマネジメント業務の内容と分担させた理由，分担のルールと誘致徹底の方法，業務分担への評価，認識した課題，今後の改善点について具体的に述べることが求められた。

### ❏ 業務分担はルールを明確に，周知徹底させる

　運営に関する承認，判断，指示などの業務をチームリーダに分担させる場合は，分担させる業務をプロジェクトのルールとして明確にし，プロジェクトメンバにルールを周知徹底することが重要である。

**【分担させる業務の例】**
- 変更管理における変更の承認
- 進捗管理における進捗遅れの判断と対策の指示
- 調達管理における調達先候補の選定

**【分担における工夫】**
❶ チームリーダなどの経験や力量に応じて分担させる業務の内容や範囲を決める。
❷ 分担業務についても任せきりにせず，適宜適切な報告を義務づける。

**【ここに注意！】**

　設問の指示にはマネジメント業務という特定はないが，問題文には明示されている。したがって，マネジメント業務以外の業務分担について書いたのでは要求された論点から外れてしまうので注意しよう！　また，分担ルールが不明確だったり，任せきりにしているような論述にならないようにしよう！

## 4 プロジェクト実行中の資源マネジメント

　プロジェクトマネージャはプロジェクト実施中に，必要な資源が必要なタイミングで利用可能になっているか，常に気を配る必要がある。物的資源については，使用したい時期に確実にその資源が利用できるか，購入する資源についてはリードタイムを考慮した発注処理が適切に行われているか，予定どおり納品されているかなどを進捗会議等で確認し，必要ならば対策を講じる。また，資源の調達が予定したコスト内におさまるかも考える必要がある。

　プロジェクトマネージャには，要員を活用するために，適切なリーダーシップを発揮することが求められる。また，一般にはプロジェクトマネージャに個々の要員を指名する権限はない。求められる能力を持つ要員ごとに必要な数と時期を検討し，組織において要員を管理しているマネージャや調達先に要求を出すことしかできない。したがって，必ずしも自分が望む要員が割り当てられるとは限らない（むしろそうならないことのほうが多い）。そのため，プロジェクトマネージャには，割り当てられた要員でプロジェクトが成功するように，それぞれの要員が，そしてチームとして最大限のパフォーマンスを発揮できるような何らかの働きかけを行うことが求められる。そのような働きかけは，チーム編成，チーム育成，チームのマネジメントと，時間の流れに沿って順次実施する。これらの働きかけはプロジェクト実施中にプロジェクトマネージャが行うべき重要な作業である。

### ■チーム編成

　チーム編成作業としては，まず，要求を満たした能力を有する要員が割り当てられたかを確認しながら，各要員をそれぞれの能力にしたがってアクティビティに割り振る。そして，ある時期に要員が不足している，あるいは割り当てられた要員の能力が要求と合っていない場合には，再度，要員を獲得するためのアクションを起こす。それでもプロジェクトを成功させるために十分な要員が揃っていないと判断したら，アクティビティの実施時期を調整したり，スコープを変更したりする場合もある。要員に割り振ったそれぞれの役割は責任分担表★などを用いて明確にする。また，チームの役割や指揮命令系統を書き表した体制図を作成する。チームごとの職務記述書を作成し，チームごとの役割定義をより明確にすることも一般に行われる。また，チームの立上げにおいては，プロジェクトの目的やプロジェクト計画などを全員に理解させ，プロジェクトの方向性や進め方についての共通認識を醸成することも，プロジェクトマネージャの重要な役割といえる。

### ■チーム育成とマネジメント

　プロジェクトの実行中は，要員個々人の育成や，チームとしての育成も必要である。例えば，アクティビティを実行するために必要な能力を高めるための研修会を実施したり，外部の研修を受けさせたりすることで個々人の能力を高める。よい成果を出した人を高く評価し，その人を表彰したり，その人に何らかの報奨を与えたりすると，要員のモチベーションが高まり，高いパフォーマンスにつながることも多い。また，チームワークをよくするための取組みを行えば，チームとしての生産性も高まる。通常，物理的に同じ場所で顔を突き合わせて活動を行うほうが，チームの生産性が高くなり信頼関係も深まる。どうしても物理的に同じ場所で作業ができない場合でも，テ

レビ会議システムを活用したり，必要に応じて集り，プロジェクトの問題を議論し解決方針を決めたりできる場所を用意したりするとよい。そうすれば，常時同じ場所にいなくとも，必要に応じて顔を合わせてコミュニケーションをとることができる。さらに，バーベキューや食事会などの交流会を適宜行うことも，チームのコミュニケーションを円滑にして，チームのパフォーマンスを向上させるのに効果がある。チーム活動だけでなく，個人との個別面談を行うことも，プロジェクトチームの状況を理解し必要な対応策を講じるためには必要なことである。さらに，**マグレガーのXY理論★**や**マズローの欲求階層説★**などのモチベーションに関する理論をチームのマネジメントに適用することも有効である。

プロジェクトメンバ間のコンフリクトをどのように解消し解決できるかということも，考慮する必要がある。**コンフリクトが生じたら，関係者がWin−Winの関係で解決できるように対処することが望ましい。**

このようなチームの育成やモチベーション向上の目的は，個々人の育成だけでなく，チームのパフォーマンスを向上させることでもある。要員マネジメントの巧拙によって，要員のパフォーマンスは大きく変わることを理解しておく必要がある。

### ■ 関連する午後II問題

**Q　システム開発プロジェクトにおける組織要員管理について**　　H23問3

この問題では，遂行中に察知した人間的側面の問題とそれによって誘発されると想定したプロジェクト目標の達成を阻害するリスク，人間的側面の問題への対策，対策の評価，認識した課題，改善点について具体的に述べることが求められた。

### ❏ 人間的側面の問題への対処を述べよう！

精神力や人間関係への対応力といった人間的側面に起因した問題（人間的側面の問題）を軽視すると，プロジェクト目標の達成を阻害するリスクを誘発することがある。

【誘発されるリスク】

- 意欲の低下→成果物の品質の低下
- 健康を損なう→進捗の遅延
- 要員間の対立→作業効率の低下→コスト増加

人間的側面の問題を察知した場合，誘発されるリスクを想定し，人間的側面の

問題に対して原因を取り除いたり影響を軽減させるなど、適切な対策をとる必要がある。

【ここに注意！】

ここで述べる人間的側面の問題で誘発されるリスクは、プロジェクト目標の達成を阻害するようなリスクである必要があるが、これを忘れてプロジェクト目標と関係のないリスクを書いてしまったのでは、求められた論点から外れてしまうので、要注意！

───────────────*───────────────

**Q** **システム開発プロジェクトにおける要員のマネジメントについて** H26問2

この問題では、要員に期待した能力、遂行中に要員に期待した能力が発揮されていないと認識した事態、その対応策と工夫、対応策の実施状況、根本原因と再発防止策について具体的に述べることが求められた。

## ❏ 要員の能力発揮に努めよう！

プロジェクト目標の達成は、要員に期待した能力が十分に発揮されるかどうかに依存することが多い。不十分な場合は期間や品質に影響が出て、プロジェクトの目標の達成にも影響が及びかねない。

【遂行中、能力の発揮について見守る観点の例】

- 担当作業に対する要員の取組み状況
- 要員間のコミュニケーション

【能力の発揮が不十分な場合の対応策の例】

- 業務理解の不足→業務担当者からの指導
- パッケージ不具合での生産性低下→特別要員の追加

加えて、根本原因を追究し、再発防止策を立案して実施することが重要

【根本原因と対策の例】

- パッケージ新バージョン採用時の作業負荷の正確な把握ができていない
  →リスク予算の上乗せ、要員面の見積りの加算工数の算出、知的財産の整備

【ここに注意！】

対応策や再発防止策が、期待した能力の発揮とあまり関係のない事態に対するものになってしまったのでは、論点への解答にならない。能力の発揮に関係する具体例に絞って考えよう！

❶知識編

## 5 アジャイル型開発における要員管理

　アジャイル型開発では一般に，計画段階で事前にアクティビティに要員を割り当てるという考え方ではなく，固定的に割り当てた要員で，バックログの優先度の高い作業から着手するという進め方をとる。アクティビティの定義や割当ては，プロジェクトマネージャによって行われるのではなく，チームメンバにより自律的に行われる。

　作業期間内は，あらかじめ決められた細かいスケジュールによらず，一つの作業が完了した人が次の作業を行うというように，チームの作業の進捗に合わせて柔軟に作業を割り当てていくことが特徴である。プロジェクトマネージャは，チームメンバの自主性を重んじるサーバント型リーダーシップのスタイルをとる。

　このような開発手法では，チーム内での要員のコミュニケーションが重要になる。そのため，**日々のデイリーミーティングや振り返りのためのレトロスペクティブミーティングなどを行い，密なコミュニケーションをとる**。また，ユーザと開発チーム，あるいは設計者と開発者とを分けることなく，同じチームで活動することで必要以上の文書のやりとりをなくす。**チームの自主性が重んじられる分，チームとしてのまとまりやお互いの協力がより一層求められる**ので，チーム編成やチームの育成がカギとなる。

## 6 資源管理の終了処理

　プロジェクトで外部から調達した資源については，プロジェクト調達マネジメントやプロジェクトコストマネジメントと連動し，調達費用の支払いなどの業務が発生する。プロジェクト終了時にはそれまでの調達費用の集計や清算なども必要になる。また，レンタルで調達した資源を，必要がなくなった時点で返却したり，要員についても必要がなくなった時点で解放するが，要員の解放は計画的に行うことが重要である。基本的にはプロジェクトが終了したらすべての要員が必要なくなるが，一度にすべての要員が必要なくなるわけではないので，徐々に要員を減らしていく。解放された要員は，新たなプロジェクトに割り当てたり，新たな業務を担当させたりする必要があるため，要員を管理するマネージャと要員の解放時期についてコミュニーションをとりながら進める必要がある。また，プロジェクト終了後でも初期不良対応のための要員が必要になったり，その後の保守契約で要員を確保する必要が生じたりするため，そのようなことも考慮して要員の解放について調整する。

## 9.2 概観図とデータフロー図

PMBOK®ガイド第6版による，プロジェクト資源マネジメントの概観と，チームのマネジメントのデータフロー図，資源のコントロールのデータフロー図を示す。

データフロー図では，マネジメントプロセスへのインプットとアウトプットの詳細とそれらが他のマネジメントプロセスとどのように関係しているかを図示しているので，そのプロセスで作成したデータがどのプロセスに関係し，影響しているかを視覚的に把握してほしい。

## プロジェクト資源マネジメントの概観

### 9.1 資源マネジメントの計画

.1 インプット
 .1 プロジェクト憲章
 .2 プロジェクトマネジメント
 　計画書
 .3 プロジェクト文書
 .4 組織体の環境要因
 .5 組織のプロセス資産

.2 ツールと技法
 .1 専門家の判断
 .2 データ表現
 .3 組織論
 .4 会議

.3 アウトプット
 .1 資源マネジメント計画書
 .2 チーム憲章
 .3 プロジェクト文書更新版

### 9.4 チームの育成

.1 インプット
 .1 プロジェクトマネジメント
 　計画書
 .2 プロジェクト文書
 .3 組織体の環境要因
 .4 組織のプロセス資産

.2 ツールと技法
 .1 コロケーション
 .2 バーチャル・チーム
 .3 コミュニケーション技術
 .4 人間関係とチームに関する
 　スキル
 .5 表彰と報奨
 .6 トレーニング
 .7 個人およびチームの評価
 .8 会議

.3 アウトプット
 .1 チームのパフォーマンス評価
 .2 変更要求
 .3 プロジェクトマネジメント
 　計画書更新版
 .4 プロジェクト文書更新版
 .5 組織体の環境要因更新版
 .6 組織のプロセス資産更新版

### 9.2 アクティビティ資源の見積り

.1 インプット
 .1 プロジェクトマネジメント
 　計画書
 .2 プロジェクト文書
 .3 組織体の環境要因
 .4 組織のプロセス資産

.2 ツールと技法
 .1 専門家の判断
 .2 ボトムアップ見積り
 .3 類推見積り
 .4 パラメトリック見積り
 .5 データ分析
 .6 プロジェクトマネジメント
 　情報システム
 .7 会議

.3 アウトプット
 .1 資源要求事項
 .2 見積りの根拠
 .3 資源ブレークダウン・
 　ストラクチャー
 .4 プロジェクト文書の更新

### 9.5 チームのマネジメント

.1 インプット
 .1 プロジェクトマネジメント
 　計画書
 .2 プロジェクト文書
 .3 作業パフォーマンス報告書
 .4 チームのパフォーマンス評価
 .5 組織体の環境要因
 .6 組織のプロセス資産

.2 ツールと技法
 .1 人間関係とチームに関する
 　スキル
 .2 プロジェクトマネジメント
 　情報システム

.3 アウトプット
 .1 変更要求
 .2 プロジェクトマネジメント
 　計画書の更新
 .3 プロジェクト文書更新版
 .4 組織体の環境要因更新版

### 9.3 資源の獲得

.1 インプット
 .1 プロジェクトマネジメント
 　計画書
 .2 プロジェクト文書
 .3 組織体の環境要因
 .4 組織のプロセス資産

.2 ツールと技法
 .1 意思決定
 .2 人間関係とチームに関する
 　スキル
 .3 先行割当
 .4 バーチャル・チーム

.3 アウトプット
 .1 物的資源の割当て
 .2 プロジェクト・チームの任命
 .3 資源カレンダー
 .4 変更要求
 .5 プロジェクトマネジメント
 　計画書更新版
 .6 プロジェクト文書更新版
 .7 組織体の環境要因更新版
 .8 組織のプロセス資産更新版

### 9.6 資源のコントロール

.1 インプット
 .1 プロジェクトマネジメント
 　計画書
 .2 プロジェクト文書
 .3 作業パフォーマンス・データ
 .4 合意書
 .5 組織のプロセス資産

.2 ツールと技法
 .1 データ分析
 .2 問題解決
 .3 人間関係とチームに関する
 　スキル
 .4 プロジェクトマネジメント
 　情報システム

.3 アウトプット
 .1 作業パフォーマンス情報
 .2 変更要求
 .3 プロジェクトマネジメント
 　計画書更新版
 .4 プロジェクト文書更新版

▶ **プロジェクト資源マネジメントの概観**（出典　*PMBOK*® ガイド 第6版 P.308 図9-1）

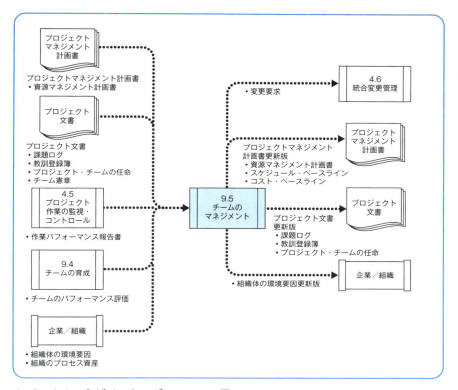

▶**チームのマネジメント：データフロー図**（出典 *PMBOK® ガイド* 第6版 P.346 図9-13)

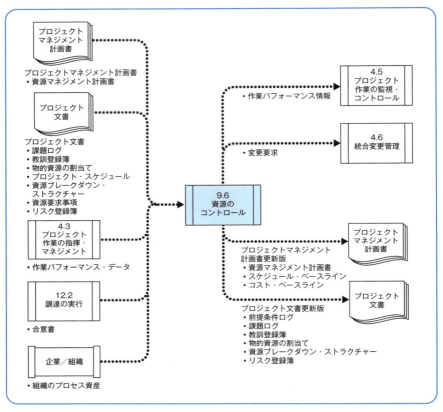

▶**資源のコントロール：データフロー図**（出典　*PMBOK*® *ガイド* 第6版 P.353 図9-15）

## ■ 知識項目

### ❏ プロジェクト組織の構造

#### ■機能型組織

　機能型（部課制型）組織は，専門分野ごとに形成された従来の組織構造上で，プロジェクトを遂行する形態である。プロジェクトマネージャには要員確保や予算などの権限はないか，あるいは，ほとんどないかである。要員は通常の業務との兼務のため，業務量のピークなどで，プロジェクトに参画できないことも起こり得る。

### ■プロジェクト型組織（タスクフォース型組織）

プロジェクト型組織は，プロジェクトのために独立した組織を構成したもので，特定のプロジェクトに専任の要員が配属され，プロジェクトの完了時点で解散する。プロジェクトマネージャが予算面や人事評価なども含む全体的権限を持ち，求心力が高い。

### ■マトリックス組織

マトリックス組織は，要員が従来の組織に所属したままプロジェクトに参画する形態で，機能型組織とプロジェクト型組織の中間的な形態ではあるが，機能型寄り，中間的，プロジェクト型寄りかで差がある。

プロジェクト型組織に近い形態では，選任のプロジェクトマネージャが任命され，予算の管理も行うが，機能型寄りの形態では，プロジェクトマネージャは通常業務との兼務で予算管理も行わない。プロジェクトマネージャと所属部門のマネージャの2つの指揮命令系統が存在する。

## ❏ PMO（プロジェクトマネジメントオフィス） R3 H31

PMO（Project Management Office）は，複数のプロジェクトの一元的な管理や，プロジェクト間の調整，各プロジェクトへのマネジメント支援などを行うための組織（部門）である。PMOの主な役割には，次のようなものがある。

- ・組織としての標準化
- ・プロジェクトマネージャへの支援
- ・複数のプロジェクトで共通して使用する共有資源の管理
- ・コーチング，メンタリング，トレーニングの実施
- ・プロジェクトの計画及びプロジェクトの監視

## ❏ OBS H29 H25

OBS（Organization Breakdown Structure：組織ブレークダウンストラクチャ）は，WBSに対応し，各組織要員の職務と責任を図示するための組織表として用いられる。WBSで分解したそれぞれの作業について，どの組織が責任を持つかを設定する。

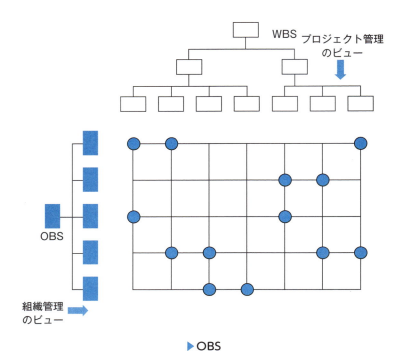

WBS プロジェクト管理
のビュー

OBS

組織管理
のビュー

▶OBS

## ❏ 責任分担表（責任分担マトリックス：RAM） H24

責任分担表は，要員の役割と責任を作業別に計画したものであり，RAM（Responsibility Assignment Matrix）とも呼ばれる。各作業についての実施者と決定権者を割り当て，プロジェクト内で適切に分担できるように計画することが重要である。

この責任の分担は，必要に応じて段階的に詳細化して計画する。例えば，ハイレベルの責任分担表は作業フェーズ別のチームレベルのものであり，詳細化すると作業項目別の個人レベルの役割分担となる。

## ❏ RACIチャート R3 R2 H31 H30 H29 H28 H27 H26 H25

RACIチャートは責任分担表の一つで，プロジェクトで必要な作業とプロジェクトメンバをマトリックス形式で対応させ，その作業に対するプロジェクトメンバの役割を図示する。RACIチャートでは，アクティビティに対する要員の役割を，R（Responsible 実行責任），A（Accountable 説明責任），C（Consult 相談対応），I（Inform 情報提供）の分類で明示する。

▶RACIチャートの例

| 作業段階＼要員 | A | B | C | D | E | F |
|---|---|---|---|---|---|---|
| 要件定義 | R | A | I | I | I | C |
| システム設計 | I | A | C | I | C | R |
| ソフトウェア開発 | R | A | I | R | | C |
| テスト | R | A | I | I | | C |
| 移行 | | A | R | C | C | I |

## ❏ 資源ブレークダウンストラクチャ　H28

　資源ブレークダウンストラクチャは，プロジェクトが利用する人や機器などの資源ごとに，また，そのスキルレベルなどの類型別に，資源を階層表示したものである。

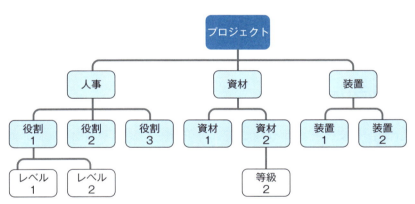

▶**資源ブレークダウンストラクチャの例**（出典　*PMBOK*® ガイド 第6版 P.327 図9-7）

## ❏ 資源カレンダー　H28

　資源カレンダーは，プロジェクトのすべての資源を対象に，その資源の利用可能な期間を明らかにする。例えば，要員であれば，就業日や就業時間といった作業可能時間などを特定する。

## ❏ 資源ヒストグラム　H24

　資源ヒストグラムは，プロジェクトの経過に応じて，プロジェクト全体や部門などで必要とする資源の量（作業工数など）を，週や月ごとの一定期間単位で集計して書

き表した棒グラフである。

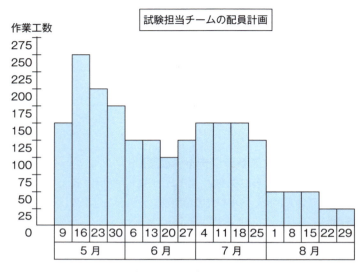

▶資源ヒストグラムの例

## ❏ タックマンモデル  H29

タックマンモデルによるチームの発展段階は，成立期（Forming），動乱期（Storming），安定期（Norming），遂行期（Performing），解散期（Adjourning）の5つに区分される。

- ●成立期…メンバが確定し，最初にチームでの目標を共有する時期。メンバ間の相互理解はまだできていない。
- ●動乱期…メンバ間でそれぞれの考え方や価値観の違いが明確になり，意見や価値観を主張し合い，衝突しながらも相互に理解をしはじめる。
- ●安定期…チーム内の役割分担が定まり，一緒に活動する時期。メンバ間の関係性が安定する。
- ●遂行期…チームとしてよく機能し，成果が出る時期。チームに一体感が生まれ，目標達成に向けての活動ができる。
- ●解散期…チームとしての目標を達成し，チームを解散する時期。

## ❏ コロケーション  H24

コロケーションとは，作業効率を高めるためにプロジェクトメンバを同じ場所で作

業させることである。プロジェクトの全期間を通じて行う場合も，重要な時期のみ行う場合もある。その場所を**プロジェクトルーム**あるいは**ウォールルーム**などという。

## ❏ マグレガーのXY理論

モチベーション理論の一つで，マグレガーが提唱した人間観・動機づけにかかわる二つの対立的な理論がX理論Y理論である。X理論では，人間は「本来怠け者で，強制されたり命令されなければ仕事をしない」ものととらえ，Y理論では，人間を「本来進んで働きたがる生き物で，自己実現のために自ら行動し，進んで問題解決をする」ものととらえている。

## ❏ マズローの欲求階層説

マグレガーのXY理論のもとになった理論がマズローの欲求階層説で，次の5段階に人間の欲求を分け，下位の欲求が満たされると上位の欲求が強くなるとしている。

1. 生理学的な欲求：食欲を満たしたいなど人の生存に必要な基本的欲求　│ 下位
2. 安全の欲求：危険や脅威，剥奪などから身を守ろうとする欲求
3. 社会的な欲求：集団への帰属や友情や愛情を求める欲求
4. 自我の欲求：他人からの尊敬，自尊心，地位などへの欲求
5. 自己達成の欲求：能力やスキルの開発と創造性を発揮する欲求　↓ 上位

## ❏ チーム形成活動

プロジェクトの円滑な推進のためには，チームとしての力も重要である。そのため，一致団結して目標を達成するという姿勢を各要員に定着させる取組みであるチーム形成活動が必要である。

例 ・プロジェクトマネージャ層ではない要員をプロジェクト計画作業に参加させたり，プロジェクト内の紛争や問題などの整理と解決策の起案を行わせる
・毎日の5分間程度の状況確認ミーティングの実施

## ❏ 成果報酬と表彰制度

成果報酬と表彰制度は，プロジェクト推進にとって望ましい要員の姿勢を醸成するための，公式な活動である。両者とも要員の動機づけの要素になり得るが，表彰や報酬と業務実績の関係が明白に公表されていることが重要である。

成果報酬と表彰制度の導入に際しては，企業の文化や個人またはチームの価値観の影響を考慮して計画する必要がある。

## ❏ インバスケット

インバスケットは，問題解決能力の育成方法の一つである。日常起こりやすい問題を多数提示して，これを一定時間内に判断し処理させる。

## ❏ OJT

OJT（On the Job Training）とは，実際のプロジェクトを通して能力を高めていく方法である。ただ現場に配置しただけでは何も身につかないため，プロジェクトを通して当該個人やチームに習得させようとする項目やレベルをあらかじめ計画しておき，本人に認識させ，計画に従って育成を図ることが重要である。

また，効果的なOJTのためには，業務を遂行するうえでの組織内での標準やルール，体系立った方法論や技法の存在が重要であり，これらを習得させることが要員育成のポイントになる。

## ❏ カークパトリックモデル　R2

カークパトリックモデルは教育の評価モデルで，次の四つのレベルを用いて教育訓練に対する教育効果を測定する。

レベル1（Reaction：反応）アンケートの実施で教育訓練に対する受講者の満足度を評価する

レベル2（Learning：学習）テストなどで受講者の学習到達度を評価する

レベル3（Behavior：行動）インタビューなどで教育による受講者の行動変化を評価する

レベル4（Results：業績）教育訓練による受講者や組織の業績向上の度合いを評価する

## ❏ コンフリクトマネジメント　H30　H24

コンフリクトマネジメントとは，チーム内で発生する対立（conflict）を解消するための管理である。プロジェクトにはさまざまな立場の人間が参加しているため，対立の発生自体は自然なことではあるが，対立を放置しておくとプロジェクトチームとしての生産性が低くなり，チーム内の人間関係が悪化する。

プロジェクトマネージャが，あらかじめプロジェクト要員に望むルールを明確に示しておくことでこれらの対立の発生を抑制できる場合もある。プロジェクトの要員は自分で対立を解消するように努めるべきではあるが，対立が長引いたり大きくなりそうな場合には，プロジェクトマネージャが解消への手助けをする。対立はできる限り

早い段階で解消したほうがよい。また，**コンフリクトの解決にあたっては，過去の経緯ではなく現在の課題に焦点を当てるべきである**。

利害対立に対する5つの対応を説明する。

❶ 協力，問題解決…異なる観点からの複数の意見や洞察を取り入れながら，オープンな対話を重ねて協力しながら解決策を探していく方法。

❷ 妥協，和解…さまざまな点を検討して交渉を重ね，それぞれが譲歩し合って，ともにある程度満足をもたらす解決策を模索する方法。

❸ 鎮静，適応…違いをあまり重視せずに，対立の中でそれぞれの共通項を強調して解決する方法。根本的な解決策ではないため，再度対立が生じる場合もある。

❹ 強制，指示…合意をとらずに，解決策を一方的に押しつける方法で，押しつけた側が勝者，押しつけられた側が敗者という構図が生じる。チーム作りの段階には適さない方法。

❺ 撤退，回避…現実または潜在的な意見の不一致や利害対立の状況から退却し，何も解決していない方法。

## ❏ 労働基準法  H30 H29 H28

労働に関する諸条件を定めた法律が労働基準法である。

労働基準法では，労働時間を1週間に40時間まで，1日に8時間までと定め，週1日以上の休日，または4週間に4日以上の休日を与えなければならないとしている。

この法定労働時間以上の労働をさせる場合には，第36条で規定されている労使協定（一般に"36協定"と呼ばれる）を締結し，所轄労働基準監督署に届け出なければならない。

また，第106条に（法令等の周知義務）として，「使用者は，この法律及びこれに基づく命令の要旨，就業規則……を，常時各作業場の見やすい場所へ掲示し，又は備え付けること，書面を交付することその他の厚生労働省令で定める方法によって，労働者に周知させなければならない」と就業規則に係る使用者の周知義務が定められている。

# 10 プロジェクトコミュニケーションマネジメント

〈午前Ⅱ試験対策〉

• ■ **知識項目** の中では，進捗率測定法などの**進捗報告**に関する問題や，**コミュニケーション工数の計算**などがよく出題される。

• *PMBOK®*ガイドの**プロジェクトマネジメントプロセス名**やその**インプット**などについても問われる。これらについては，**10.2** **概観図とデータフロー図** の中の，プロジェクトコミュニケーションマネジメントの概観で確認しておいてほしい。

———————————— ✳ ————————————

〈午後試験対策〉

□午後Ⅰ試験

コミュニケーションマネジメントに特化した問題はH30年に出題されている。同時に，総合問題の中で**ステークホルダとのコミュニケーションのとり方**について問われることも多い。**合意形成の円滑化**や**適切なコミュニケーションをとって協力を得ること**などに関して問われている。

□午後Ⅱ試験

これまでは，問題解決においてステークホルダ間で利害が対立した場合，**利害の調整**をしながら**どのように問題を解決したか**や，**非機能要件に関する関係部門との連携**について論じることが求められている。**10.1** **全体の流れ** でも出題内容について触れているので，プロジェクトマネージャとして求められる対応を理解する手がかりにしてほしい。

## 10.1 全体の流れ

　プロジェクトマネージャの業務の８割はコミュニケーションであるといわれるほど，プロジェクトマネジメントではコミュニケーションが重要な要素になっている。効果的なコミュニケーションはプロジェクトの結果に大きく影響を与える。

コミュニケーション活動には，公式なコミュニケーションもあれば，非公式なコミュニケーションもある。内部のコミュニケーションもあれば，外部とのコミュニケーションもある。コミュニケーションの方法として文書を用いることもあれば，口頭で行うこともある。さらに，意識的なコミュニケーションもあれば，無意識的な動作や表情によって伝えられる非言語コミュニケーションもある。言語（文書や口頭）よりも，非言語によって伝えられるもののほうが多いことも，一般的に知られている。

このように，コミュニケーションは多様であり，この多様なコミュニケーションを駆使することが，プロジェクトマネージャには求められる。

## 1 コミュニケーションマネジメントの計画

**プロジェクトチーム内あるいはチーム外のステークホルダの情報およびコミュニケーションのニーズを決定し，コミュニケーションマネジメント計画書には，いつどのような手段でどのような内容のコミュニケーションを行うかということを明確にして記載する。**例えば，プロジェクトでどのような会議体を設け，どのような頻度で開催するのか，誰に参加してもらう必要があるのか。プロジェクトで必要な報告をいつどのように行うのか，文書で行うとしたら報告書にどのような内容を記載するのか。その他，必要な連絡をどういうタイミングでどのように行うのか。チーム外や遠隔のステークホルダとは，いつどのような方法でコミュニケーションをとるのか。このようなことを決めておくことが重要である。

**報告書などの文書を作成する際には，文書の書き方を統一することで，誤解やコミュニケーションミスを減らすことができる。**また，分かりやすい文書を作成するためには，正しい文法と正しい記述，簡潔な表現と過剰な言葉の排除，明確な目的と読み手のニーズに合った表現，分かりやすく論理的な流れ，図表などを使った流れのコントロールなどが必要である。

プロジェクトにおいてコミュニケーションを効果的に実施するには，チームは一カ所に集まって作業を実施することが望ましい。そのため，計画時にできるだけプロジェクトチームが集まって，常時作業できる部屋を確保することが推奨されている。また，ステークホルダを**キックオフミーティング**★やその他のプロジェクト会議にできるだけ参加させることが望まれる。さらに，遠隔地に点在するプロジェクトメンバに対しては，テレビ会議システムを活用してコミュニケーションの効率向上を目指すこともある。ソーシャルメディアを活用することもコミュニケーションの改善に効果がある。

## ② プロジェクトのキックオフミーティング

プロジェクトの成功にもつながる，コミュニケーションマネジメントとしての最初の大きなイベントは，キックオフミーティングである。プロジェクトメンバの割当てや外部からの調達が終わった頃，関係者を一堂に集めキックオフミーティングを行う。キックオフミーティングの目的は，**プロジェクトの趣旨を全ステークホルダで共有するとともに，具体的なスケジュールや役割分担を確認することである**。したがって，この段階でプロジェクトマネジメント計画書が完成していることが望ましいが，大規模なプロジェクトなど計画書の作成に時間がかかるようなプロジェクトでは，その完成を待たずに必要な項目を準備してキックオフミーティングを開催する。

キックオフミーティングでは，プロジェクトの体制やスケジュールの他に，具体的な会議体やメールのルールなどコミュニケーションの取り決めを伝えることが，プロジェクトチーム活動を円滑に行うために必要なことである。

また，プロジェクトのステークホルダ全員を統括できるレベルのマネジメントを呼び，組織やマネジメントのプロジェクトに対する期待などを説明してもらい，チームメンバのモチベーションを高めることも重要である。

## ③ コミュニケーションチャネルについて

人と人との間にはコミュニケーションの経路ができる。これを**コミュニケーションチャネル**（またはコミュニケーションパス）という。関係する人が増加するにしたがって，プロジェクトにおけるコミュニケーションチャネルも増加する。その増加はメンバ数の二乗に比例する。プロジェクトにかかわる人が少ないほどコミュニケーションは容易であるため，**大規模なプロジェクトにおいては，独立したチームに分割することで，全体のコミュニケーションチャネルを減らすなどの工夫が必要になる**。

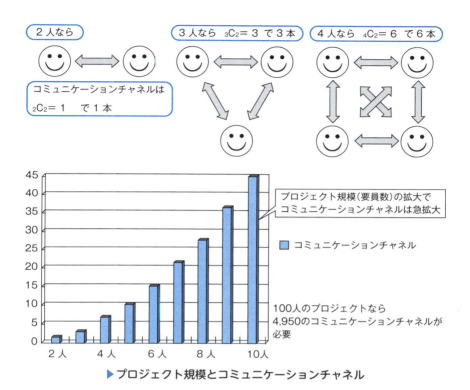

▶プロジェクト規模とコミュニケーションチャネル

# 4 会議の実施

プロジェクトの実施中は，それぞれの目的を持った会議を効率よく行うことが求められる。大規模なプロジェクトでは，全体会議，チームリーダ会議，チーム会議のように階層化するなどの工夫をし，効率的に会議を運営することが重要である。また，必要に応じて技術検討会議や，トラブルの分析会議など目的を絞って一時的に行う会議を開催することもある。

**会議を効率よく実施するには，事前に資料を出席者に配布したり必要なデータを収集したりしておくとよい**。資料を事前に配布することで，メンバは事前に内容を理解し，会議の議題にスムーズに集中できる。またメンバから収集が必要なデータはその会議で収集するのではなく，事前に集めて集計結果を会議で示すことで，より焦点を絞った会議が可能になる。

また，プロジェクトチーム内の会議だけではなく，プロジェクト外部のステークホ

ルダとの会議を管理することも重要である。特に，ステアリングコミッティと呼ばれる，プロジェクトへの影響力の強いマネジメント層を集めた会議体を設け，その人たちに日常からプロジェクトに対する参画意識を持たせ，プロジェクトを支援してもらえるようにしておくことは，高度なコミュニケーション戦略といえる。

## 5 プロジェクト実施中の報告体制

　プロジェクトマネージャや重要なステークホルダがプロジェクトの状況を正しく把握し，迅速な意思決定を行えるようにするために，タイムリーな報告は重要である。

　プロジェクトで必要な報告は，メンバからプロジェクトマネージャへの報告，メンバ同士の報告，プロジェクトチームから外部のステークホルダへの報告などさまざまである。報告を漏れなく効率的に行うには，それぞれのケースに応じたプロセスの標準化やコミュニケーション手段の統一化が必要になる。

　このようなプロジェクト実施中のコミュニケーションが密に行われることは，プロジェクトにおいて非常に重要である。しかし，コミュニケーションに重点を置くあまり，コミュニケーションに時間をかけすぎて本来の作業の効率を落としては本末転倒である。できるだけコミュニケーションにかけるメンバの負荷を低くし，効率のよいコミュニケーションプロセスを作ることが重要である。

　また，公式な報告会議だけでなく，非公式なコミュニケーションを駆使することが有効である。非公式なコミュニケーションは，公式な場では言いづらいようなことを把握することに役立つ。

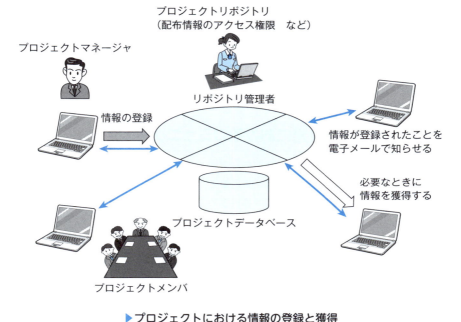

▶プロジェクトにおける情報の登録と獲得

## ■ 関連する午後Ⅱ問題

### Q システム開発プロジェクトにおける利害の調整について　　H24問3

　この問題では，問題解決において，プロジェクト関係者間の利害が対立した場合，その利害をどのように調整して問題を解決したか，利害の調整への評価，認識した課題などについて述べることが求められた。

### ❏ 関係者間の利害の調整について

【利害対立で生じる問題の例】

- 利用部門間の利害の対立→意思決定が遅れる
- PMと利用部門の利害の対立→利用部門からの参加メンバが決まらない
- プロジェクト内のチーム間の利害の対立→作業分担が決まらない

【利害対立の調整では】

- 利害対立の背景を把握し，関係者の望むことと避けたいことを十分に理解し，関係者が納得できるように利害を調整しながら解決策を見出す。

> ・関係者の本音を引き出すための個別の相談や，事前に複数の解決策を用意する。
>
> 【ここに注意！】
>
> 　利害の対立がテーマなので，利害については明確にしておこう。また，利害調整は，単なる話し合いとは異なるものなので，調整内容を具体的にしよう！

## 6 アジャイル型開発におけるコミュニケーション

　アジャイル型開発の基本的な考え方の一つは，チームの協調性を高めパフォーマンスを上げることである。そのための工夫として，いくつかのプラクティスが推奨されている。例えば，少人数のチームにすることでコミュニケーションを効率化する，不要なドキュメントは作らない，デイリーミーティングで相互理解を深める，レトロスペクティブミーティング（振り返りの会議）で作業を改善する，カンバンにより進捗を確認するなどである。特に，チーム活動を重視したスクラム（➡P.20）という手法は少人数の開発において高い効果が認められており，普及が進んでいる。現在，大規模な開発においても，複数のスクラムチームに分割してプロジェクトを実施するスケールドアジャイルや，ハイブリッドアジャイルという考え方が考案されている。

## 7 プロジェクト終了時のコミュニケーション

　プロジェクト終了時におけるコミュニケーションに関するプロジェクトマネージャの仕事は，各会議体の終了宣言，コミュニケーションに活用した各種の文書やメール類の整理，ステークホルダに対するプロジェクト報告などを行うことである。また，メンバの解放計画を作成し，徐々にメンバを解放していく。要員が減るにしたがって，コミュニケーションチャネルも少なくなっていく。

　最後に，コミュニケーションに関する実績や教訓を記録し，後日，組織のナレッジとして活用できるようにする。

## 10.2　概観図とデータフロー図

　*PMBOK*®ガイド 第6版による，プロジェクトコミュニケーションマネジメントの概観と，コミュニケーションのマネジメントのデータフロー図，コミュニケーションの監視のデータフロー図を示す。

データフロー図では，マネジメントプロセスへのインプットとアウトプットの詳細と，それらが他のマネジメントプロセスとどのように関係しているかを図示しているので，そのプロセスで作成したデータがどのプロセスに関係し，影響しているかを視覚的に把握してほしい。

| プロジェクト・コミュニケーション・マネジメントの概観 | | |
|---|---|---|
| **10.1 コミュニケーション・マネジメントの計画** | **10.2 コミュニケーションのマネジメント** | **10.3 コミュニケーションの監視** |
| .1 インプット<br>　.1 プロジェクト憲章<br>　.2 プロジェクトマネジメント計画書<br>　.3 プロジェクト文書<br>　.4 組織体の環境要因<br>　.5 組織のプロセス資産 | .1 インプット<br>　.1 プロジェクトマネジメント計画書<br>　.2 プロジェクト文書<br>　.3 作業パフォーマンス報告書<br>　.4 組織体の環境要因<br>　.5 組織のプロセス資産 | .1 インプット<br>　.1 プロジェクトマネジメント計画書<br>　.2 プロジェクト文書<br>　.3 作業パフォーマンス・データ<br>　.4 組織体の環境要因<br>　.5 組織のプロセス資産 |
| .2 ツールと技法<br>　.1 専門家の判断<br>　.2 コミュニケーション要求事項分析<br>　.3 コミュニケーション技術<br>　.4 コミュニケーション・モデル<br>　.5 コミュニケーション方法<br>　.6 人間関係とチームに関するスキル<br>　.7 データ表現<br>　.8 会議 | .2 ツールと技法<br>　.1 コミュニケーション技術<br>　.2 コミュニケーション方法<br>　.3 コミュニケーション・スキル<br>　.4 プロジェクトマネジメント情報システム<br>　.5 プロジェクトの報告<br>　.6 人間関係とチームに関するスキル<br>　.7 会議 | .2 ツールと技法<br>　.1 専門家の判断<br>　.2 プロジェクトマネジメント情報システム<br>　.3 データ表現<br>　.4 人間関係とチームに関するスキル<br>　.5 会議 |
| .3 アウトプット<br>　.1 コミュニケーション・マネジメント計画書<br>　.2 プロジェクトマネジメント計画書更新版<br>　.3 プロジェクト文書更新版 | .3 アウトプット<br>　.1 プロジェクト伝達事項<br>　.2 プロジェクトマネジメント計画書更新版<br>　.3 プロジェクト文書更新版<br>　.4 組織のプロセス資産更新版 | .3 アウトプット<br>　.1 作業パフォーマンス情報<br>　.2 変更要求<br>　.3 プロジェクトマネジメント計画書更新版<br>　.4 プロジェクト文書更新版 |

▶プロジェクトコミュニケーションマネジメントの概観

（出典　*PMBOK®* ガイド 第6版 P.360 図10-1）

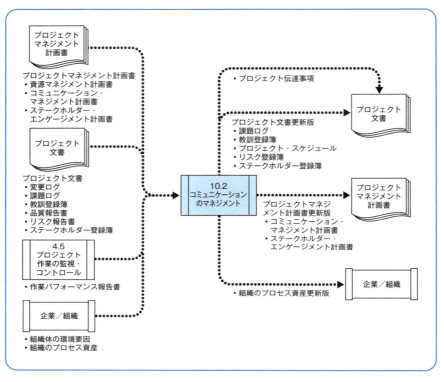

▶コミュニケーションのマネジメント：データフロー図

（出典　*PMBOK®* ガイド 第 6 版 P.380 図10-6）

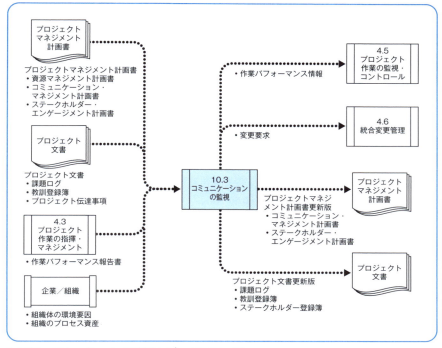

▶コミュニケーションの監視：データフロー図

（出典　*PMBOK® ガイド* 第6版 P.389 図10-8）

## 知識項目

### ❏ キックオフミーティング

キックオフミーティングでは，プロジェクトのステークホルダが集まり，プロジェクトの目標を共有し，プロジェクトの優先順位などについてコミットメントを得る。同時に，それぞれの役割も確認する。

キックオフミーティングの開催は，プロジェクトメンバの割当てや外部からの調達が終わった頃に，関係者を一堂に集めて行われる。単一のチームで計画も実行も行われるようなプロジェクトでは，計画プロセス群のはじめに実施されるが，プロジェクトマネジメントチームが計画し，実行段階に残りのプロジェクトメンバが参加するような大規模プロジェクトでは，実行プロセス群のはじめに開催されることが多い。また，複数のフェーズがあるプロジェクトでは，フェーズを開始するたびに開催される。

## ❏ 進捗会議

　**進捗会議**では，プロジェクトの状況把握と進捗報告を目的として，開催される会議である。チーム内で毎週実施されるものや顧客と行う月例のものなど，さまざまなレベルと頻度で実施される。進捗会議を定期的に持つことで，プロジェクトの状況を正しく把握し，潜在するリスクを早期に発見し，対策を立てることが可能になる。

## ❏ 進捗報告　H31　H25

　**進捗報告**では，作業リストの各作業の作業着手日と作業終了日や未着手の作業にかかる所要期間などを報告する。プロジェクトがアーンドバリュー法を採用していた場合には，実施中の作業の出来高についても報告する。進捗報告は，プロジェクトで定めた書式を用いて定めた期間ごとに行う。

　また，**進捗報告で重要な点は，プロジェクトメンバやベンダそれぞれが同じルールで定量的な報告を行うことである**。加えて，進捗遅れを報告しにくい雰囲気があると，遅延への早期の対策が打てない場合がある。

● **重み付けマイルストーン法**…あらかじめ設定した作業の区切りを過ぎるごとに計上する進捗率を決めておく方法で，ワークパッケージの期間が比較的長い作業に的した進捗率測定法である。

## ❏ コミュニケーション技術

　プロジェクトにおいて，ステークホルダ同士が情報を交換するために用いることのできる手段は多い。会議一つをとってみても，遠隔地間で行うテレビ会議，チーム内の打合せや公的な会議とさまざまで，その頻度も異なる。また情報の共有化の手段も，電子メール，掲示板，ライブラリなどがある。情報の緊急性や重要度，関係者の数やその頻度といったさまざまな要素に応じて最も適切な手段を選択する必要がある。

## ❏ プレゼンテーション　H24

● **帰納的構成法**…帰納的構成法は，複数の具体的な事実から結論として一般論を展開させるストーリ構成法である。例えば，自社製品の顧客へのプレゼンテーションにおいて，最初に顧客の同業他社の製品導入による複数の成功事例を事実として挙げることで，自社製品を導入すれば大きな効果が期待できるという一般論（仮説）を展開し，当該顧客も導入すれば成功するという結論を訴求するなどの手法である。

● **演繹的構成法**…演繹的構成法は，一般論から具体論に展開していくストーリ構成法である。一般的に否定できないような前提，事実，結論の三段論法で展開させる。

## ❏ コミュニケーションの工数の計算　H28 H26 H24

【計算問題例】

　一人であれば，440人時で開発できるソフトウェアを10人のチームで開発した場合，開発コストが何倍になるかを求める問題が定期的に出題されている。社員は毎週40時間働く。

　計算の条件は，❶～❸のみで他の条件は無視できる

　❶ 10人のチームでは，コミュニケーションをとるための工数が余分に発生する

　❷ コミュニケーションはチームのメンバが総当たりでとり，その工数は2人1組の組合せごとに週当たり4人時（1人につき2時間）

　❸ 社員の週当たりコストは社員間で差がない。

【考え方】

　条件❷より，10人がコミュニケーションをとるための週当たりの工数は，

　　　$(10 \times 9 \div 2) \times 4$ 人時 $= 180$ 人時

　10人での開発にy週間かかるとすると，このプログラム開発の全期間におけるコミュニケーションのための工数は，

　　　$(180 \times y)$ 人時

　10人が週40時間，y週間働いた総工数と，開発工数に10人によるコミュニケーションのための工数を加えたものが等しくなるので，

　　　$10 \times 40 \times y = 440 + 180 \times y$

　この式を解くと，　$y = 2$　なので

　10人で開発した場合の開発期間は2週間であることが分かる。

　よって，1人で開発する場合と比較して増える工数は2週間分のコミュニケーションのための工数なので，

　　　$180 \times 2 = 360$ 人時

である。1人の場合の工数は440人時なので，

　　　$(440 + 360) \div 440 \fallingdotseq 1.8$

となり，10人で開発した場合のコストは1人で開発する場合の約1.8倍となる。

# 11 プロジェクトリスクマネジメント

〈午前Ⅱ試験対策〉

- ▨▨▨ **知識項目** の中では，**リスクの定量的分析で用いる発生確率・影響度マトリックス**，**感度分析**，**デシジョンツリー分析**，**リスクへの対応戦略**などが頻繁に出題されている。
- *PMBOK®ガイド*の**プロジェクトマネジメントプロセス名**やその**インプット**などについて問われることがある。これらについては，**11.2 概観図とフロー図** の中の，プロジェクトリスクマネジメントの概観で確認しておいてほしい。

———————————— ✳ ————————————

〈午後試験対策〉

□午後Ⅰ試験

- リスクマネジメントに特化した問題もたびたび出題されているが，リスクの観点は，どのようなテーマの午後Ⅰ問題においても，はずせない観点の一つである。
- 総合問題や他のマネジメントがテーマの問題においても，**品質のリスク**，**スケジュールのリスク**，**コストのリスク**，**調達のリスク**などについて，リスクそのものや要因，対応策などが問われる。

□午後Ⅱ試験

- これまでは，**プロジェクト遂行中のリスクのコントロール**についてや，**情報セキュリティ上のリスクへの対処**，**リスク対応計画**などについて論じることが求められている。**11.1 全体の流れ** でも出題内容について触れているので，プロジェクトマネージャとして求められる対応を理解する手がかりにしてほしい。

## 11.1 全体の流れ

プロジェクトのリスクとは，現在は顕在化していないが，将来プロジェクト目標の達成に悪い影響，あるいはよい影響を与える可能性のある事象または状態のことである。すでに顕在化した事象はリスクではなく課題としてとらえ，課題管理の対象となる。リスクマネジメントとは，リスクを事前に想定し必要であればその対応策を実施する活動である。プロジェクトではさまざまなところにリスクが潜んでいるため，リスクへの対応を考慮しないとプロジェクトの目標を達成することは困難である。なお，プロジェクトのリスクを完全になくすことはできない。しかも，プロジェクトは新しく立ち上げて行う新たな活動なので，繰り返し行う定常業務と比べるとリスクが高いという特徴がある。したがって，プロジェクトにはリスクがあるという前提でマネジメントを行う必要がある。

リスクには，リスクを顕在化させる要因（原因）が存在する。リスク要因はすでに存在している場合もあるし，これから発生することもある。リスク要因が存在するというだけでプロジェクトの目標達成に影響を及ぼすことはないが，その要因によって，今後何らかのリスク事象が顕在化し目標達成に影響を及ぼす可能性があれば，それをリスクとして特定する。

リスクマネジメントは，リスクの特定，リスクの分析，リスク対応計画の策定，リスク対応計画の実行，リスクの監視の5段階のステップで行われる。**リスクの特定から対応計画の策定までは，まず計画段階で実施するが，リスクの状況はプロジェクトを通して変化するため，プロジェクトのライフサイクルを通して継続的に行う必要がある。**

また，リスクマネジメントは組織のリスクに対する考え方からも影響を受ける。どの程度のリスクを許容するのかは，組織によって異なる。リスクをとってでも積極的に新しいことにチャレンジすることを好む組織もあれば，リスクはあまりとりたくなく，前例がないことにはためらいがちな組織もある。また，同じ組織の中でもリスクをとってチャレンジするプロジェクトと，慎重に進めたいプロジェクトがある。

## 1 リスクマネジメント計画

リスクマネジメント計画の作成においては，まず企業のリスクに対する許容度やポリシによって，プロジェクトにおけるリスクマネジメントの方針を明確にする。その方針に従ってリスクマネジメントの基本的な進め方を決定する。具体的には，リスク

マネジメント体制，リスクを管理する際に利用する帳票の様式，リスクの発生確率の定義，リスクの影響度の算出方法，リスクの重要度の判定方法，リスク受容の判定基準，リスク監視の方法などをリスクマジメント計画書にまとめる。プロジェクトで個別にリスクマネジメント計画を実施するというよりも，組織内でリスクマネジメントの方法が定められており，事前にリスクマネジメント計画書のほとんどの部分が決められていることが多い。

## ☑ 立上げ時のリスクマネジメント

プロジェクトを立ち上げる際に，プロジェクトを実施するうえでのリスクについても十分な吟味が必要である。プロジェクトのリスクが高すぎると判断された場合は，プロジェクトそのものを実施しないという判断も必要である。

## ☒ 計画作成時のリスクマネジメント

プロジェクトの実施が確定したらプロジェクト計画を策定する。リスクを考慮しないで計画を作成した場合，目標を達成する可能性は決して高くはない。そのため，計画段階でリスクを考慮したスケジュールや予算など，さまざまな計画を確定させる。計画にリスクへの対応を反映させるために，計画段階でリスクの特定，分析，対応計画の策定を行う必要がある。

## ☉ リスクの特定

プロジェクトの計画段階でプロジェクトで想定されるリスクを特定する。特定したリスクは管理できるように，特定した段階でリスク登録簿★（リスク一覧表，リスク管理表などとも呼ぶ）に登録しておく。この時点ではそのリスクに対する評価や対応策は考えずに，できるだけリスクを挙げていくことがポイントである。

リスクを特定するには，幅広くさまざまな状況を考える必要がある。リスク特定の方法としては，ブレーンストーミングやチェックリストなどが利用できる。その分野に造詣の深い人や過去に同様のプロジェクトを経験した人の意見を聞くことで，重要なリスクを特定できることもある。システム開発においてよく起こるリスクを一覧表にしたチェックリストも役立つ。ただし，一般的なリスクを掲載したチェックリストだけではプロジェクト特有のリスクが考慮されないおそれがあるため，リスクの特定

をチェックリストだけに頼ることは望ましくない。

　計画段階では，プロジェクト計画におけるリスク要因を探してリスクとして特定する。特に前提条件や制約条件はリスク要因となりやすいので，そのような要素を中心にリスクを特定していくとよい。

## 5 リスクの分析

　リスクとは，冒頭で説明したように，プロジェクト目標の達成に悪い影響，あるいはよい影響を与える可能性のある事象のことである。しかし，プロジェクト目標の達成に影響を与える事象を挙げれば枚挙にいとまがないくらい，さまざまなことが起こる可能性が存在する。それらすべてをリスクとして挙げて何らかの対応を考えなければならないとしたら，現実的な予算や期間の制約の中で対応しきれない。そのため，リスクに対しては割り切りが必要である。小さなリスクは受容★してプロジェクトを進めないと，現実的にプロジェクトを進めることはできない。

　リスクの受容とは，そのリスクに対しては特別な対策をとらずに受け容れるということである。だとしたら，どのリスクが受容可能で，どのリスクが受容できないのかを判断しなければならない。そのためにリスクの分析を行う。「リスクがありますよね？」「リスクをなくしてください」という発言を耳にすることがある。しかし，プロジェクトにおいてリスクがなくなることはないので，これはナンセンスである。ある特定のリスクがなくなることはあるが，リスクがまったくなくなるということはない。そのため，**どのリスクが影響度が高いのか，どのリスクがそうでもないのかなどを分析するとともに，プロジェクト全体ではリスクがどの程度高いのかを分析する必要がある**。その結果をもとに，個々のリスクは受容できるのかできないのか，プロジェクト全体としてのリスクは受容できるレベルにあるのかを評価する。

　*PMBOK*®ガイドではリスク分析を定性的分析と定量的分析に分けている。定性的分析は，個々のリスクに着目して，それぞれのリスクが受容できるのかできないのか，どのリスクが優先的に対応しなければならないリスクなのかを分析して評価するプロセスである。*PMBOK*®ガイドでは，リスクの定性的分析を**『個別リスクに優先順位をつけるプロセス』**（*PMBOK*®ガイド 第6版 P.395）と説明している。

　リスクの大きさは，リスクの起こりやすさ（発生確率）とリスクが発生したときの影響の大きさ（影響度）の積で評価することが基本である。厳密に発生確率や影響度を算出することは困難なため，通常は大中小など3〜5段階でレベルを定義し，それを数値化してリスクの値（**リスクスコア**）を算出する。数字が大きいほどリスクが高

くなるようにレベルを定義する。

　定性的分析で対応が必要と判断した個々のリスクに対して，それぞれリスク対応策を個別に計画するのであれば，リスクの定量的分析は必ずしも必要ではない。しかし，一般的にはリスク対応策としてスケジュールや予算に予備を設定し，リスクが顕在化しても納期遅れや予算不足を起こさないように考える。このとき，スケジュールや予算にどれだけ予備を含めたらよいかについては，個別リスクごとに検討するのではなく，プロジェクト全体でのリスクを考慮して，プロジェクト全体として，どれだけ予備を設定したらよいかを考える。個別には受容できるリスクでも，その数が多ければ全体としては何らかの事象が起こる可能性は高くなるし，一つ一つは小さな影響であっても，積み重なると大きく影響することもある。

　予備については，どの程度の期間の遅延が心配されるのか，いくらくらい予算不足が心配されるのかを数値で具体的に把握する必要がある。そうしなければ，リスク対応としてどの程度の予備を設定したらよいかを具体的に導き出すことはできない。このように，**プロジェクト全体でのリスクを考慮して，プロジェクト目標にどの程度の影響が生じるのかを数値で具体的に分析するのがリスクの定量的分析**である。

## 6 リスク対応計画

　リスク分析の結果に基づいてリスクへの対応策を考える。リスク対応策としてプロジェクト実施中に何らかのアクションが必要なことに対しては，リスク対応策を計画の中に組み込む。また，スケジュールやコストの予備でリスクに備える場合には，リスクに応じたスケジュールバッファやコンティンジェンシー予備を計画に含めておく。

　リスクにはプラスのリスク（好機）とマイナスのリスク（脅威）があるが，実務において管理対象とするのは，悪い影響を及ぼす可能性のあるマイナスのリスクがほとんどである。マイナスのリスクに対する対応の基本的な考え方（**リスクへの対応戦略★**）は，エスカレーション，回避，転嫁，軽減，受容の5種類がある。なお，プラスのリスクに対する対応の基本的な考え方は，エスカレーション，活用，共有，強化，受容の5種類となる。

　上記の考え方に基づき，対応が必要と判断した個別のリスクに対してはリスク対応策を検討するとともに，プロジェクト全体のリスクの大きさを踏まえて必要な予備を設定し，プロジェクトの計画に組み込む。リスク対応計画が確実に実施されるように，それぞれの対応策の実施期限，実施責任者を決めておくことも必要である。

　個別のリスクに対しては，まずリスクを発生させないようにする予防策が重要である。しかし，なくすことのできないリスクも多いので，発生したときの事後対策を考えておく必要もある。

■ **関連する午後Ⅱ問題**

**Q　システム開発プロジェクトのリスク対応計画について**　　H22問1

　この問題では，プロジェクトの立上げ時に存在したリスク要因，プロジェクトの目標達成を阻害するようなリスク，リスク分析の方法，策定した予防処置，現実化したときのリスク対応計画，その実施状況と評価などについて述べることが求められた。

### ❏ リスク対応計画を述べよう！

**【立上げ時に存在するリスク要因と想定されるリスクの例】**

- 採用した新技術が未成熟→品質の低下
- 未経験の開発方法論の採用→コスト増加
- 利用部門の参加が決まっていない→スケジュール遅延

**【リスクへの対応計画】**

　想定されるリスクについて，定性的分析や定量的分析などを実施。リスク対応計画を策定する

- リスクを現実化させないための予防処置
- 影響を最小限にする軽減策など

**【ここに注意！】**

　リスクとリスク要因の違いに気をつけて，混同しないようにしよう！　分析するのはリスクであって，リスク要因ではない。

## 7 対応策の実施と監視

　計画したリスク対応策は適切な時期に実行に移さなければならない。そして，必要なリスク対応策が実施されたか，それらを実施して想定された効果（リスクが回避できた，軽減できた等）を上げているかを監視し，評価する。実施した対応策が期待どおりの効果をあげていないこともあり得るので，そのような場合には，追加のリスク対応策を考える必要が生じることもある。また，プロジェクトを進めて行く過程で，

計画時には特定できていなかったリスクが見えてくることがある。このようなリスクについても分析したうえで，何らかの対応策が必要であればそれを追加する。

　また，プロジェクトを進めていくと，当初特定し分析・評価したリスクの状況に変化が生じることもある。適切に対応できていて小さくなっているリスクもあるだろうし，当初よりもリスクが大きくなり，プロジェクトの目標達成が徐々に困難になりつつあるということもあり得る。このような状況の変化に対応するため，定期的（月次や各工程の終了時等）にリスクの見直しを行う必要がある。その結果，リスク対応の優先順位が変わり，当初は受容できると判断したリスクに対して対策を実施する必要が生じたり，リスクが小さくなったのでリスク対策をこれ以上行う必要がなくなることもある。

　リスクの状況を監視するときには，リスクを顕在化させる要因などに着目し，顕在化する前に，顕在化しそうな状況が見えないか監視することが大切である。このように，リスクが顕在化しそうな予兆をリスクの兆候（**トリガ**★）と呼ぶ。例えばスケジュールバッファやコストの予備の消費度合いを監視し，プロジェクトの残作業に対して残りの予備が少なくなってきていれば，納期遅延やコスト超過が生じる可能性が高くなっているといえる。したがって，リスクの兆候をとらえて，早めに対処することが大切である。

## ■関連する午後Ⅱ問題

**Q　システム開発業務における情報セキュリティの確保について**　　H25問1

　この問題では，情報セキュリティ上のリスクが特定された開発業務と特定されたリスク，それに対して立案した運営面の予防策，メンバへの周知策，メンバが遵守していることを確認するためのモニタリングの仕組みなどについて述べることが求められた。 H25問1

### ❏ 情報セキュリティ上のリスクへの対処！
【開発業務と情報セキュリティ上のリスクの例】
- データ移行（個人情報を加工して新システムに移行）　情報漏えいや改ざんのリスク
- 接続確認テスト（稼働中システムの財務情報を参照）　不正アクセスのリスク❷

【予防策は技術面と運営面の両方で】
　リスクを分析し評価した上で，技術面の予防策と運営面の予防策を立案する。

**【運営面の予防策】**

❶のリスク←個人情報の取扱時の役割分担や管理ルールを定める。

❷のリスク←財務情報の参照時の承認手続や作業手順を定める。

予防策は，メンバに周知する。

**【予防策の遵守を確認】**

メンバが予防策を遵守していることを確認するためのモニタリングの仕組みを作る。問題を発見→原因を究明して対処。

**【ここに注意！】**

運営面の予防策という指定があるので，技術面の予防策だけを述べても得点に結びつかない。論述では，運営面の予防策を中心に述べよう！

───────────────── * ─────────────────

**❓ 情報システム開発プロジェクトの実行中におけるリスクのコントロールについて** H28問2

この問題では，プロジェクトの実行中に察知したプロジェクト目標の達成を阻害するリスクにつながる兆候，顕在化すると考えたリスクとその理由，予防処置，顕在化に備えて策定した対応計画，予防処置の実施状況と評価などについて述べることが求められた。

## ❏ プロジェクト実行中のリスクマネジメント

**【実行中に察知する兆候の例】**

- メンバの稼働時間が計画以上に増加している
- メンバが仕様書の記述に対して分かりにくさを表明している

**【兆候をそのままにした場合顕在化するおそれのあるリスク】**

- 開発生産性が目標に達しないリスク
- 成果物の品質を確保できないリスク

**【兆候の原因分析とリスク分析→予防処置，対応計画の策定】**

リスク分析→発生確率・影響度マトリックスを用いて実施→リスクスコアの算出

リスクを顕在化させないための予防処置→仕様レビューの実施など

対応計画の策定→顧客と情報共有化を密に図って，仕様変更のボリュームを可能な限り抑えることの了解を得るなど

**【ここに注意！】**

求められているのは，実行中に察知した兆候なので，計画中に察知したものや，すでに兆候の段階を過ぎて顕在化している問題について述べたのでは，以降の論

述も論点からずれてしまう。求められている論点の時期や内容として適切な題材を選ぼう！

## 8 リスク対応のまとめ

　プロジェクト終了時には，そのプロジェクトのリスク管理の状況をプロジェクトの報告書にまとめる。まとめる観点としては，特定したリスクが顕在化したのかしなかったのか，顕在化したのであれば，どれだけの影響が出て，どのように対処したのか，リスク対応策がどれだけ効果を上げたのかなどである。

　リスクは特定した段階ではあくまでも可能性であり，発生確率も影響度も想定にすぎない。その想定が適切だったか否かは，やってみないと分からないことが多い。したがって，プロジェクトのリスクに関する計画と実績を対比させてナレッジを蓄積することによって，リスクの特定，分析，評価をはじめとした組織におけるリスクマネジメントが洗練されてくる。ただし，実際にリスクが顕在化しなかったから問題ないと安易に評価することは必ずしも適切ではない。リスクはあくまでも可能性にすぎないので，自分たちのリスクマネジメントが拙かったとしても，運よく何も起こらないこともあり得る。逆に，適切にリスクマネジメントができていたとしても，自分たちのコントロールが及ばない要因によってリスクが顕在化することもあり得る。あくまでも，リスクマネジメントが適切に実施できたかの評価は，可能性をいかに少なくできたかという点で行う必要がある。リスクをゼロにすることはできないということを認識しておかなければならない。

## 11.2　概観図とデータフロー図

　*PMBOK®ガイド* 第6版による，プロジェクトリスクマネジメントの概観と，リスク対応の計画のデータフロー図，リスクの監視のデータフロー図を示す。

　データフロー図では，マネジメントプロセスへのインプットとアウトプットの詳細とそれらが他のマネジメントプロセスとどのように関係しているかを図示しているので，そのプロセスで作成したデータがどのプロセスに関係し，影響しているかを視覚的に把握してほしい。

プロジェクト・リスク・
マネジメントの概観

## 11.1 リスク・マネジメントの計画

.1 インプット
　.1 プロジェクト憲章
　.2 プロジェクト
　　マネジメント計画書
　.3 プロジェクト文書
　.4 組織体の環境要因
　.5 組織のプロセス資産

.2 ツールと技法
　.1 専門家の判断
　.2 データ分析
　.3 会議

.3 アウトプット
　.1 リスク・
　　マネジメント計画書

## 11.2 リスクの特定

.1 インプット
　.1 プロジェクト
　　マネジメント計画書
　.2 プロジェクト文書
　.3 合意書
　.4 調達文書
　.5 組織体の環境要因
　.6 組織のプロセス資産

.2 ツールと技法
　.1 専門家の判断
　.2 データ収集
　.3 データ分析
　.4 人間関係とチームに
　　関するスキル
　.5 プロンプト・リスト
　.6 会議

.3 アウトプット
　.1 リスク登録簿
　.2 リスク報告書
　.3 プロジェクト文書
　　更新版

## 11.3 リスクの定性的分析

.1 インプット
　.1 プロジェクト
　　マネジメント計画書
　.2 プロジェクト文書
　.3 組織体の環境要因
　.4 組織のプロセス資産

.2 ツールと技法
　.1 専門家の判断
　.2 データ収集
　.3 データ分析
　.4 人間関係とチームに
　　関するスキル
　.5 リスク区分化
　.6 データ表現技法
　.7 会議

.3 アウトプット
　.1 プロジェクト文書
　　更新版

## 11.4 リスクの定量的分析

.1 インプット
　.1 プロジェクト
　　マネジメント計画書
　.2 プロジェクト文書
　.3 組織体の環境要因
　.4 組織のプロセス資産

.2 ツールと技法
　.1 専門家の判断
　.2 データ収集
　.3 人間関係とチームに
　　関するスキル
　.4 不確実性の表現
　.5 データ分析

.3 アウトプット
　.1 プロジェクト文書
　　更新版

## 11.5 リスク対応の計画

.1 インプット
　.1 プロジェクト
　　マネジメント計画書
　.2 プロジェクト文書
　.3 組織体の環境要因
　.4 組織のプロセス資産

.2 ツールと技法
　.1 専門家の判断
　.2 データ収集
　.3 人間関係とチームに
　　関するスキル
　.4 脅威への戦略
　.5 好機への戦略
　.6 コンティンジェンシ
　　ー対応戦略
　.7 プロジェクトの
　　全体リスクのための
　　戦略
　.8 データ分析
　.9 意思決定

.3 アウトプット
　.1 変更要求
　.2 プロジェクトマネジ
　　メント計画書更新版
　.3 プロジェクト文書
　　更新版

## 11.6 リスク対応策の実行

.1 インプット
　.1 プロジェクト
　　マネジメント計画書
　.2 プロジェクト文書
　.3 組織のプロセス資産

.2 ツールと技法
　.1 専門家の判断
　.2 人間関係とチームに
　　関するスキル
　.3 プロジェクトマネジ
　　メント情報システム

.3 アウトプット
　.1 変更要求
　.2 プロジェクト文書
　　更新版

## 11.7 リスクの監視

.1 インプット
　.1 プロジェクト
　　マネジメント計画書
　.2 プロジェクト文書
　.3 作業パフォーマン
　　ス・データ
　.4 作業パフォーマンス
　　報告書

.2 ツールと技法
　.1 データ分析
　.2 監査
　.3 会議

.3 アウトプット
　.1 作業パフォーマンス
　　情報
　.2 変更要求
　.3 プロジェクトマネジ
　　メント計画書更新版
　.4 プロジェクト文書
　　更新版
　.5 組織のプロセス資産
　　更新版

▶ **プロジェクトリスクマネジメントの概観** （出典　*PMBOK*® *ガイド* 第6版 P.396 図11-1）

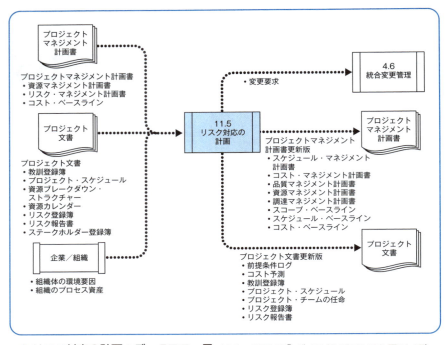

▶リスク対応の計画：データフロー図（出典　PMBOK® ガイド 第6版 P.438 図11-17）

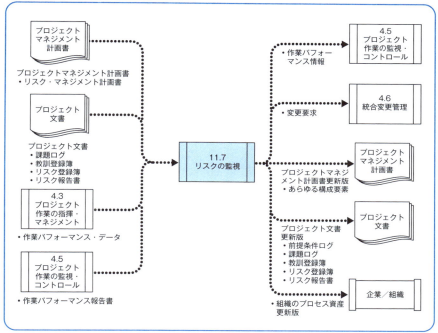

▶ **リスクの監視：データフロー図**（出典 *PMBOK®* ガイド 第6版 P.454 図11-21）

## 知識項目

### ❏ リスクの種類

リスクとは，もしそれが起こったならば，プロジェクト目標にプラスやマイナスの影響を与えるであろう不確かな事象あるいは状態のことである。したがって，リスクマネジメントのプロセスは，プロジェクト目標に対して，プラスとなる事象に対してはその発生確率と発生結果を最大にするように努め，マイナスとなる事象に対してはその発生確率と発生結果を最小にするように努める。通常，実際のシステム開発プロジェクトにおけるリスクマネジメントでは，マイナスとなる事象に対してのマネジメントに絞られて行われる。

〔リスクの種類〕

● 既知のリスク…プロジェクトの立上げ時や計画段階で特定された，分析済みの

リスクのことである。プロジェクトで認識された明らかなものであるので，対策を立てることが可能である。

- 未知のリスク…特定されていないリスクのことである。プロジェクトには，計画段階で多くの前提条件があるが，それらの中で妥当性を失った前提条件が適切に処理されていなければ，これもリスクになる。

リスクは，管理しやすいように適切なリスク区分に分類される。例えば，次のようなリスク区分がある。

〔リスク区分〕
- 技術，品質，性能リスク…新製品の利用や新しいOSなど使用経験のない技術などへの依存，保障されていないレベルの性能目標などに関連するリスクなど。
- プロジェクトマネジメントリスク…不適切なスケジュール計画や資源計画，プロジェクト計画のレベルの低さ，プロジェクトマネジメントスキルの低さなど。
- 組織上のリスク…コスト，スケジュール，スコープ目標の内部的な不整合，複数のプロジェクト間での優先順位への配慮のなさ，資金不足，組織内の複数のプロジェクト間での資源競合など。
- 外部リスク…プロジェクトにとって外部から引き起こされる法的あるいは制度的環境の変更，労働問題，所有権の移転，海外プロジェクトのカントリーリスク，天候異変など。なお，自然災害などの不可抗力のリスクは，リスクマネジメントではなく災害復旧活動のほうが必要となる。

## ❏ 残存リスク

残存リスクとは，リスク対応策の実施後も残るリスクのことである。軽減などのリスク対応策の実施後には小さなリスクが残る。このリスクが現実化した場合，コンティンジェンシー予備で対応する。

## ❏ 二次リスク

二次リスクとは，リスク対応策を実施した結果，発生するリスクである。リスクへの対応策を策定するときには，発生する可能性のある二次リスクも識別し，必要であればこれにも対応策を計画する必要がある。

## ❏ リスク許容度

リスク許容度は，組織や個人によって差のあるものである。プロジェクトマネージャはリスクを評価して順位づけをする前に，組織とステークホルダそれぞれのリスク許容度を理解しておくことが重要である。

## ❏ リスク抽出技法

リスクの特定に用いられる技法には，ブレーンストーミング，インタビュー，グループインタビュー，SWOT分析，リスクチェックリストなどがある。

### ・SWOT分析　H28

SWOT分析は，戦略計画などで利用されることの多い方法であるが，プロジェクト全体のリスクの特定にも向いている。プロジェクトに関しての強み，弱み，好機，脅威について検討することで，幅広い視点でのリスクの特定を行える。

## ❏ デルファイ法　H28

デルファイ法とは，専門家に対して，アンケート調査を繰り返し行って意見を集約させていく問題分析技法で，プロジェクトリスクについての専門家から情報収集する際にも使用する。この方法では，参加者は同席する必要がなく，文書でのやりとりなので電子メールなども利用できる。具体的には，進行役が複数の専門家に主要なプロジェクトリスクに関しての質問表を送り，書面による回答を得る。得られた意見を匿名でとりまとめたものを再び専門家たちに配布し，追加の意見やコメントを集める。これを繰り返すことで，主要なプロジェクトリスクに関する専門家たちの合意を得る。偏見が入りにくく，結論に関して特定の人の強い影響を受けるということのない方法である。

## ❏ リスクチェックリスト

リスクチェックリストは，プロジェクトのリスクに関連する項目を一覧にしたものである。類似プロジェクトなどの過去の情報や経験，その他の情報源から得た知識をもとに作成されるリスクの分類と項目に関する一覧表である。

リスクチェックリストは，プロジェクトで発生する可能性の高い一般的なリスクについて整理されているので，プロジェクトのリスクマネジメントにおいて，リスクを特定するためのテンプレートとして利用する。

▶リスクチェックリストの例

| 分類 | 項目 | 有無 | リスク強度 | | |
|---|---|---|---|---|---|
| | | | 低 | 中 | 高 |
| 目　標 | 顧客の方針に合致 | | | | |
| | 当社の方針に合致 | | | | |
| | 顧客の期待度 | | | | |
| | 利用部門への影響 | | | | |
| | 政治的な影響 | | | | |
| | 完成時期 | | | | |
| | 長期ビジョン | | | | |
| 組　織 | 安定性 | | | | |
| | 役割と責務 | | | | |
| | 意思決定ルール | | | | |
| | 経営層の支援 | | | | |
| | 経営層の参加 | | | | |
| | プロジェクト目標 | | | | |
| プロジェクト | 規模 | | | | |
| | プラットホーム | | | | |
| | 資源資材 | | | | |
| | 予算 | | | | |
| | 予算の制約 | | | | |
| | コスト管理 | | | | |

以下省略

## ❏ リスク登録簿　H28

　リスクの特定の出力情報であるリスク登録簿は，これに続くリスク分析（リスクの定性的分析やリスクの定量的分析）以降のリスクマネジメントプロセスの入力情報になり，それぞれのプロセスで得られた結果を追記していく。

　リスク登録簿には，特定されたリスク項目，リスクの影響や特性，トリガなどが記入できるようになっている。**リスク一覧表**や**リスク管理表**などとも呼ばれる。

▶リスクの登録簿の例

| リスク項目 | 事象(影響または特性) | トリガ | 発生確率 | 影響度 | スコア | 優先順位 |
|---|---|---|---|---|---|---|
| 意思決定ルール | ステークホルダの合意が得られず意見の対立やスケジュールに遅れが生じる | 契約予定日の遅れ | | | | |
| 要件の安定性 | 要件が確定せず，スケジュールに遅れが生じる | 要件定義の完了予定日の遅れ | | | | |
| 要件の完全性 | 要件が変更されやすく，スケジュールに遅れが生じる品質が低下する | 変更要求の修正による，予算・資源・スケジュール増加が5％を超える | | | | |
| チームのスキル | 業務経験のあるメンバが集まらない | 事前の自己申告の信頼性が低い | | | | |

## ❏ トリガ

トリガは，リスクの兆候とも呼ばれる。リスクの発生または発生しようとしていることを示すものである。

## ❏ リスクの定性的分析

*PMBOK*®ガイドのリスクマネジメントのプロセスは，リスクマネジメントの計画，リスクの特定，リスクの定性的分析，リスクの定量的分析，リスク対応の計画という流れで計画する。リスクの定性的分析では，特定されたリスクを発生確率と影響度で定性的に評価し，優先順位をつけ，リスク登録簿を更新する。そのために利用するツールや技法としては，発生確率・影響度査定，発生確率・影響度マトリックスなどがある。

| 分野 | 0.05<br>(非常に低い) | 0.10<br>(低い) | 0.20<br>(普通) | 0.40<br>(高い) | 0.80<br>(非常に高い) |
|---|---|---|---|---|---|
| コスト | コスト微増 | コスト増加率<br>(～5%未満) | コスト増加率<br>(5～10%) | コスト増加率<br>(10～20%) | コスト増加率<br>(20%～) |
| スケジュール | スケジュール微遅延 | スケジュール遅延度<br>(～5%未満) | スケジュール遅延度<br>(5～10%) | スケジュール遅延度<br>(10～20%) | スケジュール遅延度<br>(20%～) |
| スコープ | スコープの微縮小 | 非主要部分へ影響するスコープ変更 | 主要部分に影響するスコープ変更 | 顧客が認めないほどのスコープ縮小 | 使用できない成果物 |
| 品質 | 品質の微劣化 | 非常に厳しい用途にのみ影響する品質低下 | 顧客の承認が必要なほどの品質低下 | 顧客が認めないほどの品質低下 | 使用できない成果物 |

## ❑ 発生確率・影響度マトリックス H30 H28 H27 H24

　リスクの**発生確率**とは，リスクの起こりやすさのことである。リスクの**影響度**とはリスク事象が起こった場合にプロジェクト目標に及ぼす影響の大きさのことである。

　リスクの発生確率やリスクの影響度は，「非常に低い」「低い」「普通」「高い」「非常に高い」などの定性的な言葉で表現され，発生確率はそれぞれ，0.1，0.3，0.5，0.7，0.9などの尺度で表すことが多い。影響度の尺度は0.1，0.3，0.5，0.7，0.9や，0.05，0.10，0.20，0.40，0.80などの値がある。発生確率と影響度を用いてリスク分析を行うことで，積極的に管理すべきリスクを特定できる。

| | | 影響度 | | | | |
|---|---|---|---|---|---|---|
| | | 0.05 | 0.10 | 0.20 | 0.40 | 0.80 |
| 発生確率 | 0.9 | 0.045 | 0.09 | 0.18 | 0.36 | 0.72 |
| | 0.7 | 0.035 | 0.07 | 0.14 | 0.28 | 0.56 |
| | 0.5 | 0.025 | 0.05 | 0.10 | 0.20 | 0.40 |
| | 0.3 | 0.015 | 0.03 | 0.06 | 0.12 | 0.24 |
| | 0.1 | 0.005 | 0.01 | 0.02 | 0.04 | 0.08 |

高い<br>普通<br>低い

▶発生確率・影響度マトリックスの例

　図の例でいえば，リスクスコア0.18以上のリスクを重点的に管理する，0.04以下

① 知識編

のリスクは受容するなどというように利用する。

### ❏ リスクの定量的分析

リスクの定量的分析では，リスク発生確率とリスクが発生した場合の影響を定量的に評価し，プロジェクト全体のリスクを数値化し，プロジェクト目標の達成確率を見積もる。ここで利用するツールや技法には，感度分析，期待金額価値（EMV），デシジョンツリー分析，シミュレーションがある。

### ❏ 感度分析　R3　H31　H30　H28　H27　H24

感度分析はいくつものリスクがプロジェクトに影響を及ぼすとき，それぞれのリスクがプロジェクトに及ぼす影響を定量的に算定する分析である。この結果を示す代表的な方法にトルネード図がある。リスクを影響度の大きい順に上から並べ，影響度合いを横軸で示す。

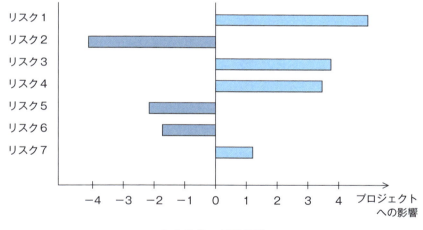

▶ トルネード図の例

### ❏ EMV（期待金額価値）　H26

リスクマネジメントにおけるEMV（期待金額価値）とは，リスク発生時の影響金額の期待値である。期待値は，

　　　事象発生時の実現値×発生確率

で求められる。ここではリスク事象発生時の影響金額が対象なので，

　　　リスク事象発生時の影響金額×リスク事象の発生確率

がEMVを表す計算式となる。

**デシジョンツリー**は，関連づけられた意思決定の順序と，ある選択肢を選んだときに期待される結果を記述する図式である。可能な選択はツリー状に描かれ，左側のリスクの決定から始まり，右に向かって選択肢が伸びていく。リスクの確率と個々の選択肢の決定によってもたらされる費用，期待値を数量化する。デシジョンツリーの解によってどの決定が最大の期待値を生み出すかを示すのが**デシジョンツリー分析**である。

例えば，次図でプランAは，経費が4万円かかり，40％の確率でプラス60万円の結果を出し，60％の確率でマイナス10万円の結果を出す。プランBでは，経費は6万円かかる。30％の確率でマイナス10万円の結果を出し，70％の確率でプラス40万円の結果を出す。

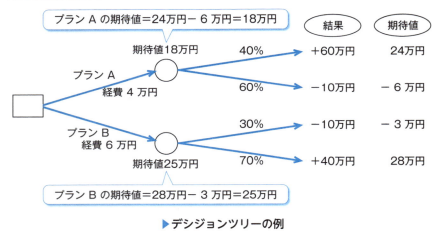

▶デシジョンツリーの例

これより，プランAの期待値は18万円，プランBの期待値は25万円となり，それぞれの経費を差し引いても，プランBのほうが好ましいという結果になることが分かる。

このときのプランAとプランBの期待値から経費をそれぞれ引いた金額を期待金額価値（EMV）という。好機のEMVは正の値となり，脅威のEMVは負の値となる。このような分析を**期待金額価値分析**ともいう。

## ❏ シミュレーション

**シミュレーション**は，詳細レベルで特定した不確実性がプロジェクトの全体目標にどんな影響を与えるかを算出できるモデルを利用して実施するもので，多くはモンテカルロ法を用いて実施する。モンテカルロ法では，モデルを何度も繰り返して実行し，それらの結果を統計分布にとる。通常，これらはソフトウェアを利用して実施する。

コストについてのリスク分析では，プロジェクトのWBSをモデルにしたシミュレーションを実施し，スケジュールについてのリスク分析では，スケジュールネットワーク図などを使用する。

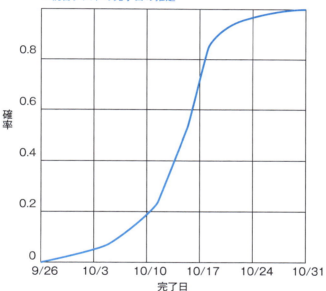

● 統合テストの完了日の推定

▶ スケジュールに対するシミュレーションの例

## ❏ リスクへの対応戦略  R2  H30  H28  H26

マイナスのリスク（脅威）に対する対応戦略には，エスカレーション，回避，転嫁，軽減，受容が，プラスのリスク（好機）に対する対応戦略には，エスカレーション，活用，共有，強化，受容がある。エスカレーションと受容は，プラスのリスクとマイナスのリスクのどちらにも用いられる。

● **エスカレーション**…エスカレーションは，対応策がプロジェクトマネージャの権限

を超えると判断した場合や，プロジェクトのスコープ外である場合にとられる。プログラムレベルなどの上位組織などで対応される。

- ●回避…回避とは，リスク事象の原因を取り除いたり，プロジェクト目標にリスクの影響を与えないために，プロジェクト計画を変更することである。
- ●転嫁(移転)…転嫁とはリスクそのものを第三者へ移すことである。そのため，リスク自体がなくなるということではない。

　通常はリスクを引き受ける側にリスクの対価を支払う。具体的な方法には，保険や契約がある。プロジェクトの設計がしっかりしていれば，定額契約を用いて転嫁する。

- ●軽減…軽減とは，リスクの発生確率と発生した場合の影響の大きさを，受容可能なレベルまで低下させることである。リスクの発生前や兆候が見られた時点での早期の対応策の実施は，リスク発生後に修復のための策を講じるよりもはるかに効果がある。
- ●受容…受容とは，リスクへの対策を何もとらず，リスクが発生した場合，そのリスクの発生による影響を甘受することである。一般的なリスクの受容では，既知のリスクに応じた期間や予算，資源を賄えるだけのコンティンジェンシー予備を設定する。その額は，受容するリスクのレベルをもとに算定した影響の大きさによって決められる。
- ●活用…活用とは，プラスのリスクを確実なものにするための対応をとることである。
- ●共有…共有とは，プラスのリスクの実行権限を第三者に割り当てることである。
- ●強化…強化とは，プラスのリスクの生じる確率を増加させたり，影響度合いを大きくするための策を講じることである。好機を強化する例には，早く終了させるための活動により多くの資源を注ぎ込むことも含まれる。

## ❏ リスクへの対応　H31

　JIS Q 21500には，リスクへの対応の目的は「プロジェクトの目標への機会を高めて脅威を軽減するために，選択肢を作成して対策を決定すること」とあり，このプロセスで「予算及びスケジュールに資源と活動とを投入することによってリスクを扱う」と説明されている。また「リスク対応には，リスクの回避，軽減，転嫁又はリスクが発現したときに使用するコンティンジェンシ計画の作成が含まれる」とも説明されている。

# 12 プロジェクト調達マネジメント

## ここが出る！
### … 必修・学習ポイント …

〈午前Ⅱ試験対策〉

- ■ **知識項目** の中では，RFI，重み付け法，各種契約，請負型契約推奨フェーズなどがよく出題されている。加えて，これまでに出題された法務知識のうち，**調達に関連するもの**についても説明している。
- *PMBOK®*ガイドの**プロジェクトマネジメントプロセス名**やその**インプット**などについて問われることがある。これらについては，**12.2 概観図とデータフロー図** の中の，プロジェクト調達マネジメントの概観で確認しておいてほしい。

———————————— ＊ ————————————

〈午後試験対策〉

□午後Ⅰ試験

- **委託先の選定や委託先の管理**などの調達マネジメントに特化した問題も出題されるが，他のテーマの問題において，**契約におけるリスク**や，**複数の委託先候補から見積りをとる意義，委託先の品質管理に関連する点**などについても問われている。
- また，**契約に関する指揮命令権などの基本的事項**は，必ず押さえておく必要がある。

□午後Ⅱ試験

- これまでは，**サプライヤの進捗と品質を管理するために工夫した仕組み**などについて論じることが求められている。**12.1 全体の流れ** でも出題内容について触れているので，プロジェクトマネージャとして求められる対応を理解する手がかりにしてほしい。

## 12.1 全体の流れ

外部から資源を獲得することを調達という。プロジェクトの調達業務には，調達す

る立場と調達される立場とがあるが，ここでは主に調達する側，すなわち発注者側の視点で説明する。受注者側のプロジェクトマネージャは，発注者側の視点を学ぶことで調達の仕組みを理解し自らの業務に役立ててほしい。

　**プロジェクトの調達の対象は，要員と物的資源に分類できる。どちらの資源も調達マネジメントが対象とするのは，組織外部から資源を調達するまでであり，調達した資源の管理は資源マネジメントの領域となる。**

　また，調達のプロセスは業界や国の習慣などによってさまざまである。近年は文化や商習慣の異なる複数の企業が連携してプロジェクトを実施するケースも増加している，このようなプロジェクトでは，それぞれの国の商習慣を考慮した契約プロセスが求められる。例えば，ソフトウェアシステムを調達する場合は，日本ではプロジェクト管理責任を含めてシステムの設計・開発全体を外部に任せることが多いが，欧米ではシステムの設計・開発全体を外部に任せることは少なく，発注者側主体でプロジェクトを実行する。

　調達は契約に基づいて実施される。契約は法律に縛られるため契約法務に詳しい専門部署が担当することが望ましい。また，法律違反を犯さないようにしたり，契約交渉で不利な条件を受け入れさせられないようにしたり，組織全体で調達することで調達量を増やし価格交渉を有利にしたりするために，通常は組織全体で調達を専門に行う部署（調達部門，購買部門など）があり，契約の実務はそのような部署が行うことが一般的である。その際，契約法務に関して法務部門が支援することも多い。プロジェクトマネージャやプロジェクトチームは調達の仕組みについて十分に理解し，それらの部門と協力しながら，契約を遵守しつつプロジェクトを進める必要がある。

## 1 プロジェクトの企画段階での調達に関する業務

　プロジェクトの企画段階では，プロジェクトに必要な主要な資源が入手可能かどうかを評価する。この段階でそれらの資源を社内で確保するか外部から調達するかの調達方針を検討しておく。外部からどのような資源が調達可能なのか，そのためにどれだけのコストがかかるのかについて，外部のサプライヤに確認することもある。このように実際に発注する前に外部のサプライヤからなんらかの情報を得たいときに，RFI★を発行して情報提供を求めることがある。日本では発注者側がシステム開発の概算予算を計画するために，RFIで得た価格情報を利用することが多い。

　企業は内部要員と業務のバランスを考慮し，ビジネスが堅調で要員が不足する場合は外部調達を増やし，ビジネスが不調なときは社内の要員を活用するような動きもす

る。調達は，このような企業のビジネスの状況や企業の戦略にも大きく左右される。

　また，企画段階での企画業務を外部に委託することもある。企業内にその分野のプロジェクトに関するノウハウがないとき，外部の専門家と契約して業務分析やシステム構想を依頼することが多い。このような作業は成果物を作成するための工数見積りが困難なことから，通常は準委任型で契約される。このとき発注者側には責任を持って企画業務を管理する責任者が必要になる。

## 2 プロジェクト計画における調達業務

　企画段階で調達に関する方針を決めておくこともあれば，プロジェクト計画を作成する段階で調達方針を決定する場合もある。外部にシステム開発を委託する場合も，一般には要件定義までは準委任契約，外部設計は準委任契約または請負契約，要件が確定し開発するシステムが明確に定義された後は請負契約で行うことが推奨されている。

▶ "情報システム・モデル取引・契約書"による契約の推奨型

　日本における要員調達の契約形態には，請負契約★，準委任契約★，派遣契約★がある。請負契約でも準委任契約でも発注者側が直接受注者側の作業者に対して指揮命令権を発揮することはできず，発注者側は受注者側の管理者に対して会社対会社の関係で作業依頼を行う。一般にSEの支援契約は準委任契約である。発注者側が作業者に対して指揮命令権を発揮したければ，派遣契約で要員を調達しなければならない。この場合には，発注者側が主体的にプロジェクトを進めていくことになる。

　また，物的資源（機器など）の調達形態★には，購入，リース，レンタルがある。形態による違いを意識したうえで，用途や利用期間などの諸条件に応じて形態を決める必要がある。

　要員にしても物的資源にしても，発注してから資源を入手するまでにある程度の期間（これをリードタイムという）がかかることが多い。このリードタイムを考慮して，

必要な時期に資源の利用を開始できるよう，発注のタイミングをスケジュールする必要がある。調達計画は，これらのことを考慮して立てなければならない。

　通常，組織においては契約の手続きが決められている（通常は購買部門や法務部門が中心となって実施する）ので，それに従ってプロジェクトにおける調達を行う必要がある。また，調達先を選定するにあたって，技術面やコスト面での選定基準を作成しておくことも重要である。

## 3 調達先の選定業務

　プロジェクト立上げ時の早い段階で，プロジェクト全体で必要な資源をまとめて発注することもあれば，プロジェクトの実施中に，必要に応じて外部から資源を都度発注することもある。どちらのケースにおいても，プロジェクトに必要な資源を調達するには，まず調達先の候補に対して見積りや提案を依頼する。カタログ等に掲載されている市販品で，価格だけを見積もってもらう場合には見積り依頼書（RFQ）を，仕事の進め方やスコープなども含めて価格以外の要素についても提案してもらう場合には提案依頼書（RFP）★を発行して調達先に提示する。このような依頼を1社のみに対して行うこともあれば，複数の企業に対して行い，応募した企業の中から最善の調達先を選定することもある。特定の業者への利益供与とみなされないよう，原則的にどの企業も公平に扱い，事前に準備した選定基準★によって厳正に選定を行う必要がある。このような調達先選定業務は，購買部門などで不正が行われないようなプロセスにのっとり厳正に行われることが多い。

　選定された調達先との契約締結作業は，通常，購買部門が中心となって行う。しかし，プロジェクトは契約に基づいて行われるため，プロジェクトマネージャも契約内容を熟知しておく必要がある。

　プロジェクトの内容によっては，調達先に起因する機密漏えいなどの情報セキュリティ事故を防止するために，情報セキュリティレベルを取り決め，情報セキュリティ対策の実施状況の報告や適時の監査についても契約に盛り込む必要がある。

## 4 プロジェクト実施中の調達管理

　発注が完了したら，契約どおりに物的資源が納品されたり，要員が稼働し契約どおりの作業が実施されたりすることを，プロジェクト実施中に管理する。

　請負契約や準委任契約で要員調達を行ったときには，発注者側には個々の要員に対

する指揮命令権がないので，社内の開発メンバと同じような作業管理を行うことはできない。しかし，プロジェクトマネージャは所定の品質を有する成果物を期日どおりに完成させることに責任を持つため，委託した作業範囲に対しても，契約で設定された納期に間に合うように成果物ができあがっているか，所定の品質を満たしているかといった点について管理する必要がある。そのため，**受注者側との進捗会議等を通して納入者側の進捗状況や成果物の品質について確認し，問題点があれば一緒になって解決を図り，プロジェクト目標を達成するために努力することが重要である。**

請負契約の基本は完成品を納入してもらい，それに対して対価を支払う契約である。しかし，システム開発では途中の状況を確認せずに希望どおりのシステムを期日どおりに納めてもらえる可能性は決して高いとはいえない。このリスクを軽減するために，場合によっては多段階契約を行うことで段階的に成果物を納品してもらったり，完成前の早い段階で，一部の機能を納めてもらうような契約条件を設定したりして，プロジェクト実施中に進捗と品質を確認できる仕組みを作る必要がある。アーンドバリューマネジメントを活用する場合は，発注者側が受注者側のコストを正確に把握することは難しいので，多くの場合，契約金額がそのままコストとして計上される。

### ■ 関連する午後Ⅱ問題

> **Q** **情報システム開発プロジェクトにおけるサプライヤの管理について**
>
> H27問1
>
> この問題では，サプライヤから請負で調達した範囲とその理由，サプライヤの進捗と品質の管理のために作成した仕組みと工夫点，進捗と品質の管理の仕組みの実施状況と評価などについて述べることが求められた。
>
> ### ❏ サプライヤの管理の仕組みを述べよう！
>
> 【請負での調達→サプライヤの要員を直接指揮命令できない】
>
> サプライヤと，進捗や品質の管理，リスクの管理，問題点の解決などについて協議し，サプライヤの進捗と品質の管理のための仕組みを作成し実施する
>
> 【仕組みの具体例】
>
> ❶ プロジェクト作業標準の共有化
> ❷ 週次，月次の定例報告についての合意
> ❸ 進捗報告基準ルールの共有化
> ❹ レビューに関する品質基準の設定，レビュー結果の報告の合意

## 5 納品物の検収作業

　プロジェクトにおける調達業務において，契約作業は購買部門が行うことが多いが，納品物の内容が適切であるかどうかについては，プロジェクトチームが判断する必要がある。

　検収作業には，納品物の個数や仕様を満たしているかなどをチェックするためのチェックリストの利用が効果的である。ソフトウェアの検収では要求仕様と所定の品質を満たしたことを確認するのが基本である。実際に使ってみないと評価が難しいため，受入テストとして発注者側でテストを行い評価することが多い。検収の合格基準を満たしていない場合，不合格としてシステムの稼働開始を遅らせるか，条件付き合格として何らかの課題のフォローを条件に，納品を認めるなどで対処する。納品後の初期不良への対応を依頼することもあるため，それぞれのプロジェクトの状況に応じて，受注者との契約完了のタイミングを考える必要もある。

## 6 納品物の検収後の作業

　請負契約によってシステム構築を受託した場合，受注者側には納品物に対しての契約不適合責任が課せられる。契約不適合責任とは，納品したシステムにバグや機能不足あるいは契約内容や目的と合致していない場合に無償で修正したり，損害を賠償したりしなければならない責任である。民法では契約不適合の事実が判明してから1年間の契約不適合責任が認められている。この条件は，契約によって変更することも可能である。したがって，契約不適合責任の内容や権利行使の期間について明確に取り決めておくことが望ましい。また，無償修正や損害賠償のほかに，報酬の減額を請求されることもある。

### ■アジャイル型開発における調達管理

　アジャイル型でシステム開発を行う場合は，スコープが契約前に固定されているものではなく，ユーザと開発者とで協力してシステムを作り上げることが基本になるの

で，一定のスコープを満たした成果物に対して事前に決められた対価を支払う請負契約はなじまない。そのため，要員を調達する場合にも，発注者側が主体でプロジェクトを進めていけるような契約を行い，調達管理を実施する必要がある。発注者側で主体的にプロジェクトを管理する能力がない場合，受注者側にプロジェクト管理の作業を任せるための契約の工夫も必要である。また，アジャイル型開発が適している部分についてはアジャイル型開発を実施して，それ以外はウォータフォール型で請負契約を締結することもある。

## 12.2　概観図とデータフロー図

*PMBOK*®ガイド 第6版による，プロジェクト調達マネジメントの概観と，調達マネジメントの計画のデータフロー図，調達の実行のデータフロー図，調達のコントロールのデータフロー図を示す。

データフロー図では，マネジメントプロセスへのインプットとアウトプットの詳細とそれらが他のマネジメントプロセスとどのように関係しているかを図示しているので，そのプロセスで作成したデータがどのプロセスに関係し，影響しているかを視覚的に把握してほしい。

```
                    ┌─────────────────┐
                    │ プロジェクト調達  │
                    │ マネジメントの概観 │
                    └─────────────────┘
```

| 12.1 調達マネジメントの計画 | 12.2 調達の実行 | 12.3 調達のコントロール |
|---|---|---|
| .1 インプット<br>　.1 プロジェクト憲章<br>　.2 ビジネス文書<br>　.3 プロジェクトマネジメント<br>　　 計画書<br>　.4 プロジェクト文書<br>　.5 組織体の環境要因<br>　.6 組織のプロセス資産<br><br>.2 ツールと技法<br>　.1 専門家の判断<br>　.2 データ収集<br>　.3 データ分析<br>　.4 発注先選定基準<br>　.5 会議<br><br>.3 アウトプット<br>　.1 調達マネジメント計画書<br>　.2 調達戦略<br>　.3 入札文書<br>　.4 調達作業範囲記述書<br>　.5 発注先選定基準<br>　.6 内外製決定<br>　.7 独自コスト見積り<br>　.8 変更要求<br>　.9 プロジェクト文書更新版<br>　.10 組織のプロセス資産更新版 | .1 インプット<br>　.1 プロジェクトマネジメント<br>　　 計画書<br>　.2 プロジェクト文書<br>　.3 調達文書<br>　.4 納入候補のプロポーザル<br>　.5 組織体の環境要因<br>　.6 組織のプロセス資産<br><br>.2 ツールと技法<br>　.1 専門家の判断<br>　.2 公告<br>　.3 入札説明会<br>　.4 データ分析<br>　.5 人間関係とチームに<br>　　 関するスキル<br><br>.3 アウトプット<br>　.1 選定済み納入者<br>　.2 合意書<br>　.3 変更要求<br>　.4 プロジェクトマネジメント<br>　　 計画書更新版<br>　.5 プロジェクト文書更新版<br>　.6 組織のプロセス資産更新版 | .1 インプット<br>　.1 プロジェクトマネジメント<br>　　 計画書<br>　.2 プロジェクト文書<br>　.3 合意書<br>　.4 調達文書<br>　.5 承認済み変更要求<br>　.6 作業パフォーマンス・データ<br>　.7 組織体の環境要因<br>　.8 組織のプロセス資産<br><br>.2 ツールと技法<br>　.1 専門家の判断<br>　.2 クレーム管理<br>　.3 データ分析<br>　.4 検査<br>　.5 監査<br><br>.3 アウトプット<br>　.1 調達終結<br>　.2 作業パフォーマンス情報<br>　.3 調達文書<br>　.4 変更要求<br>　.5 プロジェクトマネジメント<br>　　 計画書更新版<br>　.6 プロジェクト文書更新版<br>　.7 組織のプロセス資産更新版 |

▶**プロジェクト調達マネジメントの概観**（出典　*PMBOK*® *ガイド* 第6版 P.460 図12-1）

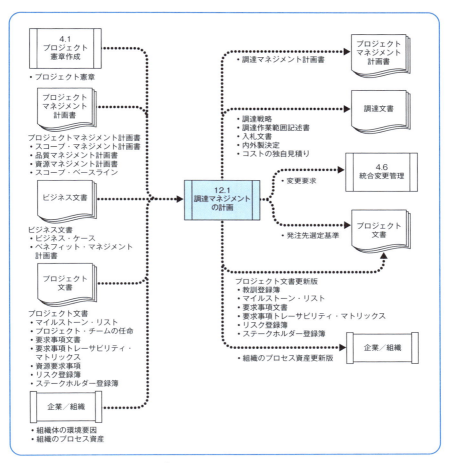

▶調達マネジメントの計画：データフロー図

（出典　PMBOK® ガイド 第6版 P.467 図12-3）

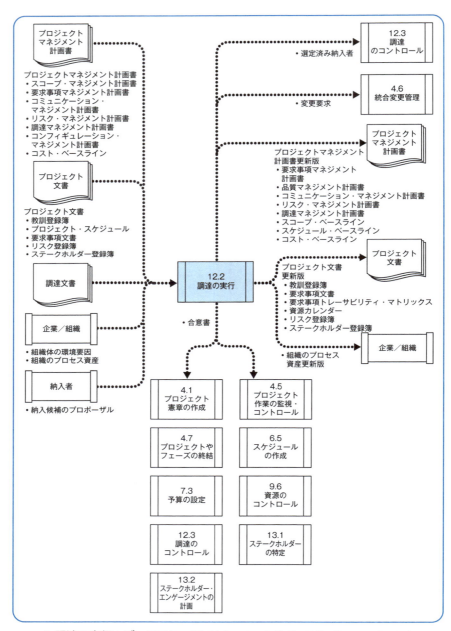

▶調達の実行：データフロー図（出典 *PMBOK® ガイド* 第6版 P.483 図12-5）

❶知識編

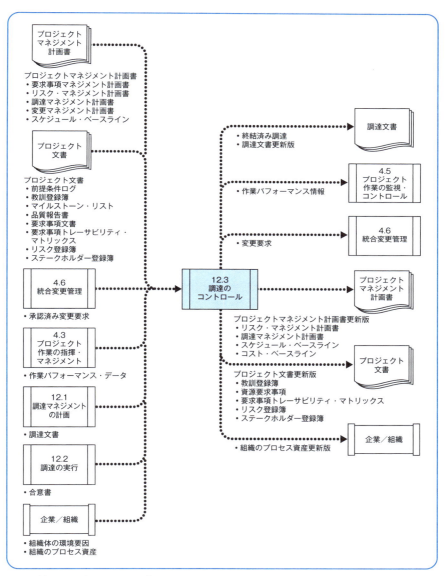

**▶調達のコントロール：データフロー図** （出典　*PMBOK®* ガイド 第6版 P.493 図12-7)

## 知識項目

### ❏ "情報システム・モデル取引・契約書"  H29

　経済産業省の"情報システム・モデル取引・契約書"では，システム内部設計フェーズからシステム結合フェーズまでは，請負型の契約を推奨している。なお，システム外部設計フェーズおよびシステムテストフェーズは，請負型または準委任型の両タイプを併記しており，要件定義やそれ以前のフェーズおよび導入・受入支援フェーズでは，準委任型を推奨している（➡P.191参照）。

### ❏ 請負契約

　請負契約は，受注者側が仕事の完成を約束し，仕事の完成に対して報酬が支払われる契約で，受注者側が成果物の完成責任を持つ。

　発注者側が直接受注者側の作業者に対して指揮命令権を発揮することはできないため，発注者側は受注者側の管理者に対して会社対会社の関係で作業依頼を行う。

　納品後の成果物に対して，受注者側は契約不適合責任を負うため，契約によって異なるが，通常は不適合が判明してから1年間，成果物の不具合に対して無償で修正などの対応をしなければならない。

### ❏ 準委任契約

　準委任契約は，委託された作業に対して受注者側が業務の処理をするという契約で，報酬は定められた期間ごとに支払われるのが一般的である。また，受注者側に成果物の完成責任はなく，契約不適合責任もない。ただし，専門家として受注した業務に対して成果を出すために最大限の努力を払う義務はある。

　発注者側が直接受注者側の作業者に対して指揮命令権を発揮することはできないため，発注者側は受注者側の管理者に対して会社対会社の関係で作業依頼を行う。

#### ■ 民法改正（2020年4月施行）について

　2020年4月に施行された民法では，準委任契約に「成果完成型」準委任契約という契約形態が追加された。この改正により，準委任契約は従来同様の「履行割合型」（提供した労働時間や工数に応じて報酬を支払う）と「成果完成型」（システムを完成してもらって報酬を支払う）とに分かれることになった。ただし，「成果完成型」の準委任契約は請負契約と異なりシステムの完成責任が義務づけられているものではない。システムを完成させるように善管注意義務を果たせば，結果として完成しなかったとしても責任を問われることはない。

## ❏ 派遣契約

　派遣契約は，労働者派遣法（労働者派遣事業法）に基づく契約で，発注者側が作業者に対して指揮命令権を発揮できる。派遣元にも作業者にも完成責任はなく，契約不適合責任も負わない。

　派遣契約においては，派遣労働者を特定することを目的とする行為（事前面接，派遣労働者の履歴書送付要求など）は禁止されているため，特定の個人を指定して契約条件とすることは許されない。また，事前に派遣候補者と面接して要員を選定することもできない。

▶**派遣契約における関係図**

## ❏ 労働者派遣法（労働者派遣事業法）　R2　H29

　労働者派遣法では，派遣先が省令の定めに従って派遣先責任者を任命し，次の事項を行うことを義務づけている。

❶ 労働者派遣法等の関連法規の規定，労働者派遣契約の内容，派遣元からの通知内容を，派遣労働者を指揮する立場の者やその他関係者に周知徹底する。

❷ 派遣先管理台帳を作成して記録し，3年間保存する。

❸ 派遣労働者からの苦情の申し出を受け付け，適切に対応する。

❹派遣元事業主との連絡調整を行う。

　労働者派遣法は，2015年に改正され，すべての労働者派遣事業が許可制となった。また，すべての業務の派遣期間の限度が原則3年となった。

　なお，派遣労働者の労働時間，休日，休暇などの具体的な就業についての枠組みは派遣元と派遣労働者の間で設定し，派遣先はその範囲内で派遣労働者を指揮命令の下に労働させなければならない。

## ❏ 契約形態　R2　H24

*PMBOK®*ガイドで説明されている米国における一般的な契約形態を，次表に示す。

▶米国における一般的な契約形態

| 契約の分類 | 契約形態 | 特徴 |
|---|---|---|
| 定額契約 | 完全定額契約（FFP） | 最も一般的な契約。作業スコープが変更されない限り，実際に費やしたコストにかかわらず，契約時に合意した一定の金額を支払う |
| | インセンティブフィー付き定額契約（FPIF） | 契約時に合意した一定金額に加えて，あらかじめなされた合意に基づいて，プロジェクトの成果に応じたインセンティブフィーを支払う |
| | 経済価格調整付き定額契約（FP-EPA） | 長期の契約において用いられる。契約時に合意した一定金額に，インフレ率や特定の商品コストの価格変動についての事前の合意に基づいた調整を行って支払う |
| 実費償還契約 | コストプラス定額フィー契約（CPFF） | プロジェクトに必要だった正当な全ての実コストに加えて，合意した一定の定額フィーを支払う。スコープが変更されない限り，定額フィーは変わらない |
| | コストプラスインセンティブフィー契約（CPIF） | プロジェクトに必要だった正当な全ての実コストに加えて，あらかじめ決められた合意に基づいて，プロジェクトの成果に応じたインセンティブフィーを支払う |
| | コストプラスアワードフィー契約（CPAF） | プロジェクトに必要だった正当な全ての実コストが支払われる。契約で定められたアワードフィーは，購入者側が支払い基準をクリアしていると判断した場合に限り支払われる |
| タイムアンドマテリアル契約 | タイムアンドマテリアル（T&M）契約 | 実費償還型と定額型の両方を複合させた契約。スコープが明確でない場合に用いられる。単価と量で料金が支払われるが，多くの場合，価格の上限や期限を設定しておく |

　定額契約は納入者側のリスクが高い契約である。定額契約では，物品やサービスに対して固定された金額を設定して取引する。納入者側がコスト増大のリスクを持つことになるので，要求仕様が明確になっていないなどといったコスト増大リスクがあると，そのリスクを負わされる。

❶知識編

## ❏ 機器などの調達形態　H29

**機器などの調達形態**には購入，リース，レンタルがある。その差を次表に示す。

▶購入，リース，レンタルの差

|  | 所有権 | 中途解約 |
|---|---|---|
| 購入 | 購入時に移転するので購入側で自由に扱える | 返金不可 |
| リース | リース契約の終了まではリース会社にある<br>利用法に条件が付く | 原則解約も<br>返金も不可 |
| レンタル | 所有権はレンタル会社にある<br>利用法に条件が付く | 可能 |

## ❏ 作業範囲記述書（調達作業範囲記述書）　H30

**作業範囲記述書**（SOW：Statement Of Work）には，納入者候補となる業者が，要求される製品やサービスを適切に提供できるかどうかを判断するのに必要な情報が含まれていなければならない。どのようなレベルの情報が必要かという程度は，購入者が求めるニーズや製品やサービスの特性，想定している契約形態などによって異なる。

　作業範囲記述書は，納入者候補側から見ると，当該プロジェクトにおけるスコープということになるため，明確かつ完全でなければならず，プロジェクト完了後の調達品の運用サポートの内容も含めるべきである。

## ❏ RFI（情報提供依頼書）　H31

**RFI**（Request for Information）は，情報システム調達のさいに，システム化の目的や業務内容などを示し，ベンダ（供給者，納入者）に技術動向や製品動向に関する情報の提供を依頼するために作成する文書である。ベンダはRFIに基づいて，情報提供や提案を依頼者に回答する。依頼者はその回答をもとに技術的な実現可能性や調達費用の概要を把握して，調達要件を定義する。

## ❏ 提案依頼書（RFP）

　システム構築の**提案依頼書**（RFP：Request For Proposal）は，システム構築を行うベンダを選定するために，納入者候補となる相手先に対して提案を依頼するために作成する。製品やサービスの納入者候補が提案書を作成するために必要な情報がすべて含まれている必要がある。一般的に，提案依頼書には次のような内容を記述する。

〔提案依頼書（RFP）の内容〕
- プロジェクト概要（プロジェクトの目的，依頼内容の概要，依頼の趣旨など）
- 調達条件（要求仕様，納期，価格，納品物件の数量など）
- 要件（技術的要件，管理的要件，準拠標準に関する要件など）
- 提案書記載内容（概要，解決策，スケジュール，費用，体制，実績，財務情報など）
- 提案書記述様式　●質問事項への対応窓口
- 提案書の提出方法　●提案書の評価基準

## ❏ 選定基準

　提案書を出してきた納入者候補は，公正かつ客観的に評価して選定することが望まれる。そのためには，調達先や提案書を評価するための客観的な選定基準が組織の内部で必要となる。機能や性能面などで各製品に大きな差違のない汎用製品に関しては，選定基準が価格のみとなることも多い。汎用製品ではない調達に関しては，一般的に次のような項目について選定基準を作成する。

〔選定基準の項目〕
- 要求仕様への適合性
- 費用（運用や保守などを含めたライフサイクル費用を評価することが望ましい）
- 技術力　●マネジメント能力
- サポート体制　●組織の財務状態

## ❏ 内外製分析

　内外製分析とはプロジェクトのスコープに含まれるものを，自組織で内製した場合と外部調達した場合でどちらが有利かについての分析である。

　費用面での検討を行う場合，内製に要する費用には通常，直接費だけでなく間接費もともに含める。費用面のほかには，スキルや可用性，取引の機密性なども検討の対象となる。また，プロジェクトの直接的な目的だけではなく，全社的な見地に立った分析を行う必要がある。

## ❏ 重み付け法　R3 H26

　重み付け法は，公正で客観的な評価が実施できるように数値データによって判断基

準を示す手法である。

提案書の評価の定量化は，通常，次のような手順で行う。

〔重み付け法の手順〕

❶ 各評価項目に対して数値による重み付けを割り当てる。

❷ 提案書を，設定された評価基準によって数値評価する。

複数メンバで実施し，最高と最低を除いた残りの点数を平均して用いる場合もある。

❸ 評価された数値と重み付けを掛け合わせて，重み付けされた評価数値を算出する。

❹ 重み付けされた評価数値を合計して提案書ごとのスコアを出す。

## ❏ スクリーニングシステム

スクリーニングシステムは，基準に基づく総評価スコアによって納入者を選定する前に，いくつかの項目における下限値を設定し，この下限値を満たしていない納入者候補を全体評価をする前にふるい落とすものである。

スクリーニングシステムを通して残った納入者候補について，選定基準に基づいて採点し，最も合計スコアのよい候補を選定する。

## ❏ 査定見積り

提案された価格が適切かどうかをチェックするために，提案を要請した購入者（自組織）側も，しばしば独自に見積りを行い，提案内容と比較する。独自に見積もった査定価格と提案書の価格があまりにかけ離れていた場合には，作業範囲が過小に見積もられているか，または提案依頼書の内容を誤解されている可能性を検討する必要がある。

## ❏ 国際エネルギースターロゴ　H25

日米政府の合意に基づいて，1995年に国際エネルギースタープログラムが開始された。このプログラムは，省エネルギー対策に積極的に取り組むため，対象製品の製造事業者または販売事業者の自主的な参加によって，エネルギー消費の低減性に優れ，効率的な使用ができる製品の開発および普及を促進することを目的とする。

対象製品には，オフィス機器のコンピュータ，ディスプレイ，プリンタ，ファクシミリ，複写機，スキャナ，複合機がある。対象製品の製造事業者等は，経済産業大臣

に企業登録し，自己宣言によって，稼働時や待機時の消費電力などの省エネルギー基準に合致している製品に「国際エネルギースターロゴ」を貼付できる。

## ❏ FSC認証ロゴマーク　H25

FSC認証ロゴマークは適切に管理された森林と，認証された森林から産出された林産物の適切な加工や流通を認証する国際機関であるFSC（Forest Stewardship Council；森林管理協議会）から認証された製品に付けられるロゴマークである。

## ❏ グリーンマーク　H25

グリーンマークは，ノートやコピー用紙，トイレットペーパーなどに表示される認証マークで，古紙を原則として40％以上利用していることを示す。（財）古紙再生促進センターが認証する。

## ❏ 統一省エネラベル　H25

統一省エネラベルは省エネ法に基づいて，エアコンやテレビ，電気冷蔵庫，電気便座，家庭用の蛍光灯器具に表示される，省エネラベルや年間の目安電気料金，省エネ性能の多段階評価制度を組み合わせたラベルである。

## ❏ RoHS指令　H30　H25

RoHS指令は，人や自然環境が有害物質によって悪影響を受けるのを防ぐため，2006年に施行されたEU内の規制で，2011年に改正された。基準値を超える鉛，六価クロム，水銀，カドミウム，2種類の臭素系難燃剤などを電気・電子機器に使うことを禁止するもの。この規制に反するものは，EU内では販売できない。

## ❏ グリーン購入法　H30　H25　H24

グリーン購入法は，循環型社会形成推進基本法の個別法の一つとして制定。国等の公的機関が率先して環境物品等（環境負荷低減に資する製品・サービス）の調達を推進し，環境物品等に関する適切な情報提供を促進することで，持続的発展が可能な社会の構築を推進することを目指す。

次のいずれかに該当する物品または役務を"環境物品等"として規定している。

❶ 再生資源その他の環境への負荷の低減に資する原材料又は部品

❷ 環境への負荷の低減に資する原材料又は部品を利用していること，使用に伴い排出される温室効果ガス等による環境への負荷が少ないこと，使用後にその全部又

は一部の再使用又は再生利用がしやすいことにより廃棄物の発生を抑制することができることその他の事由により，環境への負荷の低減に資する製品

❸ 環境への負荷の低減に資する製品を用いて提供される等環境への負荷の低減に資する役務

## ❏ 個人情報保護法　R2　H25

個人情報保護法とは，個人の権利・利益の保護と個人情報の有用性とのバランスを図るために制定された。

個人情報保護法が対象としている個人情報については，「この法律において『個人情報』とは，生存する個人に関する情報であって，次の各号のいずれかに該当するものをいう」とし，「当該情報に含まれる氏名，生年月日その他の記述等（文書，図画もしくは電磁的記録に記載され，もしくは記録され，又は音声，動作その他の方法を用いて表わされた一切の事項をいう）により特定の個人を識別することができるもの（他の情報と容易に照合することができ，それにより特定の個人を識別することができることとなるものを含む。）をいう」と定義されている。

DNA，虹彩，声紋などの個人の身体的特徴をデータ化したものや，マイナンバーなど個人を識別できる情報についても，個人情報の対象となる。

## ❏ 下請代金支払遅延等防止法　H31　H26

下請代金支払遅延等防止法は，ソフトウェア開発に限らず，企業が利益の確保のため下請け関係にある企業への不当な要求を防止し，下請取引の公正化・下請事業者の利益保護を目的とする法律である。

親事業者は，下請事業者に，給付の内容，下請代金の額，支払期日及び支払方法などの書面を交付しなければならないことや，支払期日を受領後（あるいはバグ修正済プログラムの受領後）60日以内に定めることなどの義務がある。

なお，継続的な取引では，共通事項を事前に書面で通知している場合は，都度交付する書面でのその事項の記載の省略は認められている。また，あらかじめ書面で合意していれば，振込み手数料を差し引いて下請代金を支払ってもよい。

契約時に仕様が未確定の場合，発注の際に仕様が未記載の書面を交付することまでは禁止されないが，仕様が確定した時点で書面でなく口頭で伝えることは禁止されている。

## ❏ 製造物責任（PL）法

製造物責任法（PL法）とは，「製造物の欠陥」という客観的基準で製造業者等の製造物責任を判断することを規定したものである。ここでの製造物とは，「製造または加工された動産」のことで，ソフトウェア，サービス，エネルギーなどは原則として含まれないが，ソフトウェアが組み込まれた製造物については，当該ソフトウェアの欠陥はPL法の対象となる。PL法で責任を問われる製造業者とは，当該製造物を製造・加工または輸入したもの，あるいは製品に製造業者の氏名・商号・商標・その他の表示をしたものである。

> 例　A社は，自社で設計し，B社がコーディングしたソフトウェアをROMに組み込んで，そのROMを部品とする製品を製造し，販売会社に卸している。販売会社は "製造元A社" と明示して製品を販売した。ある消費者が，ROMに組み込まれたソフトウェアの欠陥によってけがをした。その原因は，ソフトウェアの設計の不具合であった。
>
> 　この場合，PL法上，製造物責任を問われる企業は，A社のみである。

## ❏ 特許法　H27　H24

特許法は，「発明の保護及び利用を図る」ことによって，発明を奨励し，産業の発達に寄与することを目的としている。なお，特許法でいう発明とは，自然法則を利用した技術的思想の創作のうち高度なものを意味する。

ソフトウェアを記録した記録媒体も特許権の保護対象であり，アイデアを盗用し，別の表現で同じ機能を表現したソフトウェアを特許侵害として訴えることが可能である。特許庁への出願が必要であり，保護対象期間は出願から20年間である。

ビジネス方法のアイディアだけでは「発明」と認められないが，ビジネス方法のアイディアをコンピュータで実現することは，自然法則を利用したハードウェアを用いて具体的にアイディアを実現したものになるため，発明に該当し，ビジネス方法の特許として認められる。なお，コンピュータでなくとも，ネットワーク環境で実現されるものも，物理的な記録媒体に保存されているものも特許として認められる。

## ❏ 不正競争防止法　H27

不正競争防止法は，他人のノウハウを盗んだり，そのノウハウを勝手に自分の商売に使用するなどの不正行為を止めさせる差止請求権と，その不正行為によって被った損害に対する損害賠償請求権などを規定した法律である。不正競争防止法の保護の対象となるのは，トレードシークレット（営業秘密）である。その条件は，次の3つを

満たすことである。

- ・秘密として管理している
- ・技術上または営業上の有用な情報である
- ・公然と知られていない

　例えば，秘密として管理している事業活動用の非公開の顧客名簿は，トレードシークレットの条件を満足しているので，不正競争防止法で保護される。

## ❑ 著作権法　H31　H26

　著作物ならびに著作者の権利およびこれに隣接する権利を著作権といい，著作権法ではこれらの権利の保護を対象としている。

　著作権法の保護の対象は「表現された著作物」であり，コンピュータ関連ではプログラム，データベース，ホームページが著作権の保護対象となり，アイデア，ノウハウ，アルゴリズム（解法），プログラム言語，規約などは保護の対象とならない。

　ソフトウェア著作権の権利期間（保護年数）は，個人帰属と法人帰属ではその扱いが異なる。法人に帰属するソフトウェア著作権は，公表した時点から70年間が保護対象期間となる。なお，個人帰属の場合には，プログラムを作成した時点で自動的に著作権が発生し，実名個人である場合は死後70年間，無記名個人である場合は公表後70年間が著作権保護対象期間となる。

　プログラムの作成を例にとり，著作権の帰属の代表的な事例を紹介する。(それぞれ，契約などで著作権の帰属について別途定めている場合には，それに従う)

- ・従業員が職務上作成したプログラムの著作権は，原則として法人に帰属する。
- ・請負契約によって発注されたプログラムの著作権は，原則として請負側に帰属する。
- ・派遣契約によって派遣社員が作成したプログラムの著作権は，派遣先に帰属する。
- ・共同で開発したプログラムは共同著作物となり，著作権は原則として共同開発者双方に帰属する。

# 13 プロジェクトステークホルダマネジメント

〈午前Ⅱ試験対策〉

- ▊ **知識項目** の中では，**ステークホルダ**，**スポンサ**，**納入者**などの問題が出題されている。
- *PMBOK*®ガイドの**プロジェクトマネジメントプロセス名**やその**インプット**などについて問われることがある。これらについては，**13.2** **概観図とデータフロー図** の中の，**プロジェクトステークホルダマネジメントの概観**で確認しておいてほしい。

───────*───────

〈午後試験対策〉

□午後Ⅰ試験

- ステークホルダマネジメントに特化した問題も出題されているが，総合的問題の中で，**ステークホルダの特性**を考慮し，その**ニーズと期待を満たすこと**，**関連するリスクへ対応**すること，**ステークホルダとのコミュニケーションや合意形成**などについて頻繁に問われている。

□午後Ⅱ試験

- これまでは，**ステークホルダとの信頼関係の構築と維持**について論じることが求められている。**13.1** **全体の流れ** でも出題内容について触れているので，プロジェクトマネージャとして求められる対応を理解する手がかりにしてほしい。

## 13.1 全体の流れ

　プロジェクトにおける<u>ステークホルダ</u>とは，プロジェクトになんらかの影響を与える人または組織，あるいはプロジェクトから影響を受ける人または組織である。たとえば，プロジェクトのオーナ，スポンサ，成果物利用部門のマネージャ，成果物の利用者，地域住民，協力会社，プロジェクトのチームメンバ，プロジェクトマネージャ

など，プロジェクトとなんらかの関係を持つあらゆる人がステークホルダになり得る。プロジェクトマネージャにとってのマネジメントという観点では，チームメンバのマネジメントは資源マネジメントの領域に含まれるため，ステークホルダマネジメントの対象は，自らの配下のプロジェクトチームに存在するメンバ以外のステークホルダということになる。

　ステークホルダはさまざまな思いでプロジェクトに接し，プロジェクトに対し多様な要求を持つ。すべてのステークホルダからの要望を満たすことは難しいので，**ステークホルダに対し，優先順位をつけて対応する**ことになる。また，チームメンバのマネジメントはプロジェクトマネージャが行うが，それ以外のステークホルダをプロジェクトマネージャが直接マネージすることは，通常はできない。そのため，プロジェクトにおいては**「ステークホルダの期待」をマネージする**ことが重要である。

　ステークホルダにはさまざまな立場や考え方がある。できるだけ多くのステークホルダを，その人たちに合った適切な方法でプロジェクトに関与させることで，ステークホルダの期待を満足させると，結果としてプロジェクトを成功に導く。ステークホルダの満足度がプロジェクトの成功要因の一つといわれている。PMBOK®ガイドでも，プロジェクトマネジメントの知識エリアとしてはステークホルダマネジメントという呼び方をするが，プロセスとしては「マネジメント」ではなく，「エンゲージメント」と表現している。エンゲージメントという言葉は，相手と深くかかわるというニュアンスの言葉である。

## ❶ プロジェクト立上げ時のステークホルダマネジメント

　プロジェクトでは，最初にそのプロジェクトの採算性や実行可能性などを客観的な手法で精査し，プロジェクトの開始の判断がなされる。その際，そのプロジェクトのステークホルダについても十分調査して，ステークホルダがプロジェクトにどのような影響を与え，あるいは影響を受けるかを，しっかり考えることが重要である。プロジェクトの企画策定時やプロジェクトの立上げ時に，最初のステークホルダの特定と分析を行う。その後，継続的にステークホルダの特定と分析を繰り返す。

　プロジェクトの目的や成功基準は，立上げ時に検討される。立上げ段階から主要なステークホルダに参加してもらうことで，プロジェクトの目的や成功基準に関する理解が共有され，プロジェクトの正しい方向づけがしやすくなる。

## 2 ステークホルダの特定

　プロジェクトのステークホルダはできるだけ早い段階で見極めておくことが望まれる。そのため，*PMBOK®*ガイドではステークホルダの特定は，立上げ段階のプロセスとして定義されている。プロジェクトのステークホルダは，プロジェクトの目的，対象範囲，組織の体制などをもとに見極める。例えば，プロジェクトの目的によって誰の期待を満足させなければならないのかが決まる。システムが対象としている業務範囲によって影響を受ける人たちの範囲が決まる。組織には公式・非公式な権限や指揮命令の構造があり，そのことによってプロジェクトに誰が影響を及ぼす可能性があるかが決まる。そのためにプロジェクトの目的，対象範囲，組織の体制などを分析したうえで，ステークホルダを見極めるための調査やアンケート，インタビューなどを行う。特定したステークホルダに話を聞くことで，さらに先のステークホルダを特定することもある。

　ステークホルダを見つける際には，声が大きく存在感がある人は見つけやすいが，地域住民や，声の小さい社員，あるいはプロジェクトチームの中に潜んでいる重要なステークホルダも存在する。幅広い視野で，さまざまなタイプのステークホルダを特定できるよう心がける必要がある。

　特定したステークホルダはリストアップしておき，その人たちの役割，立場などを含めてまとめ，ステークホルダ登録簿★などに登録する。

## 3 ステークホルダ分析

　特定されたステークホルダを分析して，その人たちのプロジェクトに対する要求や期待，プロジェクトへの関心の高さなどを把握し，ステークホルダ登録簿に情報として追記する。ステークホルダの分析には，そのステークホルダのプロジェクトに対する関心度と影響度のグリッドや，関与度と影響度のグリッドなどを使って，定性的な分析を行うことがある。その分析結果によって，ステークホルダとどのようにかかわったらよいかの基本方針を立てる。例えば，一般に関与度が高く関心度も高いステークホルダに対しては，十分に注意を払い，丁寧な対応を心がけるなどである。

　ステークホルダのプロジェクトに対する関与度には，プロジェクトに賛成で積極的に参加してくる人と，プロジェクトに反対でプロジェクトに参加したくない，あるいはプロジェクトを実施してほしくないと思っている人，そのどちらでもない中立的な人など，さまざまである。そして，プロジェクトに賛成の人の力をできるだけ活用す

る，反対の人にはできるだけ賛成に回ってもらう，それが難しければ，プロジェクトを後ろ向きに引っ張ることのないようにしてもらうなどを考える必要がある。

# 4 ステークホルダエンゲージメント計画の作成

　ステークホルダの分析結果に基づき，そのステークホルダにどのようにプロジェクトに関わってもらうのかというステークホルダエンゲージメント計画を作成する。ステークホルダはプロジェクトマネージャがマネージする対象ではないので，公式・非公式のコミュニケーションを通じて，ステークホルダと上手に接する方法を考えることが重要である。そのため，ステークホルダエンゲージメント計画に基づいて，ステークホルダと適切なコミュニケーションがとれるようなコミュニケーション計画を考えることが大切である。

## ■ 関連する午後Ⅱ問題

**Q システム開発プロジェクトにおける信頼関係の構築・維持について**

H29問1

　この問題では，信頼関係を構築したステークホルダ，信頼関係の構築を重要と考えた理由，信頼関係を構築するための取組みと維持するための取組み，信頼関係が解決に貢献した問題，信頼関係の果たしや役割などについて論じることが求められた。

### ❑ ステークホルダとの信頼関係の構築について

【重要なステークホルダとの信頼関係の構築と維持】

　行動面，コミュニケーション面，情報共有面などのさまざまな切り口で取り組む

- ・キックオフミーティング→プロジェクト目標の確認と共有
- ・ステークホルダの最も欲しい情報の把握→迅速に密度高く情報を提供
- ・目的意識を持った情報共有→仲間意識の醸成，誤解を生じさせない仕組みの構築
- ・信頼関係の維持→情報共有を定着化させる

【信頼関係が果たした役割】

　積極的に協力し合うことが可能となって，迅速に問題を解決できた

## 5 プロジェクト実行時のステークホルダエンゲージメント

　プロジェクトマネージャは，ステークホルダエンゲージメント計画に基づいて，プロジェクトを進めながらステークホルダと適切にかかわっていくことが重要である。ステークホルダへの対応は，プロジェクトマネージャの人間力に依存するところが大きい。そのため，まずはプロジェクトマネージャとしての基本的な行動が重要になる。**重要なステークホルダとは日頃から密なコミュニケーションをとるように心がける**。プロジェクトの状況を常に共有することで，大きな問題が起きたときに助けてもらえる関係を築くことも必要である。食事会や懇親会なども，ステークホルダとの関係を築く方法ともいえる。公の場では難しい内容も非公式の場で解決することもある。

　また，プロジェクトを進めながら，ステークホルダに適切にプロジェクトに関与してもらっているかを把握することも重要である。ステークホルダが参加する会議などにおいては，ステークホルダの言動からその状況の変化や，プロジェクトに対する思いの変化を読み取ることも必要である。

　プロジェクトのフェーズごとにプロジェクトにかかわるステークホルダが変わることもあるため，ステークホルダの特定，分析，エンゲージメント計画はプロジェクト実行中も継続的に実施する必要がある。

## 6 プロジェクト終了時のステークホルダマネジメント

　プロジェクト終了時は，重要なステークホルダに協力のお礼を述べるとともに，プロジェクトへのコメントや助言をもらう。開発したシステムの良し悪しは使ってみないと分からないことが多い。そのため，できるだけ開発したシステムの満足度を事後にでも評価できるように，システムの利用者やシステムを使ってビジネスを遂行する立場のステークホルダからフィードバックを得られるように，後日，利用満足度に関するアンケートを送付してもらうように依頼するなどのなんらかの対応を行っておくとよい。

また，ステークホルダマネジメントの実施内容の中で，教訓として残すべき内容をまとめ，教訓データベースに登録する。これは，組織や次のプロジェクトにとって重要な情報となり，引き継がれるものである。

## 13.2 概観図とデータフロー図

*PMBOK*®ガイド 第6版による，プロジェクトステークホルダマネジメントの概観と，ステークホルダの特定のデータフロー図，ステークホルダエンゲージメントの監視のデータフロー図を示す。

データフロー図では，マネジメントプロセスへのインプットとアウトプットの詳細とそれらが他のマネジメントプロセスとどのように関係しているかを図示しているので，そのプロセスで作成したデータがどのプロセスに関係し，影響しているかを視覚的に把握してほしい。

プロジェクト・ステークホルダー
マネジメントの概観

| 13.1<br>ステークホルダーの特定 | 13.2 ステークホルダー・<br>エンゲージメントの計画 | 13.3 ステークホルダー・<br>エンゲージメントのマネジメント | 13.4 ステークホルダー・<br>エンゲージメントの監視 |
|---|---|---|---|
| .1 インプット<br>　.1 プロジェクト憲章<br>　.2 ビジネス文書<br>　.3 プロジェクト<br>　　マネジメント計画書<br>　.4 プロジェクト文書<br>　.5 合意書<br>　.6 組織体の環境要因<br>　.7 組織のプロセス資産<br><br>.2 ツールと技法<br>　.1 専門家の判断<br>　.2 データ収集<br>　.3 データ分析<br>　.4 データ表現<br>　.5 会議<br><br>.3 アウトプット<br>　.1 ステークホルダー<br>　　登録簿<br>　.2 変更要求<br>　.3 プロジェクトマネジ<br>　　メント計画書更新版<br>　.4 プロジェクト文書<br>　　更新版 | .1 インプット<br>　.1 プロジェクト憲章<br>　.2 プロジェクト<br>　　マネジメント計画書<br>　.3 プロジェクト文書<br>　.4 合意書<br>　.5 組織体の環境要因<br>　.6 組織のプロセス資産<br><br>.2 ツールと技法<br>　.1 専門家の判断<br>　.2 データ収集<br>　.3 データ分析<br>　.4 意思決定<br>　.5 データ表現<br>　.6 会議<br><br>.3 アウトプット<br>　.1 ステークホルダー・<br>　　エンゲージメント<br>　　計画書 | .1 インプット<br>　.1 プロジェクト<br>　　マネジメント計画書<br>　.2 プロジェクト文書<br>　.3 組織体の環境要因<br>　.4 組織のプロセス資産<br><br>.2 ツールと技法<br>　.1 専門家の判断<br>　.2 コミュニケーショ<br>　　ン・スキル<br>　.3 人間関係とチームに<br>　　関するスキル<br>　.4 行動規範<br>　.5 会議<br><br>.3 アウトプット<br>　.1 変更要求<br>　.2 プロジェクトマネジ<br>　　メント計画書更新版<br>　.3 プロジェクト文書<br>　　更新版 | .1 インプット<br>　.1 プロジェクト<br>　　マネジメント計画書<br>　.2 プロジェクト文書<br>　.3 作業パフォーマンス・<br>　　データ<br>　.4 組織体の環境要因<br>　.5 組織のプロセス資産<br><br>.2 ツールと技法<br>　.1 データ分析<br>　.2 意思決定<br>　.3 データ表現<br>　.4 コミュニケーション・<br>　　スキル<br>　.5 人間関係とチームに<br>　　関するスキル<br>　.6 会議<br><br>.3 アウトプット<br>　.1 作業パフォーマンス<br>　　情報<br>　.2 変更要求<br>　.3 プロジェクトマネジ<br>　　メント計画書更新版<br>　.4 プロジェクト文書<br>　　更新版 |

▶ **プロジェクトステークホルダマネジメントの概観**

(出典 *PMBOK*® ガイド 第6版 P.504 図13-1)

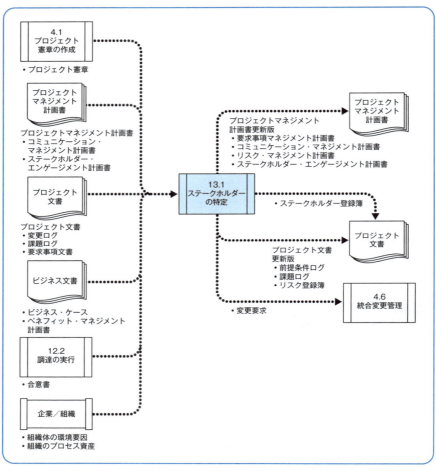

▶**ステークホルダの特定：データフロー図** (出典　*PMBOK® ガイド* 第6版 P.508 図13-3)

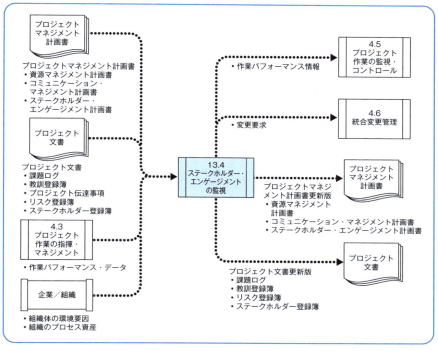

▶ステークホルダエンゲージメントの監視：データフロー図

（出典　*PMBOK*® *ガイド* 第6版 P.531 図13-10）

## 知識項目

### ❏ スポンサ　H28 H26 H24

プロジェクト憲章を承認し，プロジェクトに対して資金や現物などの財政的資源を提供する。

### ❏ 納入者　H26 H24

契約に基づいてプロジェクトに必要な構成アイテムやサービスを提供する。納入者は，ベンダ，サプライヤ，コントラクタとも呼ばれる。

## ❏ ステークホルダ登録簿  H28

　特定したステークホルダについて，名前や組織といった識別情報，連絡先，プロジェクトでの役割や関係，プロジェクトへの要求事項，期待，影響度などの情報を登録するプロジェクト文書である。

## ❏ ステークホルダのマッピング

　ステークホルダの持つ影響度（プロジェクトの成果に影響を及ぼす度合い）と関与度（プロジェクトへの積極的な関与の度合い）を分析し，それぞれ，高・中・低の3段階に分類して，影響度と関与度のグリッド上に表現する方法がある。

　同様に，ステークホルダの権限レベルや関心度も分析し，その中の二つの尺度でマッピングする場合もある。次表にステークホルダの分析例を示し，その分析によるマッピングの例を次図に示す。

▶ステークホルダの影響度と関与度の分析例

| ステークホルダ（記号） | 影響度の分析 | 関与度の分析 |
|---|---|---|
| 総括責任者A部長<br>（A） | 高：システム導入の総括責任者で影響度は高い | 低：報告は受けるが能動的な参加はない |
| プロジェクトマネージャB氏<br>（B） | 中：PMではあるが，組織上の影響度は高いとはいえない | 高：PMであり積極的にかかわっていく決意である |
| アドバイザC氏<br>（C） | 中：専門知識とノウハウを有し一定の影響度を持つ | 中：あくまでもアドバイザの立場で関与している |
| 利用部門<br>（D） | 中：最終的なシステム利用者であり，一定の影響度を持つ | 低：システム導入の目的などの説明はまだ受けていない |
| ベンダE社<br>（E） | 中：旧システムには詳しいが導入する新システムの内容は知らない | 低：自社の担当範囲を少なくして決められたことだけ行うという姿勢がみられる |

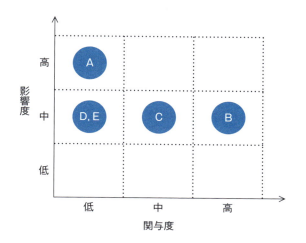

▶ステークホルダマッピングの例

## ❏ 関与度評価マトリックス

ステークホルダの現在の関与度と，望まれる関与度との比較を示すことができる。
関与度のレベルは，次の5段階に分類している。

不認識：プロジェクトも潜在的影響も認識していない

抵抗：認識はしているが，プロジェクトで生じる変化に抵抗。プロジェクトを不
　　　支持

中立：認識はしているが，プロジェクトには賛成でも反対でもない

支援型：プロジェクトを支持している

指導：プロジェクト達成のために積極的に取り組んでいる

| ステークホルダー | 不認識 | 抵抗 | 中立 | 支援型 | 指導 |
|---|---|---|---|---|---|
| ステークホルダー1 | 現状 | | | 目標 | |
| ステークホルダー2 | | | 現状 | 目標 | |
| ステークホルダー3 | | | | 現状，目標 | |

▶関与度評価マトリックスの例 （出典　*PMBOK*® ガイド 第6版 P.522 図13-6）

前図では，各ステークホルダの現状の関与度とプロジェクトの成功のために望まれる関与度を示している。ステークホルダ1は，現状は不認識のレベルにあるが，支援型のレベルにまで関与度を高めたいことを示している。ステークホルダ1が支援型のレベルになるように密なコミュニケーションが必要なことが分かる。

〈午前Ⅱ試験対策〉

- 重点分野となったセキュリティ分野の知識は膨大である。プロジェクトマネージャ試験では平成26年度以降，午前Ⅱ問題にセキュリティ分野の問題が出題されるようになり，現在では重点分野となり毎回3問が出題される。年度によってバラつきはあるが，プロジェクトマネージャ試験からの再出題問題もある。ここでは，これまでプロジェクトマネージャ試験で出題された全問題に関連する知識を中心に　**知識項目** としてまとめた。

## 知識項目

### ❏ テンペスト攻撃　R3　H30　H27

ディスプレイやPC本体，ケーブルなどから漏れ出ている電磁波を捉えて，解析することで，ディスプレイに表示している画像を再現したりキー入力のデータを再現したりする攻撃。

【対策例】

電磁波が外部に漏れないように電磁波を遮断する。室内に情報機器を設置したり，ケーブルを鋼製電線管に入れてシールドしたりする。

### ❏ ブルートフォース攻撃

パスワードや暗証番号に対して，可能性のあるすべての組合せを総当たりで試す攻撃。桁数の少ない単純なパスワードは，ブルートフォース攻撃に耐えられないおそれがある。

【対策例】

- ●パスワードに用いる文字種を増やす。桁数を多くする。
- ●一定回数の失敗でアカウントロックアウトをして連続での試行を許さない。

## ❏ パスワードリスト攻撃

　これまでに流出したIDとパスワードのリストを用いて，リスト上のIDとパスワードを用いて標的システムへの侵入を試みる攻撃。

【対策例】

　●異なるシステムやサービスで同じIDやパスワードを使い回さない。

## ❏ SQLインジェクション

　不正なSQLを含む悪意の入力データを与え，データベースに対する不正な処理を実行させる攻撃。

【対策例】

　●プレースホルダに後から値を割り当てるバインド機構を利用する。

　●エスケープ処理を行う。

## ❏ OSコマンドインジェクション

　不正なOSコマンドを含む悪意の入力データを与え，これを実行させる攻撃。

【対策例】

　●シェルを起動できる機能を利用しない。

## ❏ クロスサイトスクリプティング（XSS）

　攻撃者から送り込まれた悪意のスクリプトを，別のWebサイトのアクセス時に実行させる攻撃。

【対策例】

　●エスケープ処理を行う。

## ❏ セッションハイジャック

　セッションIDの予測や盗聴などを通じて他者のセッションを横取りし，そのセッション上で不正な操作を行う攻撃。

【対策例】

　●予測困難なセッションIDを用いる。

## ❏ ゼロデイ攻撃

　明らかになった脆弱性に対策が講じられる前に行う攻撃。脆弱性の公表とセキュリティパッチの提供とのタイムラグに乗じて，脆弱性を攻撃する。

【対策例】

●脆弱性と同時に回避策が公開された場合，回避策を設定する。

●セキュリティパッチはすぐに適用する。

## ❏ メールサーバ　H26

メールサーバ（SMTPサーバ）は，インターネット上においてクライアントからの電子メール送信および電子メール中継を行うサーバである。SMTPサーバの設定が，インターネット側から届いた電子メールをインターネット側に中継するという，第三者中継を許可するようになっていると，攻撃者から踏み台として利用される。

【対策例】

●SMTP－AUTHを利用する。

●第三者中継を許可しないように設定する。

## ❏ フィッシング

電子メールなどで不正なURLを送りつけ，偽のWebサイトに誘導し，機密情報の窃取や詐欺行為を行う。

【対策例】

●正しいURLを記録しておき，そこからアクセスする。

●SSL/TLSが採用されているか確認する。

## ❏ 共通鍵暗号方式　R3

共通鍵暗号方式は，送信者と受信者で同一の鍵（共通鍵）を利用して，データの暗号化と復号を行う。通信相手ごとに鍵を用意する必要があるため，通信相手が多くなるに従って鍵管理の手間が増える。

【利点】　暗号化，復号化の計算量が比較的少ないため，処理を短い時間で行える。

【欠点】　通信相手がN人の場合の鍵の総数は$\dfrac{N(N-1)}{2}$となり，人数が増えると鍵の総数が急激に増加する。

【代表的な規格】

■AES　R3　H31　H27

米国政府標準暗号規格。ブロック長は128ビットで，鍵長は128/192/256ビットから選択可能。

## ❏ 公開鍵暗号方式  H30

公開鍵暗号方式は，公開鍵と秘密鍵の鍵ペアを用いて暗号化と復号を行う。暗号化通信を行う場合，送信者は受信者の公開鍵を取得してメッセージを暗号化する。利用者は自分の公開鍵と秘密鍵のみを管理すればよいので，鍵管理の手間は少ない。

【利点】

管理すべき鍵の数が少ない。自分の公開鍵と秘密鍵だけを管理すればよい。

通信する人数がN人の場合，鍵の総数は2Nとなる。

鍵交換が容易。公開鍵は秘密にする必要がないため，そのまま相手に送付可能。

【欠点】

暗号化と復号の処理に比較的時間がかかる。

【代表的な規格】

■RSA

素因数分解の困難性を利用した暗号規格。鍵長は2,048ビット以上が推奨。

## ❏ ディジタル署名

データの正当性を保証するため，データに送信者の署名を電子的に施す。この一連の技術を，ディジタル署名と呼ぶ。ディジタル署名は公開鍵暗号方式を用いており，送信者の秘密鍵を用いて作成する。送信データにディジタル署名を付加することで，次の2点を保証できる。

①真正性…データが送信者本人によって作成されたこと

②完全性…データが改ざんされていないこと

## ❏ SSL/TLS  H26

SSL/TLSは，ディジタル証明書を適用した第三者認証によって相互に通信相手の正当性を認証し，そのディジタル証明書に組み込まれている正当性が証明された公開鍵を利用して，セッション鍵方式で暗号化通信を実現する。SSL/TLSで使用する個人認証用のディジタル証明書は，パソコンそのものではなく，個人を認証する目的で発行されたものである。したがって，個人認証用のディジタル証明書をICカードなどに格納して携帯し，別のパソコンに格納して利用することも可能である。

## ❏ DNSSEC  R3  H31  H28

DNSSECはDNSの応答パケットに対してディジタル署名を付与することによって，DNS応答パケットの真正性とデータの完全性を検証する技術である。

224

## ❏ CSIRT  H29

企業や政府機関内に設置され，情報セキュリティインシデントに関する報告を受け付けて調査し，対応活動を行う組織である。一般的には，企業内に「セキュリティ問題対策チーム」といった位置づけで設置される。

## ❏ JIPDEC（一般財団法人日本情報経済社会推進協会） H29

プライバシーマークの使用許可を与える組織で，個人情報の適切な保護措置を講じる体制を整備し，運用している事業者を認定する。

## ❏ CRYPTREC  H29

電子政府推奨暗号の安全性を評価・監視し，暗号技術の適切な実装と運用の方法を調査検討する組織。

## ❏ 内閣サイバーセキュリティセンター（NISC）  H29

サイバーセキュリティ基本法に基づいて内閣官房に設置された，サイバーセキュリティ政策に関する総合的な調整を担う組織。

## ❏ シャドーIT  H28

ユーザが自らの便宜のために，システム管理部門に無断で設置したIT機器や無断で利用しているクラウドサービスなどのことである。無断で利用しているUSBメモリやモバイルルータもこれに該当する。

## ❏ ペネトレーションテスト  H29

ペネトレーションテストとは，ネットワークに接続されているシステムに対し，実際に侵入を試みることによって，セキュリティ上の脆弱性の有無をチェックする手法である。ファイアウォールや公開サーバなどに対して定期的にペネトレーションテストを実施することによって，セキュリティソフトや機器の設定ミス，新たに発見された脆弱性への対応漏れなどについて確認する。

## ❏ ディジタルフォレンジックス

インターネットやコンピュータに関する犯罪が発生した場合には，不正アクセスの追跡や証拠データの解析，保全などの「捜査」活動が重要になる。これらをITを利用して行うこと，およびそのための技術を，ディジタルフォレンジックスと呼ぶ。

## ❏ コンティンジェンシープラン    H26

　コンティンジェンシープランとは，緊急事態に備えた総合的対応計画のことをいい，緊急時対応計画，バックアップ計画，早期復旧計画から構成される。コンティンジェンシープランの策定においては，システム復旧の重要度と緊急性を勘案して対象を決定する。また，緊急事態の対策にかけるコストは，緊急事態の発生頻度と発生時の損失額を想定し，費用対効果を考慮して決定しなければならない。

## ❏ シングルサインオン    R2

　シングルサインオンとは，一組のユーザIDとパスワードで，複数のサーバにおける利用者認証を一括して安全に行えるようにする認証方法や仕組みのことである。利用者は1回のログインで複数のサーバの提供するサービスを利用できる。

　シングルサインオンの実現方法には，サーバごとの認証情報を含んだcookie（認証cookie）をクライアント上で保存・管理する方法や，各サーバが行うべき利用者認証をリバースプロキシサーバが一括して行う方法などがあり，リバースプロキシを使ったシングルサインオンでは，利用者認証においてパスワードの代わりにディジタル証明書を用いることができる。

## ❏ CVSS    R2

　CVSS（Common Vulnerability Scoring System：共通脆弱性評価システム）は，情報システムの脆弱性の深刻度を評価する汎用的な評価手法である。CVSSでは，基本評価基準，現状評価基準，環境評価基準の3つの基準で脆弱性の深刻度を評価する。脆弱性の深刻度に対するオープンで汎用的な評価手法であり，特定ベンダに依存しない。また，深刻度は0.0～10.0のスコアとして算出する。

## ❏ ファジング    R2

　ファジングは，ソフトウェアのテスト手法の一つである。検査対象のソフトウェアに対して，問題を引き起こしそうな入力データを大量に多様なパターンで与えて，その応答や挙動を観察することで脆弱性を見つける。問題を引き起こしそうな入力データのことをファズと呼ぶ。また，専用のツールを使えば，検査対象のソフトウェアの開発者でなくても，比較的簡単にファジングを実施できる。

第2編

# 演習編

第1部

午前Ⅱ試験対策
—問題演習

# 1 出題傾向と学習戦略

## 1 出題傾向

### 1 重点分野に変わったセキュリティ

　2019年11月の試験要綱の改訂で全試験区分で「セキュリティ」は重点分野となりました。プロジェクトマネージャ試験でも「セキュリティ」は重点分野とされましたが，他の高度系区分ではレベル4までが出題されることになったのに対し，プロジェクトマネージャ試験ではこれまでと同様にレベル3までの出題とされました。これは，重点分野にはなったものの，出題される問題の難易度レベルはこれまでと変わらないということです。すなわち，過去にプロジェクトマネージャ試験で出題されてきた「セキュリティ」の問題からの再出題の可能性もあるということです。また，重点分野となって以降，毎回「セキュリティ」問題は3問出題されています。

　本書にはPMで出題された「セキュリティ」問題を解くために必要な知識項目を①知識編の ⑭ **セキュリティ** にまとめています。また，H27年度以降の問題の多くを掲載していますので，これらを用いてしっかりと過去問題を学習してください。

## 2 学習戦略

### 1 3分野を重点的に学習しよう

　プロジェクトマネージャ試験の出題分野は，全7分野ですが，これらが均等に出題されるわけではありません。

　分野別出題数を分析した結果から分かることは，次の3点です。

> ❶ 重点分野である「プロジェクトマネジメント」分野から毎回14問出題される。
> ❷ 「システム開発技術」と「ソフトウェア開発管理技術」で3～4問出題される。
> ❸ 残りの4分野からはそれぞれ1問～2問が，「セキュリティ」分野から3問が出題される。

この分析結果を踏まえると，「システム開発技術」「ソフトウェア開発管理技術」「プロ

ジェクトマネジメント」の３分野の出題率は次回以降も引き継がれると予測できます。

　また，これは年度によって変わるため確かなこととはいえませんが，この３分野以外の「システム企画」や「法務」の分野からも，**フェールセーフ**，**契約形態**，**労働基準法**，**労働者派遣法**などのシステム開発やプロジェクトマネジメントに関連する問題が出題されることも，よくあります。

　午前Ⅱ試験の合格条件は，25問中15問に正解することです。

　したがって，試験対策としては，システム開発プロジェクトにかかわるプロジェクトマネージャにとってなじみの深い上記３分野に絞ってきっちりと学習することが効果的で，午前Ⅱ試験の合格条件を満たす一番の早道です。

## 2 過去の本試験問題を学習しよう

### ■再出題率

　プロジェクトマネージャ試験に限らず，情報処理技術者試験の午前問題では，過去に出題された本試験問題が頻繁に再出題されます。

　再出題率は，R3年度試験で，重点分野である「プロジェクトマネジメント」においては，実に**14問中９問**にも及びます。ただしR2年度試験やH31年度試験では約半分が新作で，例年に比べると「プロジェクトマネジメント」分野での再出題問題の比率が低くなっていましたが，試験全体では約６割が再出題問題でした。また，プロジェクトマネージャ試験の**再出題問題は，２〜６回前の本試験で出題**されたものがほとんどです。

　つまり，IPA（情報処理推進機構）のホームページで，誰でも簡単に見ることができ，ダウンロードすることが可能な過去の本試験問題は，実は次回の本試験問題でもあるということです。

### ■再出題問題の範囲

　「プロジェクトマネジメント」分野についての再出題問題は，**ほぼ100％過去のプロジェクトマネージャ試験からの再出題ですが，開発技術分野はそうではありません。システムアーキテクト試験や応用情報技術者試験**からの再出題ということもあります。

　ですので，テキストによる学習で一通りの専門知識を理解した後は，**過去の本試験問題の学習を重点的に実施するようにしましょう。特にこの６年，過去問題からの再出題率は安定して高い状況ですので，**他区分での出題問題も含めて，上記３分野について過去問題を学習するとよいでしょう。

　過去問題の学習範囲は，２回前であるR2年度の問題を中心に，少なくともH28年

度までの問題は繰り返し学習するようにしてください。

　ただし，2～5問は，過去に問われた問題テーマが，新しい切り口で出題されます。また，選択肢の表現や順番が変わっていることもあります。したがって，過去問題の学習では，**正解選択肢を記憶するのではなく，キーワードを理解すること**を心がけてください。

## 3 計算問題のパターンを把握しておこう

　午前Ⅱ試験の試験時間は40分，全25問が出題されますので，1問を1分半ほどで解く必要があります。

　計算問題はその中で毎回2～3問出題されます。電卓の使用は許されていませんので，計算そのものの難易度が高い問題は出題されません。**プロジェクトの残りの日数計算や，ネットワーク図などのデータから要員を追加するのに最もコストパフォーマンスの高いアクティビティを選んだり，コミュニケーション工数の計算など**が出題されます。ミスをしやすい箇所が含まれていますので，注意力が必要で他の問題よりも時間が掛かるでしょう。過去問題で，計算問題のパターンを学習しておきましょう。

　また，本試験中時間が掛かりそうな場合は，その問題を飛ばして最後まで解いてから残りの時間でじっくりと計算するということも必要です。計算問題も単なる知識問題もすべて配点は同じです。

## 4 新テーマについて

　最近の新キーワードとして，アジャイル型開発に関係するものが増えてきています。本書の知識項目でも説明していますので，基本的な言葉などを押さえておくようにしてください。

## 3 *PMBOK®ガイド*, JIS Q 21500, 共通フレームについて

　国際標準である*PMBOK®ガイド*に関する問題は，問題文に「PMBOK ガイド 第○版によれば」というような言葉を用いて出題されます。年度によって出題数に幅があり，2～5問の範囲で出題されています。また，JIS Q 21500の用語が問われることもあります。JIS Q 21500はISO21500をJIS化したもので，ISO21500とPMBOK®ガイドは整合性が取れていますので，内容面に関してはそれほどJIS Q

21500を意識する必要はありません。ただ，用いられている用語が「アクティビティ」が「活動」だったり，「コントロール」が「管理」だったりと一部異なります。以下に相違点の表をまとめ，JIS Q 21500のマネジメントプロセスの一覧表を掲載していますので確認しておきましょう。

また，**共通フレーム2013**については，H31年以降出題されていません。

これまでの出題内容については，本書で説明していますので，それらについてはきちんと学習してください。

※*PMBOK®*ガイドの版については明記されている問題と，そうでないものがありますが，本試験に出題されたときのままの問題文で載せています。本試験もH31年からは第6版で出題されています。本書では，どの版の問題も，解説は第6版の用語を用いて行っていますので，問題文と異なる用語の場合があります。

▶ PMBOKガイド 第6版とJIS Q 21500:2018の言葉の主な相違点

| | PMBOKガイド　第6版 | JIS Q 21500：2018<br>（プロジェクトマネジメントの手引） |
|---|---|---|
| 用語 | アクティビティ | 活動 |
| | コンフィギュレーションマネジメント | 構成管理 |
| | コントロール | 管理 |
| | 知識エリア | 対象群 |
| プロセス群 | 立上げ | 立ち上げ |
| | 監視・コントロール | 管理 |
| 知識エリア<br>対象群 | スケジュール | 時間 |

P13のPMBOKガイド第6版のプロジェクトマネジメントプロセス群と知識エリアの対応表は，JIS Q 21500では次のようになります。

## ▶プロセス群及び対象群に関連するプロジェクトマネジメントのプロセス

（出典　JIS Q 21500:2018 P.12 表1）

| 対象群 | プロセス群 | | | | |
|---|---|---|---|---|---|
| | 立ち上げ | 計画 | 実行 | 管理 | 終結 |
| 統合 | ・プロジェクト憲章の作成 | ・プロジェクト全体計画の作成 | ・プロジェクト作業の指揮 | ・プロジェクト作業の管理<br>・変更の管理 | ・プロジェクトフェーズ又はプロジェクトの終結<br>・得た教訓の収集 |
| ステークホルダ | ・ステークホルダの特定 | | ・ステークホルダのマネジメント | | |
| スコープ | | ・スコープの定義<br>・WBSの作成<br>・活動の定義 | | ・スコープの管理 | |
| 資源 | ・プロジェクトチームの編成 | ・資源の見積り<br>・プロジェクト組織の定義 | ・プロジェクトチームの開発 | ・資源の管理<br>・プロジェクトチームのマネジメント | |
| 時間 | | ・活動の順序付け<br>・活動期間の見積り<br>・スケジュールの作成 | | ・スケジュールの管理 | |
| コスト | | ・コストの見積り<br>・予算の作成 | | ・コストの管理 | |
| リスク | | ・リスクの特定<br>・リスクの評価 | ・リスクへの対応 | ・リスクの管理 | |
| 品質 | | ・品質の計画 | ・品質保証の遂行 | ・品質管理の遂行 | |
| 調達 | | ・調達の計画 | ・供給者の選定 | ・調達の運営管理 | |
| コミュニケーション | | ・コミュニケーションの計画 | ・情報の配布 | ・コミュニケーションのマネジメント | |

# 2 午前Ⅱ問題の演習

## 1 プロジェクトマネージャ

**問1** ☑□
□□　ISO 21500によれば，プロジェクトガバナンスを維持する責任は誰にあるか。
（H27問1）

ア　プロジェクトの管理面でプロジェクトマネージャを支援するプロジェクトマネジメントチーム

イ　プロジェクトの立上げから終結までのプロセスを指揮するプロジェクトマネージャ

ウ　プロジェクトの要求事項を明確にし，プロジェクトの成果を享受する顧客

エ　プロジェクトを承認して経営的判断を下すプロジェクトスポンサ，又は上級経営レベルでの指導をするプロジェクト運営委員会

---

**問1　解答解説**

　ガバナンスとは，何らかの役割を委託されたときに，委託する側の利益や期待に合致するかを適時モニタリングして，成果物が期待した価値を生みだすようにコントロールする仕組みのことで，委託される側にその責任がある。株主が会社の運営を役員に委託する際に，株主利益に反しないように会社に備えられているコントロールの仕組みを企業ガバナンスという。

　ISO21500では，プロジェクトガバナンスについて「ガバナンスとは，それによって組織を指揮し，コントロールする枠組みである。プロジェクトガバナンスは，プロジェクトアクティビティに特に関連する組織ガバナンスの分野を含むものであるが，これに限定されない」とあり，「経営構造の定義や採用すべき方針，プロセス及び方法論，意思決定の権限の制限，ステークホルダーの責任と説明責任」などのテーマが含まれると述べられている。そして，プロジェクトの適切なガバナンスを維持する責任は「プロジェクトスポンサー又はプロジェクト運営委員会に割り当てられる」とあり，プロジェクトスポンサについては「プロジェクトを承認し，経営的決定を下し，プロジェクトマネージャの権限を超える問題及び対立を解決する」，プロジェクト運営委員会については「プロジェクトに上級経営レベルでの指導を行うことによりプロジェクトに寄与する」と説明されている。　　　　《解答》エ

235

## 2　PMBOK®ガイド

**問2** ☑☐
☐☐
**問2**　　　PMBOKによれば，多くのプロジェクトのライフサイクルに共通する
特性はどれか。　　　　　　　　　　　　　　　　　　　　　　　　　　（H28問3）

ア　プロジェクト完成時のコストに対してステークホルダが及ぼす影響の度合いは，
　プロジェクトの終盤が最も高い。

イ　プロジェクトの不確実性の度合いは，プロジェクトの開始時が最も高い。

ウ　プロジェクト要員の必要人数は，プロジェクトの終了時が最も多い。

エ　変更やエラー訂正に掛かるコストは，プロジェクトの初期段階が最も高い。

**問2**　　解答解説

　プロジェクトの開始時は，具体的な計画や施策の実行前であるため，その後のプロジェクト実行時に具体的に起こる事象が予測しづらい。そのため不確実性の度合いが最も高く，プロジェクトの失敗につながる事象が発生するリスクも大きい。

　　ア　プロジェクトの開始時には，ステークホルダからの合意を得る必要がある。この合意
　　　内容がプロジェクトを大きく左右するため，プロジェクト完成時のコストに対してステ
　　　ークホルダが及ぼす影響の度合いは，プロジェクトの終盤ではなく，序盤が最も高い。

　　ウ　プロジェクト要員の必要人数は，プロジェクト開始時点では，その作業が計画策定が
　　　大部分であることから多くを必要とせず，プログラムの設計や製造工程のように，プロ
　　　ジェクトの遂行段階において最も多くが必要となる。その後，プロジェクトが終了時点
　　　に近づくと急激に減っていく。

　　エ　プロジェクトの終盤で変更やエラー訂正が発生した場合，それまで積み上げてきたプ
　　　ロジェクトの成果に対しても手戻りが発生するため，コストが多くかかる。よって，変
　　　更やエラー訂正にかかるコストは，プロジェクトの初期段階よりも終盤のほうが高い。

《解答》イ

## 3　開発技術関連の基本知識

**問3** ☑☐
☐☐
　　　テストケースを作成する技法のうち，直交表によるテストケースの作
成条件を緩和し，2因子間の取り得る値の組合せが同一回数でなくても，
1回以上存在すればよいとしてテストケースを設計する技法はどれか。

（H31問16）

ア　All-Pair法（ペアワイズ法）　　イ　決定表

ウ　原因結果グラフ法　　　　　　　エ　同値分割法

## 問3　解答解説

　テストケースを作成する技法であるペアワイズ法は，2因子間の取り得る値の組合せが同一回数でなくても，1回以上存在すればよいというものである。

　例）　入場料金が次の3つの因子（A，B，C）で決まる場合

　　　A：子供，大人，シニア

　　　B：平日，休日

　　　C：一日券，半日券

すべての条件を網羅させようとすると，3×2×2＝12通りについてテストすることになるが，ペアワイズ法では，2因子間の取り得る値の組合せが1回以上存在すればよいので，AとB, BとC, CとAについて全ての組合せが網羅されていればよいことになる。したがって，必要なテストケースは下記のように6通りになる。

|   | A | B | C |
|---|---|---|---|
| 1 | 子供 | 平日 | 一日券 |
| 2 | 子供 | 休日 | 半日券 |
| 3 | 大人 | 平日 | 半日券 |
| 4 | 大人 | 休日 | 一日券 |
| 5 | シニア | 平日 | 一日券 |
| 6 | シニア | 休日 | 半日券 |

《解答》ア

## 問4

表はシステムの特性や制約に応じた開発方針と，開発方針に適した開発モデルの組である。a～cに該当する開発モデルの組合せはどれか。

(H26問18)

| 開発方針 | 開発モデル |
|---|---|
| 要求が明確なので，全機能を一斉に開発する。 | a |
| 最初にコア部分を開発し，順次機能を追加していく。 | b |
| 要求に不明確な部分があるので，開発を繰り返しながら徐々に要求内容を洗練していく。 | c |

|   | a | b | c |
|---|---|---|---|
| ア | ウォータフォールモデル | 進化的モデル | 段階的モデル |
| イ | ウォータフォールモデル | 段階的モデル | 進化的モデル |
| ウ | 進化的モデル | ウォータフォールモデル | 段階的モデル |
| エ | 段階的モデル | 進化的モデル | ウォータフォールモデル |

　ウォータフォールモデルとは，開発工程が上流工程から下流工程に向けて，後戻りせず一定の順序で進められる開発モデルである。要求が明確になっていて，全機能を一斉に開発するシステムに適している。

　段階的モデルとは，最初に確定している要求を段階的に開発する方式で，事前に計画された製品改善モデルとも呼ばれる。最初にコアな部分から開発を実施し，その後に機能を順次追加することを完成まで繰り返す。

　進化的モデルとは，要求に不明確な部分があるために最初に要求の定義ができない場合に用いられる方式で，部分的に定義された要求を開発し，要求を洗練させながら開発を繰り返して完成させる。　　　　　　　　　　　　　　　　　　　　　　　　　　　《解答》イ

問5　　開発ライフサイクルモデルとして，ウォータフォールモデル，進化的モデル，スパイラルモデルの三つを考える。ソフトウェア保守は，どのモデルを採用したときに必要か。　　　　　　　　　　　　　　　（H24問17）

ア　ウォータフォールモデルだけ

イ　ウォータフォールモデルと進化的モデルだけ

ウ　ウォータフォールモデルとスパイラルモデルだけ

エ　ウォータフォールモデル，進化的モデル，スパイラルモデルの全て

　各開発ライフサイクルモデルの特徴は，後述のとおりである。

　ソフトウェア保守とは，ソフトウェア障害や仕様変更などの理由によって，運用中のソフトウェアの修正や変更を行う作業のことをいう。よって，いずれの開発ライフサイクルモデルで開発されたソフトウェアであっても，ソフトウェア保守は必要である。　　《解答》エ

- ウォータフォールモデル：上位工程から下位工程に向けて順に作業を進めていく開発ライフサイクルモデル
- 進化的モデル：重要な部分からプロトタイプを作成し，ユーザ要求をとり入れながら改良を続けるということを何度も繰り返しながらシステムの完成度を高めていく開発モデル
- スパイラルモデル：ベームによって提唱され，リスクの評価や解消といったリスク管理に主眼を置いて，ソフトウェアプロセスの改善を図りつつ，「目的・代替案・制約の決定」「代替案の評価とリスクの明確化」「開発と検証」「次サイクルの検討」という4つのフェーズを繰り返して開発を進める手法

---

**問6** ☑□ □□　XP（eXtreme Programming）のプラクティスの一つに取り入れられているものはどれか。　　　　　　　　　　　　　　　　　　（H28問19）

ア　構造化プログラミング　　　　　イ　コンポーネント指向プログラミング
ウ　ビジュアルプログラミング　　　エ　ペアプログラミング

---

**問6　解答解説**

　XP（eXtreme Programming：エクストリームプログラミング）は，アジャイルソフトウェア開発手法の先駆けである。開発の初期段階の設計よりもコーディングとテストを重視し，各工程を順番に積み上げていくことよりも，常にフィードバックを行って修正・再設計していくことを重視する。

　XPではいくつかのプラクティス（実践規範）を提示しており，その中の一つにペアプログラミングがある。ペアプログラミングでは，プログラミング（コード作成）を2人1組で行い，「片方が書いたコードを，片方がチェック（レビュー）する」という作業を交代しながら進める。

　そのほかの特徴的なXPのプラクティスとしては，反復（短い期間ごとにリリースを繰り返す）やテスト駆動開発（まずテストを作成し，そのテストに合格するように実装を進める），リファクタリング（バグがなくとも，コードの効率や保守性を改善していく）などがある。

《解答》エ

- 構造化プログラミング：各手続きの構造を明確に，整理された形で（構造化定理に基づいて）記述する手法
- コンポーネント指向プログラミング：再利用を前提としたソフトウェア部品（コンポーネント）を組み合わせることでシステムを構築する手法
- ビジュアルプログラミング：各機能を表すアイコンを画面上で並べるなど，視覚的な操作によってプログラム作成を支援する手法

| 問7 | ☑□<br>□□ | アジャイル型開発プロジェクトの管理に用いるベロシティの説明はどれか。 |
|---|---|---|

(H29問11)

ア　開発規模を見積もる際の規模の単位であり，ユーザストーリ同士を比較し，相対的な量で表すものである。

イ　完了待ちのプロダクト要求事項と成果物を組み合わせたものをビジネスにおける優先度順に並べたものである。

ウ　定められた期間で完了した作業量と残作業量をグラフにして進捗状況を表すものである。

エ　チームの生産性の測定単位であり，定められた期間で製造，妥当性確認，及び受入れが行われた成果物の量を示すものである。

---

| 問7 | 解答解説 |
|---|---|

　アジャイル型開発では，最初に，ソフトウェアで実現したいことを，顧客の価値を明確にして簡潔に表現して書き出すことが多い。これをユーザストーリという。このユーザストーリの見積り単位は，作業規模を表現する独自の単位であるストーリポイントで表す。また，一定期間のサイクルで開発を繰り返し行うが，この一定期間のことを通常，イテレーションという。ベロシティとは「実計測に基づいた一定の時間内における作業量」のことであり，具体的には，プロジェクトチームが１回のイテレーションで完了させたユーザストーリのストーリポイントの合計値を意味する。よって，解答選択肢の中では“エ”の「チームの生産性の測定単位であり，定められた期間で製造，妥当性確認，及び受入れが行われた成果物の量を示すものである」に該当する。

　　ア　ストーリポイントの説明である。
　　イ　プロダクトバックログの説明である。
　　ウ　バーダウンチャートの説明である。　　　　　　　　　　　　　《解答》エ

---

| 問8 | ☑□<br>□□ | リーンソフトウェア開発の説明として，適切なものはどれか。 |
|---|---|---|

(R3問16)

ア　経験的プロセス制御の理論を基本としており，スプリントと呼ばれる周期で“検査と適応”を繰り返しながら開発を進める。

イ　製造業の現場から生まれた考え方をアジャイル開発のプラクティスに適用したものであり，“ムダをなくす”，“品質を作り込む”といった，七つの原則を重視して，具体的な開発プロセスやプラクティスを策定する。

ウ　比較的小規模な開発に適した，プログラミングに焦点を当てた開発アプローチであり，"コミュニケーション"などの五つの価値を定義し，それらを高めるように具体的な開発プロセスやプラクティスを策定する。

エ　利用者から見て価値があるまとまりを一つの機能単位とし，その単位ごとに，設計や構築などの五つのプロセスを繰り返しながら開発を進める。

---

**問8　解答解説**

リーンソフトウェア開発は，日本の自動車製造におけるムダを省いたリーン生産方式をソフトウェア開発に適用したもので，アジャイル開発手法の一つである。現場に適応した具体的な実践手順を作り出す助けとなるもので，次に示す7つの原則を提示している。

7つの原則：「ムダをなくす」「品質を作りこむ」「知識を作り出す」「決定を遅らせる」
　　　　　　「早く提供する」「人を尊重する」「全体を最適化する」

ア　スクラムの説明である。
ウ　エクストリームプログラミング（XP）の説明である。
エ　反復繰り返し型の開発モデルについての説明である。　　　　　　　　　《解答》イ

---

**問9** ☑□□□　情報システムの設計の例のうち，フェールソフトの考え方を適用した例はどれか。　　　　　　　　　　　　　　　　　　　　　　　　　　　　（R3問19）

ア　UPSを設置することによって，停電時に手順どおりにシステムを停止できるようにする。

イ　制御プログラムの障害時に，システムの暴走を避け，安全に運転を停止できるようにする。

ウ　ハードウェアの障害時に，パフォーマンスは低下するが，構成を縮小して運転を続けられるようにする。

エ　利用者の誤操作や誤入力を未然に防ぐことによって，システムの誤動作を防止できるようにする。

---

**問9　解答解説**

フェールソフトとは，システムを構成する要素の一部に障害が発生したときに，その障害要素を切り離してシステム構成を縮小し，システムのパフォーマンスが低下してもシステムの運転を続行できるようにする，高信頼性設計の考え方である。よって，ハードウェアの障害時に，パフォーマンスが低下しても，構成を縮小して運転を続けられるようにするという設計は，フェールソフトの適用例である。

241

ア　フォールトトレランスに関する記述である。

イ　フェールセーフに関する記述である。

エ　フールプルーフに関する記述である。　　　　　　　　　　　《解答》ウ

**問10** ☑□□□　　マッシュアップを利用してWebコンテンツを表示している例として，最も適切なものはどれか。
　　　　　　　　　　　　　　　　　　　　　　　　　　　　　　（H29問17）

ア　Webブラウザにプラグインを組み込み，動画やアニメーションを表示する。

イ　地図上のカーソル移動に伴い，Webページを切り替えずにスクロール表示する。

ウ　鉄道経路の探索結果上に，各鉄道会社のWebページへのリンクを表示する。

エ　店舗案内のWebページ上に，他のサイトが提供する地図検索機能を利用して出力された情報を表示する。

**問10　解答解説**

　Webコンテンツ作成におけるマッシュアップとは，

　　　「複数のコンテンツ（サービス）を取り込み，組み合わせて利用する」

手法を総称した言葉である。検索サイトや地図情報サイトを運営する事業者には，マッシュアップ用のAPIを作成・公開しているところも多い。

　　ア，イ　これらはユーザビリティを高めるための個別技術である。

　　ウ　他社のコンテンツへのリンクを表示するだけでは，コンテンツを取り込んでいるとはいえないので，マッシュアップには該当しない。　　　　　　　　《解答》エ

**問11** ☑□□□　　工程別の生産性が次のとおりのとき，全体の生産性を表す式はどれか。
　　　　　　　　　　　　　　　　　　　　　　　　　　　　　　（H31問9）

〔工程別の生産性〕

　　　設計工程：Xステップ／人月

　　　製造工程：Yステップ／人月

　　　試験工程：Zステップ／人月

ア　$X+Y+Z$

イ　$\dfrac{X+Y+Z}{3}$

ウ　$\dfrac{1}{X}+\dfrac{1}{Y}+\dfrac{1}{Z}$

エ　$\dfrac{1}{\dfrac{1}{X}+\dfrac{1}{Y}+\dfrac{1}{Z}}$

### 問11 解答解説

システムの規模をSステップとすると，各工程の工数は，

設計工程：$\dfrac{S}{X}$（人月）

製造工程：$\dfrac{S}{Y}$（人月）

試験工程：$\dfrac{S}{Z}$（人月）

となり，プロジェクト全体の工数は，次のように表される。

$$\text{プロジェクト全体の工数}=\dfrac{S}{X}+\dfrac{S}{Y}+\dfrac{S}{Z}$$

全体で$\dfrac{S}{X}+\dfrac{S}{Y}+\dfrac{S}{Z}$（人月）を要するということは，全体の生産性は，次のように表される。

$$\text{全体の生産性}=\dfrac{S}{\dfrac{S}{X}+\dfrac{S}{Y}+\dfrac{S}{Z}}$$

$$=\dfrac{1}{\dfrac{1}{X}+\dfrac{1}{Y}+\dfrac{1}{Z}}$$

《解答》エ

## 4 プロジェクト統合マネジメント

### 問12 ☑☐☐☐

PMBOKにおいて，プロジェクト憲章は，どの知識エリアのどのプロセス群で作成するか。 (H26問3)

ア　プロジェクトコミュニケーションマネジメントの実行プロセス群

イ　プロジェクトスコープマネジメントの計画プロセス群

ウ　プロジェクト統合マネジメントの計画プロセス群

エ　プロジェクト統合マネジメントの立上げプロセス群

### 問12 解答解説

プロジェクト憲章は，プロジェクトを公式に立ち上げるための文書である。*PMBOK®* ガイドにおいては，プロジェクト統合マネジメントという知識エリアの立上げプロセス群のプロジェクト憲章の作成プロセスにおいて，プロジェクト憲章は作成される。 《解答》エ

### 問13 ☑☐☐☐

PMBOK ガイド 第6版によれば，組織のプロセス資産に分類されるものはどれか。 (R3問3)

ア　課題と欠陥のマネジメント上の手続き

イ　既存の施設や資本設備などのインフラストラクチャ

ウ　ステークホルダーのリスク許容度

エ　組織構造，組織の文化，マネジメントの実務，持続可能性

## 問13　解答解説

　組織のプロセス資産とは「母体組織が使用し，同組織に特有の計画書，プロセス，方針，手続き，および知識ベース」と説明されており，組織におけるプロジェクトの遂行や統制に用いられる実務慣行や知識，作成されたものなどを指す。また，組織のプロセス資産は“プロセス，方針および手続き”と“組織の知識ベース”とに分類される。前者には標準プロセスやその適合基準や方針，ライフサイクル，各種テンプレート，プロジェクトに関連する手順や指示書などが含まれる。後者には，これまでのプロジェクトで作成されたベースラインなどのプロジェクトファイルや組織の所有するプロジェクトに関連する実績情報などが含まれる。解答選択肢の中では，課題と欠陥のマネジメント上の手続きが前者に分類される組織のプロセス資産である。

　　イ，ウ，エ　組織のプロセス資産ではなく，組織体の環境要因に含まれる。なお，組織体の環境要因とは「チームの直接管理下にはないが，プロジェクト，プログラム，あるいはポートフォリオに対して，影響を及ぼし，制約し，または方向性を示すような条件」のことである。　　　　　　　　　　　　　　　　　　　　　　　　　　《解答》ア

## 問14　☑□□　プロジェクトマネジメントの実績報告のプロセスにおいて，スコープ，□□　コスト，スケジュールに関して，ベースラインと実績のかい離を明確にするために使用される技法はどれか。　　　　　　　　　　　　　（H26問10）

ア　what-ifシナリオ分析　　　　イ　傾向分析

ウ　差異分析　　　　　　　　　　エ　モンテカルロ分析

## 問14　解答解説

　プロジェクトにおけるスコープ，コスト，スケジュールのベースラインに対して，プロジェクトの実績を測定し，ベースラインと実績との差異を明確にし，差異が生じた原因や差異の度合いを分析し，是正処置などが必要かどうかを決定するのが差異分析である。アーンドバリューマネジメントにおいては，コスト差異やスケジュール差異を基に差異分析を実施し，是正処置の必要性を検討する。　　　　　　　　　　　　　　　　　　　　　《解答》ウ

- what-ifシナリオ分析：複数のシナリオによるプロジェクトへの影響を分析する手法
- 傾向分析：ある期間にわたって，プロジェクトのパフォーマンスが改善傾向にあるのか，悪化しつつあるのかを分析する手法
- モンテカルロ分析：プロジェクトの所要期間を個々のアクティビティの確率分布から計算するシミュレーション技法の代表的手法

**問15** ☑□
□□ PMBOK ガイド 第5版によれば，プロジェクトへの変更要求のうち，是正処置はどれか。 (H29問3)

ア　あるサブシステムの成果物の品質が，要求されるレベルを満たさないことが予想されるので，設計ドキュメントのレビューに有識者を参加させる。

イ　あるタスクが，プロジェクトマネジメント計画書に記載したスケジュールから遅れたので，遅れを解消させるために要員を追加する。

ウ　受入れテストにおいて，あるサブシステムのプログラムが要求仕様を満たしていないことが判明したので，プログラムを修正する。

エ　法規制が改定されたので，新しい法規制に対応するための活動をWBSに追加する。

**問15** 　解答解説

　変更要求は文書や成果物，ベースラインへの修正を求める正式な提案のことであり，是正処置，予防処置，欠陥修正，更新の4つを含むものである。是正処置は「プロジェクト作業をプロジェクトマネジメント計画書に沿うように再調整する意図的な活動」と定義されている。よって「プロジェクトマネジメント計画書に記載したスケジュールから遅れたので，遅れを解消させるために要員を追加する」という処置は，是正処置である。

ア　プロジェクト作業の将来のパフォーマンスをプロジェクトマネジメント計画書に沿うようにするための活動は，予防処置である。

ウ　不適合プロダクトまたは不適合プロダクトの構成要素を修正する活動は，欠陥修正である。

エ　公的なプロジェクト文書や計画書などに対する変更は，更新である。　　《解答》イ

# 5 プロジェクトスコープマネジメント

非機能要件の使用性に該当するものはどれか。 (H27問21)

ア 4時間以内のトレーニングを受けることで，新しい画面を操作できるようになること

イ 業務量がピークの日であっても，8時間以内で夜間バッチ処理を完了できること

ウ 現行のシステムから新システムに72時間以内で移行できること

エ 地震などの大規模災害時であっても，144時間以内にシステムを復旧できること

### 問16 解答解説

　機能要件とは，システムを使って実現したいことを説明したものであり，非機能要件とは，そのシステムの機能を問題なく利用し続けるには，どのような品質が必要かを説明したものである。IPAによる「非機能要求グレード」ではシステムに関する非機能要件は，可用性，性能・拡張性，運用・保守性，移行性，セキュリティ，システム環境・エコロジの大きく6つに分類されている。また，ソフトウェア製品品質における使用性の副特性の一つである「習得性」は，非機能要件の運用・保守性に含まれる。

　「4時間以内のトレーニングで新しい画面インタフェースを操作できること」は，習得のしやすさを指しており，習得性に該当する。

イ 性能・拡張性に該当する。
ウ 移行性に該当する。
エ 可用性に該当する。 《解答》ア

PMBOK ガイド第6版によれば，プロジェクト・スコープ・マネジメントにおいて作成するプロジェクト・スコープ記述書の説明のうち，適切なものはどれか。 (H31問15)

ア インプット情報として与えられるWBSやスコープ・ベースラインを用いて，プロジェクトのスコープを記述する。

イ プロジェクトのスコープに含まれないものは，記述の対象外である。

ウ プロジェクトの成果物と，これらの成果物を生成するために必要な作業について記述する。

エ プロジェクトの予算見積りやスケジュール策定を実施して，これらをプロジェク

トの前提条件として記述する。

## 問17　解答解説

　プロジェクトスコープ記述書は，該当プロジェクトのスコープを明確にするために作成される文書である。スコープには，プロダクト（成果物）スコープとプロジェクトスコープとがある。プロダクトスコープは，プロジェクトの成果物の特徴などを明らかにしたものであり，プロジェクトスコープは，成果物を生成するためにプロジェクトで必要となるあらゆる作業を明らかにしたものである。プロジェクトスコープ記述書には，プロダクトスコープとプロジェクトスコープの両方が記載される。

　　ア：WBSやスコープベースラインは，プロジェクトスコープ記述書のインプット情報で
　　　　はない。プロジェクトスコープ記述書に基づいてWBSやスコープベースラインを作成
　　　　する。
　　イ：プロジェクトのスコープを明確に示すために，スコープに含まれるものだけでなく，
　　　　スコープに含まれないものについても記述する。
　　エ：予算やスケジュールは前提条件ではなく，守らなければならない制約条件として扱わ
　　　　れる。前提条件は，例えば，開発言語や開発場所など，立上げの時点において未確定の
　　　　要素に対して設定した条件である。　　　　　　　　　　　　　　　　　　《解答》ウ

## 問18　☑☐ ☐☐　WBSの構成要素であるワークパッケージに関する記述のうち，適切なものはどれか。　　　　　　　　　　　　　　　　　　　　　　　　　　（H25問5）

ア　ワークパッケージは，OBSのチームに，担当する人員を割り当てたものである。
イ　ワークパッケージは，関連のある要素成果物をまとめたものである。
ウ　ワークパッケージは，更にアクティビティに分解される。
エ　ワークパッケージは，一つ上位の要素成果物と1対1に対応する。

## 問18　解答解説

　WBS（Work Breakdown Structure：作業分解図）は，プロジェクトの目標達成に必要な作業（タスク）をトップダウンで抽出し，階層構造で表す図である。プロジェクトが実行する作業を，要素成果物を主体としてトップダウンに分解する。
　分解は，まず，要素がマネジメント可能なレベルまで行う。ここで得られた最下位層の構成要素をワークパッケージという。
　マネジメント可能なレベルに分解したワークパッケージを，さらに，プロジェクトの見積りやスケジュールの作成，実行，監視などの対象となる，詳細化した作業単位に分解したものをアクティビティという。

ア　OBS（Organization Breakdown Structure）は，プロジェクトにおける組織および人員の構造を表す分解図である。通常は，各ワークパッケージに対して人的資源を割り当て，その結果を指揮系統などに従って構造化する（並べ直す）という手順で作成する。

イ　ワークパッケージは，マネジメント可能なレベルに要素成果物を分解したものであり，まとめたものではない。

エ　ワークパッケージは，一つ上位の要素成果物を分解したものであるので，一つ上位の要素成果物とは1対多に対応する。　　　　　　　　　　　　　《解答》ウ

---

**問19** ☑□□□　PMBOKのプロジェクトスコープマネジメントにおいて，WBSの作成に用いるローリングウェーブ計画法の説明はどれか。　　　（H26問6）

ア　WBSを補完するため，WBS要素ごとに詳細な作業の内容などを記述する。

イ　過去に実施したプロジェクトのWBSをテンプレートとして，新たなWBSを作成する。

ウ　将来実施されるサブプロジェクトについては，上位レベルのWBSにとどめておき，詳細が明確になってから，要素分解して詳細なWBSを作成する。

エ　プロジェクトの作業をより詳細化するために，WBSの最下位レベルの作業内容や要素成果物を定義する。

---

**問19**　解答解説

ローリングウェーブ計画法は，反復計画技法の一つで，すべての作業を一斉に同じレベルまで詳細化するのではなく，すぐにとりかかるべき作業については詳細なレベルまでの計画を作成し，まだ期間に余裕のある作業については，それよりも上位レベルの計画を作成しておき，作業の詳細が明確になってから詳細化するという技法である。　　　《解答》ウ

---

**問20** ☑□□□　プロジェクトマネジメントにおけるスコープコントロールの活動はどれか。　　　（H28問5）

ア　開発ツールの新機能の教育が必要と分かったので，開発ツールの教育期間を2日間延長した。

イ　要件定義完了時に再見積りをしたところ，当初見積もった開発費用を超過することが判明したので，追加予算を確保した。

ウ　連携する計画であった外部システムのリリースが延期になったので，この外部システムとの連携に関わる作業は別プロジェクトで実施することにした。

エ　割り当てたテスト担当者が期待した成果を出せなかったので，経験豊富なテスト

担当者に交代した。

### 問20 解答解説

　プロジェクトのスコープとは，プロジェクトにおいて作成する情報システムやマニュアルなどの成果物並びに，それを作成するために必要となるすべての活動のことである。また，スコープコントロールとは，このスコープの状況を監視してWBSなどのスコープベースラインに対する変更を管理するプロセスである。よって，解答選択肢の中では，連携する計画であった外部システムのリリースが延期になったために，外部システムとの連携に関わる作業を別プロジェクトで実施することにしたという活動のみが，スコープコントロールの活動である。　　　　　　　　　　　　　　　　　　　　　　　　　　　　　　　　《解答》ウ

## 6　プロジェクトスケジュールマネジメント

### 問21 ☑□ 　　工程管理図表の特徴に関する記述のうち，ガントチャートのものはどれか。
□□
　　　　　　　　　　　　　　　　　　　　　　　　　　　　　　　　　　（R3問5）

ア　計画と実績の時間的推移を表現するのに適し，進み具合及びその傾向がよく分かり，プロジェクト全体の費用と進捗の管理に利用される。

イ　作業の順序や作業相互の関係を表現したり，重要作業を把握したりするのに適しており，プロジェクトの作業計画などに利用される。

ウ　作業の相互関係の把握には適さないが，作業計画に対する実績を把握するのに適しており，個人やグループの進捗管理に利用される。

エ　進捗管理上のマイルストーンを把握するのに適しており，プロジェクト全体の進捗管理などに利用される。

### 問21 解答解説

　ガントチャートは，縦軸に作業項目，横軸に日付（時間）をとり，作業別に作業内容とその実施時期を棒状に図示したものである。各作業の開始日と終了日の計画と実績の差異が表現しやすく，個人やグループの進捗管理に利用される。ただし，作業の相互関係の把握は困難であり，ある作業の遅れが作業全体にどのような影響を及ぼすかを把握するのには適していない。

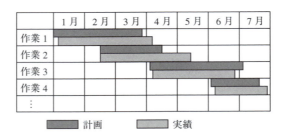

|  | 1月 | 2月 | 3月 | 4月 | 5月 | 6月 | 7月 |
|---|---|---|---|---|---|---|---|
| 作業1 | | | | | | | |
| 作業2 | | | | | | | |
| 作業3 | | | | | | | |
| 作業4 | | | | | | | |
| ⋮ | | | | | | | |

■ 計画　　　□ 実績

ア　トレンドチャートの特徴である。

イ　アローダイアグラムの特徴である。

エ　マイルストーンチャートの特徴である。　　　　　　　　　　《解答》ウ

---

**問22** ☑□  次のアローダイアグラムを基にして要員計画を立てる。要員数の増減
□□ を極力抑え，かつ，最短日数で終えられるように計画を立てる場合，1
日当たりの最大要員数は何名になるか。ここで，各工程は1名で作業するも
のとする。　　　　　　　　　　　　　　　　　　　　　　　　　　　（H25問8）

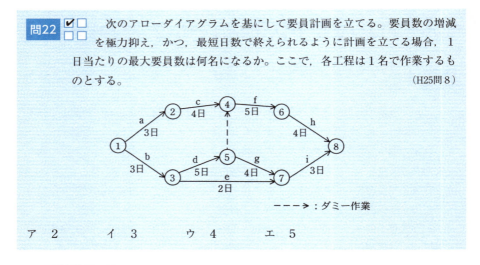

- - - →：ダミー作業

ア　2　　　　イ　3　　　　ウ　4　　　　エ　5

---

**問22**　解答解説

　提示されたアローダイアグラムのクリティカルパスは，

　　　b → d → f → h

であり，最短日数は17日である。各工程は1名で作業することから，まずクリティカルパ
ス上の作業に1名をあてる。すると残った作業は，a，c，e，g，iで，作業にかかる日数の
合計は16日である。もし，これらの作業を17日以内に1名で行うことができれば，1日当
たりの最大要員数は2名になる。aとcの作業は7日で終わるが，そのあとgを始めるには，
bとdの作業の両方が終わっていなければならない。しかし，bとdの作業には8日を要する
ので，1日の待ちが生じてしまう。そこで，この時点で開始できる作業を探すと，bの作業
は3日で終わっているので，eの作業であればすぐに開始できる。eの作業は2日で終わる

ので，その後，gとiの作業を行うことにすれば，残った作業を16日で完了できる。よって，1日当たりの最大要員数は2名となる。　　　　　　　　　　　　　　　　　《解答》ア

**問23** ☑□
□□　　プロジェクトのスケジュール管理で使用する"クリティカルチェーン法"の実施例はどれか。　　　　　　　　　　　　　　　　　　　（R3問7）

ア　限りある資源とプロジェクトの不確実性に対応するために，合流バッファとプロジェクトバッファを設ける。

イ　クリティカルパス上の作業に，生産性を向上させるための開発ツールを導入する。

ウ　クリティカルパス上の作業に，要員を追加投入する。

エ　クリティカルパス上の先行作業の全てが終了する前に後続作業に着手し，一部を並行して実施する。

**問23**　解答解説

　クリティカルチェーン（critical chain）法は，プロジェクト管理手法の一つで，プロジェクトにおける作業工程の全体最適化や作業期間の短縮を指向するものである。

　作業をいくつかの工程に分けてネットワーク状に表し，ネットワークの開始から終了に向かう複数の経路のうち最も余裕期間がない経路をクリティカルパスというが，クリティカルチェーン法では，従来のクリティカルパス法に加えて各作業における"リソースの競合"にも配慮した工程管理を行う。このリソース競合も考慮したうえでの，最も余裕期間のない経路がクリティカルチェーンである。

　同時に，作業の所要時間を見積もる際に，遅れが生じないよう十分な余裕(安全時間)を確保することに着目し，この余裕分（バッファ）を個々の作業タスク単位ではなくプロジェクト全体で集約して設定し（これをプロジェクトバッファ，または所要期間バッファという），かつ各作業タスクは50％の確率で終了するような時間を見積もることによって，プロジェクト全体の期間短縮も図る。また，クリティカルチェーン上にない作業タスクがクリティカルチェーンに合流する部分には安全時間（合流バッファ，またはフィーディングバッファ）を設ける。プロジェクトマネージャは，これらのバッファを調整し管理することによって，全体最適な工程管理を行う。　　　　　　　　　　　　　　　　　　　　《解答》ア

**問24** ☑□
□□　　工期を短縮させるために，クリティカルパス上の作業に"ファストトラッキング"技法を適用した対策はどれか。　　　　　　　　　　　　（H24問5）

ア　時間外勤務を実施する。

イ　生産性を高められる開発ツールを導入する。

ウ　全体の設計が完了する前に，仕様が固まっているモジュールを開発する。

エ　要員を追加投入する。

問24　解答解説

　ファストトラッキングとは，順番に行う予定であった作業を並行して実施することで，期間の短縮を図る技法である。「全体の設計が完了する前に，仕様が固まっているモジュールを開発する」は，通常は設計がすべて完了してからモジュール開発を開始するところを，全体の設計が完了する前に後続作業であるモジュール開発を開始するという並行作業によって期間短縮を図っているので，ファストトラッキングにあたる。

　なお，要員を追加投入することで期間を短縮する技法は，クラッシングである。

《解答》ウ

問25　☑□□□　プロジェクトマネジメントにおけるクラッシングの例として，適切なものはどれか。　　　　　　　　　　　　　　　　　　　　　　　　　（R3問6）

ア　クリティカルパス上のアクティビティの開始が遅れたので，ここに人的資源を追加した。

イ　コストを削減するために，これまで承認されていた残業を禁止した。

ウ　仕様の確定が大幅に遅れたので，プロジェクトの完了予定日を延期した。

エ　設計が終わったモジュールから順にプログラム開発を実施するように，スケジュールを変更した。

問25　解答解説

　クラッシングとは，プロジェクトのスケジュール短縮技法の一つである。最小の追加コストで，最大の期間短縮を得ることを目指すもので，資源の追加投入によって所要期間が短縮できる場合に効果がある。また，クリティカルパスとは，プロジェクトの複数の作業経路の中で，その経路（パス）に遅れが出ると，プロジェクト全体が遅れてしまうような，時間的余裕のない経路のことである。

　これらより，プロジェクト全体のスケジュールを短縮するには，クリティカルパス上の作業の期間を短縮しなければならない。よって，クリティカルパス上のアクティビティに人的資源を追加することは，クラッシングの適切な例である。

《解答》ア

問26　☑□□□　表は，あるプロジェクトの作業リストであり，図は，各作業の関係を表したアローダイアグラムである。このプロジェクトの所要期間を3日間短縮するためには，追加費用は最低何万円必要か。　　　　　　　　（H26問8）

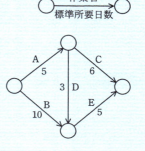

| 作業 | 標準所要日数（日） | 短縮可能な日数（日） | 1日短縮するのに必要な追加費用（万円） |
|------|------|------|------|
| A | 5 | 2 | 2 |
| B | 10 | 4 | 3 |
| C | 6 | 2 | 4 |
| D | 3 | 1 | 5 |
| E | 5 | 2 | 6 |

ア　9　　　　イ　11　　　　　ウ　12　　　　エ　14

**問26　解答解説**

　アローダイアグラムから得られるクリティカルパスは B → E であり，完了までの標準所要日数の合計は15日間である。所要期間を3日間減らすために必要な最低額が問われており，作業Bを1日短縮するのには3万円，作業Eを1日短縮するのには6万円を要するので，費用が少なくすむ作業Bの短縮を考える。

　ただし，作業Bを2日短縮して作業Bが8日になった時点で，このプロジェクトのクリティカルパスは A → D → E と B → E の2つになる。プロジェクト全体をあと1日短縮するには，次の2つの方策が考えられる。

　①双方のクリティカルパスに共通して含まれている作業Eを1日短縮する

　②作業Dよりも短縮に掛かる追加費用が少ない作業Aと，作業Bをそれぞれ1日短縮する

　①に要する追加費用は6万円，②に要する追加費用は作業Aを短縮するための2万円と作業Bを短縮するための3万円を加算した5万円なので，②のほうが追加費用が少ない。

　これより，追加費用の合計は次のとおりである。

　　（作業Bを1日短縮する費用）×2日＋（作業AとBをそれぞれ1日短縮する費用）

　＝　3万円×2日＋（2万円＋3万円）

　＝　11万円　　　　　　　　　　　　　　　　　　　　　　　　　　　《解答》イ

**問27**　☑□
　　　　□□　プロジェクトの人的資源マネジメントに関して，"ブルックスの法則"で述べられていることはどれか。　　　　　　　　　　　　（H27問6）

ア　エンゲージメントが高まると，プロジェクトメンバは問題に対して自律的に対応するようになる。

イ　技術が発展し，高度な技術の利用が進むほど，人を中心にしたプロジェクトマネジメントが重要になる。

ウ　担当者の業務を可視化しなければ，いかに優秀なプロジェクトマネージャでも適切な管理はできない。

エ　遅延しているプロジェクトへの新規要員の追加は，更なる遅れをもたらすだけである。

　フレデリック・ブルックスが『人月の神話』の中で述べた，「遅れているソフトウェアプロジェクトへの要員追加は，プロジェクトをさらに遅らせる」というプロジェクトマネジメントの人的資源に関する法則をブルックスの法則という。ブルックスは，この法則が成り立つ理由を，追加要員への教育に人員を割かれることと，追加要員を加えたことで組織内のコミュニケーションコストが増大することとしている。　　　　　　　　　　《解答》エ

# 7　プロジェクトコストマネジメント

問28　☑□□□　ファンクションポイント法の一つであるIFPUG法では，機能を機能種別に従ってデータファンクションとトランザクションファンクションとに分類する。機能種別を適切に分類したものはどれか。　　　　　　(H29問13)

〔機能種別〕

EI：外部入力　　　　　　　EIF：外部インタフェースファイル

EO：外部出力　　　　　　　EQ：外部照会

ILF：内部論理ファイル

| | データファンクション | トランザクションファンクション |
|---|---|---|
| ア | EI, EO, EQ | EIF, ILF |
| イ | EIF, EQ, ILF | EI, EO |
| ウ | EIF, ILF | EI, EO, EQ |
| エ | ILF | EI, EIF, EO, EQ |

　データファンクションとは，データ（ファイル）にアクセスするファンクションである。ファイルには，内部に存在するファイルと，外部に存在するファイルとがある。したがって，

データファンクションに分類されるのは，EIF（外部インタフェースファイル）とILF（内部論理ファイル）の2つである。トランザクションファンクションとは，入力・出力・照会といった業務処理を実施するファンクションである。したがって，トランザクションファンクションに分類されるのは，EI（外部入力），EO（外部出力），EQ（外部照会）の3つである。

《解答》ウ

問29 ☑□ プロジェクトの進捗管理をEVM（Earned Value Management）で行
□□ っている。 コストが超過せず，納期にも遅れないと予測されるプロジェクトの状況を表しているのはどれか。ここで，それぞれのプロジェクトの今後の開発生産性は現在までと変わらないものとする。 （H28問8）

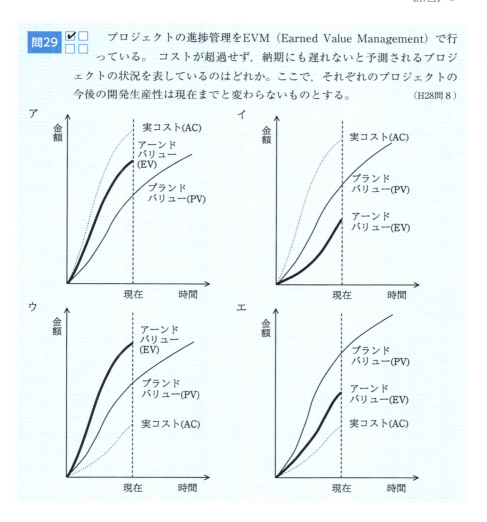

　プロジェクトの全作業を金銭価値に置き換えて，チェックポイントごとの達成予定額を設定し，達成作業量を金銭価値に換算したものと比較することによって，プロジェクトの進捗管理を行う方法をEVM（Earned Value Management）という。アーンドバリュー（EV），実コスト（AC），プランドバリュー（PV）の大小関係から，そのプロジェクトのコスト面，スケジュール面での進捗状況を把握することができる。

　　　　　コスト差異（CV）＝EV−AC

　　　　　　CV＞0……予算内

　　　　　　CV＜0……予算超過

　　　　スケジュール差異（SV）＝EV−PV

　　　　　　SV＞0……計画より早い

　　　　　　SV＜0……計画より遅い

　つまり，現在の時点で，EV≧ACであるプロジェクトはコストが予算内に収まっていて，EV≧PVであるプロジェクトは作業の進捗に遅れがないことを表している。

　プロジェクトの今後の開発生産性が今までと変わらないものとする場合，現時点で両方の条件を満たしている“ウ”が，コストが超過せず，納期にも遅れないと予想されるプロジェクトと判断できる。

　ア　CV＜0，SV＞0であるため，コスト超過が懸念される。

　イ　CV＜0，SV＜0であるため，コスト超過と納期遅延の両方が懸念される。

　エ　CV＞0，SV＜0であるため，納期遅延が懸念される。　　　　　　　　《解答》ウ

---

問30　☑☐☐☐　EVMを採用しているプロジェクトにおける，ある時点のCPIが1.0を下回っていた場合の対処として，適切なものはどれか。　（H27問10）

ア　実コストが予算コストを下回っているので，CPIに基づいて完成時総コストを下方修正する。

イ　実コストをCPIで割った値を使って，完成時総コストを見積もり，予想値とする。

ウ　超過コストの原因を明確にし，CPIの改善策に取り組むとともに，CPIの値を監視する。

エ　プロジェクトの完成時にはCPIが1.0となることを利用して，CPIが1.0となる完成時期を予測し，スケジュールを見直す。

---

　プロジェクトの全作業を金銭価値に置き換えて，チェックポイントごとの達成予定額を設定し，達成作業量を金銭価値に換算したものと比較することによって，プロジェクトの進捗管理を行う方法をEVM（Earned Value Management）という。アーンドバリュー（EV：

実際に完成している実績値），実コスト（AC：実際にかかったコスト），プランドバリュー（PV：計画価値）の数値から，プロジェクトのコスト面やスケジュール面での進捗状況を把握することができる。コスト効率指数であるCPIは，実コストとアーンドバリューの比率であり，費用の発生傾向を評価するために用いる。

CPI＝EV÷AC

CPI＞1であれば，アーンドバリューの割には実コストが少ない

CPI＜1であれば，アーンドバリューの割には実コストが多い

ということを意味するので，CPIが1.0を下回っている場合とは，コスト超過を意味する。よって，超過コストの原因を明確にし，CPIの改善策に取り組み，CPIの値を監視する必要がある。

ア　CPIが1.0を下回っている場合は，実コストが予算コストを下回っているのではなく，予算コストを上回っている状態である。

イ　完成時総コストの見積りは，残りのEVをCPIで割ったものに現在のACを加えて算出する。実コストをCPIで割った値ではない。

エ　プロジェクトの完成時にCPIが1.0になるとは限らない。　　　　　　　《解答》ウ

## 8　プロジェクト品質マネジメント

**問31** ☑□□□　CMMIの目的として，最も適切なものはどれか。　　　(H28問18)

ア　各種のソフトウェア設計・開発技法を使って開発作業を自動化し，ソフトウェア開発の生産性の向上を図る。

イ　共通の物差しとして用いることによって，国内におけるシステム及びソフトウェア開発とその取引の明確化を可能にする。

ウ　組織がプロセスを改善することに役立つ，ベストプラクティスの適用に対する手引を提供する。

エ　特定の購入者と製作者の間で授受されるソフトウェア製品の品質保証を行い，顧客満足度の向上を図る。

**問31　解答解説**

CMMI（Capability Maturity Model Integration）は，ソフトウェア開発プロセスの成熟度評価モデルであるCMMに，多くのCMM改善事例を反映させたモデルである。CMMは，ソフトウェアを評価対象として開発と保守のプロセス改善を支援する目的で作成された成熟度モデルである。CMMIは，CMMで評価対象としていたソフトウェアに加え，ハードウェ

アを含む製品やサービスを評価対象にしている。また，組織がプロセスを改善することに役立つ，ベストプラクティスの適用に対する手引きを提供している。

　　ア　ソフトウェアライフサイクルの各プロセスを支援するCASEツールの目的に関する記述である。
　　イ　共通フレーム2013（SLCP）の目的に関する記述である。
　　エ　ISO9000シリーズの目的に関する記述である。　　　　　　　　　　《解答》ウ

**問32** ☑□
□□
　　情報システムの企画，開発，運用，保守作業に関わる国際標準の一つであるSPA（Software Process Assessment）の説明として，適切なものはどれか。　　　　　　　　　　　　　　　　　　　　　　　（H28問1）

ア　ソフトウェアプロセスがどの程度の能力水準にあり，継続的に改善されているかを判定することを目的としている。
イ　ソフトウェアライフサイクルを合意プロセス，テクニカルプロセス，運用・サービスプロセスなどのプロセス群に分け，作業内容を定めている。
ウ　品質保証に関する要求項目を体系的に規定した国際規格の一部である。
エ　プロジェクトマネジメントの知識体系と応用のためのガイドである。

**問32**　解答解説

　SPA（Software Process Assessment）は，ソフトウェアプロセスがどの程度の能力水準にあり，継続的に改善されているかどうかを判定することを目的とする，ソフトウェアの開発と支援の作業について評価改善を行う方法論である。評価のための基準としてCMM（Capability Maturity Model）が用いられる。

　　イ　共通フレーム2013（SLCP）の説明である。
　　ウ　ISO9000シリーズの説明である。
　　エ　PMBOK®ガイドの説明である。　　　　　　　　　　　　　　《解答》ア

**問33** ☑□
□□
　　プロジェクトの状況を把握するために使用するパレート図の用途として，適切なものはどれか。　　　　　　　　　　　　　　　　（H26問15）

ア　工程の状態や品質の状況を時系列に表した図であり，工程が安定した状態にあるかどうかを判断するために用いる。
イ　項目別に層別して出現度数の大きさの順に並べるとともに累積和を示した図であり，主要な原因を識別するために用いる。
ウ　二つの特性を横軸と縦軸にとって測定値を打点した図であり，それらの相関を判

断するために用いる。

エ　矢印付き大枝の先端に特性を，中枝，小枝に要因を表した図であり，どれがどれ
に影響しているかを分析するために用いる。

### 問33　解答解説

パレート図は，項目をデータ件数の多い順（度数の降順）に並べた棒グラフと，その度数
の累積比率（累積和）を表す折れ線グラフを，一つにまとめた図である。ABC分析などの，
主要な原因を識別して，重点的に管理・対応すべき項目を選び出す目的で用いられる。

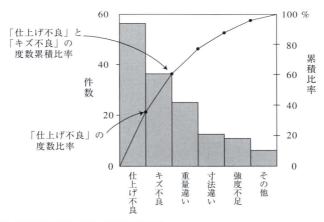

ア　管理図の特徴と用途に関する記述である。
ウ　散布図の特徴と用途に関する記述である。
エ　特性要因図の特徴と用途に関する記述である。　　　　　　　　　　　　　《解答》イ

問34　☑□　　 “7の法則”を適用するとき，原因を調べるべき$\overline{X}$–$R$管理図はどれか。
　　　□□　　 ここで，UCLは上方管理限界，CLは中心線，LCLは下方管理限界である。

（H24問8）

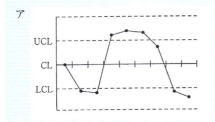

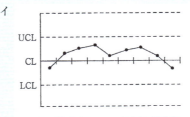

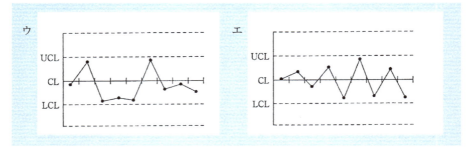

$\overline{X}$–R管理図の品質管理において，測定値が中心線を7回連続で上回る，あるいは7回連続で下回るという可能性は極めて低いため，そういう結果が生じるには何らかの原因があると考えられる。たとえ，基準の範囲内の値（上方管理限界と下方管理限界の間）であったとしても，中心線に対して7回連続で上回る，あるいは7回連続で下回るといった測定結果が得られた場合は，製造方法や測定方法などに問題があると判断する。これを，"7の法則（the Rule of Seven）"と呼ぶ。　　　　　　　　　　　　　　　　　　　　　《解答》イ

問35　☑□□□　ある部品を複数台の工作機械によって製作した。製作された部品の寸法を測定し，ヒストグラムで表すと図のようになった。このヒストグラムに山が二つある原因を調べるために最初に行うべきことはどれか。

（H24問12）

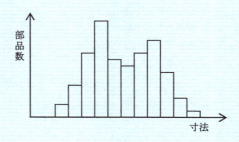

ア　円グラフを作成し，全体に対する部品寸法の各区間の割合を調べる。

イ　工作機械ごとに層別にして，部品寸法の分布を調べる。

ウ　散布図を作成し，部品寸法と部品数の相関を調べる。

エ　平均と範囲を計算し，部品寸法の$\overline{X}$–R管理図を作成する。

**問35** 解答解説

　与えられたヒストグラムは，複数台の工作機械を利用して製作した部品の寸法を測定して，グラフに表したものである。ヒストグラムのグラフのピークが2つに分かれ，分布に広がりがあることが分かる。

　この原因として考えられるのは，次の2つである。

①各工作機械特有の寸法で部品を製作し，それがそれぞれ異なっている。

　　　⇒（工作機械ごとに，製作された部品の寸法が異なる）

②それぞれの工作機械が作り出す部品の寸法が一つ一つ異なっている。

　　　⇒（個々の工作機械が時々に応じて異なった寸法の部品を作り出す）

　これを検証するためには，工作機械ごとに層別にして部品寸法の分布を調べればよい。工作機械ごとに特有の平均と分散を示していれば原因は①，工作機械が異なっていても同じような分布を示していれば原因は②と考えることができる。　　　　　　　　　　《解答》イ

**問36** ☑□ 　品質の定量的評価の指標のうち，ソフトウェアの保守性の評価指標に
　　　　□□ 　なるものはどれか。　　　　　　　　　　　　　　　　　　　（R2問12）

ア　（最終成果物に含まれる誤りの件数）÷（最終成果物の量）

イ　（修正時間の合計）÷（修正件数）

ウ　（変更が必要となるソースコードの行数）÷（移植するソースコードの行数）

エ　（利用者からの改良要求件数）÷（出荷後の経過月数）

**問36** 解答解説

　ソフトウェアの保守性とは，ソフトウェアをどれだけ容易に修正できるかを表す特性であり，JIS X 25010では製品品質特性の副特性として「モジュール性」「再利用性」「解析性」「修正性」「試験性」が定められている。（修正時間の合計）÷（修正件数）は，修正1件に要した平均修正時間を意味するので，保守性の副特性である修正性の評価指標といえる。

　　ア　ソフトウェアの信頼性を評価する指標である。

　　ウ　ソフトウェアの移植性を評価する指標である。

　　エ　ソフトウェアの機能適合性を評価する指標である。　　　　　　　　《解答》イ

**問37** ☑□ 　プロジェクトの品質コストを適合コストと不適合コストに分類すると
　　　　□□ 　き，適合コストに属するものはどれか。　　　　　　　　　　（H27問13）

ア　クレーム調査費　　　　　　　　　　イ　損害賠償費

ウ　品質保証教育訓練費　　　　　　　　エ　プログラム不具合修正費

　　品質コストとは，品質を確保するために発生するコストであり，適合コストである予防コストと評価コストには，要求事項への適合を確保するための品質計画，品質コントロール，品質保証の各コストが含まれる。また，不良コスト（不適合コスト）には，プロダクト，組立部品，適合していないプロセスなどを手直しするためのコスト，保証作業と廃棄コスト，評判の失墜にかかわるコストなどがある。つまり，欠陥を回避するためにプロジェクト期間中に発生するコストが適合コストで，不良によってプロジェクトの期間内やプロジェクト終了後に発生するコストが不適合コストである。よって，選択肢の中で適合コストに属するものは，欠陥を回避するためにプロジェクト期間中に発生する“ウ”の品質保証教育訓練費である。

《解答》ウ

# 9　プロジェクト資源マネジメント

**問38** ☑□
□□
表は，RACIチャートを用いた，あるプロジェクトの責任分担マトリクスである。設計アクティビティにおいて，説明責任をもつ要員は誰か。

(R3問2)

| アクティビティ | 要員 | | | | | |
|---|---|---|---|---|---|---|
| | 阿部 | 伊藤 | 佐藤 | 鈴木 | 田中 | 野村 |
| 要件定義 | C | A | I | I | I | R |
| 設計 | R | I | I | C | C | A |
| 開発 | A | − | R | − | R | I |
| テスト | I | I | C | R | A | C |

ア　阿部　　　　イ　伊藤と佐藤　　　　ウ　鈴木と田中　　　　エ　野村

　　責任分担マトリックスは，プロジェクトで必要な作業と要員をマトリックス形式で対応させ，その作業に対する要員の役割を図示するものである。RACIチャートでは，アクティビティに対する要員の役割を，R（Responsible：実行責任），A（Accountable：説明責任），C（Consult：相談対応），I（Inform：情報提供）の分類で明示する。よって，設計アクティビティの説明責任を持つのは，表から，設計アクティビティの行でAが割り当てられている“野村”氏になる。

《解答》エ

**問39** ☑□□□　プロジェクトマネジメントで使用する責任分担マトリックス（RAM）の一つに，RACIチャートがある。RACIチャートで示す4種類の役割及び責任の組合せのうち，適切なものはどれか。　（R2問4）

ア　実行責任，情報提供，説明責任，相談対応
イ　実行責任，情報提供，説明責任，リスク管理
ウ　実行責任，情報提供，相談対応，リスク管理
エ　実行責任，説明責任，相談対応，リスク管理

**問39　解答解説**

　責任分担マトリックス（RAM：Responsibility Assignment Matrix）は，プロジェクトで必要な作業とプロジェクトメンバをマトリックス形式で対応させ，その作業に対するプロジェクトメンバの役割を図示するものである。RACIチャートでは，アクティビティに対する要員の役割を，R（Responsible：実行責任），A（Accountable：説明責任），C（Consult：相談対応），I（Inform：情報提供）の分類で明示する。　　　　　《解答》ア

**問40** ☑□□□　あるプロジェクトのステークホルダとして，プロジェクトスポンサ，プロジェクトマネージャ，プロジェクトマネジメントオフィス及びプロジェクトマネジメントチームが存在する。JIS Q 21500:2018（プロジェクトマネジメントの手引）によれば，組織としての標準化，プロジェクトマネジメントの教育訓練，プロジェクトの計画及びプロジェクトの監視などの役割を主として担うのはどれか。　（H31問1）

ア　プロジェクトスポンサ
イ　プロジェクトマネージャ
ウ　プロジェクトマネジメントオフィス
エ　プロジェクトマネジメントチーム

**問40　解答解説**

　一般に，プロジェクトマネジメントオフィス（PMO：Project Management Office）は，複数のプロジェクトの一元的な管理や，プロジェクト間の調整，各プロジェクトのマネジメントの支援などを行うための組織（部門）である。
　JIS Q 21500:2018（プロジェクトマネジメントの手引）では，「3.8 ステークホルダ及びプロジェクト組織」の中で「プロジェクトマネジメントオフィスは，ガバナンス，標準化，プロジェクトマネジメントの教育訓練，プロジェクトの計画及びプロジェクトの監視を含む

多彩な活動を遂行することがある」とある。

また，他選択肢については，それぞれ次のように説明されている。　　　　《解答》ウ

> • プロジェクトスポンサ：プロジェクトを許可し，経営的決定を下し，プロジェクトマネージャの権限を超える問題及び対立を解決する
> • プロジェクトマネージャ：プロジェクトの活動を指揮し，マネジメントして，プロジェクトの完了に説明義務を負う
> • プロジェクトマネジメントチーム：プロジェクトの活動を指揮し，マネジメントするプロジェクトマネージャを支援する

**問41** ☑□
　　　□□　　　コンフリクトマネジメントを行う際の指針のうち，適切なものはどれか。　　　　　　　　　　　　　　　　　　　　　　　　　　　　（H24問10）

ア　コンフリクトの解決に当たっては，過去の経緯ではなく現在の課題に焦点を当てる。

イ　コンフリクトの解決に当たっては，個人の人間性に対して焦点を当てる。

ウ　コンフリクトは避けられるものであり，一切発生しないようにマネジメントする。

エ　コンフリクトは当事者間の課題であり，当事者だけで解決する。

**問41**　解答解説

　コンフリクトマネジメントを行う指針の一つに，「コンフリクトの解決にあたっては，過去の経緯ではなく現在の課題に焦点を当てる」べきという事項がある。

　　イ　コンフリクトの解決にあたっては，個人の人間性に対してではなく，課題に対して焦点を当てる。

　　ウ　プロジェクトにおいて，コンフリクトは避けられないものである。

　　エ　コンフリクトは当事者間の課題ではなく，チームとしての課題である。　　《解答》ア

**問42** ☑□
　　　□□　　　チームの発展段階を五つに区分したタックマンモデルによれば，メンバの異なる考え方や価値観が明確になり，メンバがそれぞれの意見を主張し合う段階はどれか。　　　　　　　　　　　　　　　　　　　　　　　（H29問7）

ア　安定期（Norming）　　　　　イ　遂行期（Performing）

ウ　成立期（Forming）　　　　　エ　動乱期（Storming）

## 問42　解答解説

　タックマンモデルによるチームの発展段階は，成立期（Forming），動乱期（Storming），安定期（Norming），遂行期（Performing），解散期（Adjourning）の５つに区分される。

　このうち，成立期を経て，メンバ間でそれぞれの考え方や価値観の違いが明確になり，意見や価値観を主張し合い，衝突しながらも相互に理解しはじめる時期が動乱期である。

《解答》エ

- ・成立期：メンバが確定し，最初にチームでの目標を共有する時期。メンバ間の相互理解はまだできていない状況。
- ・安定期：チームとして役割分担が定まり，一緒に活動する時期。メンバ間の関係性が安定する状況。
- ・遂行期：チームとしてよく機能し，成果が出る時期。チームとしての一体感が生まれていて，目標達成に向けての活動ができる状況。
- ・解散期：チームとしての目標を達成し，チームを解散する時期。

## 問43　☑□　労働基準法及び労働契約法が定める，就業規則に係る使用者の義務の
　　　□□　記述のうち，適切なものはどれか。　　　　　　　　　　（H30問22）

ア　就業規則の基準に達しない労働条件を労働契約で定める場合には，使用者が労働者から個別に合意を得ることが義務付けられている。

イ　使用者は，就業規則を労働者に周知するために，見やすい場所に掲示したり，書面を交付したりするなどの措置を行うことが義務付けられている。

ウ　使用する労働者の数が常時10名以上の使用者は，就業規則を作成する義務はあるが，就業規則を行政官庁へ届け出ることは義務付けられていない。

エ　労働組合がない事業場において，使用者が就業規則を作成する場合，労働者の意見を聴くことは義務付けられていない。

## 問43　解答解説

　労働基準法の第106条に（法令等の周知義務）として，「使用者は，この法律及びこれに基づく命令の要旨，就業規則……を，常時各作業場の見やすい場所へ掲示し，又は備え付けること，書面を交付することその他の厚生労働省令で定める方法によって，労働者に周知させなければならない」と定められている。

　また，労働契約法では，（労働契約の成立）の第７条に「労働者及び使用者が労働契約を締結する場合において，使用者が合理的な労働条件が定められている就業規則を労働者に周知させていた場合には，労働契約の内容は，その就業規則で定める労働条件によるものとす

る」とあり，就業規則は周知すべきものとされている。

ア　労働契約法の第12条に「就業規則で定める基準に達しない労働条件を定める労働契約は，その部分については，無効とする」とある。

ウ　労働基準法の第89条に「常時十人以上の労働者を使用する使用者は，次に掲げる事項について就業規則を作成し，行政官庁に届け出なければならない」とある。

エ　労働基準法の第90条に「使用者は，就業規則の作成又は変更について，……労働者の過半数で組織する労働組合がない場合においては労働者の過半数を代表する者の意見を聴かなければならない」とある。　　　　　　　　　　　　　　　　《解答》イ

# 10　プロジェクトコミュニケーションマネジメント

**問44**　WBSを構成する個々のワークパッケージの進捗率を測定する方法のうち，ワークパッケージの期間が比較的長い作業に適した，重み付けマイルストーン法の説明はどれか。　　　　　　　　　　　　　　　　　　　　　　　　(H31問6)

ア　作業を開始したら50％，作業が完了したら100％というように，作業の"開始"と"完了"の2時点について，計上する進捗率を決めておく。

イ　設計書の作成作業において，"複雑な入出力に関する記述を終えたら70％とする"というように，計測者の主観で進捗率を決める。

ウ　設計書のレビューを完了したら60％，社内承認を得たら80％というように，あらかじめ設定した作業の区切りを過ぎるごとに計上する進捗率を決めておく。

エ　全部で10日間の作業のうち5日を経過したら50％というように，全作業期間に対する経過した作業期間の比で進捗率を決める。

### 問44　解答解説

　重み付けマイルストーン法とは，ワークパッケージの進捗率を測定する方法の一つで，例えば，設計書のレビューを完了したら60％，社内承認を得たら80％などのように，あらかじめ設定した作業の区切り（マイルストーン）を過ぎるごとに計上する進捗率を決めておく。ワークパッケージの期間が比較的長い作業に適した進捗率測定法である。

ア　固定比配分法についての説明である。

イ　出来高パーセント見積り法についての説明である。

エ　作業期間比による進捗率の測定法についての説明である。　　　　　《解答》ウ

**問45** ☑□ あるソフトウェア会社の社員は週40時間働く。この会社が，開発工数
□□ 440人時のプログラム開発を引き受けた。開発コストを次の条件で見積
もるとき，10人のチームで開発する場合のコストは，1人で開発する場合の
コストの約何倍になるか。 (H26問11)

〔条件〕

(1) 10人のチームでは，コミュニケーションをとるための工数が余分に発生する。

(2) コミュニケーションはチームのメンバが総当たりでとり，その工数は2人1組の
組合せごとに週当たり4人時（1人当たり2時間）である。

(3) 社員の週当たりコストは社員間で差がない。

(4) (1)～(3)以外の条件は無視できる。

ア　1.2　　　　　イ　1.5　　　　　ウ　1.8　　　　　エ　2.1

**問45** 解答解説

問題文の〔条件〕より，10人がコミュニケーションをとるための週当たりの工数は，

$(10 \times 9 \div 2) \times 4$ 人時＝180人時

となる。

10人での開発に $y$ 週間かかるとすると，このプログラム開発全期間におけるコミュニケーションのための工数は，

$(180 \times y)$ 人時である。

10人が週40時間，$y$ 週間働いた総工数と，開発工数にコミュニケーションのための工数を加えたものが等しくなることから，

$10 \times 40 \times y = 440 + 180 \times y$

という式が成り立つ。この式を解くと，

$y = 2$

となり，10人で開発した場合の開発期間は2週間であることが分かる。よって，1人で開発する場合と比較して増える工数は，2週間分のコミュニケーションのための工数なので，

$180 \times 2 = 360$ 人時

のコスト増になる。1人の場合の工数は440人時なので，

$(440 + 360) \div 440 ≒ 1.8$

となり，10人で開発した場合のコストは1人で開発する場合の約1.8倍となる。《解答》ウ

# プロジェクトリスクマネジメント

**問46** ☑□
□□
　　プロジェクトのリスクを，デルファイ法を利用して抽出しているもの
はどれか。 (H28問13)

ア　ステークホルダや経験豊富なプロジェクトマネージャといった専門家にインタビュー
し，回答を収集してリスクとしてまとめる。

イ　複数のお互いに関係がないステークホルダやプロジェクトマネージャにアンケー
トを行い，その結果を要約する。さらに，要約結果を用いてアンケートを行い，結
果を要約することを繰り返してリスクをまとめる。

ウ　プロジェクトチームのメンバにPMOのメンバやステークホルダを複数名加え，
一堂に会して会議をし，リスクに対する意見を出し合い，進行役がリスクとしてま
とめる。

エ　プロジェクトを強み，弱み，好機，脅威のそれぞれの観点及びその組合せで分析
し，リスクをまとめる。

**問46**　解答解説

　デルファイ法とは，専門家に対して，同じアンケート調査を繰り返し行って意見の集約を
していく問題分析技法である。他の専門家の意見を参考にして自分の意見を再考するという
作業を反復するので，回答者のコンセンサスを得ながら意見を収斂させることが可能である。
リスクの抽出においては，複数のお互いに関係がないステークホルダやプロジェクトマネー
ジャにアンケートを行って結果を要約し，さらにその要約結果を用いてアンケートを行うと
いうことを繰り返して，リスクをまとめていく。

　ア　一般的なインタビューによるリスクの抽出方法である。
　ウ　グループインタビューによるリスクの抽出方法である。
　エ　SWOT分析によるリスクの抽出方法である。 《解答》イ

**問47** ☑□
□□
　　プロジェクトにどのツールを導入するかを，EMV（期待金額価値）
を用いて検討する。デシジョンツリーが次の図のとき，ツールAを導入
するEMVがツールBを導入するEMVを上回るのは，Xが幾らよりも大きい
場合か。 (R2問10)

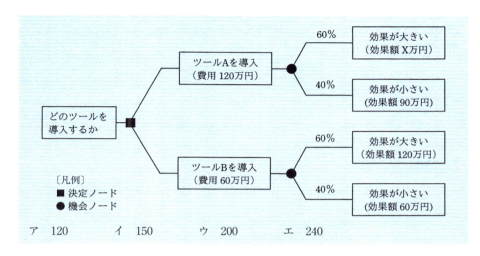

ア　120　　　　イ　150　　　　ウ　200　　　　エ　240

**問47**　解答解説

　EMV（期待金額価値）は，効果額の期待値から費用を差し引いたものである。問題に示されたデシジョンツリーから，それぞれの場合のEMVを考える。

　ツールAを導入した場合，費用が120万円で，効果額は，60％の確率でX万円，40％の確率で90万円なので，

　　　ツールAを導入するEMV
　　　＝X万円×0.6＋90万円×0.4−120万円
　　　＝0.6・X万円＋36万円−120万円
　　　＝0.6・X万円−84万円　……①

　また，ツールBを導入した場合，費用が60万円で，効果額は，60％の確率で120万円，40％の確率で60万円なので，

　　　ツールBを導入するEMV
　　　＝120万円×0.6＋60万円×0.4−60万円
　　　＝72万円＋24万円−60万円
　　　＝36万円　……②

　ツールAを導入するEMV（①）が，ツールBを導入するEMV（②）を上回るのは，①＞②を満足するXの場合である。

　　　0.6・X−84＞36
　　　　0.6・X＞（36＋84）
　　　　　　X＞120÷0.6
　　　　　　X＞200

　よって，ツールAを導入するEMVがツールBを導入するEMVを上回るのは，Xが200より大きい場合である。　　　　　　　　　　　　　　　　　　　　　　　　　　　《解答》ウ

**問48** リスクマネジメントにおけるEMV（期待金額価値）の算出式はどれか。

(H26問12)

ア　リスク事象発生時の影響金額　×　リスク事象の発生確率

イ　リスク事象発生時の影響金額　÷　リスク事象の発生確率

ウ　リスク事象発生時の影響金額　×　リスク対応に掛かるコスト

エ　リスク事象発生時の影響金額　÷　リスク対応に掛かるコスト

**問48**　解答解説

　リスクマネジメントにおけるEMV（期待金額価値）とは，リスク発生時の影響金額の期待値である。期待値は，

　　　　事象発生時の実現値×発生確率

で求められる。ここではリスク事象発生時の影響金額が対象なので，

　　　　リスク事象発生時の影響金額×リスク事象の発生確率

がEMVを表す計算式となる。

《解答》ア

**問49** PMBOK ガイド 第5版によれば，プロジェクト・リスク・マネジメントでは，定性的リスク分析でリスクの優先順位を査定し，定量的リスク分析でリスクがプロジェクト目標全体に与える影響を数量的に分析する。定性的リスク分析で使用されるものはどれか。

(H30問11)

ア　感度分析　　　　　　　　　　　　イ　期待金額価値分析

ウ　デシジョン・ツリー　　　　　　　エ　発生確率・影響度マトリックス

**問49**　解答解説

　リスクマネジメントのプロセスは，リスクマネジメントの計画，リスクの特定，リスクの定性的分析，リスクの定量的分析，リスク対応の計画という流れで計画する。リスクの定性的分析では，識別されたリスクを発生確率と影響度で定性的に評価し，優先順位を付ける。そのために利用するツール・技法としては，発生確率・影響度査定，発生確率・影響度マトリックスなどがある。リスクの定量的分析では，リスク発生確率とリスクが発生した場合の影響を定量的に評価し，プロジェクト全体のリスクを数値化し，プロジェクト目標の達成確率を見積もる。ここで利用するツールや技法には，感度分析，期待金額価値分析，デシジョンツリーがある。

《解答》エ

<発生確率・影響度マトリックスの例>

| | | 影響度 | | | | |
|---|---|---|---|---|---|---|
| | | 0.05 | 0.10 | 0.20 | 0.40 | 0.80 |
| 発生確率 | 0.9 | 0.045 | 0.09 | 0.18 | 0.36 | 0.72 |
| | 0.7 | 0.035 | 0.07 | 0.14 | 0.28 | 0.56 |
| | 0.5 | 0.025 | 0.05 | 0.10 | 0.20 | 0.40 |
| | 0.3 | 0.015 | 0.03 | 0.06 | 0.12 | 0.24 |
| | 0.1 | 0.005 | 0.01 | 0.02 | 0.04 | 0.08 |

高い　普通　低い

---

**問50** ☑□ □□　PMBOK ガイド 第5版のプロジェクト・リスク・マネジメントにおけるリスク対応戦略に関する記述のうち，適切なものはどれか。(H30問10)

ア　強化は，マイナスのリスクに対して使用される戦略である。

イ　共有は，プラスのリスクとマイナスのリスクのどちらにも使用される戦略である。

ウ　受容は，プラスのリスクとマイナスのリスクのどちらにも使用される戦略である。

エ　転嫁は，プラスのリスクに対して使用される戦略である。

---

**問50　解答解説**

　マイナスのリスク（脅威）に対する対応戦略にはエスカレーション，回避，転嫁，軽減，受容が，プラスのリスク（好機）に対する対応戦略にはエスカレーション，活用，共有，強化，受容がある。エスカレーションと受容は，プラスのリスクとマイナスのリスクのどちらにも使用される。なお，エスカレーションは，第6版で追加された対応戦略である。

　ア　強化は，人材・環境・納期などの条件がよく成功確率の高いプロジェクトでも，さらに納期を早めたり，品質を上げたりできるように成功時のインセンティブを用意するなど，プラスのリスクを発生させる確率を高めたり，プラスの影響を増大させたりする戦略である。プラスのリスクに対してのみ使用されるものである。

　イ　共有は，顧客に提供するソフトウェア製品の性能を上げて，市場シェアを広げるために製品の一部の開発を依頼している協力会社に今与えている権限の範囲を増やして，スピーディに性能改善できるようにするなど，プラスのリスクを生かす能力の高い第三者に，リスクを生かすための行動を行う権限を割り当てる戦略である。プラスのリスクに対してのみ使用されるものである。

　エ　転嫁は，保険，担保，保証など，リスクによるマイナスの影響を第三者に移転する戦略である。マイナスのリスクに対してのみ使用されるものである。　　　　　　《解答》ウ

# 12 プロジェクト調達マネジメント

**問51** ☑□
□□
ベンダX社に対して，図に示すように要件定義フェーズから運用テストフェーズまでを委託したい。X社との契約に当たって，"情報システム・モデル取引・契約書"に照らし，各フェーズの契約形態を整理した。a ～ d の契約形態のうち，準委任型が適切であるとされるものはどれか。(H29問21)

| 要件定義 | システム外部設計 | システム内部設計 | ソフトウェア設計，プログラミング，ソフトウェアテスト | システム結合 | システムテスト | 運用テスト |
|---|---|---|---|---|---|---|
| a | 準委任型又は請負型 | b | 請負型 | c | 準委任型又は請負型 | d |

ア a，b　　　イ a，d　　　ウ b，c　　　エ b，d

---

**問51　解答解説**

経済産業省の"情報システム・モデル取引・契約書"では，システム内部設計フェーズからシステム結合フェーズまでは，請負型の契約を推奨している。なお，システム外部設計フェーズおよびシステムテストフェーズは，請負型または準委任型の両タイプを併記しており，要件定義やそれ以前のフェーズおよびデータ移行，運用テスト，導入教育以降のフェーズでは，準委任型を推奨している。　　　　　　　　　　　　　　　　　《解答》イ

---

**問52** ☑□
□□
RFIを説明したものはどれか。　　　　　　　　　　　(H31問21)

ア　サービス提供者と顧客との間で，提供するサービスの内容，品質などに関する保証範囲やペナルティについてあらかじめ契約としてまとめた文書

イ　システム化に当たって，現在の状況において利用可能な技術・製品，ベンダにおける導入実績など実現手段に関する情報提供をベンダに依頼する文書

ウ　システムの調達のために，調達側からベンダに技術的要件，サービスレベル要件，契約条件などを提示し，指定した期限内で実現策の提案を依頼する文書

エ　要件定義との整合性を図り，利用者と開発要員及び運用要員の共有物とするために，業務処理の概要，入出力情報の一覧，データフローなどをまとめた文書

### 問52 解答解説

RFI（情報提供依頼書）は，情報システム調達の際に，システム化の目的や業務内容などを示し，ベンダに現在の状況において利用可能な技術・製品といった技術動向や製品動向，ベンダにおける導入実績など実現手段に関する情報の提供を依頼するために作成する文書である。

ア　SLAに関する記述である。
ウ　RFP（提案依頼書）に関する記述である。
エ　システム仕様書に関する説明である。　　　　　　　　　　　　　《解答》イ

### 問53

次の調達の要領で，ソフトウェア開発を外部に委託した。ほぼ計画どおりの日程で全工程を終了して受入れテストを実施したところ，委託した範囲の設計不良によるソフトウェアの欠陥が多数発見された。プロジェクト調達マネジメントの観点から，取得者が実施すべき再発防止の施策として，最も適切なものはどれか。　　　　　　　　　　　　　　　　　（H27問15）

〔調達の要領〕
・委託の範囲はシステム開発の一部分であり，ソフトウェア方式設計からソフトウェア結合までを一括して発注する。
・前年度の実績評価を用いて，ソフトウェア開発の評点が最も高い供給者を選定する。
・毎月１回の進捗確認を実施して，進捗報告書に記載されたソフトウェア構成品目ごとの進捗を確認する。
・成果物は，委託した全工程が終了したときに一括して検査する。

ア　同じ供給者を選定しないように，当該供給者のソフトウェア開発の実績評価の評点を下げる。
イ　各開発工程の区切りで工程の成果物を提出させて検査し，品質に問題がある場合は原因を特定させて，是正させる。
ウ　進捗確認で，作成した設計書のページ数，作成したプログラムの行数，実施したテストケース数など，定量的な報告を求める。
エ　進捗確認の頻度を毎月１回から毎週１回に変更して，進捗をより短い周期で確認する。

　ソフトウェア開発を外部に委託し，ほぼ計画どおりの日程で全工程を終了し，受入れテストを実施したときに，設計不良によるソフトウェアの欠陥が発見されたことに対し，調達マネジメントの観点からの再発防止策が問われている。〔調達の要領〕に，委託範囲がソフトウェア方式設計からソフトウェア結合までの一括発注であること，前年度の実績評価からソフトウェア開発の評点が最も高い業者を選定すること，毎月1回の進捗確認を実施すること，成果物は全工程の終了後に一括検査することとある。今回の問題は，品質が低いことである。進捗に関しては，ほぼ計画どおりの日程で終了しているので問題はない。よって，品質に関連する施策を挙げているものを選択肢から選べばよいので，"イ"となる。

　ア　当該供給者の評点を下げることも必要な処置であり，次回以降の供給者の選定をより
　　　適切なものにすることに有効である。しかし，品質に関する根本的な再発防止策にはな
　　　らない。
　ウ　品質に関する再発防止策ではない。
　エ　品質に関する再発防止策ではない。　　　　　　　　　　　　　　　　　《解答》イ

---

問54　☑□　　下請代金支払遅延等防止法の対象となる下請事業者から納品されたプ
　　　　□□　ログラムに，下請事業者側の事情を原因とする重大なバグが発見され，
　　　　プログラムの修正が必要となった。このとき，支払期日を改めて定めようと
　　　　する場合，下請代金支払遅延等防止法で認められている期間（60日）の起算
　　　　日はどれか。　　　　　　　　　　　　　　　　　　　　　　　　（H31問22）

ア　当初のプログラムの検査が終了した日
イ　当初のプログラムを下請事業者に返却した日
ウ　修正済プログラムが納品された日
エ　修正済プログラムの検査が終了した日

---

問54　解答解説

　下請代金支払遅延等防止法では，親事業者が下請事業者からの給付（成果物や役割の提供）を受領した日から60日以内に，親事業者は下請代金を支払わなければならないことが定められている。したがって，下請事業者側の事情で修正が必要となった場合は，修正した成果物が納品された日から60日以内に，親事業者は下請代金を支払わなければならない。下請代金の支払期日は，製造を委託した日や修正を指示した日，プログラムの返却日，親事業者での検査実施の有無などにかかわらず，成果物が納品された日によって定まる。よって，修正済プログラムが納品された日が起算日となる。　　　　　　　　　　　　　　　　《解答》ウ

**問55** ☑□ 外部調達における契約形態のうち，請け負った作業に掛かったコスト
□□ に加えて，契約時に合意したパフォーマンスの基準を達成した場合に受
注者が所定の利益（フィー）を受け取る契約タイプはどれか。　（H24問15）

ア　コスト プラス インセンティブ フィー契約
イ　コスト プラス定額フィー契約
ウ　タイム アンド マテリアル契約
エ　定額インセンティブ フィー契約

**問55**　解答解説

　コスト プラス インセンティブ フィー契約では，請け負った作業にかかったコストに加
えて，契約時に合意したパフォーマンスの基準を達成した場合に，納入者が所定の利益（フ
ィー）を受け取る。なお，契約時に合意したパフォーマンスの基準を達成した場合に納入者
が所定の利益（フィー）を受け取ることをインセンティブと呼ぶ（基準を達成しなかった場
合には，マイナスのインセンティブが課せられることもある）。　　　　　　《解答》ア

- コスト プラス定額フィー契約：納入者は，請け負った作業に掛かったコスト
　　　に加えて，契約時に合意した定額の利益（フィー）を受け取る
- タイム アンド マテリアル契約：単位当たりの時間（タイム）や資材（マテリ
　　　アル）の消費量に対する金額（例…時間当たり要員単価など）を契約時
　　　に合意しておき，消費した時間や量に応じて（例…要員単価×作業時間）
　　　受け取る金額を決めるタイプであるが，コストが上昇し過ぎるのを防ぐ
　　　ために，価格の上限や期限を設定することも多い
- 定額インセンティブ フィー契約：納入者は，契約時に合意した定額の金額に
　　　加えて，契約時に合意したパフォーマンスの基準を達成した場合に，納
　　　入者が所定の利益（フィー）を受け取る

**問56** ☑□ 派遣労働者の受入れに関する記述のうち，適切なものはどれか。
□□
　　　　　　　　　　　　　　　　　　　　　　　　　　　　　　　　　（H29問23）

ア　派遣先責任者は，派遣先管理台帳の管理，派遣労働者から申出を受けた苦情への
　対応，派遣元事業主との連絡調整，派遣労働者の人事記録と考課などの任務を行わ
　なければならない。
イ　派遣先責任者は，派遣就業場所が複数ある場合でも，一人に絞って選任されなけ
　ればならない。

ウ　派遣先責任者は，派遣労働者が従事する業務全般を統括する管理職位の者の内から選任されなければならない。

エ　派遣先責任者は，派遣労働者に直接指揮命令する者に対して，労働者派遣法などの関連法規の規定，労働者派遣契約の内容，派遣元事業主からの通知などを周知しなければならない。

## 問56　解答解説

"労働者派遣法"では，派遣先が省令の定めに従って派遣先責任者を任命し，次の事項を行うことを義務づけている。

❶ 労働者派遣法等の関連法規の規定，労働者派遣契約の内容，派遣元からの通知内容を，派遣労働者を指揮する立場の者やその他関係者に周知徹底する。

❷ 派遣先管理台帳を作成して記録し，３年間保存する。

❸ 派遣労働者からの苦情の申し出を受け付け適切に対応する。

❹ 派遣元事業主との連絡調整を行う。

ア　派遣労働者の人事記録と考課は，派遣先責任者の任務としては規定されていない。

イ　派遣先責任者は派遣就業場所ごとに選任する必要があり，派遣就業場所がいくつかあるときは，その就業場所専属の派遣先雇用者を任命する。ただし，雇用労働者と派遣労働者の合計人数が５人を超えない就業場所には，派遣先責任者を任命しなくてもよい。

ウ　派遣先責任者の責務を果たせる派遣先雇用者であればよく，派遣労働者が従事する業務全般を統括する管理職位である必要はない。　　　　　　　　　　　　　　　《解答》エ

## 問57　☑□□　不正競争防止法で保護されるものはどれか。　　　　（H27問22）

ア　特許権を取得した発明

イ　頒布されている独自のシステム開発手順書

ウ　秘密として管理している，事業活動用の非公開の顧客名簿

エ　秘密として管理していない，自社システムを開発するための重要な設計書

## 問57　解答解説

不正競争防止法は，他人のノウハウを盗んだり，そのノウハウを勝手に自分の商売に使用するなどの不正行為を止めさせる差止請求権と，その不正行為によって被った損害に対する損害賠償請求権などを規定した法律である。不正競争防止法の保護の対象となるのは，トレードシークレット（営業秘密）である。トレードシークレットの条件は，

・秘密として管理している

・技術上または営業上の有用な情報である

・公然と知られていない

の3つである。秘密として管理している事業活動用の非公開の顧客名簿は，トレードシークレットの条件を満足しており，不正競争防止法で保護される。

 ア　特許権を取得した発明は公然と知られたものであり，トレードシークレットには当てはまらない。

 イ　頒布されている独自のシステム開発手順書は，秘密として管理されていないため，トレードシークレットには当てはまらない。

 エ　どんなに重要な情報であっても，秘密として管理されていないものはトレードシークレットには当てはまらない。　　　　　　　　　　　　　　　　　　《解答》ウ

---

**問58** ☑□ 　　　労働基準法で定める制度のうち，36協定がよりどころとしている制度
□□ 　　はどれか。　　　　　　　　　　　　　　　　　　　　　　　　　　（H29問22）

ア　業務遂行の手段，時間配分の決定などを大幅に労働者に委ねる業務に適用され，労働時間の算定は，労使協定で定めた労働時間の労働とみなす制度

イ　業務の繁閑に応じた労働時間の配分などを行い，労使協定によって1か月以内の期間を平均して1週の法定労働時間を超えないようにする制度

ウ　時間外労働，休日労働についての労使協定を書面で締結し，行政官庁に届け出ることによって，法定労働時間外の労働が認められる制度

エ　労使協定によって1か月以内の一定期間の総労働時間を定め，1日の固定勤務時間以外では，労働者に始業・終業時刻の決定を委ねる制度

---

**問58** 解答解説

労働基準法では，時間外労働や休日労働について，第32条で次のように定めている。

第三十二条　使用者は，労働者に，休憩時間を除き一週間について四十時間を超えて，労働させてはならない。

○2　使用者は，一週間の各日については，労働者に，休憩時間を除き一日について八時間を超えて，労働させてはならない。

この第32条で規定された時間以上の労働をさせる場合には，第36条で規定されている労使協定（俗に"36協定"と呼ばれる）を締結し，所轄労働基準監督署に届け出なければならない。

第三十六条　使用者は，当該事業場に，労働者の過半数で組織する労働組合がある場合においてはその労働組合，労働者の過半数で組織する労働組合がない場合においては労働者の過半数を代表する者との書面による協定をし，これを行政官庁に届け出た場合においては，第三十二条から第三十二条の五まで若しくは第四十条の労働時間（以下この条において「労働時間」という。）又は前条の休日（以下この項において「休日」という。）に関する規定にかかわらず，その協定で定めるところによって労働時間を延長し，又は休日に労働させることができる。　　　　　　　　　　　　　　　　　　　　　　　　　　《解答》ウ

# 13 プロジェクトステークホルダマネジメント

**問59** ☑☐☐☐　PMBOKでの定義におけるプロジェクトとステークホルダの関係のうち，適切なものはどれか。　　　　　　　　　　　　　　　　（H26問5）

ア　サプライヤは，プロジェクトが創造するプロダクトやサービスを使用する。

イ　スポンサは，契約に基づいてプロジェクトに必要な構成アイテムやサービスを提供する。

ウ　納入者は，プロジェクトに対して資金や現物などの財政的資源を提供する。

エ　プログラムマネージャは，関連するプロジェクトの調和がとれるように，個々のプロジェクトの支援や指導をする。

**問59** 解答解説

　プログラムマネジメントとは，プロジェクトを個々にマネジメントするよりも多くの成果価値やコントロールを得るために，相互に関連するプロジェクトグループを調和のとれた方法で一元的にマネジメントすることであり，その相互に関連したプロジェクトグループをプログラムという。また，プログラムをマネジメントすることに責任を持つ者をプログラムマネージャと呼ぶ。プログラムマネージャは，関連するプロジェクトの調和がとれるように，個々のプロジェクトの支援や指導をする。　　　　　　　　　　　　　　《解答》エ

・スポンサ：プロジェクトに対して資金や現物などの財政的資源を提供する。
・納入者：契約に基づいてプロジェクトに必要な構成アイテムやサービスを提供する。納入者は，ベンダ，サプライヤ，コントラクタとも呼ばれる。

**問60** ☑☐☐☐　プロジェクトに関わるステークホルダの説明のうち，適切なものはどれか。　　　　　　　　　　　　　　　　　　　　　　　　　（H25問1）

ア　組織の内部に属しており，組織の外部にいることはない。

イ　プロジェクトに直接参加し，間接的な関与に留まることはない。

ウ　プロジェクトの成果が，自らの利益になる者と不利益になる者がいる。

エ　プロジェクトマネージャのように，個人として特定できることが必要である。

### 問60　解答解説

　ステークホルダとは，プロジェクトに積極的にかかわる人々や，プロジェクトの成果によって利益を得るか，不利益を被る個人や組織などである。ステークホルダには，組織の外部にいる顧客や納入者も含まれるし，プロジェクトに直接参加しない者も含まれる。また，スポンサやプロジェクトマネージャのように個人として特定される者以外の，個人としては特定されない顧客やユーザなどもステークホルダである。

　　ア　組織の外部にいるスポンサや顧客などもステークホルダである。

　　イ　ステークホルダには，プロジェクトに直接は参加せず，間接的な関与に留まる者もいる。

　　エ　個人として特定できない顧客やシステムの利用者もステークホルダである。

《解答》ウ

## 14　セキュリティ

### 問61　☑□　ブルートフォース攻撃に該当するものはどれか。　（午前Ⅰ H27F問14）
　　　　□□

ア　WebブラウザとWebサーバの間の通信で，認証が成功してセッションが開始されているときに，Cookieなどのセッション情報を盗む。

イ　可能性がある文字のあらゆる組合せのパスワードでログインを試みる。

ウ　コンピュータへのキー入力を全て記録して外部に送信する。

エ　盗聴者が正当な利用者のログインシーケンスをそのまま記録してサーバに送信する。

### 問61　解答解説

　ブルートフォース攻撃とは，パスワードとして用いることができる文字のすべての組合せでログインを試みるパスワード解析手法の一種である。使用可能な文字の全組合せを試行するという特徴から時間さえかければ必ずログインに成功するが，パスワードに使用する文字

の種類を増やす，パスワードの文字数を増やす，一定回数ログインに失敗したら一定時間ログインを不可能にするアカウントロックアウトの仕組みを導入するなどの対策によって，実質的に攻撃を防ぐ効果が期待できる。                                    《解答》イ

---

**問62** ☑□□ 　Webアプリケーションにおけるセキュリティ上の脅威と対策の適切
　　　 □□　 な組合せはどれか。                          (午前 I H26F問14)

ア　OSコマンドインジェクションを防ぐために，Webアプリケーションが発行する
　セッションIDを推測困難なものにする。

イ　SQLインジェクションを防ぐために，Webアプリケーション内でデータベースへ
　の問合せを作成する際にバインド機構を使用する。

ウ　クロスサイトスクリプティングを防ぐために，外部から渡す入力データをWeb
　サーバ内のファイル名として直接指定しない。

エ　セッションハイジャックを防ぐために，Webアプリケーションからシェルを起
　動できないようにする。

---

**問62** 　解答解説

　SQLインジェクションは，アプリケーションが想定しないSQL文を実行させてデータベースを不正に操作するコンピュータ犯罪の手口である。防止策としてはバインド機構を利用するのがよい。バインド機構とは，実際の値が割り当てられていない記号文字（プレースホルダ）を使用してSQL文の雛形をあらかじめ用意し，後に実際の値（バインド値）をプレースホルダに割り当てるデータベースの機能である。バインド値はエスケープ処理がされるため，悪意の利用者によるSQL文の実行を防ぐことができる。

　　ア　OSコマンドインジェクションとは，コンピュータのOSを操作するための命令を外部
　　　から実行するコンピュータ犯罪である。防止策としては，シェルを起動できる言語機能
　　　を利用しないようにすることが挙げられる。

　　ウ　クロスサイトスクリプティングとは，Webアプリケーションにスクリプトを埋め込
　　　める脆弱性につけ込んで，他のサイトが不正なスクリプトを埋め込み，利用者のブラウ
　　　ザで不正なスクリプトを実行させる手口である。対策としては，スクリプト埋め込みの
　　　原因を作らないようにエスケープ処理を施すことなどが挙げられる。

　　エ　セッションハイジャックとは，ログイン中の利用者のセッションIDを不正に取得し，
　　　その利用者になりすましてシステムにアクセスする手口のことである。対策としては推
　　　測困難なセッションIDを使用することが挙げられる。              《解答》イ

**問63** ☑□□□ テンペスト攻撃の説明とその対策として，適切なものはどれか。

(R3問24)

ア　通信路の途中でパケットの内容を改ざんする攻撃であり，その対策としては，ディジタル署名を利用して改ざんを検知する。

イ　ディスプレイなどから放射される電磁波を傍受し，表示内容を解析する攻撃であり，その対策としては，電磁波を遮断する。

ウ　マクロマルウェアを使う攻撃であり，その対策としては，マルウェア対策ソフトを導入し，最新のマルウェア定義ファイルを適用する。

エ　無線LANの信号を傍受し，通信内容を解析する攻撃であり，その対策としては，通信パケットを暗号化する。

---

**問63** 解答解説

　機器やネットワークから発生する微弱な電磁的信号を外部で傍受し，収集・解析することによって，キー入力の情報やスクリーン上の情報を得るという盗聴技術をテンペストという。テンペスト対策の基本は，電磁的信号の放出を減少させるために，ネットワークケーブルを含むすべての機器にシールドを施すことである。部屋単位や建物単位でシールド化を行うケースが多い。

　ア　ネットワーク上のデータの窃取，改ざんとその検知に関する説明である。

　ウ　マクロマルウェアは，表計算ソフトのデータファイルやワープロソフトの文書ファイルなどにマクロ言語で記述されたデータに潜み，電子メールの添付ファイルを開いたときに感染するタイプのマルウェアである。マクロマルウェアの感染を防止するには，ネットワーク上の経路にマルウェア対策ソフトを配置するなど，感染した文書ファイルを開く前に処置を施すのが望ましい。

　エ　無線LANの盗聴とその対策に関する説明である。　　　　　　　　《解答》イ

---

**問64** ☑□□□ ゼロデイ攻撃の特徴はどれか。　　　　　　　　　（午前Ⅰ H27F問13）

ア　セキュリティパッチが提供される前にパッチが対象とする脆弱性を攻撃する。

イ　特定のWebサイトに対し，日時を決めて，複数台のPCから同時に攻撃する。

ウ　特定のターゲットに対し，フィッシングメールを送信して不正サイトへ誘導する。

エ　不正中継が可能なメールサーバを見つけた後，それを踏み台にチェーンメールを大量に送信する。

## 問64 　解答解説

　ゼロデイ攻撃（zero day attack）とは，ある脆弱性が発見されたとき，対応策や修正用プログラムが公表・配布される前に，その脆弱性を利用して行う攻撃である。

- イ　DDoS（Distributed Denial of Service；分散サービス拒否）攻撃に関する記述である。
- ウ　典型的なフィッシング詐欺の手口に関する記述である。送信されるメールは金融機関などを装っていることが多い。
- エ　踏み台攻撃（コンピュータを乗っ取り，不正メール転送などの中継点にする）を用いたチェーンメール攻撃に関する記述である。　　　　　　　　　《解答》ア

## 問65　☑□ □□　NISTが制定した，AESにおける鍵長の条件はどれか。　　（H31問24）

ア　128ビット，192ビット，256ビットから選択する。
イ　256ビット未満で任意に指定する。
ウ　暗号化処理単位のブロック長よりも32ビット長くする。
エ　暗号化処理単位のブロック長よりも32ビット短くする。

## 問65 　解答解説

　AES（Advanced Encryption Standard）は，DES（Data Encryption Standard）の後継としてNIST（米国国立標準技術研究所）に採用された，ブロック暗号による共通鍵暗号方式の標準暗号規格である。ブロック長は128ビットに固定されているが，鍵長は，128ビット，192ビット，256ビットから選択できる。

- イ　鍵長を任意に指定することはできない。
- ウ　鍵長は，ブロック長をもとに決められるものではない。
- エ　鍵長は，ブロック長をもとに決められるものではない。　　　　　　　　　《解答》ア

## 問66　☑□ □□　公開鍵暗号方式を使った暗号通信を$n$人が相互に行う場合，全部で何個の異なる鍵が必要になるか。ここで，一組の公開鍵と秘密鍵は2個と数える。

（H30問24）

ア　$n+1$　　　イ　$2n$　　　ウ　$\dfrac{n(n-1)}{2}$　　　エ　$\log_2 n$

282

**問66** 解答解説

　公開鍵暗号方式では，通信を行う各主体（利用者）ごとに，それぞれ秘密鍵と公開鍵のペアを用意する。したがって，n人の間で相互に暗号を使って通信する場合には，必要な鍵の数は2nとなる。　　　　　　　　　　　　　　　　　　　　　　　　　　　　《解答》イ

**問67** ☑☐☐☐　共通脆弱性評価システム（CVSS）の特徴として，適切なものはどれか。

　　　　　　　　　　　　　　　　　　　　　　　　　　　　　　　　　（R2問24）

ア　CVSS v2とCVSS v3.0は，脆弱性の深刻度の算出方法が同じであり，どちらのバージョンで算出しても同じ値になる。

イ　脆弱性の深刻度に対するオープンで汎用的な評価手法であり，特定ベンダに依存しない評価方法を提供する。

ウ　脆弱性の深刻度を0から100の数値で表す。

エ　脆弱性を評価する基準は，現状評価基準と環境評価基準の二つである。

**問67** 解答解説

　CVSS（Common Vulnerability Scoring System：共通脆弱性評価システム）は，情報システムの脆弱性の深刻度を評価する汎用的な評価手法である。CVSSでは，基本評価基準，現状評価基準，環境評価基準の三つの基準で脆弱性の深刻度を評価する。脆弱性の深刻度に対するオープンで汎用的な評価手法であり，特定ベンダに依存しない。

　　ア　CVSS v3.0では基本評価基準の算出方法が変更されたため，同じ脆弱性であってもCVSS v2とCVSS v3.0では評価値が異なる場合がある。

　　ウ　深刻度は0.0〜10.0のスコアとして算出される。

　　エ　基本評価基準，現状評価基準，環境評価基準の三つの基準で評価する。　　《解答》イ

**問68** ☑☐☐☐　DNSSECの機能はどれか。　　　　　　　　　　　　　（R3問25）

ア　DNSキャッシュサーバの設定によって，再帰的な問合せを受け付ける送信元の範囲が最大になるようにする。

イ　DNSサーバから受け取るリソースレコードに対するディジタル署名を利用して，リソースレコードの送信者の正当性とデータの完全性を検証する。

ウ　ISPなどに設置されたセカンダリDNSサーバを利用して権威DNSサーバを二重化することによって，名前解決の可用性を高める。

エ　共通鍵暗号とハッシュ関数を利用したセキュアな方法によって，DNS更新要求

## 問68 解答解説

　DNSSEC（DNS SECurity extensions）とは，ディジタル署名を利用して，DNS応答パケットが正規のDNSサーバから送信され，改ざんされていないことを検証するためのDNSのセキュリティ拡張機能である。正規の権威DNSサーバがリソースレコードに対してディジタル署名した応答パケットを受信側（DNSキャッシュサーバなど）で検証することによって，送信者の真正性とDNSデータの完全性を確認することができる。ディジタル署名の検証に用いる公開鍵の真正性は，公開鍵のハッシュ値を親ゾーンのDNSサーバがディジタル署名する「信頼の連鎖」と呼ばれる仕組みによって確保している。

　DNSSECはDNSキャッシュポイズニングに対する有効な手段であるが，DNSサーバやネットワークの負荷の増大，運用管理負荷の増大などの課題もある。

　ア　DNSキャッシュサーバの再帰的な問合せを受け付ける送信元の範囲を最大に設定すると，DNSキャッシュポイズニングなどの攻撃を受ける可能性が高まる。
　ウ　権威DNSサーバの冗長化構成に関する記述である。
　エ　TSIG（Transaction SIGnature）に関する記述である。 　　　　　　《解答》イ

## 問69 ☑☐☐☐ ペネトレーションテストに該当するものはどれか。 (H29問25)

ア　暗号化で使用している暗号方式と鍵長が，設計仕様と一致することを確認する。
イ　対象プログラムの入力に対する出力結果が，出力仕様と一致することを確認する。
ウ　ファイアウォールが単位時間当たりに処理できるセッション数を確認する。
エ　ファイアウォールや公開サーバに侵入できないかどうかを確認する。

## 問69 解答解説

　ペネトレーションテスト（侵入テスト）は，情報システムに実際に侵入を試みることによって，コンピュータやシステムへの侵入が可能か否かを確認するテストである。ファイアウォールや公開サーバなどに対して定期的にペネトレーションテストを実施することにより，セキュリティソフトや機器の設定ミス，新たに発見された脆弱性の対応漏れなどを確認できる。 　　　　　　《解答》エ

## 問70 ☑☐☐☐ シャドーITに該当するものはどれか。 (H28問24)

ア　IT製品やITを活用して地球環境への負荷を低減する取組み

イ　IT部門の公式な許可を得ずに，従業員又は部門が業務に利用しているデバイスやクラウドサービス

ウ　攻撃対象者のディスプレイやキータイプを物陰から盗み見て，情報を盗み出すこと

エ　ネットワーク上のコンピュータに侵入する準備として，攻撃対象の弱点を探るために個人や組織などの情報を収集すること

**問70　解答解説**

　シャドーITとは，企業のIT部門の公式な許可を得ないまま，従業員が業務に利用している私物のノートパソコンやスマートフォン，タブレットといったデバイス，あるいは部門が業務に利用しているクラウドサービスなどのことである。IT部門の関与や管理が行き届いていない状況で使用されるため，ウイルス感染や情報漏えいなどのトラブルが発生するリスクが高い。

　ア　グリーンITに関する記述である。

　ウ　ソーシャルエンジニアリングの手口の一つであるショルダーハックに関する記述である。

　エ　フットプリンティング（Foot Printing）に関する記述である。　　　《解答》イ

**問71**　☑□ □□　CSIRTの説明として，適切なものはどれか。　　（H29問24）

ア　JIS Q 15001:2006に適合して，個人情報について適切な保護措置を講じる体制を整備・運用している事業者などを認定する組織

イ　企業や行政機関などに設置され，コンピュータセキュリティインシデントに対応する活動を行う組織

ウ　電子政府のセキュリティを確保するために，安全性及び実装性に優れると判断される暗号技術を選出する組織

エ　内閣官房に設置され，サイバーセキュリティ政策に関する総合調整を行いつつ，"世界を率先する""強靱で""活力ある"サイバー空間の構築に向けた活動を行う組織

CSIRT（Computer Security Incident Response Team）は，企業や行政機関などに設置され，システムにセキュリティインシデントが発生した場合に対応する活動を行う組織である。

　ア　財団法人日本情報経済社会推進協会（JIPDEC）の説明である。JIS Q 15001：2006に適合し，個人情報保護について適切な保護措置を行っていると判断される事業者などには，JIPDECによってプライバシーマークの使用が許可される。

　ウ　CRYPTREC（CRYPTography Research and Evaluation Committees）の説明である。電子政府のセキュリティを確保するために，暗号技術の安全性を評価・監視し，適切な実装法を調査・検討する組織である。

　エ　内閣サイバーセキュリティセンター（National center of Incident readiness and Strategy for Cybersecurity：NISC）の説明である。行政の情報システムへの不正アクセスの監視や分析，サイバー攻撃に関する情報の収集や分析，各政府機関への情報提供などを行う内閣官房に設置された組織である。　　　　　　　　　　　　《解答》イ

---

**問72**　☑☐☐☐　脆弱性検査手法の一つであるファジングはどれか。　　　　　（R2問25）

ア　既知の脆弱性に対するシステムの対応状況に注目し，システムに導入されているソフトウェアのバージョン及びパッチの適用状況の検査を行う。

イ　ソフトウェアの，データの入出力に注目し，問題を引き起こしそうなデータを大量に多様なパターンで入力して挙動を観察し，脆弱性を見つける。

ウ　ベンダや情報セキュリティ関連機関が提供するセキュリティアドバイザリなどの最新のセキュリティ情報に注目し，ソフトウェアの脆弱性の検査を行う。

エ　ホワイトボックス検査の一つであり，ソフトウェアの内部構造に注目し，ソースコードの構文をチェックすることによって脆弱性を見つける。

---

ファジングとは，検査対象のソフトウェアに対して，ファジングツールなどで生成した，問題を引き起こしそうな入力データを大量に多様なパターンで与え，その応答や挙動を観察することで，脆弱性を見つける検査手法である。問題を引き起こしそうな入力データのことをファズと呼ぶ。また，専用のツールを使えば，検査対象のソフトウェアの開発者でなくても，比較的簡単にファジングを実施することができる。　　　　　　　　　　《解答》イ

# 第2部

## 午後Ⅰ試験対策
### ―①問題攻略テクニック

# 1 午後Ⅰ問題の解き方

## 1.1 午後Ⅰ試験突破のポイント

午後Ⅰ試験を突破するポイントは,

- ❶ 問題文を"読解"する
- ❷ "解き方"に従って解く

の2つに集約される。この2つのどちらが欠けても本試験突破はおぼつかない。

<u>問題文にざっと目を通した程度</u>では内容は頭に入らない。その状態でいくら"解き方"を駆使しようとしても,時間が掛かるだけである。また,問題文を的確に"読解"できたとしても,<u>"解き方"が誤っている</u>と正解をずばり記述できないことがある。

だが,問題文の読解も,解き方に従うことも,次のトレーニング方法で簡単に身につけることができる。

- ● 問題文の読解法…「二段階読解法」
- ● 解き方…「三段跳び法」

2つのトレーニングのねらい,方法,そして最終目標をよく理解した上で,実践してほしい。

## 1.2 問題文の読解トレーニング—二段階読解法

問題文は,<u>概要を理解しつつもしっかりと細部まで読み込む</u>必要がある。

そのためのトレーニング法が「概要読解」と「詳細読解」の二段階に分けて読み込んでいく二段階読解法である。トレーニングを繰り返していくと,全体像を意識しつつ詳細に読み込むことができるようになる。

| 概要読解 | …… 問題文の概要を把握する<br>タイトルにチェックを入れ,全体像を意識しながら読む |
| 詳細読解 | …… 解答に関係のありそうな情報を発見する<br>問題文の重要部分に線を引きながら,細部にも留意して読む |

▶二段階読解法

# 1 全体像を意識しながら問題文を読む―概要読解

長文読解のコツは**「何について書かれているか」を常に意識しながら読む**ことにある。長文を苦手とする受験者は，全体像を理解できていないことが多い。

問題文を理解する最大の手がかりは〔タイトル〕にある。午後Ⅰ試験の問題文は複数のモジュールから構成され，モジュールには必ず〔タイトル〕が付けられている。〔タイトル〕は軽視されがちだが，これを意識して読み取ることで，長文に対する苦手意識はずいぶんと改善される。

H25問3より抜粋

A社とM社の合併のねらいや合併準備委員会の基本方針について述べている

〔合併準備委員会の基本方針〕

　最近，A社は，以前から業務提携している同業で中小規模のM社と，1年後に合併することを決定した。M社は，大阪を中心に関西地方に顧客基盤をもっており，A社はこの合併を機会に，全国規模の企業へ発展しようと計画していた。

新システムの方針についての決定事項を述べている

〔新システムの方針〕

　合併準備委員会の基本方針の決定を受け，両社の関連部門の責任者を集めたシステム検討会議では，両社のシステムの状況を検討し，次の方針を決定した。

（1）A社プロジェクトの開発スケジュールで計画されていた稼働予定を変更し，新システムの稼働開始は合併と合わせて来年6月とする。

（2）A社プロジェクトのPMのB部長を，新システムの開発プロジェクト（以下，新プロジェクトという）のPMに任命する。

PMであるB部長の新プロジェクトのスケジュールについての検討内容を述べている

〔新プロジェクトの開発スケジュールの検討〕

　B部長は，A社プロジェクトの開発スケジュールを参考に，図2に示す新プロジェクトの開発スケジュール案について検討を開始した。M社との合併で，A社プロジェクトに比べて新プロジェクトの全体工数は増大するが，②業務プロセスを新システムの業務プロセスに統一するのであれば，V社 ERP 導入と追加開発のスケジュールには大きな変更は必要ないと考えた。

問題文やモジュールのタイトルは重要な手がかりになる！

▶タイトルをマークした概要読解

## ❷ アンダーラインを引きながら問題文を読む―詳細読解

　次は，問題文に埋め込まれている解答を導くための情報を探しながら，詳細に読み込むためのトレーニングである。このトレーニングは，問題文を読みながら，その中に次のような情報を見いだして，アンダーラインを引いていく方法である。

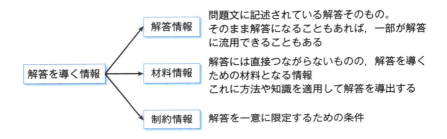

▶解答を導く情報

### ■ アンダーラインを引く

　「アンダーラインを引く」という行為は，問題文をじっくり読むことにつながる。ただし，慣れないうちは問題文が線だらけになってしまい，かえって見づらくなるので，次のことを目安に線を引くとよい。

▶アンダーラインを引くべき情報

| 目安となる観点 | 着目度 | 説明 |
|---|---|---|
| よいこと | ★ | 「顧客の意見を十分反映した」など，ポジティブに記述されている部分。解答に直接つながるというより，解答を限定する情報になることが多い。 |
| 悪いこと | ★★★ | 「チェックは特に行っていない」など，ネガティブに記述されている部分。リスクや管理の問題点を表していることが多く，解答に直接つながりやすい。 |
| 目立った現象・行動・決定 | ★★★ | 悪いことと同様，リスクや管理の問題点を表していることが多い。解答に直接つながりやすい。 |
| 数字や例 | ★★ | 例を用いて説明している部分は，問題のポイントになることが多い。品質管理などで，材料情報になることもある。 |

| 唐突な事実 | ★★★ | 「プログラムの著作権は，原則としてE社に帰属するものとした」など，唐突に現れる事実。わざわざ説明するからには何かがある！ |
| キーワード | ★★ | 問題文で定義される用語や分野特有のキーワード。解答で使用することが多い。 |

タイトルもチェック！

H14問2より抜粋

〔Y社との業務遂行〕

　E社は，ネットワーク管理に関する部分について，D社と調整が済んだ部分から順次外部設計書をまとめ，テレビ会議を使ってY社との設計会議を開始した。E社メンバの英語への翻訳作業は思いのほか時間がかかり，会議の開催は計画より遅れてしまった。また，回を重ねるに連れて，会議は深夜にまで及ぶことが多くなった。E社とY社の会議でのやりとりは，E社からの外部設計書の棒読み的な説明の後，Y社から質問があり，それに対しE社が答えて次に進むといった調子で行われた。Y社から質問のあったことについてはE社の回答はあるものの，一歩踏み込んだ議論にはならなかった。これは英語力の問題だけでなく，E社がY社に行間を読むことを一方的に期待しているためでもあった。

　約1か月が経過したが，スケジュールの回復はできず遅れる一方であった。部分的に送られてきたY社作成の内部設計書は，E社の要求が十分に反映されておらず，F課長は不安になった。

目立った現象

悪いこと
目立った行動

悪いこと
目立った行動

悪いこと
目立った行動

悪いこと

▶詳細読解―アンダーラインの例

## 3 トレーニングとしての二段階読解法

　二段階読解法は，読解力を訓練するためのトレーニング法である。目指すのは，本試験において，問題文を二段階に分けて別々の目的をもって読み解くことではなく，**少ない回数で解答に必要な情報を集める**こと，あるいは解答することである。

　時間配分としては，1問の持ち時間の3分の1の時間内に読み込めるよう，トレーニングしよう。

## 1.3 設問の解き方─正解発見の三段跳び法

午後Ⅰ試験の正解の条件は，次の2点である。

**❶ 設問の要求事項に正しく答えている**
**❷ 解答の根拠が問題文にある**

❶の要求事項は設問が受験者に答えさせたい内容で，これを満たしていない解答は正解になり得ない。

❷は見落とされやすい。経験や技術のある受験者ほど，設問に対して「自分の経験や業界の知識」から答えてしまいがちだからだ。しかし，午後Ⅰ試験が求めているのはあくまでも**問題文の条件や制約に沿った解答**であり，個人的な経験や勝手な解釈ではない。経験や業界知識は重要だが，それらはあくまでも問題文を踏まえたうえで適用しなければならない。

問題文 H25問1より抜粋

〔クラウドサービス利用の検討〕

L氏は，事業部門及び現場事務所統括部門の責任者を含めて基本案についてのレビュー会議を開催した。その結果，この基本案は，前提を含めて次の点で再検討する必要があるとの指摘を受けた。

① 事業部門の責任者の指摘：グローバル対応はK社の急務である。今年4月1日に開始して，遅くとも，新しい海外顧客向け大型製造装置の設計が開始される，来年1月初めから利用できるようにしてほしい。

② 現場事務所統括部門の責任者の指摘：データセンタと各現場事務所を専用線でそれぞれ1対1に接続する構成は，システムの専任者がいない現場事務所には負担となる。グローバルに接続拠点がある安全なネットワークなどの利用を検討してほしい。

根拠が問題文にある

設問1 〔クラウドサービス利用の検討〕について，L氏が，クラウドサービス提供企業の選定を行う際に，付け加えた条件とは何か。35字以内で述べよ。

○グローバルに接続拠点がある安全なネットワークを提供すること

要求事項に答えている

× グローバル対応を急ぐこと

× 来年1年初めから利用できること

クラウドサービス提供企業の選定で付加する条件ではない

▶正解の条件

# 1 三段跳び法

　正解の条件を満たす答案を導くためのテクニック，あるいはトレーニング法が，三段跳び法である。これは，

　　❶ 設問のキーワードから問題文へ「ホップ」する
　　❷ 問題文のキーワードから，解答を導く情報へ「ステップ」する
　　❸ ❷で発見した情報をもとに，正解に向けて「ジャンプ」する

という，三段跳びで解答を作成していく方法である。

▶三段跳び法の手順

## ■ ホップ（Hop）

　設問を特徴づけるキーワードやキーフレーズを見つける。キーワードやキーフレーズは，問題文にそのまま現れたり，同等の内容が記述されていたりするので，それらを探す。

## ■ ステップ（Step）

　ホップで見つけた場所の近くまたは，意味的つながりのある部分に，解答を導くための情報が記述されている。設問の要求事項に注意して，その情報を探す。

## ■ ジャンプ（Jump）

　ステップで見つけた情報をもとに，制限字数に注意して解答を作成する。その際，設問の要求事項に適合しているかどうかを必ず確かめるようにする。例えば，リスクが問われているのか，リスク要因が問われているのかで解答は異なる。最後でミスをするのは本当にもったいない。
　設問にもよるが，ステップで見つけた情報の流用が可能であれば，一部でもよいので流用する。

**問題文**

これは問題点の
内容そのものなので要求ではない

**キーワード**

〔営業部門へのヒアリング〕

K氏は，次に，営業部門のM部長にヒアリングした。概要は次のとおりであった。

**Step**

・営業活動の際に，対象案件と類似した案件の経験者や，必要な公的資格保有者がどの程度いるかを人事部に問い合わせても，確認に時間が掛かると断られる場合が多く，必要な人材情報を把握できないことが業務上の大きな問題点である。

・類似案件の経験者や必要な公的資格保有者の情報を迅速に入手できるようにしてほしい。

・人事部だけでなく，営業部員もシステムに直接アクセスし，必要な情報を入手できる仕組みにしてほしい。

・さらに，案件を受注した後の要員の稼働状況をグラフ形式で確認できる機能を追加してほしい。

**Jump**

問題点に
関連しない要求

問題点に関する要求→解答

**設問**

**Hop**

〔営業部門へのヒアリング〕について，K氏は，営業部門の要求には，現状の業務上の問題点に関する要求と，できれば実現したい要求が混在していると感じたが，現状の業務上の問題点に関する要求とは何か。40字以内で述べよ。

**（正解）** 類似案件の経験者や必要な公的資格保有者の情報を迅速入手できること

## ② ステップの繰り返しが必要な場合

ステップの作業を何度か繰り返さなければ解答情報にたどり着けない場合もある。一度のステップで解答情報にたどり着けなくてもあきらめずに，さらにステップしてほしい。この多段ステップの例を見てみる。

## ●多段ステップ・例●

### 設問

〔各社のクラウドサービスの評価〕について，L氏が，Z社のクラウドサービスの評価として，顧客要求への不適合の可能性があると判断した根拠は何か。20字以内で述べよ。

**キーワード**

**Hop**

**Hop**

### 問題文

〔各社のクラウドサービスの評価〕
  ：

・Z社：開発期間に問題はないが，サーバ運用の条件を確認する必要がある。また，新EDMSの機能面の特性から想定されるリスク，顧客要求への不適合の可能性がある。

具体的な情報なし！

**Hop**

- 設問の「**Z社のクラウドサービスの評価**」として「**顧客要求への不適合の可能性**」について言及している問題文を探すと，「**各社のクラウドサービスの評価**」の中に見つかる。

- 2つのキーワードからホップした先には「**顧客要求への不適合の可能性がある**」と書かれているが，その具体的な内容については触れていない。

---

**Tips ホップ・ステップの失敗を恐れない**

ホップに用いるキーワードとして一般的な用語を選んでしまうと，問題文のいたるところにたどり着いてしまい，どれが正しい情報なのか分からなくなってしまう。そのような場合は，別の用語を選んで絞り込むとよい。ただし，絞り込みすぎると，今度はホップ・ステップする場所が見当たらなくなってしまうこともある。

キーワードの絞り込みの加減は，トレーニングを繰り返すと徐々に分かってくる。最初のうちは，ホップ・ステップに失敗することが多いかもしれないが，だんだんうまくできるようになる。それを信じてトレーニングに取り組んでほしい。

## 問題文

〔各社のクラウドサービスの評価〕 **Step❶**

〔クラウドサービス利用の検討〕
:
各社のクラウドサービスの比較結果は表2のとおりである。

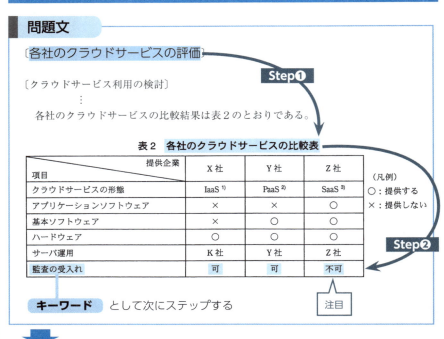

**表2　各社のクラウドサービスの比較表**

| 項目＼提供企業 | X社 | Y社 | Z社 |
|---|---|---|---|
| クラウドサービスの形態 | IaaS 1) | PaaS 2) | SaaS 3) |
| アプリケーションソフトウェア | × | × | ○ |
| 基本ソフトウェア | × | ○ | ○ |
| ハードウェア | ○ | ○ | ○ |
| サーバ運用 | K社 | Y社 | Z社 |
| 監査の受入れ | 可 | 可 | 不可 |

（凡例）
○：提供する
×：提供しない

**Step❷**

**キーワード** として次にステップする

注目

**Step❶**　そこで，クラウドサービスの評価の基となった「**表2　各社のクラウドサービスの比較表**」へとステップする。

**Step❷**　すると，表2の比較表で，Z社だけが不可となっている項目があるのが分かる。この項目が「**監査の受入れ**」であるので，さらに，この言葉をキーワードとしてステップする。

## 問題文

「監査の受入れ」

**Step❸**

設計ドキュメントには，顧客の機密情報を含むドキュメント類も含まれるので，取扱いには十分に注意する必要がある。電子化してサーバに保管する際には，サーバの管理状況を明確に把握する必要がある。サーバの運用を委託する場合は，定期的な管理レポートを顧客が要求する形で報告し，顧客が要求する場合には，サーバの管理について監査を行うことが，顧客との契約条件となる場合がある。新EDMSの開発に当たって，システムの一部の運用を委託する場合には，これらの要求事項を満たす必要がある。開発プロジェクトは今年4月1日から開始することとし，K社は情報システム部のL氏をプロジェクトマネージャ（PM）に任命した。

**Jump**

**Z社が監査の受入れを不可としているので，顧客要求に応えられない!!**

**Step❸**　顧客要求への不適合と結びつく具体的な記述を問題文に発見した。「**顧客が要求する場合には，サーバの管理について監査を行うことが，顧客との契約条件となる場合がある**」にもかかわらず，Z社は，監査の受入れを不可としていることが分かる。これでようやく解答に必要な情報がそろった。

**Jump**　Z社が監査を受け入れないのでは，顧客要求に応えられない。よって，顧客要求への不適合の可能性があると判断した根拠は，「**サーバ管理についての監査ができない**」点にある。

## 3 テクニックが目指す先

三段跳び法は，午後Ⅰ試験を突破するための重要なテクニックである。

矛盾するようだが，二段階読解法と同様，三段跳び法の最終目標は「三段跳び法を意識せずに問題を解く」ことである。

● 手がかりを見落とさないように問題文をしっかり読む

● 設問と問題文を関連させ，解答情報を探す

これを適切にできれば，二段階読解法や三段跳び法などの手順を意識することなく，正解を導くことができる。テクニックは，そこに至るための練習方法だと認識して，トレーニングを繰り返そう。

# 2 解き方の例

平成25年午後Ⅰ・問2をとり上げて，午後Ⅰ問題の具体的な解き方を説明する。

まず，問題文の読み方として，悪いことや目立った現象，数字や例，唐突な事実などに注意して，線を引いた例を示す。この例では，説明のために線を引いた理由も示しているが，実際に問題演習をする場合には，理由を書き込む必要はない。

**具体例** **プロジェクト計画の策定**―H25問2

**問2** プロジェクト計画の策定に関する次の記述を読んで，設問1～3に答えよ。

通信事業者のC社は様々な事業分野へ進出し，急速に事業規模を拡大している。その結果，経営状況を全社横断的に把握するシステムを整備することが経営課題となっていた。そこで，経営状況をモニタリングし，迅速な意思決定を支援するシステム（以下，モニタリングシステムという）を開発することにした。

C社でシステム化を行う場合は，各事業部が個別システム化計画を策定し，システム部がそれらを取りまとめて，次年度の全社のシステム化計画と予算を経営会議に申請するという流れとなっている。経営会議で承認された次年度予算は各事業部に配分され，各事業部は予算に沿って，個別システムの開発を，情報子会社のR社に委託することになっている。 ➡ 唐突な事実

モニタリングシステムの個別システム化計画書（以下，計画書という）は経営管理部が策定し，次年度予算の承認を受けて，4月からプロジェクトを開始することにした。C社 ➡ 具体的な時期

のモニタリングシステム開発の責任者は経営管理部のD部長，開発側のプロジェクトマネージャ（PM）はR社のS課長である。

〔計画書の確認〕

S課長は，経営管理部が策定した計画書を確認した。計画書によれば，C社では週次に経営会議を開催し，経営課題に対する意思決定を行っている。経営状況に関しては，各事業部の報告書から，経営管理部が手作業で集計して確認している。モニタリングシステムは，この手作業の部分をシステム化することを目的としており，主な要件は，各事業部の既存の業務システムから必要なデータを抽出し，経営会議資料に集約することである（図1参照）。したがって，機能はデータ集計とレポート作成だけであり，各事業部との調整は不要と想定し，開発期間は6か月と短期間に設定している。 ➡ 具体的な内容

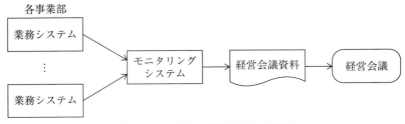

**図1　モニタリングシステムの概要**

S課長は，計画書の妥当性を確認するため，C社の事業部のシステム開発を担当しているR社のT課長を訪問し，C社の業務システムの状況についてヒアリングを行った。ヒアリング結果の概要は次のとおりである。

・システム開発が各事業部の業務担当者主導で行われており，全社の業務プロセスの整理が十分に行われていない。　⬅ 悪いこと
・その結果，類似のデータ項目が複数の業務システムにあり，更新のタイミングも異なるので，データ項目間の整合性は必ずしも取れていない。　⬅ 悪いこと
・システムの基盤も個別に構築されてきており，運用が複雑化しているので，システム部で，W社のミドルウェアをベースとした新基盤への移行計画を進めている。
　　　　　　　　　　　　　　　　　　　　　　　　　　⬅ 唐突な事実

S課長は，計画書にはプロジェクト管理上のリスクが含まれている可能性があると感じ，プロジェクトの実行計画策定に際して，経営会議メンバのモニタリングシステムに対する要求内容の確認が必要であると考えた。また，新基盤への移行計画については，状況を把握しておく必要性を感じた。

〔経営会議メンバへのヒアリング〕
　次に，S課長は経営管理部のD部長との打合せを行った。打合せでは，D部長から，"経営状況を1日でも早く把握するために，現在経営管理部が行っている手作業を，そのままシステム化する方針とし，6か月で開発を完了させたい。"との要求があった。
　S課長は，事前にヒアリングしたT課長の情報を踏まえ，"経営会議メンバへのヒアリングと，経営会議資料，及び関連する既存システムの仕様調査を行った上で，プロジェクトの実行計画を策定する中でスケジュールを確定させたい。"として，稼働時期の要求に対する回答を保留した。　⬅ 行動・決定
　その後，D部長同席の下で行った経営会議メンバへのヒアリングでは，C社の社長から，"経営会議資料の取りまとめに時間が掛かっている。また，各事業部の状況を同一の指標で比較評価する必要性を感じている。整合性のある正確な情報をモニタリングシステムから得られることを期待している。"という要望が述べられた。
　次にS課長は，経営会議資料の項目の洗い出しと関連する既存システムの仕様の確認を行い，事前にヒアリングしたT課長の情報が事実であることを確認した。　⬅ 行動
　S課長はこれらの状況を整理した上で，D部長に対して，C社の社長の要望を実現する

ためには，モニタリングシステム開発の前に対応すべき課題があり，モニタリングシステムの開発スケジュールについては見直す必要がある旨を回答した。◯ **行動** D部長からは，どのような見直しが必要か具体的な提案をするようにと依頼を受けた。毎年1月からは繁忙期となるので，遅くとも年内には開発を完了させる必要があるとのことであった。◯ **事実・制約**

〔プロジェクトの実行計画策定〕

　S課長は，モニタリングシステムのスコープについて検討した。元々は，データ集計とレポート作成の機能だけのシステムを想定していたが，C社の社長の要望を実現するためには，業務プロセスの整理と，既存システムの改修もスコープに含める必要がある。そのためには，新たなステークホルダの参加を要求する必要があると考えた。また，開発の作業工数が大幅に増加するので，開発要員の追加が必要となる。C社の各事業部向けシステムの開発・改修などの業務は，R社が継続的に委託を受けており，次年度予算の決定を受けて，既に要員計画は固まっている状況である。S課長は，D部長からC社の各事業部に対して，協力を依頼してもらう必要があると考えた。

　スケジュール面からは，開発の前に，業務プロセスの整理と，既存システムの改修の仕様を確定する必要があり，その期間を2か月と見込んで，6月から開発を開始する方針とした。◯ **決定**

　S課長は実際の開発工数を見積もるに当たり，新基盤への移行計画の進捗状況を確認することにした。C社のシステム部の回答は次のとおりであった。

・W社のミドルウェアについては，現在検証中であり，まだ利用できない。◯ **悪いこと**

・現在，"新基盤を利用する場合の開発標準"を，3か月後の完成を目標に作成中である。◯ **唐突な事実**

・C社内にW社のミドルウェアについて詳しい要員がいないので，W社から要員を派遣してもらい，仕様を確認しながら検証を行っている。◯ **悪いこと**

・W社のミドルウェアは最近リリースされたばかりであり，利用する予定の機能が正常に動作しない事象が発生し，検証がなかなか進まない状況である。◯ **悪いこと**

　これらの確認結果を受け，S課長は，今回のプロジェクトに新基盤を採用した場合，開発要員の手配，システムの品質，開発スケジュールの観点でリスクを抱え込むことになるので採用すべきでないと判断し，代替案を換討することにした。◯ **決定**

　S課長は，これらの検討を踏まえ，12月末完了を目標としたモニタリングシステム開発プロジェクトのプロジェクト実行計画を策定し，D部長に提案した。

## ● 三段跳び法・活用例 ●

次に，設問ごとに，三段跳び法で，解答をまとめていくまでの考え方を具体的に説明する。

### 設問1

〔計画書の確認〕について，S課長は，計画書のどの部分にプロジェクト管理上のリスクが含まれている可能性があると感じたのか。45字以内で述べよ。

**Hop**

**Hop**
指定されたモジュールへ

### 問題文

〔計画書の確認〕

S課長は，経営管理部が策定した計画書を確認した。計画書によれば，C社で

**Step❶**
計画書の内容へ

営会議を開催し，経営課題に対する意思決定を行っている。経営状況に関〜事業部の報告書から，経営管理部が手作業で集計して確認している。モニタリングシステムは，この手作業の部分をシステム化することを目的としており，主な要件は，各事業部の既存の業務システムから必要なデータを抽出し，経営会議資料に集約することである（図1参照）。したがって，機能はデータ集計とレポート作成だけであり，各事業部との調整は不要と想定し，開発期間は6か月と短期間に設定している。

**何をした？**

〜は，計画書の妥当性を確認するため，C社の事業部のシステム開発を担当しているR社のT課長を訪問し，C社の業務システムの状況についてヒアリングを行った。ヒアリング結果の概要は次のとおりである。

・システム開発が各事業部の業務担当者主導で行われており，全社の業務プロセスの整理が十分に行われていない。
・その結果，類似のデータ項目が複数の業務システムにあり，更新のタイミングも異なるので，データ項目間の整合性は必ずしも取れていない。

**Step❷**
ヒアリングで
分かったことへ

〜テムの基盤も個別に構築されてきており，運用が複雑化しているので，システ〜W社のミドルウェアをベースとした新基盤への移行計画を進めている。〜，計画書にはプロジェクト管理上のリスクが含まれている可能性があると感じ，プロジェクトの実行計画策定に際して，経営会議メンバのモニタリングシステムに対する要求内容の確認が必要であると考えた。また，新基盤への移行計画については，状況を把握しておく必要性を感じた。

**Hop**

「計画書」をキーワードに，指定された〔計画書の確認〕モジュールへ

すると，「**計画書を確認**」「**計画書の妥当性を確認するため**」「**計画書にはプロジェクト管理上のリスクが含まれている**」にたどり着く。

**Step❶**

・「**計画書を確認**」からは，解答を導く情報「**計画書の内容**」に
・「**計画書の妥当性を確認するため**」からは，「**ヒアリング**」という行動を経て，解答を導く情報「ヒアリングで分かったこと」に
それぞれたどり着く。
・「**計画書にはプロジェクト管理上のリスクが含まれている**」からは，それ以上の情報は見つからない。

以上より，S課長は「計画書の内容の妥当性」を確認するためにヒアリングを行った結果，そこにリスクが含まれている可能性を感じた，ということが分かる。

**Step❷**

ヒアリング結果とそれから推測できることは次のことである。
・現在の手作業で集計されている経営状況のレポートには，問題があることが推測できる。
　→問題のあるレポートをそのままシステム化するつもりでいるのか？
・開発期間を6か月という短期間に設定する根拠となっているのは，モニタリングシステムの機能はデータ集計とレポート作成だけで，各事業部との調整は不要という前提条件である。
　→適切なレポートを作成する必要が生じた場合は，前提条件が大きく変わる。
　→さらにその際，工数やスケジュールが大幅に増えることが懸念される。

**Jump**

以上のことから，S課長が，プロジェクト管理上のリスクが含まれている可能性があると感じた計画書の部分は，**機能はデータ集計とレポート作成だけであり，各事業部との調整は不要と想定している点**である。

❷演習編

午後Ⅰ—①攻略テクニック

〔経営会議メンバへのヒアリング〕について，(1) に答えよ。

(1) 事前にヒアリングしたT課長の情報を踏まえ，S課長が最終利用者である経営会議メンバに確認したいと考えたことは何か。25字以内で述べよ。

**Hop**

### 問題文

問2　プロジェクト計画の策定に関する次の記述を読んで，設問1〜3に答えよ。

　通信事業者のC社は様々な事業分野へ進出し，急速に事業規模を拡大している。その結果，経営状況を全社横断的に把握するシステムを整備することが経営課題となっていた。そこで，経営状況をモニタリングし，迅速な意思決定を支援するシステム（以下，モニタリングシステムという）を開発することにした。

……

〔計画書の確認〕

……

**Step❷**

　S課長は，計画書にはプロジェクト管理上のリスクが含まれている可能性があると感じ，プロジェクトの実行計画策定に際して，経営会議メンバのモニタリングシステムに対する要求内容の確認が必要であると考えた。また，新基盤への移行計画については，状況を把握しておく必要性を感じた。

……

**Step❶**

〔経営会議メンバへのヒアリング〕

　次に，S課長は経営管理部のD部長との打合せを行った。打合せでは，D部長から，"経営状況を1日でも早く把握するために，現在経営管理部が行っている手作業を，そのままシステム化する方針とし，6か月で開発を完了させたい。"との要求があった。

　S課長は，事前にヒアリングしたT課長の情報を踏まえ，"経営会議メンバへのヒアリングと，経営会議資料，及び関連する既存システムの仕様調査を行った上で，プロジェクトの実行計画を策定する中でスケジュールを確定させたい。"として，稼働時期の要求に対する回答を保留した。

　その後，D部長同席の下で行った経営会議メンバへのヒアリングでは，C社の社長から，"経営会議資料の取りまとめに時間が掛かっている。

**Hop**　「事前にヒアリングしたT課長の情報」「経営会議メンバ」をキーワードに，指定された〔経営会議メンバへのヒアリング〕モジュールへ

すると，「S課長は，事前にヒアリングしたT課長の情報を踏まえ，"経営会議メンバへのヒアリングと，経営会議資料，及び関連する既存システムの仕様調査を行った上で，プロジェクトの実行計画を策定する中でスケジュールを確定させたい。"として，稼働時期の要求に対する回答を保留した」という記述にたどり着く。

**Step❶**　また「事前にヒアリングしたT課長の情報」とは，設問1でもみたように〔計画書の確認〕モジュール内で述べられており，そのモジュール内でキーワードを探すと，「S課長は，計画書にはプロジェクト管理上のリスクが含まれている可能性があると感じ，プロジェクトの実行計画策定に際して，経営会議メンバのモニタリングシステムに対する要求内容の確認が必要であると考えた」にたどり着く。

以上，経営会議メンバへヒアリングしたいことは，モニタリングシステムに対する要求内容の確認ということが分かる。

**Step❷**　ここで，モニタリングシステムについての情報を探すと，問題文冒頭の「経営状況を全社横断的に把握するシステムを整備することが経営課題となっていた。そこで，経営状況をモニタリングし，迅速な意思決定を支援するシステム（以下，モニタリングシステムという）を開発することにした」にたどり着く。

このことから，モニタリングシステムは経営状況に基づいた迅速な意思決定を支援するために開発するシステムで，その最終利用者は経営会議メンバであることが分かる。

**Jump**　これらの事実より，経営会議メンバのモニタリングシステムへの要望をきちんと確認しておくことが重要であることが分かる。また，経営会議メンバがモニタリングシステムを開発する目的や，モニタリングシステムへの要望を確認することで，計画書の"機能はデータ集計とレポート作成だけで，各事業部門との調整は不要"という前提条件が正しいかどうかも明確になる。

よって，S課長が経営会議メンバに確認したいと考えたことは，**最終利用者のモニタリグシステム開発の目的**，あるいは**最終利用者のモニタリングシステムに対する要望**となる。

## 設問2 (2)

〔経営会議メンバへのヒアリング〕について，(2) に答えよ。
(2)　S課長がD部長に対して回答した，モニタリングシステム開発の前に対応すべき課題とは何か。25字以内で述べよ。

**Hop**
指定されたモジュールへ

**Hop**

## 問題文

〔計画書の確認〕
……
・システム開発が各事業部の業務担当者主導で行われており，全社の業務プロセスの整理が十分に行われていない。
・その結果，類似のデータ項目が複数の業務システムにあり，更新のタイミングも異なるので，データ項目間の整合性は必ずしも取れていない。
……

〔経営会議メンバへのヒアリング〕
……

**Step❸**

その後，D部長同席の下で行った経営会議メンバへのヒアリングでは，C社の社長から，"経営会議資料の取りまとめに時間が掛かっている。また，各事業部の状況を同一の指標で比較評価する必要性を感じている。整合性のある正確な情報をモニタリングシステムから得られることを期待している。"という要望が述べられた。

**Step❶**

**Step❷**

次にS課長は，経営会議資料の項目の洗い出しと関連する既存システムの仕様の確認を行い，事前にヒアリングしたT課長の情報が事実であることを確認した。

S課長はこれらの状況を整理した上で，D部長に対して，C社の社長の要望を実現するためには，モニタリングシステム開発の前に対応すべき課題があり，モニタリングシステムの開発スケジュールについては見直す必要がある旨を回答した。D部長からは，どのような見直しが必要か具体的な提案をするようにと依頼を受けた。毎年1月からは繁忙期となるので，遅くとも年内には開発を完了させる必要があるとのことであった。

306

**Hop**

「対応すべき課題」をキーワードに，指定された〔**経営会議メンバへのヒアリング**〕モジュールへ

すると，「S課長は，これらの状況を整理した上で，D部長に対して，C社の社長の要望を実現するためには，モニタリングシステム開発の前に対応すべき課題があり」にたどり着く。

**Step❶**

**Hop** より，C社の社長の要望を実現するための課題ということが分かるので，社長の要望の情報を探すと「**C社の社長から，"経営会議資料の取りまとめに時間が掛かっている。また，各事業部の状況を同一の指標で比較評価する必要性を感じている。整合性のある正確な情報をモニタリングシステムから得られることを期待している。"** という要望が述べられた」にたどり着く。

つまり，C社の社長の要望は，経営会議資料の迅速な取りまとめと，各事業部の状況を同一の指標で比較評価するための，整合性のある正確な情報であることが分かる。

**Step❷**

これに関連する既存システムの情報として直後に述べられている「**経営会議資料の項目の洗い出しと関連する既存システムの仕様の確認を行い，事前にヒアリングしたT課長の情報が事実であることを確認した**」にもたどり着く。

**Step❸**

「**事前にヒアリングしたT課長の情報**」とは，設問1でも出てきた〔計画書の確認〕モジュールにあるヒアリング結果の概要である。そこから分かることは，「**既存システムはデータ項目間の整合性は必ずしも取れていない**」ということである。

**Jump**

これらのことから，C社の社長の要望である各事業部の状況を同一の指標で比較評価するための，整合性のある正確な情報モニタリングシステムで提供するためには，複数の業務システムにある類似のデータ項目間の整合性を取る必要がある。

よって，モニタリングシステム開発の前に対応すべき課題は，**データ項目間の整合性を取ること**である。

〔プロジェクトの実行計画策定〕について，（1）に答えよ。
(1) S課長が考えた，新たに参加が必要となるステークホルダとは誰か。15字以内で答えよ。

**Hop**
モジュールを指定

**Hop**

**問題文**

〔計画書の確認〕

……

　S課長は，計画書の妥当性を確認するため，C社の事業部のシステム開発を担当しているR社のT課長を訪問し，C社の業務システムの状況についてヒアリングを行った。ヒアリング結果の概要は次のとおりである。
・システム開発が各事業部の業務担当者主導で行われており，全社の業務プロセスの整理が十分に行われていない。
……

**Step❷**
「業務プロセスの整理」「既存システムの改修」にふさわしい人を探す

〔プロジェクトの実行計画策定〕
　S課長は，モニタリングシステムのスコープについて検討した。元々は，データ集計とレポート作成の機能だけのシステムを想定していたが，C社の社長の要望を実現するためには，業務プロセスの整理と，既存システムの改修もスコープに含める必要がある。そのためには，新たなステークホルダの参加を要求する必要があると考えた。また，開発の作業工数が大幅に増加するので，開発要員の追加が必要となる。C社の各事業部向けシステムの開発・改修などの業務は，R社に委託を受けており，次年度予算の決定を受けて，既に要員計画は固まっている。S課長は，D部長からC社の各事業部に対して，協力を依頼してもらえると考えた。

**Step❶**
新たな
ステークホルダが
必要な理由

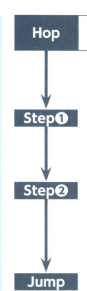

| Hop | 「**新たに参加が必要になるステークホルダ**」をキーワードに，指定された〔**プロジェクトの実行計画策定**〕モジュールへ |
|---|---|

すると，「**新たなステークホルダの参加を要求する必要がある**」にたどり着く。

**Step❶**　新たなステークホルダを参加させる必要が生じた理由として，「C社の社長の要望を実現するためには，業務プロセスの整理と，既存システムの改修もスコープに含める必要がある」にたどり着く。

**Step❷**　さらに，業務プロセスの整理と既存システムの改修にふさわしい人物を探すと，「**システム開発が各事業部の業務担当者主導で行われており，全社の業務プロセスの整理が十分に行われていない**」にたどり着く。

**Jump**　これまでのシステム開発が各事業部の業務担当者主導で行われてきているという事実から，業務プロセスの整理と既存システムの改修のために求められる新たに参加が必要となるステークホルダは，**各事業部の業務担当者**と判断できる。

❷演習編

午後Ⅰ－①攻略テクニック

キーワード

〔プロジェクトの実行計画策定〕について，(2) に答えよ。
(2) 　S課長が考えた，D部長からC社の各事業部に対して，協力を依頼しても
　　らう必要がある点とは何か。40字以内で述べよ。

**Hop**
指定されたモジュールへ

**Hop**

**問題文**

……

　C社でシステム化を行う場合は，各事業部が個別システム化計画を策
定し，システム部がそれらを取りまとめて，次年度の全社のシステム化
計画と予算を経営会議に申請するという流れとなっている。経営会議で
承認された次年度予算は各事業部に配分され，各事業部は予算に沿って，
個別システムの開発を，情報子会社のR社に委託することになっている。

**Step❷**

　モニタリングシステムの個別システム化計画書（以下，計画書という）
は経営管理部が策定し，次年度予算の承認を受けて，4月からプロジェク
トを開始することにした。C社のモニタリングシステム開発の責任者は経営管理部の
D部長，開発側のプロジェクトマネージャ（PM）はR社のS課長である。

**Step❷**
この2つに関する情報は？

……

〔プロジェクトの実行計画策定〕

　S課長は，モニタリングシステムのスコープについて検討した。元々は，データ集
計とレポート作成の機能だけのシステムを想定していたが，C社の社長の要望を実現
するためには，業務プロセスの整理と，既存システムの改修もスコープに含める必要
がある。そのためには，新たなステークホルダの参加を要求する必要があると考えた。
また，開発の作業工数が大幅に増加するので，開発要員の追加が必要と
なる。C社の各事業部向けシステムの開発・改修などの業務は，R社が
継続的に委託を受けており，次年度予算の決定を受けて，既に要員計画
は固まっている状況である。S課長は，D部長からC社の各事業部に対
して，協力を依頼してもらう必要があると考えた。

**Step❶**
協力を必要
とする理由

| **Hop** | 「D部長からC社の各事業部」をキーワードに，指定された〔プロジェクトの実行計画策定〕モジュールへ |
|---|---|

すると「S課長は，D部長からC社の各事業部に対して，**協力を依頼してもらう必要があると考えた**」にたどり着く。

| **Step❶** | S課長が協力を依頼してもらう必要があると考えた理由について，直前の「**開発の作業工数が大幅に増加するので，開発要員の追加が必要となる。C社の各事業部向けシステムの開発・改修などの業務は，R社が継続的に委託を受けており，次年度予算の決定を受けて，既に要員計画は固まっている状況である**」にたどり着く。 |
|---|---|

| **Step❷** | C社の各事業部向けシステムの開発・改修などについて，次年度予算が決まっていることが分かるので，予算に関する情報を探すと，問題文冒頭の「**C社でシステム化を行う場合は，各事業部が個別システム化計画を策定し，システム部がそれらを取りまとめて，次年度の全社のシステム化計画と予算を経営会議に申請するという流れとなっている。経営会議で承認された次年度予算は各事業部に配分され，各事業部は予算に沿って，個別システムの開発を，情報子会社のR社に委託することになっている**」にたどり着く。<br>また，個別システム化計画という言葉から「**モニタリングシステムの個別システム化計画書（以下，計画書という）は経営管理部が策定し，次年度予算の承認を受けて**」にもたどり着く。 |
|---|---|

| **Jump** | **Step❷** より， |
|---|---|

- C社の次年度の全社のシステム化計画と予算は決定済みで，各事業部に配分されており，
- その決定に沿ってR社での要員計画も固まっている

という現状が分かる。

この状況で，モニタリングシステムの大幅な作業工数の増加に対応するために，C社のD部長から各事業部へ依頼すべき協力内容を考えてみる。

ここで，作業工数が大幅に増えた原因は，モニタリングシステムのスコープに業務プロセスの整理と既存システムの改修が含まれたためである。業務プロセスの整理や既存システムの改修箇所の検討については，各事業部の業務担当者の参加によって行うが，各業務システムの

改修作業を実際に行う要員も不足している。

この要員不足に予算や要員計画が固まっている状況で対処する方法としては，

- 各業務システムの改修を各事業部に依頼する
- 各業務システムの要員をモニタリングシステムに回してもらって，モニタリングシステムの開発プロジェクトで行う

という2つの方法が考えられる。

各業務システムの改修を各事業部に依頼するという観点から解答をまとめると，すでに決まっている各事業部の開発や改修よりも優先してモニタリングシステムのための改修を実施してもらう必要があるので，依頼内容は，**モニタリングシステムの課題に対応する改修業務の優先順位を上げてもらう**，となる。

モニタリングシステムの開発プロジェクトとして各業務システムの改修を行う場合には，各事業部のシステム開発に回す要員の中からモニタリングシステムへの要員を割いてもらう必要があるので，依頼内容は，**各事業部のシステム開発の計画を見直し，モニタリングシステムに要員を割いてもらう**，となる。

解答としては，単に不足している要員を出してもらうという単純な内容では不十分で，プロジェクト事例の状況に応じて，予算や要員の裏づけまで考慮していることが分かる内容にまとめる必要がある。

･･････････････････････ MEMO ･････････････････････

## 設問3（3）

〔プロジェクトの実行計画策定〕について，（3）に答えよ。

(3) S課長が考えた，新基盤を採用した場合に抱え込むことになる，開発要員の手配，システムの品質，開発スケジュールの観点でのリスクとは具体的に何か。それぞれ25字以内で述べよ。

**Hop**

指定されたモジュールへ

## 問題文

〔プロジェクトの実行計画策定〕

……

開発スケジュール

スケジュール面からは，開発の前に，業務プロセスの整理と，既存システムの改修の仕様を確定する必要があり，その期間を2か月と見込んで，6月から開発を開始する方針とした。

**Step**

S課長は実際の開発工数を見積もるに当たり，新基盤への移行計画の進捗状況を確認することにした。C社のシステム部の回答は次のとおりであった。

・W社のミドルウェアについては，現在検証中であり，まだ利用できない。

・現在，"新基盤を利用する場合の開発標準"を，3か月後の完成を目標に作成中である。

・C社内にW社のミドルウェアについて詳しい要員がいないので，W社から要員を派遣してもらい，仕様を確認しながら検証を行っている。

・W社のミドルウェアは最近リリースされたばかりであり，利用する予定の機能が正常に動作しない事象が発生し，検証がなかなか進まない状況である。

これらの確認結果を受け，S課長は，今回のプロジェクトに新基盤を採用した場合，開発要員の手配，システムの品質，開発スケジュールの観点でリスクを抱え込むことになるので採用すべきでないと判断し，代替案を検討することにした。

開発要員の手配　　システムの品質

開発スケジュール

314

| Hop | 「**新基盤**」をキーワードに，指定された〔**プロジェクト実行計画策定**〕モジュールへ |

すると，「**新基盤への移行計画の進捗状況を確認する**」にたどり着く。

| Step | 新基盤への移行計画の進捗状況における，「**開発要員の手配**」「**システムの品質**」「**開発スケジュール**」の観点ごとの具体的なリスク源となる記述にたどり着く。 |

| Jump | 観点ごとの具体的なリスクについて問われているので，一般論ではなく，それぞれの観点からのリスク源とリスクの関係が明確になるように解答をまとめる必要がある。 |

### 開発要員の手配

**Step** より，C社内にW社のミドルウェアについて詳しい要員がいないことが分かるので，このことから考えられる要員手配に関するリスクは，**W社のミドルウェアに詳しい要員が手配できない**というリスク，あるいは**新基盤の知識をもった開発要員を手配できない**というリスクである。

### システムの品質

**Step** より，W社のミドルウェアにはまだ実績がないことや，実際に正常に動作しない機能があることが分かるので，このことから考えられる品質に関するリスクは，**ミドルウェア不具合により品質目標を達成できない**というリスク，あるいは**ミドルウェア不具合によりシステム品質が低下する**というリスクである。

### 開発スケジュール

**Step** より，"新基盤を利用する場合の開発標準"が計画どおりに完成した場合でも，その完成は３か月後で，２か月後の６月からのモニタリングシステムの開発には間に合わないことが分かる。よって，開発スケジュールのリスクは，**開発標準の完成を待つと開発着手が遅れる**というリスクである。また，ミドルウェアの利用する予定の機能が正常に動作しない事象が発生し，検証がなかなか進まないという状況を考えると，**ミドルウェアの検証が遅れ年内に開発完了できない**というリスクを挙げてもよい。

# 第3部

## 午後Ⅰ試験対策
### ──②問題演習

# 出題傾向と学習戦略

## 1 出題テーマ

　午後Ⅰ試験の問題数はH26年度より現在の3問になりました。直近5年間に出題された問題テーマや扱われた業種，問われた主なマネジメント分野，対象システムは次のようになります。

▶直近5年間の午後Ⅰ問題一覧表

| 年度 | 問 | 問題テーマ | 業種 | マネジメント分野 | 対象システム |
|---|---|---|---|---|---|
| H29年 | 問1 | 製造実行システム導入プロジェクトの計画作成　★ | 製造業向けのSI企業 | 統合（トレードオフへの対応） | 製造実行システム（MES） |
| | 問2 | サプライヤへのシステム開発委託　★ | 中堅のソフトウェア企業 | 調達 | ロードサービスのコールセンタシステム |
| | 問3 | 単体テストの見直しおよび成果物の品質向上 | 卸売業の自社開発 | 品質 | 基幹系システム |
| H30年 | 問1 | SaaSを利用した営業支援システムを導入するプロジェクト　★ | 中堅の運輸会社 | システム化方針の決定，要件定義 | 営業支援システム |
| | 問2 | システム開発プロジェクトの品質管理　★ | SI企業 | 品質 | ―― |
| | 問3 | 情報システム刷新プロジェクトのコミュニケーション | 中堅の不動産会社 | コミュニケーション，ステークホルダ | CRMシステム |
| H31年 | 問1 | コンタクトセンタにおけるサービス利用のための移行 | 通信販売事業者 | 移行，リスク | 次世代型コンタクトセンタサービス |
| | 問2 | IoTを活用した工事管理システムの構築　★ | 中堅の土木工事業 | リスクなど | 工事管理システム |
| | 問3 | プロジェクトの定量的なマネジメント | ソフトウェア企業 | 定量的管理・標準の導入，スケジュール | 社内標準の導入，販売管理システム |

| | | | | | |
|---|---|---|---|---|---|
| **R2年** | 問1 | デジタルトランスフォーメーション（DX）推進におけるプロジェクトの立ち上げ | 化学製品製造業 | 統合（立ち上げ・プロジェクト憲章の作成） | 生産プロセスの自動化システム |
| | 問2 | システム開始プロジェクトにおける，プロジェクトチームの開発 | —— | 資源，アジャイル開発 | 消費者向けサービス提供システム |
| | 問3 | SaaSを利用した人材管理システム導入プロジェクト | 中堅の旅行会社 | 統合（プロジェクト計画作成），リスク | 人材管理システム |
| **R3年** | 問1 | 新たな事業を実現するためのシステム開発プロジェクトにおけるプロジェクト計画 | 生命保険会社 | 統合，リスク | 保険商品を提供するためのシステム |
| | 問2 | 業務管理システムの改善のためのシステム開発プロジェクト | 通信販売会社 | 統合，スコープ | 業務管理システム |
| | 問3 | マルチベンダのシステム開発プロジェクト ★ | 金融機関 | 調達 | 融資業務の基幹システム |

※第3部 2 **午後Ⅰ問題の演習** では，上記中★印の問題を，次の各分野を代表する問題として掲載しています（H26～H28年度の問題を含みます）。
　1 開発計画の策定／2 プロジェクトの運営／3 システム再構築／
　4 その他

## 2 マネジメントの基礎をまんべんなく理解しよう

　この表から，業種も，対象システムも実に幅広く出題されていることが分かります。午後Ⅰ問題で総合問題が出題されることが多いために，**統合マネジメントの出題比率が高く感じられますが**，実際には**リスクやステークホルダ，品質**など，そのなかで様々な要素が問われています。また，コストマネジメントに特化した問題は出題されていませんが，見積りや契約，差異分析など予算について考慮しないプロジェクトはありえませんので，**コストマネジメントの要素は随所に含まれています。**

　毎回，このような幅広い範囲で，現実のプロジェクトにおいても実際に起こりうると思われる**現実的な内容の事例**での出題がされています。

　したがって，次回の試験でも，現実のプロジェクトにおいて，実際に起こり得る内容の事例での出題が予想されます。設問で問われるポイントも，プロジェクトマネジメントの基本的で現実的な点に絞られています。

## 3 現実の事例へのマネジメントの適用力を身につけよう

　特定のマネジメント分野に関する問題や，外部設計や統合テストといった工程に的を絞った問題，そして総合問題と，出題内容は様々です。プロジェクトマネジメントの基本的な考え方や，設問で問われるポイントは，難解なものは少なく，**現実的な問題へのプロジェクトマネージャとしての適応力**が問われるという点で，一致しています。

　問題文で提示される状況において，重要ポイントが進捗・コスト・品質・スコープなどのどこにあるのかをきちんと問題文から読み取って，プロジェクトマネージャとしてふさわしい対応を答えることが求められているのです。

## 4 リスクと品質は必ず意識しておこう

　**リスク問題と品質問題**の出題比重は，年度によって異なりますが，リスク問題も品質問題もどちらもプロジェクトでは大切な問題ですので，以降も，この2点に関しての出題は続くと思われます。

## 5 出題されそうな事例での留意点

　ソフトウェアパッケージを導入する際の留意点，見積りや契約上の留意点，予算管理のための実績集計の仕組み，スケジュール変更の手法やリスクへの対応，契約形態に応じた作業指示方法，品質管理の観点など，基本的な知識やノウハウをきちんと押さえた学習が必要です。R2年度以降，アジャイル開発を意識した事例が出題されるようになりました。アジャイル開発についての知識を習得しておくと良いでしょう。

## 6 演習を繰り返して，解答をまとめる力をみがこう

　午後Ⅰ試験対策は，**プロジェクトマネジメントの分野ごとのマネジメントの流れを学習**して基礎的な専門知識を身につけた後で，**過去の本試験問題で演習を繰り返すこと**が中心になります。また，解答制限字数が，H26年度以降，30字以上のものが多くなり，1問あたりの小問数は7〜8問程度に抑えられるようになりました。時間的制約は以前より緩くなったといえますが，決められた制限字数内に解答をまとめるという作業は，考えている以上に時間が掛かります。演習問題を解く場合には，解答ポ

イントを押さえるだけでなく，きちんと用紙に制限字数を守って解答を書く練習をすること，そして重要ポイントに沿って簡潔にまとめるトレーニングをしておくことがとても大切です。

# 2 午後Ⅰ問題の演習

## 1 開発計画の策定

### 問1 人材管理システムの構築

(出題年度：H26問1)

人材管理システムの構築に関する次の記述を読んで，設問1～4に答えよ。

*制限時間45分

　J社は建設業である。来年4月1日に職能資格制度を改定することが決まっている。その改定に間に合うように，新たに人材管理システム（以下，新人材管理システムという）を構築するプロジェクト（以下，新人材管理プロジェクトという）を立ち上げることにした。新人材管理システムは，現状の業務上の問題点を解決するために，既存の社員情報システム，業務経歴システム及び研修管理システムを統合し，社員の業務経歴やスキルに関する情報を一元管理することを目的としている。

　新人材管理システムのシステム化計画は，人事部が策定して，経営会議へ上程した。経営会議では，計画を承認するとともに，"営業活動にも貢献できる人材管理システムとするよう，営業部門の要求も取り込むように。"との指示があった。

　新人材管理プロジェクトのプロジェクトマネージャ（PM）には，情報システム部のK氏が任命された。職能資格制度の改定に合わせて，来年4月1日からの稼働開始が制約条件となっている。スケジュールを図1に示す。

図1　スケジュール

〔スコープマネジメント〕

　新人材管理システムの要件定義を開始するに当たって，人事部L部長を委員長とする要求検討委員会を設置して要求を整理することになった。経営会議での指示を受け，人事部以外に営業部門のM部長をメンバに加えることにした。K氏は，要求検討委員

会に参加し，人事部と営業部門の要求を確認することにした。

　委員会の冒頭に，新人材管理システムのシステム化計画をまとめた人事部のN課長から，新人材管理システムの開発範囲は，人材に関する情報を一元的に管理する仕組みの構築であることが説明された。これに対し，営業部門からは"営業活動における問題点も解決できるよう，過去の類似案件の経験者や，必要な公的資格保有者を迅速に把握できるようにしてほしい。案件を受注した後の要員の稼働状況を確認する機能も追加してほしい。"などの要求が出された。K氏は，開発期間の制約もあり，全ての要求を来年4月1日までに実現することはできない旨を説明し，要求を集約することを求めた。しかしながら，その場では要求を集約することはできなかったので，K氏が，要求を集約する案をまとめ，次回の要求検討委員会で報告することになった。

　K氏は，要求の集約方法を検討するに当たって，改めて要求の背景となる①現状の業務上の問題点を一覧表にまとめ，関係部門の要求がどの問題点に起因しているかを整理すべきだと考えた。

〔人事部へのヒアリング〕

　K氏は，まず，既存のシステムの状況と現状の業務上の問題点を，人事部の担当者にヒアリングした。概要は次のとおりであった。

・社員情報システム：全社員の所属，役職，職能資格などの情報を管理している。辞令の情報を基に人事部がデータを社員情報システムに入力し，マスタのデータベースとして他のシステムに情報を配信している。

・業務経歴システム：社員が，現在までに担当した案件の名称と従事した期間，業務内容，担当した技術分野などの情報を管理している。表計算ソフトを用いて作成された業務経歴記入シートによって社員から報告されたデータを，人事部で業務経歴システムに取り込んでいる。業務内容，担当した技術分野の記入方法は社員に任されていて統一されていない。

・研修管理システム：社員が受講した研修や取得した公的資格などの情報を管理している。表計算ソフトを用いて作成された研修・公的資格記入シートによって社員から報告されたデータを，人事部で研修管理システムに取り込んでいる。研修や公的資格の名称の記入方法が統一されていないので，同一の研修や公的資格が異なる表記で登録されている場合がある。

・各記入シートは，表計算ソフトで作成したテンプレートに，社員が必要な情報を記入する形式であり，社員からは，記入の手間が掛かり，かつ，記入しづらいので改善してほしいとの要望が多数寄せられている。

次にK氏が，人事部のN課長にヒアリングを行ったところ，現状の業務上の問題点は次の2点であった。

・社員からの報告が期末にまとまって上がってくることが多く，人事部での取込み作業が期末に集中して，負荷が高くなっている。

・人材に関するデータが複数のシステムに分散しているので，各部門からの問合せに対して個々のシステムから情報を集めなければならず，さらに，内容の確認に時間が掛かるので，問合せに対応できない場合が多い。

　N課長は，"現状の各記入シートの記入内容はそのままで，社員がシステムに直接入力することによって人事部での取込み作業がなくなる。また，各部門からの問合せにも新人材管理システムを検索するだけで対応できるので，短時間で対応できるようになる。これらのことを目指したシステム化計画である。"という考えであった。

　K氏は，人事部へのヒアリング結果から，現在，要求検討委員会に参加していないステークホルダの要望を仕様に反映させる必要があると考えた。また，この対応とは別に，N課長の考えでは，目指していることを十分に実現できないリスクがあり，対策の必要があると感じた。


〔営業部門へのヒアリング〕

　K氏は，次に，営業部門のM部長にヒアリングした。概要は次のとおりであった。

・営業活動の際に，対象案件と類似した案件の経験者や，必要な公的資格保有者がどの程度いるかを人事部に問い合わせても，確認に時間が掛かると断られる場合が多く，必要な人材情報を把握できないことが業務上の大きな問題点である。

・類似案件の経験者や必要な公的資格保有者の情報を迅速に入手できるようにしてほしい。

・人事部だけでなく，営業部員もシステムに直接アクセスし，必要な情報を入手できる仕組みにしてほしい。

・さらに，案件を受注した後の要員の稼働状況をグラフ形式で確認できる機能を追加してほしい。

　K氏は，営業部門の要求には，現状の業務上の問題点に関する要求と，できれば実現したい要求が混在していると感じた。そして，現状の業務上の問題点に関する要求については，人事部の要求と解決の方向性は一致しており，②この範囲で合意することは可能ではないかと考えた。

〔プロジェクト遂行方針〕

　ヒアリングの結果を踏まえ，K氏は第2回の要求検討委員会において，要求を集約するに当たって，次の方針を提案した。

・新人材管理システムの開発範囲は，現状の業務上の問題点を解決することに重点を置き，職能資格制度改定への対応，人材に関する情報を一元的に管理する仕組みの構築，及び人材関連情報の項目と記入方法の整理とする。

・仕様検討の進め方として，業務経歴システムや研修管理システムへの改善要望を多く出している社員にプロトタイプを使ってもらい，意見を把握する。

・受注後の要員の稼働状況のグラフ化は今回の開発範囲に含めず，情報の一元管理が完了した後に改めて検討する。

・営業部員がシステムに直接アクセスする仕組みは新人材管理システム特有のリスクがあるので，③システムに直接アクセスする仕組みは導入せず，人事部で対応することとし，迅速な情報提供を行える機能の検討を実施する。

　これらの方針は要求検討委員会で承認され，要件定義が本格的に開始された。

**設問1**　〔スコープマネジメント〕について，本文中の下線①の狙いは何か。30字以内で述べよ。

**設問2**　〔人事部へのヒアリング〕について，(1)，(2)に答えよ。

　　(1)　K氏が，仕様に反映させる必要があると考えた，要求検討委員会に参加していないステークホルダの要望とは何か。35字以内で述べよ。

　　(2)　K氏は，N課長の考えでは，目指していることを十分に実現できないリスクがあると感じたが，そのリスクとは何か。また，必要な対策とは何か。それぞれ20字以内で述べよ。

**設問3**　〔営業部門へのヒアリング〕について，(1)，(2)に答えよ。

　　(1)　K氏は，営業部門の要求には，現状の業務上の問題点に関する要求と，できれば実現したい要求が混在していると感じたが，現状の業務上の問題点に関する要求とは何か。40字以内で述べよ。

　　(2)　K氏が，本文中の下線②のように考えた理由は何か。30字以内で具体的に述べよ。

**設問4**　〔プロジェクト遂行方針〕について，(1)，(2)に答えよ。

　　(1)　K氏が，業務経歴システムや研修管理システムへの改善要望を多く出している社員にプロトタイプを使ってもらい，意見を把握することにした目的は何か。30字以内で述べよ。

(2)　K氏が，本文中の下線③のように営業部員がシステムに直接アクセスする仕組みを導入しなかった，新人材管理システム特有のリスクとは何か。15字以内で具体的に述べよ。

 **問1 解説**

### ［設問1］

　要求の集約方法を検討するにあたって，要求の背景となる現状の業務上の問題点を一覧表にまとめ，関係部門の要求がどの問題点に起因しているかを整理するねらいが問われている。問題文冒頭に「新人材管理システムは，現状の業務上の問題点を解決するために，既存の社員情報システム，業務経歴システム及び研修管理システムを統合し，社員の業務経歴やスキルに関する情報を一元管理することを目的としている」とある。さらに〔スコープマネジメント〕に「人事部のN課長から，新人材管理システムの開発範囲は，人材に関する情報を一元的に管理する仕組みの構築であることが説明された。これに対し，営業部門からは"営業活動における問題点も解決できるよう，過去の類似案件の経験者や，必要な公的資格保有者を迅速に把握できるようにしてほしい。案件を受注した後の要員の稼働状況を確認する機能も追加してほしい。"などの要求が出された」「全ての要求を来年4月1日までに実現することはできない旨を説明し，要求を集約することを求めた」とあるように，関係部門からの要求が多すぎるので，開発期間の制約の中で実現可能な量に要求を集約する必要が生じている状況である。一般に要求を絞り込む場合には，各要求の優先順位を明確にして，優先順位の高いものから順に対応するという方法がとられる。優先順位付けの方法としては，プロジェクトの目的に沿うかどうか，要求の影響度がどの程度かを基準にする。本プロジェクトのそもそもの目的は現状の業務上の問題点を解決することにあるため，挙げられている要求が業務上のどの問題点に起因しているかを整理することで，問題点の影響度を考慮すれば，要求の優先順位付けが可能になる。よってそのねらいは，**起因する問題点の影響度から要求の優先順位を付ける**ことにある。単に"要求を整理するため"などのような表面的な解答ではなく，問題点と要求を結び付けることで要求の優先順位を把握する点を解答することが重要である。

### ［設問2］(1)

　〔スコープマネジメント〕に「人事部L部長を委員長とする要求検討委員会を設置

して要求を整理することになった。経営会議での指示を受け，人事部以外に営業部門のM部長をメンバに加えることにした」とあるので，要求検討委員会のメンバは，人事部と営業部門である。〔人事部へのヒアリング〕で，人事部と営業部門以外のステークホルダの要望を探すと，「各記入シートは，表計算ソフトで作成したテンプレートに，社員が必要な情報を記入する形式であり，社員からは，記入の手間が掛かり，かつ，記入しづらいので改善してほしいとの要望が多数寄せられている」とある。よって，要求検討委員会に参加していないステークホルダの要望とは，**各記入シートが記入しづらいので改善してほしいという社員の要望**である。

### ［設問2］（2）

● リスクについて

　N課長の考えは，〔人事部へのヒアリング〕に「N課長は，"現状の各記入シートの記入内容はそのままで，社員がシステムに直接入力することによって人事部での取込み作業がなくなる。また，各部門からの問合せにも新人材管理システムを検索するだけで対応できるので，短時間で対応できるようになる。これらのことを目指したシステム化計画である。"という考えであった」とある。しかし，各記入シートについては，(1)で説明したように社員からの改善要望があり，加えて業務経歴システムのヒアリング結果に「業務内容，担当した技術分野の記入方法は社員に任されていて統一されていない」，研修管理システムのヒアリング結果に「研修や公的資格の名称の記入方法が統一されていないので，同一の研修や公的資格が異なる表記で登録されている場合がある」とある。この状況で，単にシステムへの入力を人事部から社員個々へと変更すると，入力されたデータそのものの記入方法が統一されていないため，業務内容や担当技術分野，研修，公的資格について，同一のものが異なる表記のまま入力されることになり，単純な検索では必要な情報を収集しきれないことになり，内容の確認に時間が掛かる。よって目指していることを十分に実現できないリスクは，**記入内容が統一されず確認に時間が掛かる**ことである。

● 対策について

　前述したように，確認に時間が掛かる原因は，記入方法が統一されていないことにある。よって対策は，**各項目の記入方法を統一する**ことである。解答は，**人材関連情報の項目と記入方法を整理する**というような表現でもよい。

〔営業部門へのヒアリング〕に「対象案件と類似した案件の経験者や，必要な公的資格保有者がどの程度いるかを人事部に問い合わせても，……必要な人材情報を把握できないことが業務上の大きな問題点である」とある。このこと以外に，営業部門の業務上の問題点について述べている箇所がないので，この問題点に関する要求を探すと「類似案件の経験者や必要な公的資格保有者の情報を迅速に入手できるようにしてほしい」という要求がある。よって，現状の問題点に関する要求は，**類似案件の経験者や必要な公的資格保有者の情報を迅速に入手できること**である。

営業部門の業務上の問題点に起因する要求である"類似案件の経験者や必要な公的資格保有者の情報を迅速に入手できること"について，人事部の要求と解決の方向性が一致しているので，この範囲で営業部門と人事部が合意できるとK氏が考えた理由が問われている。

前述したように，営業部門の要求は，類似案件の経験者や必要な公的資格保有者の情報などの人材情報を迅速に入手したいということである。一方，人事部も〔人事部へのヒアリング〕で「各部門からの問合せに対して個々のシステムから情報を集めなければならず，さらに，内容の確認に時間が掛かるので，問合せに対応できない場合が多い」ことを現状の業務の問題点に挙げており，「各部門からの問合せに……短時間で対応できるようになる。これらのことを目指したシステム化計画である」と人材情報を各部門に迅速に提供できるようにしたいという要求を持っている。つまり，人材情報の迅速な提供が可能になるような仕組みを構築したいという点で，両者の要望は一致しているので，合意できるとK氏が考えたと推測できる。よって解答は，**人材情報を迅速に提供する仕組みの構築では一致しているから**，あるいは，**人材情報を迅速に把握する要求では一致しているから**などとなる。本設問は，ステークホルダの要求にどのように応えるのかを説明するという，プロジェクトマネージャの大切な役割に関係するものであり，具体的に解答することが求められている。

〔プロジェクト遂行方針〕に「新人材管理システムの開発範囲は，現状の業務上の問題点を解決することに重点を置き，職能資格制度改定への対応，人材に関する情報を一元的に管理する仕組みの構築,及び人材関連情報の項目と記入方法の整理とする」とある。各記入シートを記入しやすく改善し，記入方法を統一する必要があり，社員

がその記入にかかわることになる。したがって，これまで改善要望を多く出している社員にプロトタイプを利用してもらい，操作性に関する意見や要望を把握し，それを仕様に反映させることで，より使いやすいシステムを構築することができる。よって理由は，**操作性に関する要望を仕様に反映させるため**である。

### [設問4]（2）

　営業部員がシステムに直接アクセスする仕組みを導入しなかった点について，下線③の直前に「新人材管理システム特有のリスクがあるので」と，その理由を述べている。新人材管理システムは，社員の業務経歴やスキルに関する情報を一元管理するシステムであるため，この新人材管理システムにアクセスすると，社員に関する人材情報すべてを取得できる。一般に，人材情報のような個人情報は，できる限りアクセス可能な人員を必要最小限に絞り込み，誰がいつどのような情報にアクセスしたかなどを記録することで，情報漏えいを抑止する。営業部員が人材情報にアクセスしなければ業務上の問題が生じるというような状況であれば検討の余地があるが，単なる利便性の向上という程度である場合は，アクセス権を与えないほうが情報漏えいを防ぐという観点からは安全といえる。よってリスクは，**人材情報が漏えいすること**である。

## 問1 解答

| 設問 | | 解答例・解答の要点 |
|---|---|---|
| [設問1] | | 起因する問題点の影響度から要求の優先順位を付ける。 |
| [設問2] | (1) | 各記入シートが記入しづらいので改善してほしいという社員の要望 |
| | (2) リスク | 記入内容が統一されず確認に時間が掛かる。 |
| | 対策 | ・各項目の記入方法を統一する。<br>・人材関連情報の項目と記入方法を整理する。 |
| [設問3] | (1) | 類似案件の経験者や必要な公的資格保有者の情報を迅速に入手できること |
| | (2) | ・人材情報を迅速に提供する仕組みの構築では一致しているから<br>・人材情報を迅速に把握する要求では一致しているから |
| [設問4] | (1) | 操作性に関する要望を仕様に反映させるため |
| | (2) | 人材情報が漏えいすること |

※IPA IT人材育成センター発表

## 問2 製造実行システム導入プロジェクトの計画作成 （出題年度：H29問1）

　製造実行システム導入プロジェクトの計画作成に関する記述を読んで，設問1～4
に答えよ。　　　　　　　　　　　　　　　　　　　　　　　　　　＊制限時間45分

　T社は，製造業向けのソリューションを得意とするSI企業である。最近では，製造
装置に複数設置されている制御装置から測定データを集約して製造工程を見える化
し，生産計画と密接に連携しながら製造を進めるための製造実行システム（MES：
Manufacturing Execution System）の導入が増えている。T社は，MES導入の実績
が多く，顧客からの問合せも増えてきている。

　年明け早々に，T社は，中堅の食品メーカーのK社から，MES導入の相談を受けた。
K社では，来年6月に，海外への製品の輸出を開始することが経営上の最重要課題で
あり，そのために製造装置を増設する工事（以下，増設工事という）を計画している。
その増設工事に合わせて，増設する製造装置に対してMESを導入するプロジェクト
（以下，MESプロジェクトという）を実施したいとのことであった。

　増設工事の期間は今年4月から8か月を予定しており，その後，製造装置の試運転
を行い，来年4月には商用運転を開始する予定である。

　MESプロジェクトのスケジュールは，今年4月から開始し，製造装置の試運転の
間にMESのテストを完了し，製造装置の商用運転からはMESを稼働する計画である。
K社の製品は数百種類に及び，いかに効率よくテストを行うかが課題となる。来年6
月の製品輸出開始に向けて，このスケジュールは必達である。

　K社の製造装置の増設，MESプロジェクトの統括責任者は製造部門のL部長であ
る。

　T社は，経験豊富なU課長を相談の窓口担当者とした。


〔MESの各機能の概要〕

　U課長は，K社の経営上の最重要課題を確認して，海外のパートナ企業であるW社
製のソフトウェアパッケージ（以下，W社パッケージという）を導入するのがよいと
判断した。そしてL部長に対し，W社パッケージを前提に，図1に示すMESの構成
図と，MESの機能の概要を次のとおり説明した。

・基本機能　　　：生産計画に基づき，製造の手順を決定し，作業員に対する作業指示
　　　　　　　　　を出し，実施された作業履歴を記録する。また，履歴管理機能のデ
　　　　　　　　　ータ収集条件の設定を行う。

・履歴管理機能：制御装置から測定データを抽出し，項目と時間軸をそろえた履歴デ
　　　　　　　　ータとして蓄積する。
・分析機能　　：生産計画を最適化するためにAI（人工知能）を活用した分析を行う。
　　　　　　　　履歴データから関連性が高いデータ群を抽出したり，時系列分析に
　　　　　　　　よって製造プロセスの異常を発見したりする。このとき，一定期間
　　　　　　　　の履歴データがそろっていること，履歴データのどの項目を使って
　　　　　　　　どのような分析をするかという生産計画最適化の基準が明確になっ
　　　　　　　　ていることが，AI活用の前提となる。

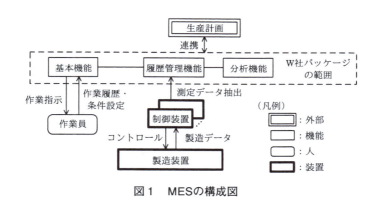

図1　MESの構成図

W社パッケージは世界各国で導入実績があり，国際的な機関から，製造管理及び品質管理に関する基準（GMP：Good Manufacturing Practice）の要求を満たしたMESとして認証を受けている。

K社の製品を海外へ輸出する場合，MESを含めた製造プロセスがGMPの要求を満たしているという認証を求められる場合があるが，W社パッケージをそのまま適用すれば，MESについては改めて認証を受ける必要はない。W社パッケージの機能を変更した場合や，MESを独自に構築した場合は，MESがGMPの要求を満たしているという認証を改めて受ける必要がある。その場合，認証を受けるための期間を追加で見込む必要があることから，スケジュールが長期化する。

L部長はこれらの説明に納得し，W社パッケージをそのまま適用する方針を前提にMES導入の支援をT社に依頼することにした。U課長はT社のプロジェクトマネージャ（PM）に任命された。

〔プロジェクト計画〕

U課長は，図2に示す概略スケジュールを策定した。

| 月 | 4 | 5 | 6 | 7 | 8 | 9 | 10 | 11 | 12 | 1 | 2 | 3 | 4月以降 |
|---|---|---|---|---|---|---|---|---|---|---|---|---|---|
| 製造装置の増設 | | | | 増設工事 | | | | | | 試運転 | | | 商用運転 ▽ 輸出開始（6月） |
| MESプロジェクト | ワークショップ 要件定義 | | | パラメタ設計 パラメタ実装 | | | パラメタ検証 | | 全体テスト | | 運用テスト | | |

注記　破線矢印はスケジュールの同期を示す。

### 図2　概略スケジュール

各作業の概要は次のとおりである。

・ワークショップでは，W社パッケージの標準プロセスと現在の業務手順との違いを机上で確認し，差異一覧としてまとめる。

・要件定義では，MESの全体構成，生産計画との連携や制御装置とのインタフェース仕様の確定，W社パッケージで実装するスコープの確定を行う。

・パラメタ設計では，差異を解消するために，W社パッケージの標準プロセスのパラメタの設定をどのように変更するかを定義する。

・パラメタ実装では，定義したパラメタをW社パッケージ上に実装する。

・パラメタ検証では，パラメタ設計での定義がW社パッケージに正しく実装されたかどうかを検証する。

・全体テストでは，試運転期間中に，製造装置を実際に使って作業指示が適切に出せること，制御装置の測定データの抽出が正しく行えることを確認する。

・運用テストでは，試運転期間中に，変更した業務手順の確認も含めて，商用運転を想定した運用が実現できることを作業員が実際に確認する。

MESプロジェクトも増設工事も，作業期間の余裕はなく，どちらかのスケジュールに遅延が発生すると，4月の商用運転開始に影響を与えることになる。

U課長は，L部長に対する要望事項を次のとおりまとめた。

・①ワークショップでの確認の精度を高め，MESプロジェクトを予定期間で終了するためには，製品ごとに異なる複雑な製造プロセスを理解している作業員が，一定期間集中してワークショップに参加するようにしてほしい。

・要件定義や進捗確認の定例ミーティングには，増設工事側の担当者も参加するよう

332

にしてほしい。

・生産計画最適化の基準となるKPI（Key Performance Indicator）を決めて，早急に提出してほしい。

〔リスク対応計画〕

　U課長からの作業の概要と要望事項の説明に対し，L部長から次の回答があった。

・K社の作業員は全員，既存の製造プロセスを担当しており，ワークショップに集中させることは難しい。ワークショップ，パラメタ設計，パラメタ実装の段階は，できる限りT社だけで実施してほしい。

・増設工事側の担当者を要件定義や進捗確認の全ミーティングに参加させるのは難しい。必要な確認項目を限定してほしい。

・生産計画最適化の基準となるKPIについては，検討の方向性はまだ決まっていない。履歴データも今回増設する製造装置から収集を開始する。

　この回答を受けて，U課長は計画を見直し，L部長に次の提案を行った。

・ワークショップで行うW社パッケージの標準プロセスと現在の業務手順との違いの確認は，要件定義におけるスコープ確定の前提にもなるので，K社が主体となって実施することが大切であり，そのためにもワークショップへの参加は不可欠である。仮にこれらをT社だけで作業する場合には，既存の手順書を丹念に読み解き，不明な点は前提を置いて要件の確定をすることになり，検証段階での確認工数が増えることが想定される。また，T社だけがリソースを増員しても，K社の役割を代替することはできない。②K社がどの程度工数を投入可能かによってプロジェクトのスコープを確定したい。

・要件定義や進捗確認のミーティングでの増設工事側との確認事項は，増設工事からMESプロジェクトが影響を受ける，仕様の確認とマイルストーンの状況の確認に限定してよいが，定期的な協議が不可欠である。

・③MESプロジェクトには，リソース及びスケジュールに関する二つのリスク源があり，スコープを，期限までに確実に完了させる部分と，来期以降へ先送りする部分とに分割する必要がある。スコープの分割は要件定義で検討して確定したい。そのために，まずワークショップ及び要件定義の契約を締結して進め，次に要件定義を終了した段階でその後の工程の見積りを行い，改めて契約を締結した上で進める形としたい。

　L部長はこの提案に同意し，要件定義を進めることにした。

〔要件定義〕

　ワークショップ及び要件定義が進んだので，U課長は，MESプロジェクトのスコープを確定するミーティングを実施して，次の提案を行った。

・GMPの認証を受ける期間的な余裕がないので，W社パッケージをそのまま適用する。

・基本機能と履歴管理機能については今回の開発対象として必須である。

・④分析機能は，AI活用の前提が整っていないので，リリースを先送りすることが妥当である。

　その結果，L部長の承認を得たので，K社及びT社は，これらの決定事項に基づき，MESプロジェクトを進めることにした。

**設問1**　〔MESの各機能の概要〕について，U課長が，K社の最重要課題を確認して，W社パッケージをそのまま適用するのがよいと判断した理由は何か。30字以内で述べよ。

**設問2**　〔プロジェクト計画〕について，U課長が，本文中の下線①のように考えた理由は何か。40字以内で述べよ。

**設問3**　〔リスク対応計画〕について(1)，(2)に答えよ。

　　(1)　U課長が，本文中の下線②の提案をした理由は何か。40字以内で述べよ。

　　(2)　U課長が，本文中の下線③のように考えた，リソース及びスケジュールに関するリスク源とは何か。それぞれ25字以内で述べよ。

**設問4**　〔要件定義〕について，U課長は，なぜ本文中の下線④のように提案したのか。理由を二つ挙げ，それぞれ35字以内で述べよ。

 問2 **解 説**

[設問1]

　〔MESの各機能の概要〕に「U課長は，K社の経営上の最重要課題を確認して，海外のパートナ企業であるW社製のソフトウェアパッケージ（以下，W社パッケージという）を導入するのがよいと判断した」「L部長は……W社パッケージをそのまま適用する方針を前提にMES導入の支援をT社に依頼することにした」とある。

　K社の経営上の最重要課題についての記述は，問題文冒頭に「K社では，来年6月に，海外への製品の輸出を開始することが経営上の最重要課題」と述べられている。

また，W社パッケージについては，〔MESの各機能の概要〕に「W社パッケージは世界各国で導入実績があり，国際的な機関から，製造管理及び品質管理に関する基準（GMP：Good Manufacturing Practice）の要求を満たしたMESとして認証を受けている」とあり，続けて「K社の製品を海外へ輸出する場合，MESを含めた製造プロセスがGMPの要求を満たしているという認証を求められる場合があるが，W社パッケージをそのまま適用すれば，MESについては改めて認証を受ける必要はない。W社パッケージの機能を変更した場合や，MESを独自に構築した場合は，MESがGMPの要求を満たしているという認証を改めて受ける必要がある」と述べられている。また，この認証を受ける場合，「認証を受けるための期間を追加で見込む必要があることから，スケジュールが長期化する」とも述べられている。

プロジェクト全体のスケジュールについては，問題文冒頭に「MESプロジェクトのスケジュールは，今年4月から開始し，製造装置の試運転の間にMESのテストを完了し，製造装置の商用運転からはMESを稼働する計画」とある。製造装置の商用運転は「来年4月には商用運転を開始する予定」とある。さらに「来年6月の製品輸出開始に向けて，このスケジュールは必達である」という記述もあり，K社の経営上の最重要課題の実現のためには，MESプロジェクトに遅延が許されないことが分かる。

加えて〔プロジェクト計画〕にはGMPの認証を受けない計画においても「MESプロジェクトも増設工事も，作業期間の余裕はなく，どちらかのスケジュールに遅延が発生すると，4月の商用運転開始に影響を与えることになる」という記述もある。

これらをまとめると，K社の経営上の最重要課題の実現のためには，4月の商用運転開始時にMESを稼働させる必要があり，このスケジュールは必達であるうえ，MESプロジェクトには作業期間の余裕がない，ということになる。もしも，W社パッケージをそのまま適用しない場合には，MESがGMPの要求を満たしているという認証を受けることが必要となり，そのための期間を追加で見込まなければならないことから，スケジュールリスクを減らすために，U課長は，W社パッケージをそのまま適用すると判断したと考えられる。

よって，判断した理由は，**GMPの認証に要するスケジュールリスクを軽減できるから**あるいは，**GMPの認証が不要で，期間を短縮できるから**となる。

## ［設問2］

〔プロジェクト計画〕のU課長がまとめたL部長への要望事項に「ワークショップでの確認の精度を高め，MESプロジェクトを予定期間で終了するためには，製品ご

とに異なる複雑な製造プロセスを理解している作業員が，一定期間集中してワークショップに参加するようにしてほしい」という項目がある。この要望を出した理由が問われている。

　製品については，問題文冒頭に「K社の製品は数百種類に及び」とあるので，その数百種類の製品について，製品ごとに異なる複雑な製造プロセスがあるということである。

　ワークショップについては「ワークショップでは，W社パッケージの標準プロセスと現在の業務手順との違いを机上で確認し，差異一覧としてまとめる」とある。また，「パラメタ設計では，差異を解消するために，W社パッケージの標準プロセスのパラメタの設定をどのように変更するかを定義する」ともあるので，ワークショップでの差異を正しく確認する作業は，作業期間に余裕のないスケジュールにおいてとても重要で，ミスなく適切に実施されていない場合は，後工程での手戻りの原因になることが分かる。W社パッケージの標準プロセスと，現状の製造プロセスの差異を正しく認識して，その差異を解消することが，現状の製造プロセスをW社パッケージ，すなわちMESで正しく運用することにつながる。

　つまり，U課長の意図は，現状の製造プロセスがMESで正しく運用できることを，実際の製造プロセスを理解している作業員によって，確認することと読み取ることができる。よって解答は，現状の製造プロセスがMESで正しく運用できることを確認する必要があるからとなる。

## ［設問3］(1)

　〔リスク対応計画〕に「K社がどの程度工数を投入可能かによってプロジェクトのスコープを確定したい」とある。このU課長の提案理由が問われている。

　設問2で述べたように，U課長は，作業員に一定期間集中してワークショップに参加することを要望していたが，L部長からの回答は「K社の作業員は全員，既存の製造プロセスを担当しており，ワークショップに集中させることは難しい」というものであった。加えて「ワークショップ，パラメタ設計，パラメタ実装の段階は，できる限り，T社だけで実施してほしい」とも伝えられてきた。この回答を受けてU課長は「ワークショップで行うW社パッケージの標準プロセスと現在の業務手順との違いの確認は，要件定義におけるスコープ確定の前提にもなるので，K社が主体となって実施することが大切であり，そのためにもワークショップへの参加は不可欠である。仮にこれらをT社だけで作業する場合には，既存の手順書を丹念に読み解き，不明な点は前提を置いて要件の確定をすることになり，検証段階での確認工数が増えることが

想定される」「T社だけがリソースを増員しても，K社の役割を代替することはできない」と考えている。つまり，ワークショップへのK社の参加度合いによって，プロジェクトのスコープが変動する状況とU課長は考えている。しかし，K社がどの程度工数を投入するかはK社側が決めることなので，それはT社では調整できない。スコープは見積りの前提となるため，T社が調整できない要因でスコープが確定できない状況は，PMとしては避けるべきである。よって提案理由は，**T社で調整できない要因でスコープが確定できないリスクを回避したいから**となる。

❷演習編

### [設問3] (2)

〔リスク対応計画〕に「MESプロジェクトには，リソース及びスケジュールに関する二つのリスク源があり」とある。それぞれについてのリスク源が何か問われている。

● リソースについて

設問3(1)で解説したように，ワークショップにK社の作業員がどの程度の工数を割くことができるかが，MESプロジェクトに大きな影響を及ぼすリスク要因である。よって，リソースに関するリスク源は，**ワークショップへのK社作業員の参加の程度**となる。

午後Ⅰ─②問題演習

● スケジュールについて

「図2　概略スケジュール」を見ても分かるとおり，増設工事が終了して試運転が開始されないと，MESプロジェクトの全体テストを開始できない。〔プロジェクト計画〕には「MESプロジェクトも増設工事も，作業期間の余裕はなく，どちらかのスケジュールに遅延が発生すると，4月の商用運転開始に影響を与える」とある。仮にMESプロジェクトが順調に進んだとしても，増設工事の終了が遅れれば全体テストを開始できず，4月の商用運転開始に間に合わないリスクがある。よって，MESプロジェクトのスケジュールについてのリスク源は，**増設工事が予定どおり8か月で終わるかどうか**となる。

### [設問4]

〔要件定義〕に「分析機能は，AI活用の前提が整っていないので，リリースを先送りすることが妥当である」とある。分析機能については，〔MESの各機能の概要〕に「一定期間の履歴データがそろっていること，履歴データのどの項目を使ってどのような分析をするかという生産計画最適化の基準が明確になっていることが，AI活用の前提となる」という説明がある。この生産計画最適化と履歴データについては〔リスク対応計画〕に「生産計画最適化の基準となるKPIについては，検討の方向性はまだ決ま

っていない。履歴データも今回増設する製造装置から収集を開始する」との記述がある。これらより，分析機能のリリースを先送りにする提案をした理由は，**生産計画最適化の基準について検討の方向性が決まっていないから**，および**分析するために必要な期間の履歴データが蓄積されていないから**となる。

## 問2 解答

| 設問 | | 解答例・解答の要点 |
|---|---|---|
| [設問1] | | ・GMPの認証に要するスケジュールリスクを軽減できるから<br>・GMPの認証が不要で，期間を短縮できるから |
| [設問2] | | 現状の製造プロセスがMESで正しく運用できることを確認する必要があるから |
| [設問3] | (1) | T社で調整できない要因でスコープが確定できないリスクを回避したいから |
| | (2) | リソース　　ワークショップへのK社作業員の参加の程度 |
| | | スケジュール　増設工事が予定どおり8か月で終わるかどうか |
| [設問4] | ① | 生産計画最適化の基準について検討の方向性が決まっていないから |
| | ② | 分析するために必要な期間の履歴データが蓄積されていないから |

※IPA IT人材育成センター発表

## 問3 SaaSを利用した営業支援システムを導入するプロジェクト （出題年度：H30問1）

SaaSを利用した営業支援システムを導入するプロジェクトに関する次の記述を読んで，設問1〜3に答えよ。 ＊制限時間45分

E社は，中堅の運輸会社である。E社は，カスタマイズした営業支援ソフトウェアパッケージ（以下，現行営業支援システムという）を，自社に設置したサーバにインストールしている。また，パッケージベンダの保守サービスも利用した上で，自社の情報システム部で運用・保守をしている。利用者は営業活動を行う営業部の担当者，営業活動の実績管理などを行う営業部の管理者及び広告・宣伝活動を検討する事業企画部の担当者である。利用者のデータはマスタとなる人事システムのデータから取得している。全ての利用者に対して同一の利用者権限を付与しており，取得データには役職コードを含めていない。利用者は全ての営業活動の関連データが閲覧可能であり，機密性が高いデータは登録されていない。過去15年間のデータを蓄積しているが，業務に用いているのは直近5年間のデータである。

E社は，営業活動を高度化するために新たな営業支援システム（以下，新営業支援システムという）を導入するプロジェクトを立ち上げた。プロジェクトマネージャ（PM）には，情報システム部のF課長が任命された。

このプロジェクトは，営業活動の機密性が高いデータも用いた実績分析や広告・宣伝活動におけるターゲット分析などの業務の高度化対応に加え，システムの運用・保守の作業負荷軽減や運用・保守の費用の最小化，システムのキャパシティ拡張の柔軟性確保を目的としている。短期間での稼働開始が必須であることから，SaaSの利用を検討することにした。

プロジェクトの目的を踏まえ，複数社のSaaSを調査して，次の特徴を考慮した結果，役員会で新営業支援システムにはSaaSを利用することに決定した。

・様々なサービスがメニューとして用意されているので，利用者のニーズに沿って業務を高度化するサービスを利用でき，かつ，稼働開始までの期間を短くできる。
・サービスと機能の利用範囲，利用時間，サービスレベル，利用者数，データ容量などに基づき課金されるので，利用内容及び利用量に応じた費用負担となる。
・サービス提供者が，合意したサービスレベルで効率よくシステムの運用・保守を行うので，E社はシステムの運用・保守作業の負荷を軽減できる。ただし，用意されている機能を拡張するようなカスタマイズを行う場合は，カスタマイズ費用に加えて，拡張機能に対する保守費用も必要となる。

・月次などの合意した期間で契約の見直しが可能であるので，キャパシティ拡張の柔軟性が高くなる。
・サービス提供者のデータセンタにデータが保管され，機密レベルなどに応じた情報セキュリティ対策が講じられる。

〔システム化方針〕
　F課長は，プロジェクトの目的達成に向け，SaaSの特徴を考慮して次のシステム化方針を定めた。
・複数社のSaaSを評価して，E社にとって最善のSaaSを選定する。
・高度化する業務に対して必要十分なサービスと機能を見極めて導入し，適切なサービスレベルで合意することで，過度な費用負担にならないようにする。
・業務の高度化に必要となる，機密性が高いデータも登録する。そのために，部署コード及び役職コードを用いて利用者権限を適切に付与し，所属部署及び役職に応じたデータを閲覧できるようにする。
・機能を拡張するようなカスタマイズはせず，業務プロセスを見直して，用意されている機能だけを用いることで，新営業支援システムを短期間で稼働開始させると同時に，　　a　　を図る。営業部の担当者は，見直した業務プロセスで日常的にデータを入力するので，日常業務に影響を受けることになる。そこで，営業部の担当者の業務負荷が許容範囲に収まるように，導入時に設定する画面表示や入力項目制御などを工夫する。また，新営業支援システムの稼働開始前に，習熟のためのトレーニングを行う。
・要件定義で，見直した業務プロセスや新営業支援システムの画面イメージに関して，利用者と意識合わせを確実に行い，要件定義以降の工程での手戻りのリスクを軽減することで，計画どおりに稼働開始させる。
・過去から現在までの利用者数，データ容量などの推移に基づき，過度にならない一定の余裕を見込んだ利用量で初回の契約を締結する。また，月次で利用者数，データ容量などの推移を把握し，　　b　　を確認する。

〔SaaSの選定〕
　F課長は，SaaSの特徴を考慮して，現行営業支援システムの登録データのうち，今後の業務に用いる最小限のデータだけを新営業支援システムに移行して，残りのデータは外部媒体に保存することにした。現行営業支援システムの登録データと新営業支援システムへの移行内容を表1に示す。

表1　現行営業支援システムの登録データと新営業支援システムへの移行内容

| 番号 | 登録データ | 移行内容 |
|---|---|---|
| 1 | 顧客データ | 直近5年間に取引き又は引き合いがあった顧客のデータを移行する |
| 2 | 案件データ | 移行対象となる顧客に関する直近5年間の案件のデータを移行する |
| 3 | 営業活動データ | 移行対象となる案件に関する直近5年間の営業活動のデータを移行する |
| 4 | 広告・宣伝活動データ | 直近の5年間の広告・宣伝活動のデータを移行する |
| 5 | 利用者データ | 現行営業支援システムからは移行せず，人事システムから必要なデータを取得する |

　F課長は，システム化方針，表1に示す現行営業支援システムの登録データと新営業支援システムへの移行内容，及び表2に示すSaaS選定の観点から，複数社のSaaSを評価した。その上で，Z社のSaaSを利用することを役員会に報告し，承認を得た。

表2　SaaS選定の観点

| 番号 | 項目 | SaaS選定の観点 |
|---|---|---|
| 1 | サービス仕様 | ①想定する業務に必要なサービス・機能が充実しているか<br>②サービスがメニューとして豊富に用意されているか |
| 2 | サービスレベル | ①性能，サービス時間，サービスの稼働率，障害発生頻度，目標復旧時間が現状よりも良好な水準か<br>②複数のサービスレベルが用意されているか |
| 3 | セキュリティ対策 | ①物理的対策，データバックアップ方法，機器障害対策，ソフトウェア脆弱性対策，不正アクセス対策，データ機密性対策などがE社の情報セキュリティポリシに合致しているか |
| 4 | サービス利用終了時対応 | ①利用期間中に保管されたデータが返却されるか<br>②SaaS利用に関する全てのデータは，利用者に返却後，確実に消去されるか |
| 5 | 経営基盤 | ①財務情報からサービス提供者の経営が安定していると判断できるか<br>②同業他社を含めて，利用している企業が多数存在するか |

〔要件定義〕
　F課長は，情報システム部の担当者，営業部の管理者及び担当者並びに事業企画部の担当者から成るワーキンググループを組織し，要件定義を行った。ワーキンググル

ープのメンバは，Z社のSaaSのメニューから利用するサービスを選定し，サービスに用意されている機能を前提として新営業支援システムの要件を整理した。その上で，システム化方針を踏まえ，整理した要件の採否を次の観点から判断した。

・業務の高度化に寄与するものであり，業務遂行に対して過度になっていないこと

・　　c

　ここで，機能要件の整理・採否の判断に際しては，Z社から提供を受けた操作画面のサンプルを用いて，営業部の担当者が入力などを行った。このように，ワーキンググループのメンバが動作状況を確認することで，見直した業務プロセスや新営業支援システムの画面イメージの意識合わせを確実に行った。また，ワーキンググループのメンバが具体的な動きを確認することで，　　c　　の確認も行った。

　非機能要件の整理・採否の判断に際しては，SaaS選定時に整理した業務処理量及び障害時の最低限の業務継続の範囲を前提として，サービス時間及び目標復旧時間などを定義して，これらに合致するサービスレベルで合意した。

**設問1**　〔システム化方針〕について，(1)，(2)に答えよ。

　(1)　新営業支援システムの導入において，用意されている機能だけを用いる狙いは何か。　　a　　に入れる狙いを20字以内で述べよ。

　(2)　月次で利用者数，データ容量などの推移を把握して何を確認するのか。　　b　　に入れる確認内容を20字以内で述べよ。

**設問2**　〔SaaSの選定〕について，(1)〜(3)に答えよ。

　(1)　今後の業務に用いる最小限のデータだけを新営業支援システムに移行する理由を30字以内で述べよ。

　(2)　利用者データを現行営業支援システムからは移行せず，人事システムから必要なデータを取得する理由を35字以内で述べよ。

　(3)　サービス利用終了時に保管されたデータの返却を受けることによって，どのようなリスクを回避しようとしたのか。25字以内で述べよ。ここで，利用者へのデータ返却後の消去に関するリスクは除くものとする。

**設問3**　〔要件定義〕について，(1)〜(3)に答えよ。

　(1)　機能要件に関し，ワーキンググループのメンバで意識合わせを確実に行うことによって，どのようなリスクを軽減できるか。25字以内で述べよ。

　(2)　　　c　　に入れる，要件の採否を判断した際の観点を30字以内で述べよ。

　(3)　サービスレベルの合意の際に，サービス時間及び目標復旧時間などの定義において，なぜ業務処理量及び障害時の最低限の業務継続の範囲を前提とし

たのか。その理由を25字以内で述べよ。

## 問3 解説

### [設問1](1)

#### a について

〔システム化方針〕にF課長の定めたシステム化方針が挙げられている。そこに「機能を拡張するようなカスタマイズはせず，業務プロセスを見直して，用意されている機能だけを用いることで，新営業支援システムを短期間で稼働開始させると同時に，　　a　　を図る」とある。この空欄aに入る狙いが問われているので，短期間で稼働開始させること以外の狙いについて考える。

問題文冒頭でプロジェクトについて「営業活動の機密性が高いデータも用いた実績分析や広告・宣伝活動におけるターゲット分析などの業務の高度化対応に加え，システムの運用・保守の作業負荷軽減や運用・保守の費用の最小化，システムのキャパシティ拡張の柔軟性確保を目的としている」とある。

また，この目的を踏まえて挙げられているSaaSの特徴のなかに「システムの運用・保守の作業負荷軽減や運用・保守の費用の最小化」と関連する特徴として「サービス提供者が，合意したサービスレベルで効率よくシステムの運用・保守を行うので，E社はシステムの運用・保守作業の負荷を軽減できる。ただし，用意されている機能を拡張するようなカスタマイズを行う場合は，カスタマイズ費用に加えて，拡張機能に対する保守費用も必要となる」という記述がある。これより，システムの保守費用の最小化というプロジェクトの目的を実現するためには，SaaSで用意されている機能を拡張するようなカスタマイズはしないほうがよいことが分かる。

よって，空欄aに入る狙いは，**システムの保守費用の最小化**となる。

### [設問1](2)

#### b について

〔システム化方針〕に挙げられているシステム化方針に「過去から現在までの利用者数，データ容量などの推移に基づき，過度にならない一定の余裕を見込んだ利用量で初回の契約を締結する。また，月次で利用者数，データ容量などの推移を把握し，　　b　　を確認する」とあり，空欄bに入る確認内容が問われている。

設問(1)で述べた本プロジェクトの目的のうち「システムのキャパシティ拡張の柔軟

性確保」に関するSaaSの特徴として，問題文冒頭に「月次などの合意した期間で契約の見直しが可能であるので，キャパシティ拡張の柔軟性が高くなる」とある。よって，月次などの合意した期間で利用者数やデータ容量の利用状況を確認し，システムのキャパシティに過不足があれば，契約した利用量を見直していく計画であることが分かる。

よって，空欄bには，利用状況を踏まえての確認内容が入ることになるので，契約した利用量を見直す必要性などとなる。契約した利用量を見直す必要性の判断は，契約条件に沿った利用になっていることを確認して行うので，この表現も正解である。また，把握した推移に基づいて次契約の利用者数及びデータ容量を想定して確認することから，この表現も正解である。

### [設問2](1)

〔SaaSの選定〕に「SaaSの特徴を考慮して，現行営業支援システムの登録データのうち，今後の業務に用いる最小限のデータだけを新営業支援システムに移行して」とある。問題文冒頭のSaaSの特徴に「サービスと機能の利用範囲，利用時間，サービスレベル，利用者数，データ容量などに基づき課金されるので，利用内容及び利用量に応じた費用負担となる」とある。プロジェクトの目的の一つである「運用・保守の費用の最小化」のためには，SaaSで使用するデータ容量を抑えて，費用負担を少なくする必要がある。

よって，今後の業務に用いる最小限のデータだけを新営業支援システムに移行する理由は，データ容量を抑えて，費用負担を少なくしたいからである。なお，SaaSの利用にかかる費用負担を少なくしたいからという表現でも同義であるため，この解答表現も正解となる。

### [設問2](2)

利用者データを人事システムから取得する理由について問われている。利用者データに関連する記述を探すと，〔システム化方針〕に「業務の高度化に必要となる，機密性が高いデータも登録する。そのために，部署コード及び役職コードを用いて利用者権限を適切に付与し，所属部署及び役職に応じたデータを閲覧できるようにする」という記述がある。これより，新営業支援システムには部署コードと役職コードが必要となることが分かる。

しかし，問題文冒頭の現行営業支援システムの説明に「全ての利用者に対して同一の利用者権限を付与しており，取得データには役職コードを含めていない」とある。

つまり，新営業支援システムで実現しようとしている部署コードや役職コードを用いて利用者権限を適切に付与し，所属部署や役職に応じたデータを閲覧させるという新機能が，現行営業支援システムの利用者データをそのまま移行したのでは，役職コードを用いた利用者権限の登録ができないために実現できないことになる。よって，利用者データとして人事システムから必要なデータを取得する理由は，**現行営業支援システムでは役職コードを取得していないから**となる。解答表現としては，役職コードがないと実現できない点に具体的に触れて，**役職に応じたデータの閲覧に必要な利用者権限を適切に付与したいから**も正解である。

### [設問2] (3)

問題文冒頭に記述された本プロジェクトの目的に「営業活動の機密性が高いデータも用いた実績分析や広告・宣伝活動におけるターゲット分析などの業務の高度化対応」とある。一般的に，実績分析は，蓄積された営業活動の膨大なデータをもとに，データサイエンティストとも呼ばれるような分析担当者が行うものであり，分析のためのデータが欠かせない。しかし，SaaSの特徴として記述されているように「サービス提供者のデータセンタにデータが保管され」るため，SaaSのサービス利用終了時には，サービス提供者のデータセンタに保管されたデータへのアクセスはできなくなってしまう。このことから，SaaSのサービス利用終了時対応として，利用期間中に保管されたデータの返却が受けられない場合には，実績分析に必要な新営業支援システムの保管データが失われるリスクが存在することが分かる。

よって，サービス利用終了時に保管されたデータの返却を受けることによって回避しようとしたリスクは，**新営業支援システムの保管データを失うリスク**である。

### [設問3] (1)

〔要件定義〕に「ワーキンググループのメンバが動作状況を確認することで，見直した業務プロセスや新営業支援システムの画面イメージの意識合わせを確実に行った」とある。

ワーキンググループについては「情報システム部の担当者，営業部の管理者及び担当者並びに事業企画部の担当者から成るワーキンググループ」とあるので，情報システム部の担当者以外のワーキンググループのメンバは，新営業支援システムの利用者で構成されていることが分かる。

さらに，業務プロセスの見直しや画面イメージについては，〔システム化方針〕に「要件定義で，見直した業務プロセスや新営業支援システムの画面イメージに関して，利

用者と意識合わせを確実に行い，要件定義以降の工程での手戻りのリスクを軽減することで，計画どおりに稼働開始させる」とある。

　一般的なシステム開発においても，要件定義における考慮漏れや意識のズレがあった場合，後工程での手戻りの影響が大きくなるため，要件定義工程ですべての利用者の意識合わせを行い，要件定義以降の工程での手戻りリスクを軽減することが望ましい。これはSaaSを利用する場合においても同様である。

　よって，ワーキンググループのメンバで意識合わせを確実に行うことで軽減するリスクは，**要件定義以降の工程での手戻りのリスク**となる。なおシステム化方針の最後の「計画どおりに稼働開始させる」に着目した，**計画どおりの期間で稼働できないリスク**という解答も正解である。

## ［設問3］(2)

### c について

　〔要件定義〕に新営業支援システムの要件の採否を判断する観点として，2つが挙げられている。1つめは「業務の高度化に寄与するものであり，業務遂行に対して過度になっていないこと」，そして，2つめが空欄cとして，問われている。

　〔システム化方針〕で，要件の採否に関連しそうな記述で1つめの採否の観点とは関連しない記述を探すと「営業部の担当者は，見直した業務プロセスで日常的にデータを入力するので，日常業務に影響を受けることになる。そこで，営業部の担当者の業務負荷が許容範囲に収まるように，導入時に設定する画面表示や入力項目制御などを工夫する」という記述がある。この工夫については，〔要件定義〕にある「Z社から提供を受けた操作画面のサンプルを用いて，営業部の担当者が入力などを行った」「見直した業務プロセスや新営業支援システムの画面イメージの意識合わせを確実に行った」などの作業を通じて行うものである。また，このようにサンプルを用いて具体的な動きを確認することで，担当者の業務負荷が許容範囲に収まるかどうかや，新営業支援システムで業務を実際に行えるかどうかについて，正しい評価をすることができる。

　よって，空欄cに入る2つめの採否の観点は，**営業部の担当者の業務負荷が許容範囲に収まること**となる。

## ［設問3］(3)

　〔要件定義〕の最後に「非機能要件の整理・採否の判断に際しては，SaaS選定時に整理した業務処理量及び障害時の最低限の業務継続の範囲を前提として，サービス時

間及び目標復旧時間などを定義して，これらに合致するサービスレベルで合意した」とある。

　問題文冒頭のSaaSの特徴に「サービスと機能の利用範囲，利用時間，サービスレベル，利用者数，データ容量などに基づき課金される」「サービス提供者が，合意したサービスレベルで効率よくシステムの運用・保守を行うので，Ｅ社はシステムの運用・保守作業の負荷を軽減できる」「月次などの合意した期間で契約の見直しが可能」とある。このことから，SaaSの利用にあたっては次の２通りの考え方ができる。

　１つめは，サービス利用開始当初は余裕をもったサービスレベルで合意しておき，月次で利用状況を見極めてキャパシティを適正にしていく考え方，２つめは，サービス利用開始当初は最低限のサービスレベルで合意しておき，キャパシティが不足しそうな場合には契約を見直して追加していく考え方である。

　〔システム化方針〕に「高度化する業務に対して必要十分なサービスと機能を見極めて導入し，適切なサービスレベルで合意することで，過度な費用負担にならないようにする」とあるので，導入時から過度な費用負担にならないようにする方針が定められていることになる。

　よって，サービスレベル合意の際に，サービス時間及び目標復旧時間などの定義において，業務処理量及び障害時の最低限の業務継続の範囲を前提としたのは，**過度な費用負担にならないようにしたいから**である。

| 設問 | | | 解答例・解答の要点 |
|---|---|---|---|
| [設問1] | (1) | a | システムの保守費用の最小化 |
| | (2) | b | ・契約した利用量を見直す必要性<br>・契約条件に沿った利用になっていること<br>・次契約の利用者数及びデータ容量 |
| [設問2] | (1) | | ・データ容量を抑えて，費用負担を少なくしたいから<br>・SaaSの利用にかかる費用負担を少なくしたいから |
| | (2) | | ・現行営業支援システムでは役職コードを取得していないから<br>・役職に応じたデータの閲覧に必要な利用者権限を適切に付与したいから |
| | (3) | | 新営業支援システムの保管データを失うリスク |
| [設問3] | (1) | | ・要件定義以降の工程での手戻りのリスク<br>・計画どおりの期間で稼働できないリスク |
| | (2) | c | 営業部の担当者の業務負荷が許容範囲に収まること |
| | (3) | | 過度な費用負担にならないようにしたいから |

※IPA IT人材育成センター発表

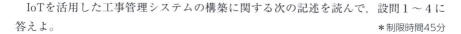

IoTを活用した工事管理システムの構築に関する次の記述を読んで，設問1〜4に答えよ。　　　　　　　　　　　　　　　　　　　　　　　　　　＊制限時間45分

❷演習編

　G社は，中堅の土木工事業の企業である。最近は，東南アジア諸国の経済発展に伴い，海外における道路，ダムなどの公共のインフラストラクチャ（以下，公共インフラという）構築のための工事の受注が増えている。G社は，厳しい環境での工事遂行力の高さを強みにして業容を拡大してきたが，最近では受注競争が激化しており，他社に対する競争力の強化が必要となっている。G社の経営陣は，この状況に対応するために，工事遂行力の更なる強化を目的として，IoTを活用した工事管理システム（以下，G社工事管理システムという）を構築することを決定した。

　G社工事管理システムは，遠隔地の工事において，現場の進捗状況を可視化し，それを，現場，本社，顧客オフィス（以下，各拠点という）間でタイムリに共有することで，工事関係者間の認識の違いを無くし，確実に工事を遂行することを目的としている。

午後Ⅰ─②問題演習

〔顧客の状況〕

　G社は，X国において，来月4月に開始する工事（以下，X国新工事という）を受注した。X国は，現在国を挙げて近代化を進めており，公共インフラの構築が急務となっている。そのため，X国の工事では，納期に遅れた場合には多額の損害賠償金を支払わなければならない，という契約が慣例となっている。

　G社は，X国の公共インフラの構築に早くから参入し，複数の工事を受注している。X国の工事現場は山間部などの遠隔地が多く，高い工事遂行力が必要である。最近は，近代化を加速したいX国の方針によって，工事期間の短縮を求められている。

　G社は，X国新工事に対し，G社工事管理システムを適用して従来よりも短い期間で完了させることを提案し，受注に至っている。したがって，G社工事管理システム構築プロジェクト（以下，G社プロジェクトという）を来年3月末までの10か月で完了させることが必達である。G社プロジェクトのプロジェクトマネージャ（PM）には，システム部のH課長が任命された。

〔G社工事管理システムの概要〕

　G社工事管理システムでは，次に示す機能を実装する。

- ドローンに装着したデバイスによって工事現場を撮影して，収集した画像データをIaaS上のサーバに蓄積する機能
- 建設機械に取り付けたデバイスによって稼働状況データを収集して，IaaS上のサーバに蓄積する機能
- IaaS上のサーバに蓄積されたデータを分析して，工事進捗レポートを作成する機能
- 通信機能付きタブレット端末に，各拠点のニーズに沿った情報を迅速に提供する機能
- 問題が発生した場合に各拠点間で対応策を協議するための，タブレット端末のWeb会議機能
- 対応策をタブレット端末上の工事図面に表示し，現場へ正確にフィードバックする機能

〔WBSの作成〕

H課長は，G社プロジェクトのスコープを定義することから始めた。H課長は，まず，G社工事管理システムを構成する全ての要素を拾い出した。それにプロジェクトマネジメントの要素を加え，図1に示すWBSを作成した。

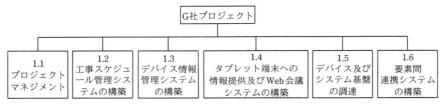

注記　1.1～1.6は，要素の識別番号を示す。

**図1　G社プロジェクトのWBS**

次に，H課長は，①これらの六つの要素に関わる作業を全て完了すれば，G社プロジェクトは確実に完了しているといえる関係であることを確認した。

〔プロジェクトマネジメントの要素のリスクへの対応〕

H課長は，プロジェクトマネジメントの要素について，リスクを特定し，評価した。H課長は，今回のプロジェクトの経緯から，②G社プロジェクトが遅延するリスクがG社に非常に大きな影響を与えると考えた。その対応策として，プロジェクトマネジメントオフィス（PMO）を設置し，G社プロジェクトの要素全体の進捗状況の監視を

強化することにした。PMOの設置に当たっては，③図1から確認できるG社プロジェクトの特性を考慮した人選を行った。

〔他の要素のリスクへの対応〕

図1のプロジェクトマネジメントの要素以外の他の要素については，次のようにリスクを特定し，評価して対応を行った。

・工事スケジュール管理システムの構築：リスクとしては，工事スケジュール管理システムを新規開発した場合，開発スケジュールが遅延することが想定される。H課長は，工事スケジュール管理機能の仕様に合ったソフトウェアパッケージが数多く販売されていることを確認した。そこで，開発スケジュールが遅延するリスクを回避するために，工事スケジュール管理システムは新規開発せず，工事スケジュール管理機能を備えたソフトウェアパッケージを採用することにした。ただし，その採用に当たっては，④G社プロジェクトの要求事項を満たす機能を備えたものを選定する必要があると考えた。

・デバイス情報管理システムの構築：リスク源としては，新技術に対応するための技術習得に必要な期間の長期化が想定される。H課長は，G社工事管理システムを確実に来年4月から稼働させることがG社にとって最重要であり，⑤G社の競争力強化の方向性から判断して，ドローンなどの新技術への対応をG社で内製化する必要はないと考え，デバイスベンダからアプリケーションプログラムも含めて調達することにした。また，日本における法規制の状況から考えて，⑥新技術への対応に対する別の観点のリスクを回避するために，事前にX国の関係機関に確認することがあると判断した。確認の結果，下線⑥の観点についてのリスクはないことの確証を得た。

・タブレット端末への情報提供及びWeb会議システムの構築：リスク源としては，各拠点のニーズの把握に手間取ることが想定される。ただし，各拠点のニーズは相互に影響する可能性は少なく，プロジェクト全体のスケジュールへの影響は小さいと考えた。

・デバイス及びシステム基盤の調達：要求に合うデバイスやIaaSのサービスが調達できないことがリスク源であるが，X国でも最近は急速なIT化が進み，既に多くの企業が多様なデバイスやIaaSのサービスを提供している。選択肢は広く，リスクは軽減できると考えた。

・要素間連携システムの構築：個別の要素内での連携機能は既に確認しているが，システム全体として要求機能を実現できないというリスクが想定される。これに対し

ては，早い段階から各ベンダを交えた連携テストによる検証を繰り返し実施することで，リスクは軽減できると考えた。

〔IoTを活用したプロジェクトの特性〕

H課長は，これまでの結果を踏まえ，表1に示すG社プロジェクトのステークホルダの一覧表を作成した。

**表1　G社プロジェクトのステークホルダの一覧表**

| 識別番号 | 要素 | ステークホルダ |
|---|---|---|
| 1.1 | プロジェクトマネジメント | G社 PMO |
| 1.2 | 工事スケジュール管理システムの構築 | ソフトウェアパッケージベンダ |
| 1.3 | デバイス情報管理システムの構築 | デバイスベンダ |
| 1.4 | タブレット端末への情報提供及び Web 会議システムの構築 | タブレット端末ベンダ，G社システム部 |
| 1.5 | デバイス及びシステム基盤の調達 | デバイスベンダ，IaaS ベンダ |
| 1.6 | 要素間連携システムの構築 | G社システム部，各ベンダ |

H課長は，表1を参照し，⑦IoTを活用したシステム開発プロジェクトの場合，従来のシステム開発プロジェクトと比較して，マネジメントを難しくする特性があると考えた。

**設問1** 〔WBSの作成〕について，H課長が，本文中の下線①の確認を行ったのはなぜか。30字以内で述べよ。

**設問2** 〔プロジェクトマネジメントの要素のリスクへの対応〕について，(1)，(2)に答えよ。

(1) 本文中の下線②について，H課長が考えた，G社プロジェクトが遅延するリスクがG社に与える非常に大きな影響とは，具体的に何を指すか。35字以内で述べよ。

(2) 本文中の下線③について，H課長が，G社プロジェクトの特性を考慮して行った人選とはどのような人選か。30字以内で述べよ。

**設問3** 〔他の要素のリスクへの対応〕について，(1)〜(3)に答えよ。

(1) 本文中の下線④について，H課長が工事スケジュール管理機能以外にソフトウェアパッケージが備えるべきと考えた，G社プロジェクトの要求事項を

満たす機能とは何か。35字以内で述べよ。

(2)　本文中の下線⑤について，H課長が，G社の競争力強化の方向性から，G社で内製化する必要はないと判断した理由は何か。30字以内で述べよ。

(3)　本文中の下線⑥について，H課長が新技術への対応に対する別の観点のリスクを回避したいと考え，事前にX国の関係機関に確認したことは何か。30字以内で述べよ。

**設問4**　〔IoTを活用したプロジェクトの特性〕について，H課長が本文中の下線⑦で考えた，従来のシステム開発プロジェクトと比較して，IoTを活用したシステム開発プロジェクトのマネジメントを難しくする特性とは何か。35字以内で述べよ。

---

## 問4 解説

### [設問1]

　〔WBSの作成〕に「H課長は，G社プロジェクトのスコープを定義することから始めた」とあるように，まず最初にプロジェクトで実施すべきことが何かをスコープ定義で明確にする。スコープ定義においては，プロジェクトの要素に抜けがないようにすることが肝心である。もし，システムを構成する要素に抜けがあり，それがプロジェクト後半に発覚すると，対応するための時間的猶予がなく，納期に間に合わせることが非常に困難になるからである。

　そして，スコープ定義に基づいてWBSを作成する。ただし，WBSの作成時点ですべての作業が明確になっているとは限らないため，必要と思われる作業は段階的に詳細化する前提で定義する。そして，WBSを作成したらプロジェクトの要素に抜けがないことを確認する目的で，WBSの全ての要素に関わる作業が全て完了したら，プロジェクトが完了できる状態になることを確認する。

　よって，WBSの六つの要素に関わる作業を全て完了すれば，G社プロジェクトは確実に完了しているといえる関係であることを確認した目的は，**プロジェクトの要素に抜けがないことを確認するため**である。

### [設問2] (1)

　〔プロジェクトマネジメントの要素のリスクへの対応〕に「今回のプロジェクトの経緯から，G社プロジェクトが遅延するリスクがG社に非常に大きな影響を与えると

考えた」とあり，このG社に与える非常に大きな影響について問われている。G社に
与える影響について問われているので，G社の状況を確認する。〔顧客の状況〕の冒
頭に「G社は，X国において，来年4月に開始する工事（以下，X国新工事という）
を受注した」とあり，続いてX国の状況について「X国の工事では，納期に遅れた場
合には多額の損害賠償金を支払わなければならない，という契約が慣例となっている」
ことや「最近は，近代化を加速したいX国の方針によって，工事期間の短縮を求めら
れている」という説明があったうえで「G社は，X国新工事に対し，G社工事管理シ
ステムを適用して従来よりも短い期間で完了させることを提案し，受注に至っている」
という受注の経緯が述べられている。結果「G社工事管理システム構築プロジェクト
（以下，G社プロジェクトという）を来年3月末までの10か月で完了させることが必
達」な状況なのである。

　つまり，G社プロジェクトの遅延は，X国新工事のプロジェクトの納期に影響を与
える可能性が高く，X国新工事の遅延でG社は多額の損害賠償金を支払わなければな
らない，という契約になっていることが分かる。

　よって，G社に与える非常に大きな影響とは，**X国新工事の完了が納期に間に合わ
ず損害賠償金を請求されること**である。

## ［設問2］(2)

　「図1　G社プロジェクトのWBS」から確認できるプロジェクトの特性は，デバイ
スやタブレット端末を利用した各システムの構築と調達，ならびに要素間連携システ
ムの構築といった専門性の高い要素が並列していることである。また，〔プロジェク
トマネジメントの要素のリスクへの対応〕にG社プロジェクトの遅延への「対応策と
して，プロジェクトマネジメントオフィス（PMO）を設置し，G社プロジェクトの
要素全体の進捗状況の監視を強化する」とある。つまり，PMOの人材に求められる
スキルは，並列する複数の専門性の高い要素について理解できることと，その上で要
素全体の進捗状況を把握できることである。

　よって，G社プロジェクトの特性を考慮して行った人選は，**各要素の内容を理解し
て進捗状況を把握できる人材を選ぶ**ことである。

## ［設問3］(1)

　〔G社工事管理システムの概要〕にG社工事管理システムで実装する機能が6つ箇
条書きで挙げられている。このうち，工事スケジュール管理機能を備えたソフトウェ
アパッケージで一般に提供しうる機能を探してみる。箇条書きの1つめと2つめはそ

れぞれ「ドローンに装着したデバイス〜」「建設機械に取り付けたデバイス〜」に関連する機能なので，二つとも特殊なIoTデバイスを活用して実装する機能と判断でき，ソフトウェアパッケージに求める機能ではない。また，箇条書きの４〜６つめの機能も，すべて「タブレット端末」を活用したものなので，ソフトウェアパッケージに求める機能ではないと判断できる。

箇条書きの３つめの機能は「IaaS上のサーバに蓄積されたデータを分析して，工事進捗レポートを作成する機能」なので，工事スケジュール管理機能を備えたソフトウェアパッケージに求められる機能として妥当である。ここで，IaaS上のサーバに蓄積されたデータとは，箇条書きの１つめと２つめの機能から，工事現場を撮影して収集した画像データと稼働状況データであることが分かる。よって，G社プロジェクトの要求事項を満たす機能は，**画像データや稼働状況データを分析してレポートする機能**となる。

### [設問3] (2)

問題文冒頭に「G社は，厳しい環境での工事遂行力の高さを強みにして業容を拡大してきた」とあり「工事遂行力の更なる強化を目的として，IoTを活用した工事管理システム」を構築することを決定したとある。ここから，G社の競争力強化の方向性は，工事遂行力の強化であり，ドローンなどの新技術の活用はそのための手段であることが分かる。いいかえると，ドローンで得られたデータを利用した工事遂行力の高さはG社の競争力強化の源泉となるが，ドローンの要素技術そのものはG社の競争力強化の源泉ではないということである。よって，G社で内製化する必要がないと判断した理由は，**ドローンの要素技術はG社の競争力強化の源泉ではないから**である。

### [設問3] (3)

〔他の要素のリスクへの対応〕の下線⑥の直前に「日本における法規制の状況から考えて」とある。したがって「新技術への対応に対する別の観点のリスク」は法規制に関することであることが読み取れる。〔G社工事管理システムの概要〕で示されている６つの実装する機能の中で，日本における法規制に関係しそうな機能を探すと，一つめの「ドローンに装着したデバイスによって工事現場を撮影して，収集した画像データをIaaS上のサーバに蓄積する機能」とある。ドローンの飛行に関しては，日本では航空法によってさまざまな制約がある。もし，X国でも同様の法的な制約が存在し，工事現場でのドローンを利用した撮影に規制がかかるとすれば，それは大きなリスクである。よって，事前にX国の関係機関に確認したことは，**X国でドローンの**

飛行に法的な制約があるかどうかである。

［設問4］

〔IoTを活用したプロジェクトの特性〕に「H課長は，表1を参照し，IoTを活用したシステム開発プロジェクトの場合，従来のシステム開発プロジェクトと比較して，マネジメントを難しくする特性があると考えた」とある。したがって「表1　G社プロジェクトのステークホルダの一覧表」から読み取ることのできる，IoTを活用したプロジェクトでのマネジメントを難しくする特性を答えればよい。表1の識別番号1.1と1.2については従来のシステム開発プロジェクトでも必要なステークホルダであるが，1.3から1.6まではIoTの活用によって増加した専門性の高いステークホルダであることに着目する。

一般に，ステークホルダはそれぞれ立場や利害が異なるために，考え方やモチベーションなどにも差がある。また，分野が異なると，それぞれの分野での常識が異なることも多い。そのため，それぞれのステークホルダが考えるプロジェクトの成功について大きなズレを生じないよう統率をはかるといったマネジメントが求められる。また，ステークホルダの意見が衝突する場合には合意形成をはかっていく調整も必要になる。IoTを活用するプロジェクトでは，IoTの種類に応じた分野のステークホルダが存在するため，統率や調整の負荷も大きくなる。この点が従来のシステム開発プロジェクトよりもマネジメントを難しくする特性といえる。

よって，従来のシステム開発プロジェクトと比較して，マネジメントを難しくする特性は，多岐にわたる分野のステークホルダの統率や調整が必要になることである。

## 問4 解答

| 設問 | | 解答例・解答の要点 |
|---|---|---|
| ［設問1］ | | プロジェクトの要素に抜けがないことを確認するため |
| ［設問2］ | (1) | X国新工事の完了が納期に間に合わず損害賠償金を請求されること |
| | (2) | 各要素の内容を理解して進捗状況を把握できる人材を選ぶ |
| ［設問3］ | (1) | 画像データや稼働状況データを分析してレポートする機能 |
| | (2) | ドローンの要素技術はG社の競争力強化の源泉ではないから |
| | (3) | X国でドローンの飛行に法的な制約があるかどうか |
| ［設問4］ | | 多岐にわたる分野のステークホルダの統率や調整が必要になること |

※IPA IT人材育成センター発表

# 2 プロジェクトの運営

プロジェクトの進捗管理及びテスト計画に関する次の記述を読んで，設問1〜3に答えよ。　　　　　　　　　　　　　　　　　　　　　　　　　　＊制限時間45分

　不動産会社のD社は，H社のソフトウェアパッケージ（以下，H社パッケージという）に一部機能を追加開発した人事給与システム（以下，現行人事給与システムという）を10年前から利用している。H社パッケージの現行バージョンは保守期限が迫っている。また，現行人事給与システムが対応していない出退勤管理業務，休暇・残業申請業務などに対する社員のシステム化ニーズは強い。これらの点を考慮して，D社経営陣は現行人事給与システムを刷新することにした。

　人事部が中心となって要件定義を行い，RFPを提示して複数のベンダから提案を受けたところ，S社のソフトウェアパッケージ（以下，S社パッケージという）が要件への適合度が最も高く，他社で多くの導入実績及び類似の追加開発実績を有していた。経営陣は，S社パッケージに一部機能を追加開発する人事給与システム（以下，新人事給与システムという）の外部設計，移行ツールの設計・製造・テスト，データ移行及び総合テストを準委任契約で，内部設計，追加開発の製造・単体テスト，結合テスト，S社パッケージの設定・テストを請負契約でS社に委託することを決定した。また，現行人事給与システムの利用者は人事部だけであったが，新人事給与システムでは出退勤管理業務，休暇・残業申請業務などのシステム化によって全社員が利用者となる。そこで，操作マニュアルの作成，及び全社員を対象とする操作説明会を行う利用者トレーニングもS社に準委任契約で委託することにした。

　S社は，新人事給与システム設計・開発プロジェクトのプロジェクトマネージャ（PM）にT課長を任命した。T課長は新人事給与システム設計・開発プロジェクト計画を立案し，D社経営陣の承認を得た。スケジュールは図1に示すとおりである。

| 月数 | 1 | 2 | 3 | 4 | 5 | 6 | 7 | 8 | 9 | 10 |
|---|---|---|---|---|---|---|---|---|---|---|

新人事給与システム設計・開発

プロジェクト計画立案　仕様凍結　　　　　　　　　　新人事給与システム稼働
H社パッケージ保守期限

外部設計　　内部設計　　追加開発の製造・単体テスト　結合テスト　総合テスト　受入テスト

S社パッケージの設定・テスト　　操作マニュアル作成　利用者トレーニング

移行ツールの設計・製造・テスト　総合テスト用データ移行　受入テスト用データ移行　本番稼働用データ移行

図1　スケジュール

　本プロジェクトは，H社パッケージの保守期限までに確実に新人事給与システムを稼働させる必要があること，及びH社パッケージからの切替えであり，利用者トレーニングを十分に行う必要があることから，遅延は許されない。そこで，T課長はEVM（Earned Value Management）手法を用いて進捗を定量的に可視化して管理することで遅延リスクへの対応を行うことにした。また，D社の経営陣に少なくとも月1回開催するプロジェクト全体会議で進捗状況，リスク及び課題を報告し，対応策を確定させることにした。

〔外部設計の進捗状況〕

　外部設計は人事外部設計チーム，給与外部設計チームの2チーム体制とし，8週間で実施して，工程完了時点で仕様を凍結する。S社は外部設計書として，D社の要件定義を踏まえS社パッケージの標準画面及び標準帳票を参考にして，処理フロー図，画面仕様，帳票仕様，利用者別処理権限表などを作成する。その上で，D社との仕様検討の際に，S社パッケージによって実現する機能については，外部設計書による説明に加え，S社パッケージの標準画面のデモンストレーションや標準帳票の記入例の提示を行う。一方，追加開発で実現する機能については，外部設計書だけで設計内容を説明する。

　各チームは機能単位でAC（Actual Cost），EV（Earned Value）を整理しており，T課長は各チームから週次でAC，EVのチーム集計結果，リスク・課題状況と翌週の作業予定の報告を受け，進捗状況などを確認している。外部設計を開始してから3週間経過時の進捗報告で，人事外部設計チームのリーダから，クリティカルパス上の作業ではないが一部機能の設計が遅れているので，この機能を含めて各機能の作業に投

入する工数を調整し，遅延を回復させたいという相談があり，Ｔ課長はこれを承認した。３週間経過時及び４週間経過時における，EVMの実績に基づく進捗報告は表１に示すとおりである。

### 表1 進捗報告（外部設計全体）

単位 千円

| チーム名 | BAC[1) | 3週間経過時 | | | 4週間経過時 | | |
|---|---|---|---|---|---|---|---|
| | | PV[2) | AC | EV | PV[2) | AC | EV |
| 人事外部設計 | 12,150 | 4,550 | 4,550 | 4,520 | 6,050 | 6,050 | 5,940 |
| 給与外部設計 | 8,400 | 3,200 | 3,200 | 3,200 | 4,400 | 4,400 | 4,400 |
| 全体合計 | 20,550 | 7,750 | 7,750 | 7,720 | 10,450 | 10,450 | 10,340 |

注 [1) BAC : Budget At Completion
　 [2) PV : Planned Value

　Ｔ課長は，表１からプロジェクト全体としてはおおむね計画どおりに進んでいると判断できるが，３週間経過時及び４週間経過時の報告内容を勘案すると，人事外部設計チームに関しては，各機能の作業状況を具体的に把握した上で，状況によっては課題を特定して対応策を検討し，プロジェクト全体会議でＤ社と対応策を確定させる必要があると考えた。人事外部設計チームは，機能１から機能４に分けて設計していることから，Ｔ課長は，人事外部設計チームのリーダに，それぞれの機能の作業状況について報告を求めた。

〔人事外部設計チームの進捗状況〕
　Ｔ課長が確認した，人事外部設計チームの各機能の作業状況は次のとおりであった。
　機能１から機能３まではＳ社パッケージによって実現する機能である。機能１は，最も作業工数を要する機能であり，プロジェクト計画においてクリティカルパス上の作業であるが，現時点では計画どおりに進んでいる。機能２はＳ社パッケージの標準画面及び標準帳票をそのまま利用する仕様となったこともあり，作業は当初計画よりも進んでいる。機能３はＳ社パッケージの標準画面及び標準帳票からの変更内容が明確であり，計画どおりに仕様検討が行われ，作業が進捗している。
　機能４は現行人事給与システムでは未対応であり，全社員が利用者となる休暇・残業申請業務のシステム化をＳ社パッケージに対する追加開発で実現するものである。Ｓ社は他社で本機能に関する類似の追加開発実績を有しており，その知見を生かして設計を行っている。現時点ではクリティカルパス上の作業ではない。Ｄ社人事部の仕様検討担当者（以下，Ｄ社担当者という）は，本業務について現行の紙を用いた処理

方法は具体的に理解しているが，システム化した処理方法のイメージが十分にもてて
おらず，詳細作業手順，作業条件，例外作業の処理方法などの理解が不十分である。
このため，S社外部設計案に対するD社担当者の意見は，紙を前提とした処理方法に
基づくものでありS社外部設計案と比較してシステム化する上で優位性がない仕様で
あったり，仕様内容に不明瞭な点や整合性に欠けるところが残るものであったりする。
D社担当者の意見を生かしつつ当該機能の仕様を確定させるには時間が掛かる。仕様
確定の迅速化に向け，作業に投入する工数を計画よりも増加させたが，遅延の解消に
至っていない。

　なお，外部設計工程では，品質・コスト・スケジュールに影響を与える事象を課題
管理対象として扱っており，仕様確定に手間取った箇所もその都度，課題管理表に記
録している。さらに，課題管理表を週次で整理して未決事項一覧表を作成し，未決事
項の検討内容や仕様の確定状況をモニタリングしている。

　作業状況を確認したT課長は，人事外部設計チームの進捗状況を適切に管理するた
めに，機能単位でEVMの実績及びクリティカルパスを明示した進捗状況の報告を受
けることにした。報告を受けた機能単位のEVMの実績に基づく進捗報告は表2に示
すとおりである。

表2　進捗報告（人事外部設計チームの機能単位）

単位　千円

| | | クリティ カルパス | BAC | 3週間経過時 | | | 4週間経過時 | | |
|---|---|---|---|---|---|---|---|---|---|
| | | | | PV | AC | EV | PV | AC | EV |
| 人事外部設計 | 機能1 | ○ | 5,600 | 1,100 | 1,100 | 1,100 | 1,500 | 1,500 | 1,500 |
| | 機能2 | | 3,650 | 1,500 | 1,500 | 1,650 | 2,100 | 1,980 | 2,170 |
| | 機能3 | | 1,050 | 650 | 650 | 650 | 850 | 850 | 850 |
| | 機能4 | | 1,850 | 1,300 | 1,300 | 1,120 | 1,600 | 1,720 | 1,420 |
| 合計 | | | 12,150 | 4,550 | 4,550 | 4,520 | 6,050 | 6,050 | 5,940 |

　機能4の4週間経過時のSPI（Schedule Performance Index）は　 a 　となっ
ており，T課長は各機能の作業に投入する工数の調整だけでは対応策として不十分で
あると判断した。そこで，プロジェクト全体会議において，T課長は　 b 　を用
いて仕様の確定が進んでいないことを報告し，D社とS社は，D社のある状況が仕様
確定に時間が掛かっている原因であるという共通認識をもった。その上で，EVMの
実績の推移及びEAC（Estimate At Completion）を用いて進捗遅れの問題が顕在化

していることを報告し，マイルストーンである仕様凍結日の遵守に向けてD社にも対応を要請することにした。

さらに，T部長は，仕様確定を迅速に進めるためには，D社担当者がS社の外部設計内容を，システム化した処理方法として適切なものであると容易に判断できるようにすることが重要であると考えた。そこで，T課長は，人事外部設計チームに対して，現行人事給与システムで対応していない機能を追加開発する際の外部設計書に関しては，他社での類似の追加開発実績を活用して，ある補足資料を作成し，それも用いて外部設計内容の説明を行うように指示した。そして，引き続き機能単位のEVMの実績などを用いた進捗管理を行い，今後の外部設計期間中に，もし週次の進捗報告から①ある状況になったことが判明した場合は，S社の設計要員を追加投入して遅延の回復を図る対応策の検討や調整も行うことにした。

〔テストに関する施策の追加〕

T課長は，人事外部設計チームの作業状況から，本プロジェクトに潜在する品質リスクを勘案し，次に示す二つの施策をテスト工程で実施することをD社に提案した。
① 総合テストのテストケース作成に，外部設計時に用いた課題管理表を活用する。
② 利用者トレーニングにおいて，操作説明会に加え，全社員を対象にトレーニング用のデータを使って一連の業務を実行する試行運用を追加する。さらに，試行運用結果を踏まえて　　　c　　　の記述を充実させ，本稼働後に，利用者が業務・システムについての不明点を自身で解消できるようにする。

**設問1** 〔外部設計の進捗状況〕について，T課長が，プロジェクト全体がおおむね計画どおりに進んでいる状況でも，人事外部設計チームの各機能の作業状況を具体的に把握する必要があると考えた理由を35字以内で述べよ。

**設問2** 〔人事外部設計チームの進捗状況〕について，(1)～(5)に答えよ。
(1) 本文中の　　　a　　　に入れる数値を求めよ。答えは小数第3位を四捨五入して小数第2位まで求めよ。
(2) 本文中の　　　b　　　に入れる適切な資料名を答えよ。
(3) D社のどのような状況が原因で仕様確定に時間が掛かっているのか。40字以内で述べよ。
(4) D社担当者がS社の外部設計内容を，システム化した処理方法として適切なものであると容易に判断できるようにするために，T課長が人事外部設計チームに追加作成を指示した補足資料とはどのような資料か。25字以内で述

べよ。

(5)　本文中の下線①の"ある状況"とはどのような状況か。30字以内で述べよ。

**設問3**　〔テストに関する施策の追加〕について，(1)，(2)に答えよ。

(1)　外部設計時に用いた課題管理表を活用してテストケースを作成することで，テスト実施時にどのような確認が可能になるか。30字以内で述べよ。

(2)　本文中の　　c　　に入れる適切な資料名を答えよ。

## 問5 解説

[設問1]

〔外部設計の進捗状況〕に「T課長は，表1からプロジェクト全体としておおむね計画どおりに進んでいると判断できるが，3週間経過時及び4週間経過時の報告内容を勘案すると，人事外部設計チームに関しては，各機能の作業状況を具体的に把握した上で，状況によっては課題を特定して対応策を検討し，プロジェクト全体会議でD社と対応策を確定させる必要があると考えた」とある，この人事外部設計チームに関して，各機能の作業状況を具体的に把握する必要があると考えた理由について問われている。

人事外部設計チームの進捗に関する記述を探すと「外部設計を開始してから3週間経過時の進捗報告で，人事外部設計チームのリーダから，クリティカルパス上の作業ではないが一部機能の設計が遅れているので，この機能を含めて各機能の作業に投入する工数を調整し，遅延を回復させたいという相談があり，T課長はこれを承認した」とある。人事外部設計チームのリーダも3週間経過時に遅れを認識し，その対策をT課長に具申し，T課長が承認している状況である。ここで「表1　進捗報告（外部設計全体）」を見てみると，人事外部設計チームの3週間経過時のPV，ACはともに4,550であるのに，EVは4,520なので少し遅延がある。この時点で，前述したように人事外部設計チームのリーダが対応策を講じているが，4週間経過時の進捗を見ると，PV，ACがともに6,050であるのに，EVは5,940であり，依然として遅延がある。進捗度合を測るSV（Schedule Variance：スケジュール差異）は，SV＝EV－PVで求められるが，3週間経過時のSVは－30であるのに対し，4週間経過時のSVは－110で，回復していないだけでなく増加している。T課長が，人事外部設計チームの各機能の作業状況を具体的に把握する必要があると考えた理由はこの点にあると推測できる。よって解答は，**人事外部設計チームは4週経過時もEVが回復していないか**

らとなる。ここでは，表1の人事外部設計チームの時系列的な変化に着目した解答が要求されているため，単純に4週間経過時点の遅延について述べるだけでなく，3週間経過時点からの変化を踏まえた解答が必要である。

### [設問2] (1)

　〔人事外部設計チームの進捗状況〕の空欄aの前後の記述から，空欄aには機能4の4週間経過時のSPI（スケジュール効率指標）が入る。SPIは，出来高（EV）÷計画値（PV）で求められる。「表2　進捗報告（人事外部設計チームの機能単位）」から，機能4の4週間経過時のPVとEVの値を読むと，PVは1,600であり，EVは1,420である。SPIを計算すると，

　　SPI＝EV÷PV＝1,420÷1,600＝0.8875

となり，設問文に「小数第3位を四捨五入して少数第2位まで求めよ」とあるので，空欄aには**0.89**が入る。

　なお，SPIが1以上の場合はプロジェクトの進捗が計画より早く，1以下の場合はプロジェクトの進捗が計画より遅いことを表している。このSPIは，CPI（Cost Performance Index：コスト効率指標）とともに，プロジェクトのパフォーマンスをチェックする指標である。

### [設問2] (2)

　「プロジェクト全体会議において，T課長は　　b　　を用いて仕様の確定が進んでいないことを報告し，D社とS社は，D社のある状況が仕様確定に時間が掛かっている原因であるという共通認識をもった」という記述の空欄bに入る適切な資料名が問われており，この資料は，仕様の確定が進んでいないことを表すものと推測できる。

　この記述の少し前に「外部設計工程では，品質・コスト・スケジュールに影響を与える事象を課題管理対象として扱っており，仕様確定に手間取った箇所もその都度，課題管理表に記録している。さらに，課題管理表を週次で整理して未決事項一覧表を作成し，未決事項の検討内容や仕様の確定状況をモニタリングしている」とあるので，空欄bの資料は，課題管理表あるいは未決事項一覧表のどちらかと思われる。T課長がプロジェクト会議で仕様の確定が進んでいないことを報告する際の資料として使うことを考えると，課題管理表を週次で整理して作成し，未決事項の検討内容や仕様の確定状況をモニタリングしている未決事項一覧表が適切と判断できるので，空欄bには**未決事項一覧表**が入る。

　〔人事外部設計チームの進捗状況〕に「S社外部設計案に対するD社担当者の意見は，紙を前提とした処理方法に基づくものでありS社外部設計案と比較してシステム化する上で優位性がない仕様であったり，仕様内容に不明瞭な点や整合性に欠けるところが残るものであったりする。D社担当者の意見を生かしつつ当該機能の仕様を確定させるには時間が掛かる」とあるが，このD社の仕様確定に時間が掛かっていることに関し，原因となる状況について問われている。

　その直前の記述を見ると「D社人事部の仕様検討担当者（以下，D社担当者という）は，本業務について現行の紙を用いた処理方法は具体的に理解しているが，システム化した処理方法のイメージが十分にもてておらず，詳細作業手順，作業条件，例外作業の処理方法などの理解が不十分」とある。これより，D社の仕様確定に時間が掛かっている原因の状況は，**D社担当者が，システム化した処理方法のイメージを十分にもてていない状況**にあるといえる。

　〔人事外部設計チームの進捗状況〕の「T課長は，人事外部設計チームに対して，現行人事給与システムで対応していない機能を追加開発する際の外部設計書に関しては，他社での類似の追加開発実績を活用して，ある補足資料を作成し，それも用いて外部設計内容の説明を行うよう指示した」という記述の補足資料がどのような資料かが問われている。

　外部設計の内容を分かりやすくするための一般的な方法としては，デモンストレーション画面あるいはプロトタイプシステムが想定される。直前の問題文に「外部設計内容を，システム化した処理方法として適切なものであると容易に判断できるようにすることが重要」という記述があり，その実現のために「他社での類似の追加開発実績を活用して」補足資料を作成するように指示している。これより，T課長が人事外部設計チームに追加作成を指示した補足資料は，**システム化した処理のデモンストレーション画面**，または**詳細作業手順が分かるプロトタイプシステム**と判断できる。

　〔人事外部設計チームの進捗状況〕に「引き続き機能単位のEVMの実績などを用いた進捗管理を行い，今後の外部設計期間中に，もし週次の進捗報告からある状況になったことが判明した場合は，S社の設計要員を追加投入して遅延の回復を図る対応策の検討や調整も行うことにした」と記述されている，ある状況とはどんな状況かと問

われている。

　プロジェクトの進捗管理で最も重要なことの一つは，プロジェクトを構成する個々のタスクの進捗状況を把握し，ボトルネックになっている箇所を特定して対策を講じることである。そこで注力すべきポイントは，クリティカルパスの進捗遅延である。〔人事外部設計チームの進捗状況〕に「作業状況を確認したＴ課長は，人事外部設計チームの進捗状況を適切に管理するために，機能単位でEVMの実績及びクリティカルパスを明示した進捗状況の報告を受けることにした」とあり，クリティカルパスを重要視していることが分かる。表２には，クリティカルパスの枠があり，人事外部設計の機能１に○印がついており，この時点では，機能４はクリティカルパスではない。機能４がクリティカルパスでない状況にある限りは，機能４の進捗遅れがプロジェクト全体の進捗に直接影響することはないが，もし，機能４の進捗遅れが拡大してクリティカルパスになってしまった場合には，機能４の進捗遅れがそのままプロジェクトのスケジュール遅延につながってしまう。その場合には，追加要員を投入しても，遅延の回復を図る必要がある。よって，ある状況とは，**機能４の外部設計作業がクリティカルパスとなる状況**である。本設問では，クリティカルパスに着目した解答が求められているので，単にスケジュール遅延が拡大したという状況やマイルストーンが守れそうにない状況というだけでは，解答として不十分である。

### ［設問３］（1）

　〔テストに関する施策の追加〕の一つ目の施策「総合テストのテストケース作成に，外部設計時に用いた課題管理表を活用する」を実施すると，テスト実施時にどのような確認が可能になるかについて問われている。

　課題管理表については〔人事外部設計チームの進捗状況〕に「外部設計工程では，品質・コスト・スケジュールに影響を与える事象を課題管理対象として扱っており，仕様確定に手間取った箇所もその都度，課題管理表に記録している」とある。これより，課題管理表には品質・コスト・スケジュールに影響を与える事象として，仕様確定に手間取った箇所の情報も記録されていることが分かる。この課題管理表を活用してテストケースを作成することによって，どんな確認が可能になるかを考える。一般に，仕様の確定に手間取る箇所は，仕様を確定するための条件に何かあいまいさや不備がある箇所である。したがって，仕様の確定において不具合が生じやすい箇所ということができる。よって，その箇所の記録を活用したテストケースを作成することでできる確認は，**仕様の確定に手間取った箇所が正しく実現されていること**の確認である。

ここでは，課題管理表の一般的な利用方法である「課題が解決していることの確認」というような解答では不十分である。「仕様確定に手間取った箇所もその都度，課題管理表に記録している」ことを踏まえた解答が求められている。

### [設問3] (2)

　〔テストに関する施策の追加〕の2つめの施策「利用者トレーニングにおいて，操作説明会に加え，全社員を対象にトレーニング用のデータを使って一連の業務を実行する試行運用を追加する。さらに，試行運用結果を踏まえて　　　c　　　の記述を充実させ，本稼働後に，利用者が業務・システムについての不明点を自身で解消できるようにする」の空欄cに入れる資料名が問われている。

　この資料の目的は「本稼働後に，利用者が業務・システムについての不明点を自身で解消できるようにする」ことであることからマニュアルの一種と推測できる。

　また，利用者トレーニングにおいて，操作説明会に加えて，全社員を対象にトレーニング用のデータを使った一連の業務を実行する試行運用を行い，その試行運用を踏まえて記述を充実させるものである。「図1　スケジュール」を見ると，利用者トレーニングフェーズの前の作業フェーズが，操作マニュアル作成となっている。よって，空欄cに入れる資料名は**操作マニュアル**となる。

　本問は，EVMに関する知識が必須の問題であり，EV，PV，AC，BAC，SPIなどの指標とその意味を十分に理解しておく必要がある。分析指標としてはこの他に，EAC，SV，CPI，CV（Cost Variance），ETC（Estimate To Completion），VAC（Variance At Completion）についても理解しておくことが望ましい。

　実際のプロジェクトにおいては，プロジェクトマネージャは，これらの指標を個別にではなく，全体的に見て状況を評価・分析をする。そして，問題発生の兆候を読み取り，早期に対策を講じる必要がある。

　分析指標の評価手段としては，トレンドグラフとブルズアイチャートも有用である。PV，EV，ACを時系列的にグラフにしたものがトレンドグラフであるが，このグラフによりプロジェクトの現在の状況と，この先どういった傾向になるかを評価できる。

　EVMは，プロジェクト全体の進捗管理だけでなく，本問のように，一部の機能別の進捗管理などにも活用できる。次図は，人事外部設計の機能4のトレンドグラフの例である。この図からも機能4の遅延が増加傾向にあることが分かる。

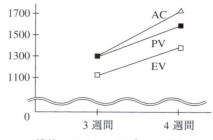

**機能4のトレンドグラフの例**

　ブルズアイチャートは，定期的に収集した基本指標をもとに算出したSPIとCPIを分散図として表したものである。表2の機能2と機能4をブルズアイチャートにした例を次図に示す。プロジェクトマネージャは指標ポイントが常に右上の象限（①）で安定するように注力する必要がある。人事外部設計の機能2は，右上の象限（①）に安定しているが，機能4は，3週間経過時も4週間経過時も左下の象限（②）にあり，是正が必要である。

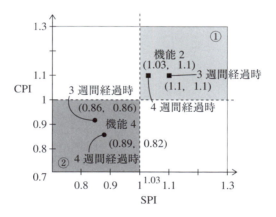

**ブルズアイチャートの例**

　なお，EVMは有用なツールではあるが，課題がないわけではない。品質を表す指標がないことを考慮する必要がある。

| 設問 | | | 解答例・解答の要点 |
|---|---|---|---|
| [設問1] | | | 人事外部設計チームは4週間経過時もEVが回復していないから |
| [設問2] | (1) | a | 0.89 |
| | (2) | b | 未決事項一覧表 |
| | (3) | | D社担当者が，システム化した処理方法のイメージを十分にもてていない状況 |
| | (4) | | ・システム化した処理のデモンストレーション画面<br>・詳細作業手順が分かるプロトタイプシステム |
| | (5) | | 機能4の外部設計作業がクリティカルパスとなる状況 |
| [設問3] | (1) | | 仕様の確定に手間取った箇所が正しく実現されていること |
| | (2) | c | 操作マニュアル |

※IPA IT人材育成センター発表

# 3 システム再構築

## 問6 システムの再構築　　　　　　　　　　（出題年度：H27問3）

システムの再構築に関する次の記述を読んで，設問1～4に答えよ。

＊制限時間45分

金融機関のA社は，事務センタ内の業務運用の効率向上を図る一環として，現在稼働している事務センタ内の事務のサポートシステム（以下，現システムという）を更改し，新システムを構築することにした。プロジェクトマネージャにはシステム部のB課長が任命された。スケジュールは図1のとおり，今年の3月末に現システムの仕様を凍結した上で，12月末までにデータ移行を終え，来年1月から3か月間の並行運用を行った後，来年4月から稼働を開始する予定である。

図1　スケジュール

〔業務部からの検討依頼〕

プロジェクトは4月末の現時点まで順調に進み，内部設計の終盤に差し掛かっている。ある日，業務要件の取りまとめの責任者である業務部のC課長から，"新システムの業務要件に追加したい項目があるので相談に乗ってもらいたい"という依頼があった。その内容は次のとおりである。

・今年の4月から手作業で作成し始めた約10種類の帳票について，外部設計の時点で，現行事務マニュアルには反映されていなかったということを，システム部に伝えることを失念していた。

・これらの帳票をシステム化するという検討が外部設計で漏れてしまった。現在行っている，新システムの入出力操作マニュアルの作成中に，このことに気が付いた。新システムの稼働開始に合わせて，手作業の開始時に追加した要員を削減したいの

で，稼働開始時期を遅らせずに対応する方法について検討してもらいたい。

B課長はC課長からの依頼について対応方法を検討する前に，外部設計に関して，このような問題が他にはないかどうか確認することにした。そのために，現時点で最新の現行事務マニュアルを用いて，ある作業を行うようC課長に依頼した。また，社内の開発標準に規定された手順に従って外部設計を行ったにもかかわらず，このような問題が起きたことから，①外部設計のインプットとなる資料の確認項目を，社内の開発標準に追加する必要があると考えた。

〔対応方法の検討〕

C課長が外部設計に関する問題が他にないかどうか確認したところ，問題がないことが分かった。そこで，B課長は，システム化の対象とする帳票を増やしたいというC課長からの依頼について対応方法を検討した。検討結果は次のとおりである。

・この対応（以下，追加開発という）は，当初計画の開発対象部分（以下，当初開発分という）との独立性が高い新規プログラムの開発が大半を占めている。

・入力項目の追加に伴うマスタファイルの修正が発生する。したがって，既に約3分の2の内部設計が完了している当初開発分について，マスタファイルのレイアウト変更への対応が必要となる。

・必要な追加要員については，現システムの開発経験者を何とか確保できるめどが立っている。

・②要員を急きょ追加した場合，開発工数上の手当てはできていても，新システムに関する知識不足から問題が発生し，内部設計が計画どおりに進められないリスクが高い。

B課長は，これらの検討結果から，並行運用期間を1か月短縮して，来年2月から開始することにした上で，次の二つの案について検討することにした。

案1：現在実施中の当初開発分の内部設計の終了時期を，当初計画よりも1か月遅らせる形で作業計画を見直し，内部設計が終了する6月中旬までに追加開発分の仕様を取り込む。その上で，当初計画よりも1か月遅らせたスケジュールでプログラム製造・単体テスト以降の作業を行う。

案2：現在実施中の当初開発分の内部設計，及び次工程のプログラム製造・単体テストは，追加開発分の仕様を取り込まずに当初計画のスケジュールどおり継続する。当初開発分への追加開発分の仕様の取込みは別タスクとして行い，9月中旬までに単体テストを終了させる。その上で，当初計画よりも1か月遅らせたスケジュールで結合テスト以降の作業を行う。

〔両案の比較〕

案1は内部設計が終了するまでに追加開発分の仕様を取り込むので，案2よりも早期に内部設計全体の整合性を確保できることによる，品質面でのメリットがある。一方で，追加開発分の仕様を取り込むことによって，現在実施中の当初開発分の内部設計において，作業の停滞，中断などが発生するおそれがある。

案2は当初開発分について，現在実施中の内部設計を当初計画のスケジュールどおり継続できるというメリットがある。一方で，当初開発分の単体テストまでの作業と，追加開発分の仕様の取込みを別タスクとして行うので，構成管理に関する漏れがないように配慮する必要がある。

B課長は，③案1における，作業の停滞，中断などが発生するおそれがあるという懸念については，ある作業を最優先で行った上で作業計画を見直すことによって解消できると考えた。そこで，案1の方が案2よりも早期に内部設計全体の整合性を確保できることによる品質面でのメリットを重視し，C課長に打診した上で，案1をベースに以降の検討を進めることにした。

〔並行運用の検討〕

次の二つの目的のために並行運用を実施する。
・利用者が操作訓練を通じて新システムの操作に慣れること
・要件定義と外部設計を通じて業務部と合意した，業務運用の効率向上の目標が達成できることを確認し，稼働開始後の業務運用体制を確定させること

そのため，並行運用期間の前半を操作訓練の期間，後半を業務運用の効率向上の目標達成度を確認する期間として想定していた。B課長が並行運用について検討した結果及び対策は，次のとおりである。

(1) 並行運用の開始時期を仮に1か月遅らせた上で，C課長の要望に沿うように稼働開始時期を遅らせない場合，並行運用期間が短縮されても並行運用の所期の目的を達成するには，並行運用に向けた準備を周到に行うことが重要である。そこで，新システムの利用方法について利用者に事前に周知し，システムの利用イメージを把握しておいてもらう。これによって，並行運用期間中に新システムの操作に慣れるという操作訓練の目的を確実に達成できるようにする。

(2) 当初開発分の外部設計が終了した時点で一度実施している，利用者を交えたウォークスルーを，追加開発分の外部設計が終了した時点で再度実施する。④こうすることで，利用者の認識の相違によって並行運用で混乱が起きるリスクを軽減する。しかし，このような対策を講じても，稼働開始時期を遅らせない場合は，

並行運用の所期の目的を達成できず，その結果，品質面で問題はなくても，稼働開始後に混乱が起きるというリスクが残る。B課長は，これらを踏まえて，C課長から要望があった要員削減の時期については，稼働開始後の状況を評価した上で決定するよう提言することにした。

**設問1** 〔業務部からの検討依頼〕について，(1)，(2)に答えよ。

(1) B課長が，外部設計に関して問題が他にはないかどうか確認するために，C課長に依頼した作業を，30字以内で述べよ。

(2) 本文中の下線①で追加する必要があるとしている確認項目の内容を，20字以内で述べよ。

**設問2** 〔対応方法の検討〕について，本文中の下線②における，新システムに関する知識不足から発生する問題とはどのような内容か。30字以内で具体的に述べよ。

**設問3** 〔両案の比較〕について，(1)〜(3)に答えよ。

(1) 案2において配慮する必要がある，構成管理に関する漏れを，40字以内で述べよ。

(2) 本文中の下線③における，最優先で行う作業の内容を，30字以内で述べよ。

(3) B課長が重視した，案2よりも早期に内部設計全体の整合性を確保できることによる案1の品質面でのメリットを，15字以内で答えよ。

**設問4** 〔並行運用の検討〕について，(1)，(2)に答えよ。

(1) B課長は，並行運用期間が短縮されても，新システムの利用方法について利用者に事前に周知することによって，操作訓練の目的が確実に達成できると考えた。その理由を30字以内で述べよ。

(2) 本文中の下線④における，B課長が想定した，利用者の認識の相違によって起きる並行運用での混乱の内容を，30字以内で述べよ。

---

◁◁ 問6 **解 説** ▷▷

**[設問1] (1)**

〔業務部からの検討依頼〕に「B課長はC課長からの依頼について対応方法を検討する前に，外部設計に関して，このような問題が他にはないかどうか確認することにした」とあり，「そのために，現時点で最新の現行事務マニュアルを用いて，ある作

業を行うようC課長に依頼した」とある。

　C課長からの依頼は「今年の4月から手作業で作成し始めた約10種類の帳票について，外部設計の時点で，現行事務マニュアルには反映されていなかったということを，システム部に伝えることを失念していた」「これらの帳票をシステム化するという検討が外部設計で漏れてしまった」「新システムの稼働開始に合わせて，手作業の開始時に追加した要員を削減したいので，稼働開始時期を遅らせずに対応する方法について検討してもらいたい」というものである。つまり，外部設計の時点で，現行事務マニュアルに含まれていなかった帳票について，システム化の検討がされていなかったので，これを新システムの稼働時期までに対応してほしいという要求である。それに対して，このような問題が他にはないかどうかを確認するために現時点で最新の現行事務マニュアルを用いてC課長に依頼する作業を考えてみる。C課長は業務部の課長で，業務要件の取りまとめの責任者なので，このような外部設計でシステム化の検討が漏れていた帳票がほかにもないかどうかを調べてもらったと思われる。したがって，解答は，**最新の現行事務マニュアルと外部設計書との突合せ**となる。

### [設問1](2)

　〔業務部からの検討依頼〕の下線①「このような問題が起きたことから，外部設計のインプットとなる資料の確認項目を，社内の開発標準に追加する必要があると考えた」の前に「社内の開発標準に規定された手順に従って外部設計を行ったにもかかわらず」とあることから，社内の開発標準そのものの確認項目が不足しているとB課長が考えたことが分かる。具体的には，外部設計のインプットとなる資料の確認項目の不足である。今回の問題の原因は，現行事務マニュアルに反映されていない帳票で，外部設計開始の翌月以降に作成することが予定されていた帳票の漏れである。もし，開発標準の確認項目に，現行事務マニュアルなどのインプットとなる資料に今後の変更予定について確認する項目や，未反映の項目を確認する項目があれば，防ぐことができたと思われる。よって，追加した確認項目は，**変更予定があるかどうかの確認**あるいは，**未反映の項目がないかどうかの確認**となる。

### [設問2]

　〔対応方法の検討〕の下線②「要員を急きょ追加した場合，開発工数上の手当てはできていても，新システムに関する知識不足から問題が発生し，内部設計が計画どおりに進められないリスクが高い」に記述された新システムに関する知識不足から発生する問題とは何かが問われている。追加要員に関する記述は，直前の「必要な追加要

員については，現システムの開発経験者を何とか確保できるめどが立っている」だけで，解答のヒントは見当たらない。一般に，ソフトウェア開発において，要員を追加した場合，コミュニケーションチャネルが増え，プロジェクト内のコミュニケーション負荷が増すことや，新たに参加した要員の教育訓練のための負荷が加わることで，追加された人数分の効果が出るまでに時間が掛かることなどが問題といわれている。ここで問われているリスクは，新システムに関する知識不足から発生する問題なので，教育訓練にかかる負荷はかなり高くなると推測される。したがって，解答は，**追加要員の教育に想定以上の時間が掛かる**となる。

## ［設問3］(1)

　〔両案の比較〕の案2には「当初開発分の単体テストまでの作業と，追加開発分の仕様の取込みを別タスクとして行うので，構成管理に関する漏れがないように配慮する必要がある」とある。案2については〔対応方法の検討〕に「現在実施中の当初開発分の内部設計，及び次工程のプログラム製造・単体テストは，追加開発分の仕様を取り込まずに当初計画のスケジュールどおり継続する。当初開発分への追加開発分の仕様の取込みは別タスクとして行い，9月中旬までに単体テストを終了させる。その上で，当初計画よりも1か月遅らせたスケジュールで結合テスト以降の作業を行う」とある。つまり，追加開発分の仕様の取込みを行っている期間中，当初開発分の作業も予定どおり行われるため，2つのタスクが同時に実行されることになる。この期間に，当初開発分のプログラムにプログラムバグや設計ミスが発見されて，バグ対応を行ったり，設計ミスへの対応を行ったりすると，その対応は追加開発分の仕様を取り込んでいるものに対しても適用する必要があるが，バグ対応や設計ミスへの対応がどのタイミングで実施されたのかを正しく管理していないと，対応漏れが生じてしまう。よって，配慮する必要のある構成管理に関する漏れは，**当初開発分のプログラムバグへの対応結果の取込み漏れ**または，**当初開発分の設計ミスへの対応結果の取込み漏れ**である。

## ［設問3］(2)

　〔両案の比較〕の下線③の「案1における，作業の停滞，中断などが発生するおそれがあるという懸念については，ある作業を最優先で行った上で作業計画を見直すことによって解消できると考えた」の記述にある作業の停滞，中断については，このブロックの案1の説明箇所の後半に「追加開発分の仕様を取り込むことによって，現在実施中の当初開発分の内部設計において，作業の停滞，中断などが発生するおそれが

ある」と述べられている。現在実施している内部設計に停滞や中断を発生させないようにするには，内部設計において，追加開発分の仕様を取り込んでいる期間でも実施可能な作業，つまり追加開発分の影響を受けない作業を実施すればよい。事前にどの作業が追加開発分の影響を受けない作業であるかを洗い出して，洗い出したその作業を含めて作業計画を立てれば，作業の停滞や中断は起こらない。よって，最優先で行う作業の内容は，**追加開発分の影響を受けない部分の洗い出しを行う**ことである。

### [設問3] (3)

〔両案の比較〕に「案1の方が案2よりも早期に内部設計全体の整合性を確保できることによる品質面でのメリットを重視し」とある。このブロックの最初にも「案1は内部設計が終了するまでに追加開発分の仕様を取り込むので，案2よりも早期に内部設計全体の整合性を確保できることによる，品質面でのメリットがある」と述べられている。案2の場合，整合性がとれるのは結合テストの段階である。一般に上流工程で品質確保に注力すれば，成果物の品質が高まるといわれている。下流工程になればなるほど，手戻りのための作業や工数が増えるからである。その点を踏まえると，整合性が確保できた時点でないと見つからないような設計ミスがあった場合，結合テストで見つかるよりも，内部設計終了時点という上流工程で見つかるほうが，対処しやすく，テストでのバグ発生の抑止にもなる。よって，品質面でのメリットは，**上流工程での品質の確保**あるいは，**テストでのバグ発生の抑止**となる。

### [設問4] (1)

〔並行運用の検討〕(1)に「並行運用の開始時期を仮に1か月遅らせた上で，C課長の要望に沿うように稼働開始時期を遅らせない場合，並行運用期間が短縮されても並行運用の所期の目的を達成するには，並行運用に向けた準備を周到に行うことが重要である。そこで，新システムの利用方法について利用者に事前に周知し，システムの利用イメージを把握しておいてもらう。これによって，並行運用期間中に新システムの操作に慣れるという操作訓練の目的を確実に達成できるようにする」とある。新システムの利用方法について利用者に事前に周知して，利用者にシステムの利用イメージを把握しておいてもらうと，操作訓練のスムーズな立上げが可能となる。また，内容を事前に理解しておいてもらってから操作訓練を開始すると，そうでない場合に比べて，新システムの操作に慣れるまでの期間が短くてすむ。よって，B課長が操作訓練の目的を確実に達成できると考えた理由は**操作訓練を円滑に立ち上げることができるから**あるいは，**内容を事前に理解した上で操作訓練に参加できるから**となる。

## [設問4] (2)

　〔並行運用の検討〕(2)の下線④「こうすることで，利用者の認識の相違によって並行運用で混乱が起きるリスクを軽減する」の前に「当初開発分の外部設計が終了した時点で一度実施している，利用者を交えたウォークスルーを，追加開発分の外部設計が終了した時点で再度実施する」とある。この記述からB課長が，利用者の認識の相違で並行運用で生じる混乱は，利用者を交えたウォークスルーを2度（当初開発分と追加開発分）実施することで解決すると考えていることが分かる。したがって，利用者の認識の相違で並行運用で生じる混乱は，2度のウォークスルーで解決する内容であると考えられる。一般に利用者を交えて実施するウォークスルーは，利用者が質問やコメントする形で行われ，システムの障害発見だけでなく，システムの使い方や意味を利用者に正しく理解してもうことや，問題があった場合にその解決策のアイデア出しに協力してもらうことができる。今回は，一度利用者を交えてウォークスルーを実施した後に取り込まれる追加開発分に対するウォークスルーをしないと，追加開発分についての質問やコメントを聞く場がなくなるため，追加開発分に対する質問やコメントが並行運用時に噴出するだろうことは容易に予測できる。さらに追加開発分が4月から手作業で作成し始めたものであることを考えると，新しく面倒なことを覚えるよりも，すでに覚えている手作業で処理したほうが早いと考える利用者が出てくることも予測できる。このことから，利用者の認識の相違によって起きる並行運用の混乱は，質問や改善要望が多発して並行運用が進まないことや，現状どおり手作業で処理してしまうことである。

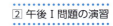

## 問6 解 答

| 設問 | | 解答例・解答の要点 |
|---|---|---|
| [設問1] | (1) | 最新の現行事務マニュアルと外部設計書との突合せ |
| | (2) | ・変更予定があるかどうかの確認<br>・未反映の項目がないかどうかの確認 |
| [設問2] | | 追加要員の教育に想定以上の時間が掛かる。 |
| [設問3] | (1) | ・当初開発分のプログラムバグへの対応結果の取込み漏れ<br>・当初開発分の設計ミスへの対応結果の取込み漏れ |
| | (2) | 追加開発分の影響を受けない部分の洗い出しを行う。 |
| | (3) | ・上流工程での品質の確保<br>・テストでのバグ発生の抑止 |
| [設問4] | (1) | ・操作訓練を円滑に立ち上げることができるから<br>・内容を事前に理解した上で操作訓練に参加できるから |
| | (2) | ・質問や改善要望が多発して並行運用が進まない。<br>・現状どおり手作業で処理してしまう。 |

※IPA IT人材育成センター発表

# 問7 生産管理システムの再構築

(出題年度：H26問3)

生産管理システムの再構築に関する次の記述を読んで，設問1～4に答えよ。

＊制限時間45分

A社は，SI企業である。製造業のH社から，生産管理システムの再構築プロジェクト（以下，H社プロジェクトという）を受注することになり，現在，3月からの作業開始に向けて計画を策定している状況である。

H社の生産管理システムは，10年以上も前に自社開発したシステムを過去数回にわたり改修してきたもの（以下，現システムという）である。これまで現システムを保守していた担当者が6月末で退職することもあり，自社で維持できなくなることから，外部のSI企業に再構築を委託することになった。再構築に当たっては，現システムの業務機能は変えずに，アーキテクチャを刷新した新しいシステム（以下，新システムという）へ移行したいとのことであった。また，生産実績の状況を照会できる拡張機能も開発したいとのことであった。新システムのイメージを図1に示す。

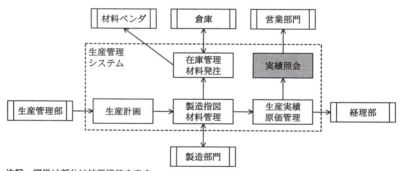

注記　網掛け部分は拡張機能を表す。

図1　新システムのイメージ

H社では，年末年始の休業の時期にしかシステムの移行ができないという制約があるので，開発期間は10か月である。H社プロジェクトのプロジェクトマネージャ（PM）には，生産管理システムの経験が豊富なA社のB氏が任命された。B氏は，A社の過去のプロジェクト完了報告書から，類似のシステムのスケジュールを参考にして，図2に示すH社プロジェクトのスケジュール案を作成した。

| 月 | 2月 | 3月 | 4月 | 5月 | 6月 | 7月 | 8月 | 9月 | 10月 | 11月 | 12月 | 1月 |
|---|---|---|---|---|---|---|---|---|---|---|---|---|
| 工程 | ▼現在 | ←外部設計→ | | ←内部設計→ | ←製造・単体テスト→ | | | ←結合テスト→ | ←総合テスト→ | | ←移行→ | ▼稼働開始 |

**図2　H社プロジェクトのスケジュール案**

〔契約管理〕

　B氏は，作成したスケジュール案を基に，H社プロジェクトのリスクについて検討を行った。H社の契約窓口からは，"新システムは，現システムの業務機能は変えずに，アーキテクチャを刷新するものであり，仕様が明確である。"との見解に基づき，全工程を請負契約で締結することを求められている。

　B氏は，現システムの状況について現システムの保守担当者に確認した。現システムは，これまで10年以上にわたって運用されており，過去数回にわたり改修されてきたが，設計ドキュメントは初期のものが残っているだけで，改修履歴は反映されていないとのことであった。B氏は，H社プロジェクトでは，外部設計において，現システムの実際の仕様を十分に調査し，明確になった仕様に基づいて，外部設計書を新たに作成する必要があると考えた。

　B氏は，H社の契約窓口の見解と現システムの状況にはギャップがあり，全工程を請負契約で締結することはリスクが大きいと考え，外部設計を委任契約，内部設計～総合テストを請負契約，移行支援を委任契約で締結する契約案を作成し，H社と協議を行うことにした。

〔プロジェクト計画〕

　B氏は，プロジェクト計画書を作成するために，プロジェクトの遂行に必要な作業を洗い出した。外部設計が委任契約であることを前提に，全体の期間については参考として，内部設計～移行完了を外部設計完了後8か月で行う計画案を提示し，H社と打合せを行った。H社からは，移行は年末年始にしかできないので，来年初めからの稼働開始を確約してほしいとの強い要望があった。

　B氏は，現時点ではA社ではコントロールできないリスクが存在し，稼働時間を確約することはできないことを説明し，理解を求めた。その上で，来年初めからの稼働開始に向けて，次の条件を提案した。

・外部設計書の確定を4月末とすること
・外部設計終了時に改めて再見積りを行い，内部設計以降の契約を締結すること
・"現システムの業務機能は変えず"という条件ではなく，　　a　　を条件として

開発を進めること

　協議の結果，来年初めからの新システム稼働開始を目標として作業を進めること，できる限り現システムの仕様を取り込むように開発を進めること，できるだけ業務に影響を与えずに新システムへ切り替えるために，移行・運用の方法を別途提案することを条件に，H社の承認を得て，H社プロジェクトは開始された。

〔調達管理〕

　B氏は，A社の開発要員だけでは納期に間に合わないと考えたので，営業部門が使う拡張機能である実績照会機能の開発を外部へ委託することにし，H社プロジェクトの開発のチームリーダに，委託先を選定するよう指示した。チームリーダは，A社との付き合いが長く，A社の品質管理基準も理解しているX社に委託したいとのことであった。

　B氏は，チームリーダの重視する委託先選定のポイントは適切と認める一方で，複数の委託先の候補から見積りをとることの意義を説明した。また，委託先選定の履歴を明確に文書で残すことの重要性を説明し，委託先選定に先立ち，提案依頼書（RFP）を作成するように指示した。そして，チームリーダに，評価基準として重視したいある条件を加えさせて，X社を含めた3社に対してRFPを出させた。

〔移行・運用方法の検討〕

　B氏は，H社から要望された，できるだけ業務に影響を与えずに新システムへ切り替えるための移行・運用の方針を検討することにした。

　B氏は，データを移行するプログラムの検証も含めて，総合テストの初期段階から本番データによる現システムとの処理結果の一致の確認を徹底して行うことにした。

　しかしながら，B氏は，今回の開発の進め方を考慮すると，①総合テストで本番データによる現システムとの確認を徹底したとしても，新システムが現システムの全ての仕様を網羅しているという保証は得られないと考えた。そこで，運用の方法として，移行後も一連の月次処理を行う1か月の間，現システムと新システムを並行運用して，新システムのリスクに対応する必要があると考えた。さらに，B氏は，次の内容についてH社と合意をしておく必要があると考えた。

・新たに作成した外部設計書と新システムの実装機能の不整合は瑕疵として扱い，瑕疵担保責任の期間内であれば無償で修正を行う。

・現システムの仕様のうち外部設計で洗い出せなかった仕様が発見された場合は追加開発とし，別途見積りを行い，契約を締結して実施する。

B氏は，これらの内容を提案としてまとめ，H社に提示した。

**設問1** 〔契約管理〕について，B氏は，H社の契約窓口の見解と現システムの状況にはギャップがあり，全工程を請負契約で締結することはリスクが大きいと考えた。そのギャップとは何か。また，リスクとは何か。それぞれ40字以内で述べよ。

**設問2** 〔プロジェクト計画〕について，B氏が外部設計終了時に改めて再見積りを行い，内部設計以降の契約を締結するために提示した条件　　a　　はどのような内容か。35字以内で述べよ。

**設問3** 〔調達管理〕について，(1)，(2)に答えよ。
 (1) B氏が説明した，複数の委託先の候補から見積りをとることの意義とは何か。20字以内で述べよ。
 (2) B氏が加えさせた，評価基準として重視したいある条件とは何か。25字以内で述べよ。

**設問4** 〔移行・運用方法の検討〕について，(1)，(2)に答えよ。
 (1) B氏が，本文中の下線①のように考えた理由は何か。40字以内で述べよ。
 (2) B氏が，H社に提示した提案で，移行後も現システムと新システムの並行運用を行うことで対応するとした，新システムのリスクとは何か。また，その対応策とは何か。それぞれ20字以内で述べよ。

---

## ◀ 問7 解 説 ▶

### [設問1]

● ギャップについて

　〔契約管理〕に「新システムは，現システムの業務機能は変えずに，アーキテクチャを刷新するものであり，仕様が明確である」というH社の契約窓口の見解がある。全工程を請負契約で締結することがリスクになるということにつながるギャップなので，H社契約窓口とのギャップは，仕様に関連することと推測できる。現システムの状況については，「現システムは，これまで10年以上にわたって運用されており，過去数回にわたり改修されてきたが，設計ドキュメントは初期のものが残っているだけで，改修履歴は反映されていない」とある。設計ドキュメントに過去数回の改修履歴が反映されていないということは，現システムの仕様は，実際のシステムを調査して

みないと分からないということである。よって，Ｈ社契約窓口の見解と現システムの状況のギャップは，**仕様が明確という見解と設計ドキュメントに改修履歴が反映されていない状況**となる。

● リスクについて

初期の設計ドキュメントしか残っていない状況で，実際のシステムから仕様を起こした場合，改修で変更された機能を見落としてしまうと，いずれかの時点で手戻り作業が発生することになる。手戻り作業によって考えられるリスクには，一般にスケジュール遅延やコスト超過などが考えられる。本プロジェクトでは，「図１　新システムのイメージ」の下の問題文に「Ｈ社では，年末年始の休業の時期にしかシステムの移行ができないという制約があるので，開発期間は10か月である」とある。つまり，本プロジェクトでは納期に遅延すると移行ができず，大きな問題となるので，リスクとしては納期に遅れることを挙げることが適切である。よって解答は，**改修で変更された機能が実装されず手戻りが発生して納期に遅れること**となる。

[設問2]

a について

〔プロジェクト計画〕に，Ｈ社の「移行は年末年始にしかできないので，来年初めからの稼働開始を確約してほしい」という要望に対し，Ｂ氏が「Ａ社ではコントロールできないリスクが存在し，稼働時期を確約することはできない」と説明している。コントロールできないリスクとは，設問１で述べた改修で変更された機能が漏れてしまうことによるスケジュール遅延である。そして，「その上で，来年初めからの稼働開始に向けて，次の条件を提案した」とあり，「外部設計書の確定を４月末とすること」「外部設計終了時に改めて再見積りを行い，内部設計以降の契約を締結すること」「"現システムの業務機能は変えず"という条件ではなく，　　ａ　　を条件として開発を進めること」という３条件を提示している。最初の外部設計書の確定時期に関する条件は，内部設計〜移行完了を８か月で行うという計画案から仕様凍結の時期を提示したものであり，２番めの条件は，コスト超過などを防止する条件といえる。最後の条件で，"現システムの業務機能は変えず"というＨ社が最初に示していた条件では前述したようなリスクがあることから，そのような仕様漏れによるリスクを生じさせないような条件を空欄ａで提示していると考えられる。４月末までに確定させ，両社で合意した外部設計書によって，内部設計以降の見積りを行って契約を締結することを考えると，その外部設計書に基づいた新システムの開発を行うことを条件にすれば，

外部設計書作成の段階で把握できなかった機能の漏れによる手戻り作業を本プロジェクトの対象外とみなすこともでき，先に述べたリスクを回避できる。したがって，空欄aには，**新たに作成した外部設計書に基づいて新システムの開発を行うこと**という条件が入る。

### ［設問3］(1)

〔調達管理〕に「チームリーダは，A社との付き合いが長く，A社の品質管理基準も理解しているX社に委託したいとのことであった。B氏は，チームリーダの重視する委託先選定のポイントは適切と認める一方で，複数の委託先の候補から見積りをとることの意義を説明した」とある。一般に，複数の委託先の候補から見積りをとることのメリットとしては，複数の候補先からの選定作業を行う際に，項目ごとに客観的に数値化して評価することから，委託先を客観的に評価できることや，複数の候補先からの見積りをとるため，調達コストを適正な価格にできることが挙げられる。よって解答は，**委託先の客観的な評価ができる**，あるいは，**調達コストを適正にできる**となる。

### ［設問3］(2)

〔調達管理〕に「チームリーダは，A社との付き合いが長く，A社の品質管理基準も理解しているX社に委託したいとのことであった。B氏は，チームリーダの重視する委託先選定のポイントは適切と認める一方で……」とある。つまり，チームリーダの重視する委託先選定のポイントである"A社との付き合いが長い""A社の品質管理基準を理解している"の2点を適切と判断している。ここで，このプロジェクトにとって納期を守ることがとても大切であることや，委託先の客観的な評価などのために複数の委託先の候補から見積りをとることなどを考えると，重視すべきポイントは，適切な品質管理ができることとなる。よって解答は，**A社と同様の品質管理基準を有していること**，あるいは，**品質に関するA社の検収条件を満たすこと**となる。

### ［設問4］(1)

〔移行・運用方法の検討〕に「B氏は，今回の開発の進め方を考慮すると，総合テストで本番データによる現システムとの確認を徹底したとしても，新システムが現システムの全ての仕様を網羅しているという保証は得られないと考えた」とある。総合テストについては「総合テストの初期段階から本番データによる現システムとの処理結果の一致の確認を徹底して行うことにした」とある。しかし，本番データは，テス

ト用に作成されたデータではないため，外部設計書のすべての機能について試せるようなデータにはなっていない。言葉をかえると，すべてのテストケースを網羅するようなデータではないのである。よって，総合テストで本番データによる現システムとの確認を徹底したとしても，すべての仕様を網羅している保証が得られないと考えた理由は，**本番データが現システムの全テストケースをカバーしているわけではないから**である。ここでは，総合テストという工程における解答が求められている。したがって，現システムのドキュメントに改修履歴が反映されていなかったことなど，設計段階での課題について述べるべきではない。

## ［設問4］(2)

### ● リスクについて

〔移行・運用方法の検討〕に「運用の方法として，移行後も一連の月次処理を行う1か月の間，現システムと新システムを並行運用して，新システムのリスクに対応する必要があると考えた」とある。そもそも，本プロジェクトでは，現システムのドキュメントに過去数回の改修履歴が反映されておらず，現システムを調査して，新しく外部設計書を作成するところからスタートしている。そのような状況で，考えられる一番のリスクは，現システムの機能で漏れている機能があり，そのために，現システムと新システムとで処理結果が異なってしまうことである。よって解答は，**実装が漏れている機能が発見される**，あるいは，**処理結果に不一致が発見される**となる。

### ● 対応策について

機能に漏れが見つかり，現システムと新システムの処理結果が異なった場合，正しい処理結果は現システムのほうなので，一番早い対処方法は，**現システムの処理結果を使う**ことである。また，新システムには漏れた機能あるいは，不具合があることが判明したという状況であるため，**現システムに切り戻す**ことも解答になる。

## 問7 解 答

| 設問 | | 解答例・解答の要点 |
|---|---|---|
| [設問1] | ギャップ | 仕様が明確という見解と設計ドキュメントに改修履歴が反映されていない状況 |
| | リスク | 改修で変更された機能が実装されず手戻りが発生して納期に遅れること |
| [設問2] | a | 新たに作成した外部設計書に基づいて新システムの開発を行うこと |
| [設問3] (1) | | ・委託先の客観的な評価ができる。<br>・調達コストを適正にできる。 |
| (2) | | ・A社と同様の品質管理基準を有していること<br>・品質に関するA社の検収条件を満たすこと |
| [設問4] (1) | | 本番データが現システムの全テストケースをカバーしているわけではないから |
| (2) | リスク | ・実装が漏れている機能が発見される。<br>・処理結果に不一致が発見される。 |
| | 対応策 | ・現システムの処理結果を使う。<br>・現システムに切り戻す。 |

※IPA IT人材育成センター発表

　マルチベンダのシステム開発プロジェクトに関する次の記述を読んで，設問1～3
に答えよ。　　　　　　　　　　　　　　　　　　　　　　　　　　　　　　　＊制限時間45分

　A社は金融機関である。A社の融資業務の基幹システムは，ベンダのX社，Y社の
両社が5年前に受託して構築し，その後両社で保守している。両社はIT業界では競
合関係にあるが，ともにA社の大口取引先でもあるので，5年前の基幹システム構築
プロジェクト（以下，構築プロジェクトという）では，A社社長の判断で構築範囲を
分割して両社に委託し，システム開発をマルチベンダで行う方針とした。A社システ
ム部は，構築プロジェクトの開始に当たり，X社，Y社それぞれが担当するシステム
（以下，Xシステム，Yシステムという）の機能が基本的に独立するように分割し，
それぞれのシステム内の接続機能を介して連携させることにした。構築プロジェクト
の作業，役割分担及びベンダとの契約形態を表1に示す。

表1　構築プロジェクトの作業，役割分担及びベンダとの契約形態

| 作業 | 役割分担 | ベンダとの契約形態 |
|---|---|---|
| 要件定義 | A社が実施する。 | －（契約なし） |
| 基本設計 | 接続機能間の接続仕様は，両社と協議してA社が実施する。<br>接続仕様以外は，X社，Y社それぞれが実施し，A社が承認する。 | 準委任契約 |
| 実装 | X社及びY社がシステム内の接続機能も含めてそれぞれ実施し，A社<br>が検収する。 | 請負契約 |
| 連動テスト | A社が主体となり，A社，X社及びY社が実施し，A社が承認する。 | 準委任契約 |
| 受入テスト | A社が実施する。X社及びY社はA社を支援する。 | 準委任契約 |

注記　実装は，詳細設計，単体テストを含む製造及び各システム内の結合テストの工程に分かれる。連動テ
　　　ストは，両システム間の結合テスト及び総合テストの工程に分かれる。

　A社は今年，新たなサービスを提供することになり，X社とY社に基幹システムの
改修を委託することになった。この基幹システム改修プロジェクト（以下，改修プロ
ジェクトという）のスポンサはA社のCIOであり，プロジェクトマネージャ（PM）
はA社システム部のB課長である。B課長は新たなサービスの業務要件を両社に説明
するとともに，両システムの機能分担を整理した。この整理の結果，それぞれのシス

テム内の接続機能を含めた仕様に変更が必要であり，構築プロジェクトと同様に両社の連携が必要なことが判明した。

〔構築プロジェクトのPMに確認した問題〕

　B課長は，改修プロジェクトの計画を作成するに当たり，構築プロジェクトのPMに，構築プロジェクトにおいて発生した問題について確認した。

(1)　ステークホルダに関する問題

　　・X社とY社がA社の大口取引先であることから，A社の経営陣にはX社派とY社派がいて，それぞれのベンダの開発の進め方に配慮したような要求や指示があり，プロジェクト推進上の阻害要因になった。

　　・X社とY社の責任者は，自社の作業は管理していたが，両者に関わる共通の課題や調整事項への対応には積極的ではなかった。構築プロジェクトの振り返りで，両者の責任者から，他社の作業の内容は分からないので関与しづらいし，両社に関わることはA社が調整するものと考えていた，との意見があった。

(2)　作業の管理に関する問題

　　・実装は請負契約なので各社が定めたスケジュールで実施した。接続機能に関して，X社が詳細設計工程で生じた疑問をY社に確認したくても，Y社はまだ詳細設計工程を開始しておらず疑問が直ちに解消しないことがあった。また，Y社の詳細設計工程で，基本設計を受けて詳細な仕様を定め，A社に確認して了承を得たが，その前に了承されていたX社の詳細設計に修正が必要となることがあった。X社が既に製造工程を終了していた場合は，この修正を行うために手戻りが発生した。A社としては，両社の作業が円滑に進むような配慮があった方が良かったと考える。

　　・連動テストには，A社，X社及びY社の3社から多数のメンバが参加し，テストの項目，手順や実施日程の変更など，全メンバで多くの情報を共有する必要があった。これらの情報に関するコミュニケーションの方法としては，3社の責任者で整理して，各社の責任者から各社のメンバに伝達するルールであった。A社メンバへはA社メンバが利用しているWeb上の構築プロジェクト専用の掲示板機能を通じて速やかに伝達し，作業指示も行ったので認識を統一できたが，X社及びY社のメンバには情報の伝達遅れや認識相違によるミスが多発した。

　　・連動テスト前半で，接続機能に関する不具合が発生して進捗が遅れた。A社は，連動テストを中断し，A社の同席の下，両社の技術者で不具合の原因を調査して，両社の詳細設計の不整合に起因する不具合であることを発見した。この不整合は，

両社のそれぞれの作業及びA社の検収で発見することは難しかった。その後両社で必要な対応を実施して連動テストは再開され，予定どおり完了した。

(3) 変更管理に関する問題

・Y社が，両システム間の結合テスト工程で，接続機能以外のある機能について，性能向上のために詳細設計を変更した。Y社では，この変更はXシステムとの接続機能の仕様には影響しないと考えて実施したが，実際はXシステムと連携する処理に影響していた。その結果，Xシステムとの連動テストで不具合が発生し，対応に時間を要した。

・構築プロジェクトでは制度改正への対応が必要であった。制度の概略は実装着手前に公開されており，Yシステムで対応する計画だった。Y社はA社の了承の下，制度改正の仕様を想定して開発していた。その後，連動テスト中に制度改正の詳細が確定したが，確定した仕様は想定と異なる点があり，A社で検討した結果，Xシステムでも対応が必要なことが判明した。急きょX社に要件の変更を依頼することにしたが，コンティンジェンシ予備費は既に一部を使っていて，Yシステムの制度改正対応分しか残っていなかった。Xシステムの対応分の予算は，上司を通して経営陣に掛け合って捻出したが，調整に時間を要した。

B課長はこれらと同様の問題の発生を回避するような改修プロジェクトの計画を作成する必要があると考えた。

〔ステークホルダに関する問題への対応〕

B課長は，改修プロジェクトの成功には，3社で一体となったプロジェクト組織の構築と運営が必須であると考えた。

そこでB課長は，社内については，①プロジェクトに対する経営陣からの要求や指示はCIOも出席する経営会議で決定し，CIOからB課長に指示することを，CIOを通じてA社経営会議に諮り，了承を取り付けてもらうことにした。一方，社外については，基幹システムの保守を行う中で，X社とY社の間に信頼関係が築かれてきたと考え，構築プロジェクトで実施した週次でのX社及びY社との個社別会議に加えて，改修プロジェクトでは，②3社に関わる課題や調整事項の対応を迅速に進めることを目的に，B課長と両社の責任者が出席する3社合同会議を隔週で開催することにした。

〔作業の管理に関する問題への対応〕

B課長は，改修プロジェクトを進めるに当たり，作業，役割分担及びベンダとの契約形態，並びにWeb上のプロジェクト専用の掲示板機能を活用することは構築プロ

ジェクトと同様とすることにした。その上でB課長は，X社及びY社から提示された
スケジュールを確認して，スケジュールに起因する問題を避けるために，③接続機能
については実装の中でマイルストーンの設計を工夫することを考えた。また，B課長
は，連動テストでは，3社の責任者で整理した3社で共有すべき周知事項については，
X社及びY社のメンバもWeb上の掲示板機能で参照可能とすることにした。ただし，
④契約形態を考慮して，各社のメンバへの作業指示に該当するような事項は掲示板に
は掲載しないことにした。さらに，詳細設計の完了時及び完了以降の変更時には⑤あ
る活動を実施することで，後工程への不具合の流出を防ぐことにした。

〔変更管理に関する問題への対応〕
　構築プロジェクトでは，連動テスト以降の設計の変更は，A社と，変更を実施する
ベンダが出席する変更管理委員会での承認後に実施していた。B課長は，改修プロジ
ェクトでは，変更管理委員会には3社が出席し，⑥あることを確認する活動を追加す
ることにした。さらに，B課長は，構築プロジェクトにおいて発生した問題から想定
されるリスクとは別に，マルチベンダにおける相互連携には想定外に発生するリスク
があると考えた。そこで，後者のリスクへの対応が予算の制約で遅れることのないよ
うに，⑦CIOに相談して，プロジェクト開始前に対策を決めることにした。
　B課長は，CIOの承認を得て，検討した改修プロジェクトのプロジェクト計画を両
社のプロジェクト責任者に説明し，この計画に沿った契約とすることで合意を得た。

**設問1**　〔ステークホルダに関する問題への対応〕について，(1)，(2)に答えよ。
　　(1)　本文中の下線①について，B課長が狙った効果は何か。35字以内で述べよ。
　　(2)　本文中の下線②について，B課長が狙った，ステークホルダマネジメント
　　　　の観点での効果は何か。35字以内で述べよ。
**設問2**　〔作業の管理に関する問題への対応〕について，(1)〜(3)に答えよ。
　　(1)　本文中の下線③について，B課長は，接続機能について，実装の中でマイ
　　　　ルストーンの設定をどのように工夫することにしたのか。25字以内で述べよ。
　　(2)　本文中の下線④について，B課長が各社のメンバへの作業指示に該当する
　　　　ような事項は掲示板には掲載しないことにしたのはなぜか。30字以内で述べ
　　　　よ。
　　(3)　本文中の下線⑤について，B課長が後工程への不具合の流出を防ぐために
　　　　実施したある活動とは何か。35字以内で述べよ。
**設問3**　〔変更管理に関する問題への対応〕について，(1)，(2)に答えよ。

(1) 本文中の下線⑥について，B課長が変更管理委員会で確認することにした
　　内容は何か。25字以内で述べよ。
(2) 本文中の下線⑦について，B課長がCIOに相談する対策とは何か。15字以
　　内で述べよ。

問8 解説

　〔ステークホルダに関する問題への対応〕に「プロジェクトに対する経営陣からの
要求や指示はCIOも出席する経営会議で決定し，CIOからB課長に指示する」とある。
プロジェクトに対する経営陣からの要求や指示について，経営陣から直接B課長では
なく，経営会議で決定後にCIOからB課長に指示するようにしたことについて，狙っ
た効果が問われている。〔構築プロジェクトのPMに確認した問題〕の(1)ステークホ
ルダに関する問題の1点目に「A社の経営陣にはX社派とY社派がいて，それぞれの
ベンダの開発の進め方に配慮したような要求や指示があり，プロジェクト推進上の阻
害要因になった」とある。X社，Y社については問題文の冒頭に「両社はIT業界では
競合関係にあるが，ともにA社の大口取引先でもある」とあり，構築プロジェクトに
ついては「A社社長の判断で構築範囲を分割して両社に委託」「X社，Y社それぞれ
が担当するシステムの機能が基本的には独立するように分割し，それぞれのシステム
内の接続機能を介して連携させ」ていたが，前述の問題が発生していた。今回の改修
プロジェクトは構築プロジェクトと同様にX社とY社に委託することが決まってい
て，問題文冒頭に「それぞれのシステム内の接続機能を含めた仕様に変更が必要であ
り，構築プロジェクトと同様に両社の連携が必要」とある。何も手を打たずにいると，
構築プロジェクト時に阻害要因となったことが改修プロジェクトでも起きかねないと
B課長は考え，それを排除するために，X社派とY社派の要求や指示は経営会議でと
りまとめてもらい，指示ルートを一本化しようとしたことが分かる。
　よってB課長が狙った効果は，**プロジェクトに対する経営陣からの指示ルートが一
本化される**ことである。

　〔ステークホルダに関する問題への対応〕に「3社に関わる課題や調整事項の対応
を迅速に進めることを目的に，B課長と両社の責任者が出席する3社合同会議を隔週
で開催する」とある。ここでは，3社合同会議で期待できるステークホルダマネジメ

390

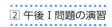

ントの観点からの効果について問われている。

　一般に，ステークホルダマネジメントとは，プロジェクトの成功に影響を与えるステークホルダのプロジェクトへの関与度を管理することである。マルチベンダである改修プロジェクトにおいては，各ベンダの責任者がプロジェクト計画や意思決定に対して影響の大きいステークホルダであり，プロジェクトへの関与度を高めることが不可欠である。〔構築プロジェクトのPMに確認した問題〕の(1)ステークホルダに関する問題の2点目に「構築プロジェクトの振り返りで，両社の責任者から，他社の作業の内容は分からないので関与しづらいし，両社に関わることはA社が調整するものと考えていた，との意見があった」とあることを踏まえると，3社合同会議によって両社の責任者が他社の作業内容を分かりあえるようにすることで，改修プロジェクトへの関与度を高める効果を期待しているといえる。よってB課長が狙ったステークホルダマネジメントの観点での効果は，**X社とY社の責任者の改修プロジェクトへの関与度を高める**ことである。

### ［設問2］(1)

　〔作業の管理に関する問題への対応〕に「B課長は，X社及びY社から提示されたスケジュールを確認して，スケジュールに起因する問題を避けるために，接続機能については実装の中でマイルストーンの設定を工夫することを考えた」とある。構築プロジェクトにあったスケジュールに起因する問題に関する記述を探すと，〔構築プロジェクトのPMに確認した問題〕の(2)作業の管理に関する問題の1点目に「接続機能に関して，X社が詳細設計工程で生じた疑問をY社に確認したくても，Y社はまだ詳細設計工程を開始しておらず疑問が直ちに解消しないことがあった」「Y社の詳細設計工程で，……，その前に了承されていたX社の詳細設計に修正が必要となることがあった。X社が既に製造工程を終了していた場合は，この修正を行うために手戻りが発生した」とある。ここから，実装における詳細設計工程や製造工程といった各工程の開始日と終了日がX社とY社で同日ではなかったことから生じた問題があったことが読み取れる。よってB課長が工夫したマイルストーンの設定は，**両社の実装の各工程の開始・終了を同日とする**ことである。

### ［設問2］(2)

　〔作業の管理に関する問題への対応〕に「連動テストでは，3社の責任者で整理した3社で共有すべき周知事項については，X社及びY社のメンバもWeb上の掲示板機能で参照可能とすることにした。ただし，契約形態を考慮して，各社のメンバへの

作業指示に該当するような事項は掲示板には掲載しないことにした」とある。連動テスト作業において，3社で共有すべき周知事項について掲示板を利用する際に，掲示板に作業指示が疑われるような掲載をさせないようにした理由について問われている。各社のメンバへ作業指示を掲載しない理由について，「契約形態を考慮して」とあることから，ベンダとの契約形態を確認する。契約形態については〔作業の管理に関する問題への対応〕に「B課長は，改修プロジェクトを進めるに当たり，作業，役割分担及びベンダとの契約形態，並びにWeb上のプロジェクト専用の掲示板機能を活用することは構築プロジェクトと同様とすることにした」とある。構築プロジェクトの契約形態については「表1　構築プロジェクトの作業，役割分担及びベンダとの契約形態」に明記されており，連動テスト作業は「準委任契約」である。

　法的に，委託先要員のメンバへ直接の作業指示ができるのは労働者派遣法に基づく派遣契約のみである。準委任契約や請負契約の場合は，委託先要員のメンバに対して直接の作業指示はできない。委託先ベンダの責任者へ作業依頼を行い，その責任者からメンバへ作業指示をしてもらう必要がある。よって，各社のメンバへの作業指示に該当するような事項は掲示板には掲載しないことにしたのは，準委任契約では**委託先要員に対する直接の作業指示はできないから**である。

　〔作業の管理に関する問題への対応〕に「詳細設計の完了時及び完了以降の変更時にはある活動を実施することで,後工程への不具合の流出を防ぐことにした」とある。詳細設計の不具合が後工程に影響するという問題の発生を防ぐことを目的とする活動を考えればよい。詳細設計の不具合が後工程に影響した問題については，〔構築プロジェクトのPMに確認した問題〕の(2)作業の管理に関する問題の3点目に「接続機能に関する不具合が発生して進捗が遅れた」「両社の技術者で不具合の原因を調査して，両社の詳細設計の不整合に起因する不具合であることを発見した。この不整合は，両社のそれぞれの作業及びA社の検収で発見することは難しかった」とある。この内容を考慮すると，両社のそれぞれの作業では発見できないような不整合を発見する目的で，X社とY社の技術者が接続機能の詳細設計を相互に確認して不整合がないかをチェックする共同レビューを実施することが対策になる。よって，B課長が後工程への不具合の流出を防ぐために実施した活動は，**接続機能の詳細設計に対するX社とY社の技術者による共同レビュー**である。

## ［設問3］(1)

〔変更管理に関する問題への対応〕に「構築プロジェクトでは，連動テスト以降の設計の変更は，Ａ社と，変更を実施するベンダが出席する変更管理委員会での承認後に実施していた。Ｂ課長は，改修プロジェクトでは，変更管理委員会には３社が出席し，あることを確認する活動を追加することにした」とある。変更管理委員会において追加で確認する活動について問われているので，まずは構築プロジェクトの変更管理に関する問題を確認する。〔構築プロジェクトのPMに確認した問題〕の(3)変更管理に関する問題の１点目に「Ｙ社が，両システム間の結合テスト工程で，接続機能以外のある機能について，性能向上のために詳細設計を変更した。Ｙ社では，この変更はＸシステムとの接続機能の仕様には影響しないと考えて実施したが，実際はＸシステムと連携する処理に影響していた」とある。ここから，変更管理委員会において，変更するシステム側のベンダだけでなく，３社が揃って，設計変更が他方のシステムに影響を与えるか否かを確認する活動を追加する必要があると考えたことが読み取れる。よって，変更管理委員会で確認することにした内容は，**設計変更が他方のシステムに影響を与えるか否か**である。

## ［設問3］(2)

〔変更管理に関する問題への対応〕に「構築プロジェクトにおいて発生した問題から想定されるリスクとは別に，マルチベンダにおける相互連携には想定外に発生するリスクがあると考えた。そこで後者のリスクへの対応が予算の制約で遅れることのないように，CIOに相談して，プロジェクト開始前に対策を決めることにした」とある。ここから，Ｂ課長が想定外に発生するリスクへの対応に必要な予算の備えについて，CIOに相談したことがうかがえる。一般に，発生するリスクに対する予算の備えとしてはコンティンジェンシ予備費とマネジメント予備費がある。コンティンジェンシ予備費は事前に対応できないリスクや対応後の残存リスク，あるいは受容すると決めたリスクなど既知のリスクが現実化した場合に対応する際に用いるもので，必要に応じてPMの裁量で利用できる。一方，マネジメント予備費は，未知のリスクの対応に用いられるもので，使用には経営陣など上位のステークホルダの承認を得る必要がある。〔構築プロジェクトのPMに確認した問題〕の(3)変更管理に関する問題の２点目に「連動テスト中に制度改正の詳細が確定したが，確定した仕様は想定と異なる点があり，Ａ社で検討した結果，Ｘシステムでも対応が必要なことが判明した。急きょＸ社に要件の変更を依頼することにしたが，コンティンジェンシ予備費は既に一部を使っていて，Ｙシステムの制度改正対応分しか残っていなかった。Ｘシステムの対応分の予算

は，上司を通して経営陣に掛け合って捻出したが，調整に時間を要した」とある。構築プロジェクトではあらかじめマネジメント予備費を確保していなかったために，想定外の事態に対応するための予算の確保に時間がかかったことが分かる。これらを考慮すると，改修プロジェクトでは事前にマネジメント予備費を確保して，想定外のリスクへの対応が予算の制約で遅れないようにしていることが読み取れる。よって，B課長がCIOに相談する対策は，**マネジメント予備費の確保**である。

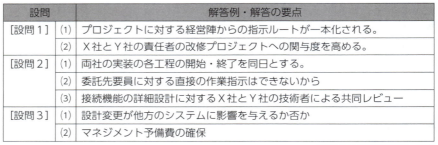

| 設問 | | 解答例・解答の要点 |
|---|---|---|
| [設問1] | (1) | プロジェクトに対する経営陣からの指示ルートが一本化される。 |
| | (2) | X社とY社の責任者の改修プロジェクトへの関与度を高める。 |
| [設問2] | (1) | 両社の実装の各工程の開始・終了を同日とする。 |
| | (2) | 委託先要員に対する直接の作業指示はできないから |
| | (3) | 接続機能の詳細設計に対するX社とY社の技術者による共同レビュー |
| [設問3] | (1) | 設計変更が他方のシステムに影響を与えるか否か |
| | (2) | マネジメント予備費の確保 |

※IPA IT人材育成センター発表

## 問9 システム開発プロジェクトの品質管理 （出題年度：H30問2）

システム開発プロジェクトの品質管理に関する次の記述を読んで，設問1～3に答えよ。　　　　　　　　　　　　　　　　　　　　　　　＊制限時間45分

K社はSI企業である。K社のL課長は，これまで多くのシステム開発プロジェクトを経験したプロジェクトマネージャ（PM）で，先日も生命保険会社の新商品に対応したスマートフォンのアプリケーションソフトウェアの開発（以下，前回開発という）を完了したばかりである。

K社の品質管理部門では，品質管理基準（以下，K社基準という）として，工程ごとに，レビュー指摘密度，摘出欠陥密度などの指標に関する基準値を規定している。L課長もK社基準に従った品質管理を行ってきた。前回開発においても，各工程の"開発プロセスの品質"（以下，プロセス品質という）と，各工程完了段階での"成果物の品質"（以下，プロダクト品質という）は，定量評価においてはK社基準に照らして基準値内の実績であり，定性評価を含めて，全工程を通じておおむね安定的に推移した。稼働後も欠陥は発見されていない。

しかし，新たなサービスを市場に適切に問い続けていきたいという顧客のニーズに応えるためには，第1段階として設計・製造工程で品質を確保する活動を進め，第2段階として設計そのものをより良質にしていく必要があると考えていた。そこでL課長はまず，前回開発の実績値を基にして，設計・製造工程で品質を確保する活動に資する新しい品質管理指標の可能性について検討することにした。

〔L課長の認識〕

L課長は，前回開発を含む過去のプロジェクトの経験や社内の事例から，品質管理について，次のような認識をもっていた。

・最終的なプロダクト品質は，"設計工程における成果物から，その成果物に内包される欠陥を全て除去した品質"（以下，設計限界品質という）で，おおむねその水準が決まる。製造工程とテスト工程においても設計の修正は行われるが，そのほとんどは設計の欠陥の修正にとどまり，より良質な設計への改善につながるケースはまれである。つまり，①テスト工程からでは，最終的なプロダクト品質を大きく向上させることはできない。この設計限界品質が低い場合には，システムのライフサイクル全体に悪影響を及ぼすことがある。したがって，設計限界品質そのものを高めることが，本質的に重要である。

・K社の過去の事例を分析すると，全工程を通算した総摘出欠陥数は，開発規模と難易度が同等であれば近似する値となっている。ただし，設計工程での欠陥の摘出が不十分な場合には，開発の終盤で苦戦し，納期遅れとなったり，納期遅れを計画外のコスト投入でリカバリするような状況が発生したりしていた。これは，設計工程完了時点で，設計限界品質と実際のプロダクト品質との差が大きい状況であった，と言い換えることができる。

・現在のK社基準に規定されている工程ごとの摘出欠陥密度の基準値には，複数の工程で混入した欠陥が混ざっている。そのため，②工程ごとの摘出欠陥密度だけを見て評価すると，ある状況の下では品質に対する判断を誤り，品質低下の兆候を見逃すリスクがある。

〔新しい品質管理指標〕

　L課長は，新しい品質管理指標を検討するに当たって，次のように考えた。

・欠陥は，混入した工程で全て摘出することが理想である。特に設計・製造の各工程で，十分に欠陥を摘出せずに後工程に進むと，後工程の工数を増大させる要因となり，最終的にプロジェクトに悪影響を及ぼす可能性がある。

・テスト工程は，工程が進むにつれ，それよりも前の工程と比較して制約が厳しくなっていく要素があるので，仮に予算，人員及びテスト環境に一定の余裕があったとしても，③製造工程までに混入した欠陥の摘出・修正ができなくなるリスクが高まる。したがって，テスト工程よりも前の工程でプロダクト品質を確保するための指標を検討すべきである。

・今回の検討では，設計限界品質そのものを高めるという最終目標の前段階として，テスト工程よりも前の工程において，設計限界品質に対する到達度を測定する指標を検討する。

・指標を考えるに当たって，当初はモデルを単純にするために，基本設計よりも前の工程やテスト工程で混入する欠陥及び稼働後に発見される欠陥は，対象外とする。

・まず，設計・製造の各工程について，自工程で混入させた欠陥を自工程でどれだけ摘出したか，という観点で"自工程混入欠陥摘出率"の指標を設ける。

・次に，設計・製造の各工程において，基本設計工程から自工程までの工程群で混入させた欠陥を，自工程完了までにどれだけ摘出したか，という観点で"既工程混入欠陥摘出率"の指標を設ける。この指標は，自工程までの工程群の，品質の作り込み状況を判断するための指標となる。

・これら二つの指標は，④テスト工程を含む全工程が完了しないと確定しないパラメ

タを含んでいる。したがって，各工程完了時点でこれらの指標を用いて評価する際には，そのパラメタが正しいと仮定した上での評価となる点に，注意が必要となる。

L課長は，検討した新しい品質管理指標を，表1のとおりに整理した。

**表1　L課長が検討した新しい品質管理指標**

| 指標 | 内容 | 詳細設計工程の場合の計算例 | |
|------|------|------|------|
| | | 分子（単位：件） | 分母（単位：件） |
| (a)自工程混入欠陥摘出率（%） | 自工程で混入させた欠陥を，自工程でどれだけ摘出したか。 | 詳細設計工程で混入させた欠陥のうち，詳細設計工程で摘出した欠陥数 | 詳細設計工程で混入させた欠陥数 |
| (b)既工程混入欠陥摘出率（%） | 基本設計工程から自工程までの工程群で混入させた欠陥を，自工程完了までにどれだけ摘出したか。 | 基本設計及び詳細設計の工程で混入させた欠陥のうち，基本設計及び詳細設計の工程で摘出した欠陥数 | 基本設計及び詳細設計の工程で混入させた欠陥数 |

〔前回開発の欠陥の摘出状況〕

L課長は，前回開発における工程ごとの欠陥の摘出状況を，表2のとおりに整理した。

**表2　前回開発における工程ごとの欠陥の摘出状況**

| | | 摘出工程ごとの欠陥数（件） | | | | | | 混入工程ごとの総欠陥数（件） |
|---|---|---|---|---|---|---|---|---|
| | | 基本設計 | 詳細設計 | 製造 | 単体テスト | 結合テスト | 総合テスト | |
| 混入工程ごとの欠陥数（件） | 基本設計 | 61 | 18 | 8 | 3 | 7 | 12 | 109 |
| | 詳細設計 | － | 101 | 9 | 8 | 71 | 3 | 192 |
| | 製造 | － | － | 143 | 131 | 11 | 0 | 285 |
| 摘出工程ごとの総欠陥数（件） | | 61 | 119 | 160 | 142 | 89 | 15 | 586 |
| (a)自工程混入欠陥摘出率（%） | | 56.0 | 52.6 | （イ） | | | | |
| (b)既工程混入欠陥摘出率（%） | | 56.0 | 59.8 | （ロ） | | | | |

L課長はまず，基本設計，詳細設計及び製造の各工程で混入した欠陥のうち，自工程で摘出できなかった欠陥について，摘出工程を精査した。特に，テスト工程まで摘出が遅れて，対処のコストを要した欠陥について，予防のコストを掛けていればテスト工程よりも前の工程で摘出できたのではないか，という⑤品質のコストの観点からの精査を行った。その結果は，一部の欠陥を除いて，品質コストに関する大きな問題はないという評価であった。次に，テスト工程で摘出することがスケジュールに与え

た影響を評価した。これら二つの評価結果を総合して，これらの欠陥がテスト工程で摘出されたことには大きな問題はなかったと判断した。

その上でL課長は，過去の事例から，表3に示すα群，β群に該当するプロジェクトを抽出した。

**表3　L課長が抽出したプロジェクト群の特性**

| 分類 | K社基準でのプロセス品質とプロダクト品質の評価 | 最終的なプロダクト品質 | 進捗の状況 |
|---|---|---|---|
| α群 | 全工程を通じて，おおむね安定的に推移 | 良好 | 全工程を通じて順調 |
| β群 | テストの一部の工程で欠陥の摘出が多いが，その他の工程は良好，又は，若干の課題があるものの良好 | 良好，又は，若干の課題があるものの良好 | テスト工程で多くの欠陥が摘出されて納期遅れが発生，又は，多くの欠陥への対処に計画外のコストを投入してリカバリ |

L課長は，これら二つのプロジェクト群に対して，前回開発と同様に新しい品質管理指標による定量分析を行い，　　 a　　を確認した。分析の結果によってL課長は，新しい品質管理指標の有効性に自信を深めることができたので，この活動を更に進めていこうと考えた。そこでL課長は，次の二つの条件を満たすプロジェクトを抽出し，これらのプロジェクトにおける新しい品質管理指標の定量分析の結果から，次回の開発における新しい品質管理指標の目標値を設定した。

・α群に含まれる
・開発規模と難易度が，次回の開発と同等である

そして新しい品質管理指標が，設計・製造工程で品質を確保するという目的に対して有効に機能するかどうかを，次回の開発において検証することにした。

**設問1**　〔L課長の認識〕について，(1)，(2)に答えよ。
　　(1)　本文中の下線①について，L課長の認識では，テストとはプロダクト品質をどのようにする活動だと考えているのか。20字以内で述べよ。
　　(2)　本文中の下線②について，品質に対する判断を誤るようなある状況とはどのような状況か。35字以内で述べよ。
**設問2**　〔新しい品質管理指標〕について，(1)，(2)に答えよ。
　　(1)　本文中の下線③について，L課長はなぜ，製造工程までに混入した欠陥の摘出・修正ができなくなるリスクが高まると考えたのか。35字以内で述べよ。

(2) 本文中の下線④について，テスト工程を含む全工程が完了しないと確定しないパラメタとは何か。15字以内で述べよ。

**設問3** 〔前回開発の欠陥の摘出状況〕について，(1)～(3)に答えよ。

(1) 表2中の（イ），（ロ）に入れる適切な数値を求めよ。答えは百分率の小数第2位を四捨五入して小数第1位まで求め，99.9％の形式で答えよ。

(2) 本文中の下線⑤について，テスト工程まで摘出が遅れても，品質コストに関する大きな問題がないと判断されるのは，どのようなケースか。30字以内で述べよ。

(3) 本文中の　　　a　　　に当てはまる，L課長が確認した内容を，35字以内で具体的に述べよ。

---

◀ **問9 解 説** ▶

### [設問1] (1)

〔L課長の認識〕の下線①の直前に「最終的なプロダクト品質は，"設計工程における成果物から，その成果物に内包される欠陥をすべて除去した品質"（以下，設計限界品質という）で，おおむねその水準が決まる。製造工程とテスト工程においても設計の修正は行われるが，そのほとんどは設計の欠陥の修正にとどまり，より良質な設計への改善につながるケースはまれである」と記述されている。この記述を受けて，「つまり，テスト工程からでは，最終的なプロダクト品質を大きく向上させることはできない」という文章が続いているので，下線①の内容は，直前の内容を受けての結論と判断できる。

直前の内容を含めてまとめると，テストを行っても設計限界品質を超えるプロダクト品質は得られないということと理解できる。つまり，L課長はテストを，設計工程における成果物に内包される欠陥を除去することで，プロダクトを**設計限界品質に近づける活動**と考えていることが分かる。

### [設問1] (2)

〔L課長の認識〕の下線②の直前に「工程ごとの摘出欠陥密度の基準値には，複数の工程で混入した欠陥が混ざっている」という記述がある。それを受けて，そのため「工程ごとの摘出欠陥密度だけを見て評価すると，ある状況の下では品質に対する判断を誤り，品質低下の兆候を見逃すリスクがある」と続いている。つまり，工程ごと

の摘出欠陥密度の基準値には，複数の工程で混入した欠陥が混ざっているので，工程ごとの摘出欠陥密度だけを見て評価すると，判断を誤るおそれがあるということをL課長は認識している。

「複数の工程で混入した欠陥が混ざっている」ということは"前の工程で発見されずに残っていた欠陥"が後の工程の摘出欠陥数に含まれるということである。したがって，前の工程群での欠陥摘出が不十分な状況では，本来は問題があるはずの前の工程群については品質に問題があると評価されず，欠陥が摘出された工程で摘出欠陥密度が高くなり，そこに問題があるという誤った判断をしてしまう可能性がある。あるいは，自工程で摘出されるべき欠陥が十分に摘出されていない状況でも，前の工程群の欠陥が摘出されることで，自工程の欠陥摘出が十分になされたという誤った判断をしてしまう可能性がある。よって，問われている状況は，**自工程よりも前の工程群での欠陥摘出が不十分だった状況**である。

## [設問2] (1)

〔新しい品質管理指標〕の下線③の直前に「テスト工程は，工程が進むにつれ，それよりも前の工程と比較して制約が厳しくなっていく要素がある」とある。続いて「仮に予算，人員及びテスト環境に一定の余裕があったとしても，製造工程までに混入した欠陥の摘出・修正ができなくなるリスクが高まる」と記述されているので，予算，人員，テスト環境以外で，工程が進むにつれて欠陥の摘出や修正を厳しくする制約を考えればよい。すると，「時間」という制約に行き着く。

テスト工程は納期に近く，時間の余裕が少ない。工程が進むにつれて，残された時間は次第に減っていく。特に，製造工程の欠陥を摘出し修正を行った場合には，デグレードや新たな欠陥を発生させていないかを確認するために，修正した箇所に関連する箇所のテストをやり直す必要があり，このような手戻りによる納期遅れのリスクが高くなる。

よって，製造工程までに混入した欠陥の摘出・修正ができなくなるリスクが高まると考えた理由は，**テスト工程は納期に近く，時間の余裕が少ないから**となる。なお，テストのやり直しなど手戻りのリカバリの時間が足りないことに着目した解答表現として，**テスト工程は時間の制約で，手戻りをリカバリする余裕が少ないから**も正解である。

## [設問2] (2)

〔新しい品質管理指標〕の「これら二つの指標は，テスト工程を含む全工程が完了

しないと確定しないパラメタを含んでいる」にある二つの指標とは，この直前の二つのパラグラフにある，「自工程で混入させた欠陥を自工程でどれだけ摘出したか，という観点」の「自工程混入欠陥摘出率」と，「設計・製造の各工程において，基本設計工程から自工程までの工程群で混入させた欠陥を，自工程完了までにどれだけ摘出したか，という観点」の「既工程混入欠陥摘出率」である。「表1　L課長が検討した新しい品質管理指標」をもとに，それぞれの計算式を表すと，次のようになる。

自工程混入欠陥摘出率（％）：

$$\frac{対象工程で摘出した対象工程の欠陥数}{対象工程で混入させた総欠陥数} \times 100$$

既工程混入欠陥摘出率（％）：

$$\frac{基本設計工程から対象工程までの摘出欠陥数累計}{基本設計工程から対象工程までの総欠陥数} \times 100$$

計算式から確認できるように，どちらの式でも分母に対象工程の総欠陥数が必要である。しかし，混入工程ごとの総欠陥数が確定されるのは，テスト工程を含む全工程が完了したときである。よって，テスト工程を含む全工程が完了しないと確定しないパラメタは「表2　前回開発における工程ごとの欠陥の摘出状況」の表現を引用すると混入工程ごとの総欠陥数となる。なお，指標における分母という表現も正解である。

### ［設問3］(1)

表2の数値をもとに，（イ）と（ロ）はそれぞれ以下のように計算される。

**（イ）について**

製造工程の自工程混入欠陥摘出率（％）

（製造工程で混入した欠陥の製造工程での摘出欠陥数）÷（製造工程の総欠陥数）×100

＝143÷285×100

＝50.17…

よって，百分率の小数第2位を四捨五入すると，**50.2**％となる。

**（ロ）について**

製造工程の既工程混入欠陥摘出率（％）

（基本設計工程から製造工程までの摘出欠陥数累計）

÷（基本設計工程から製造工程までの総欠陥数）×100

＝（61＋119＋160）÷586×100

＝340÷586×100

＝58.02…

よって，百分率の小数第2位を四捨五入すると，**58.0**％となる。

　なお，四捨五入の際の桁の誤りなどのミスは不正解となるため，問題文をよく読み，慎重に対応する必要がある。

[設問3] (2)

　〔前回開発の欠陥の摘出状況〕の下線⑤にある「品質コスト」は，一般にCOQ（Cost of Quality）とも呼ばれ，不適合を予防するコスト，要求に適合しているかを評価するコスト，および要求に不適合だった場合の対処にかかるコストの総計である。不適合の予防のコストは設計工程などのテスト工程より前に発生するコストであり，要求に不適合だった場合の対処のコストはテスト工程以降に発生するコストである。また，要求に適合しているかを評価するコストはあらゆる工程で発生するコストである。これらをふまえて，設問文にある「テスト工程まで摘出が遅れても，品質コストに関する大きな問題がないと判断される」ケースがどのようなケースかを考えればよい。

　不適合となる欠陥の摘出がテスト工程まで遅れた場合，対処のコストが発生する。通常は，欠陥の摘出が遅れるほど，欠陥の対処に必要なコストが増えていくため，欠陥の予防に重点をおくことになる。しかし，そのコストが欠陥の予防に費やすコストよりも少ない場合には，コストの観点からは，予防するよりも欠陥を摘出してから対処した方がコストが少ないので有利ということになる。よって解答は，**対処のコストが，予防のコスト以下であったケース**となる。解答表現としては，予防のコストの方が対処のコストより高いケースなど，同義の内容であれば正解である。

[設問3] (3)

　〔前回開発の欠陥の摘出状況〕の空欄aに入る内容を確認することで「分析の結果によってL課長は，新しい品質管理指標の有効性に自信を深めることができた」とある。このことから，複数のプロジェクトの実績値をもとに，新しい品質管理指標の有効性を確認したことが分かる。また，分析対象となる複数のプロジェクトについては，「表3　L課長が抽出したプロジェクト群の特性」にα群とβ群として分類されている。「最終的なプロダクト品質」および「進捗の状況」の内容を比較すると，α群が望ましいプロジェクト群であることも分かる。

　これらをまとめると，α群とβ群の各プロジェクトについてその実績をもとに新しい品質管理指標を算出し，α群の数値の方が高いことを確認することで有効性に自信を深めることができたと判断できる。よって，空欄aにあてはまる，L課長が確認した内容は，**α群に関する新しい品質管理指標の数値が，β群よりも高いこと**となる。

402

なお，解答表現としては，**両群について，新しい品質管理指標の結果に有意な差があ**
**ること**も正解となる。

## 問9 解答

| 設問 | | 解答例・解答の要点 |
|---|---|---|
| [設問1] | (1) | 設計限界品質に近づける活動 |
| | (2) | 自工程よりも前の工程群での欠陥摘出が不十分だった状況 |
| [設問2] | (1) | ・テスト工程は納期に近く，時間の余裕が少ないから<br>・テスト工程は時間の制約で，手戻りをリカバリする余裕が少ないから |
| | (2) | ・混入工程ごとの総欠陥数<br>・指標における分母 |
| [設問3] | (1) | イ 50.2 |
| | | ロ 58.0 |
| | (2) | 対処のコストが，予防のコスト以下であったケース |
| | (3) | a ・α群に関する新しい品質管理指標の数値が，β群よりも高いこと<br>・両群について，新しい品質管理指標の結果に有意な差があること |

※IPA IT人材育成センター発表

# 第4部

## 午後Ⅱ試験対策

### ―①問題攻略テクニック

# 1 午後Ⅱ問題の解き方—合格論文の書き方

## 1.1 ステップ法

本書では，午後Ⅱ問題の解き方—合格論文を書く手順として「ステップ法」を提案している。「ステップ法」は，5つのステップで構成される。

**Step❶** 「章立て」を作る
⤷ 設問文から章立てを作り，問題文と関連づける

**Step❷** 「論述ネタ」を考える
⤷ 問題文の誘導から素直に思いつく事柄を，ブレーンストーミング的に洗い出す

**Step❸** 「事例」を選ぶ
⤷ 論述ネタに整合する業務またはシステム事例を選ぶ

**Step❹** 論述ネタを「チェック」する
⤷ 事例に整合する論述ネタだけを残し，そうでない論述ネタはボツにする
設問の要求や問題文の誘導から外れていないことを確認する

**Step❺** 論述ネタを「展開」し「論述」する
⤷ 論述ネタに肉付けして，論述への準備を整える
展開法を利用して論述ネタを論述する

ステップ法で作成した論文のイメージは，次のようになる。

以降本章では，平成26年度春試験午後Ⅱ・問1を題材にして説明する。

なお，説明中に出てくる<u>ユニットとは，一つの内容について書いた300字程度の文章のまとまり</u>のことである。文字数はおよその指標なので200字だったり，500字に増えても特に問題はない。

第1章　プロジェクトの特徴と見積りのための入手情報
　　1.1　プロジェクトの特徴

> プロジェクトの特徴に関する論述

　　1.2　見積りのための入手情報

> 見積りのために入手した情報に
> 関する論述

【設問アに対応する論述】

● タイトルと合わせて
　800字以内

● ［設問指示］工数を見積もった
　時点についても述べる!!

**❷ 演習編**

第2章　工数の見積り方法
　　2.1　工数の見積り方法

> ファンクションポイント法による
> 見積りを論述ネタとする
> 500～600字程度のユニット

設問指示：具体的に

　　2.2　見積りを正確に行うための工夫

> 「Web系開発ツールを用いた先行開発で
> 見積りのためのデータ収集を行う」を
> 論述ネタとする300字程度のユニット

【設問イに対応する論述】

● 500～600字程度のユニット
　と300字程度のユニットにタ
　イトルを合わせて1,000字程
　度にする

● ［設問指示］プロジェクトの特
　徴や入手した情報の精度など
　を踏まえる!!

● 論点が「工数の見積り方法」
　の１つだけなのでユニットを
　２つには分けずに500～600
　字程度のユニットとする

● 「システムの一部分を先行開発
　して関係する計数を実測する」
　という問題文の誘導に乗る

第3章　運営面での施策と実施状況と評価
　　3.1　プロジェクト運営面での施策

> 「システム開発標準の整備と周知徹底」
> を論述ネタとする300字程度のユニット

　　3.2　実施状況と評価

> 「クリティカルパスの作業チームの要員を
> 割り当てなおす」を論述ネタとする300
> 字程度のユニット

【設問ウに対応する論述】

● 300字程度のユニット２つに
　タイトルを合わせて700字程
　度にする

● ［設問指示］重要な施策を中心
　に述べる!!

● 「システム開発標準の整備と周
　知徹底」という問題文の誘導
　に乗る

● ［設問指示］発見した問題とそ
　の対策を含める!!

● 「プロジェクトのコストや進捗
　に影響を与える問題を早期に
　発見して，必要な対策を行う」
　という問題文の誘導に乗る

**午後Ⅱ─① 攻略テクニック**

▶ ステップ法とユニットで作成した論文のイメージ

一つの**ユニットを300字程度**にすると，第１章を２つのユニット，第２章を３つの
ユニット，第３章を２つのユニットという構成で，午後Ⅱ試験で求められる最低字数
をクリアできる。また，今回の例のように，第２章の論点が少ない場合には，第２章
を２つのユニットで構成する場合もある。その場合，例にあるようにメインの論点で
あるユニットを500〜600字程度にしてもよいし，２つの論点の比重が同じような場
合には，それぞれを400字程度にしてもよい。

　字数については，第２章は1,000字程度を目安にしているが，実際に書いてみると
予定よりも長くなる場合も，短くなる場合もあるので，**800字以上になるという条件
を満たし，必要な論点についてすべて述べているのであれば，あまり字数にこだわる
必要はない**。しかし，第２章があまりにも長くなりすぎて時間を使いすぎ，第３章の
論述が最後まで到達せずに終わるということだけは避けてほしい。

　なお，第１章は，上限は800字と指定されるが，下限は指定されていない。だから
といって，あまりに少ない文字数では，プロジェクトの特徴などの要求事項を十分に
採点者に伝えることができない。伝えるために，２ユニットを目安に論述してほしい。

## Step❶ 章立てを作る

　章立てとは，論文のアウトラインのことで，章・節から構成される。午後Ⅱ試験で
求められるのは，**設問ア〜ウへの解答である**。そのため，**章立ては設問文および問題
文に沿って作る**。この要求事項に沿った章立てにすることで，採点者に対して「設問
で求めている要求事項にきちんと解答しています」というアピールができる。同時に，
要求事項をきちんと網羅した章立てにすることで，論点の漏れも防ぐことができる。
章立てを作成せずに適当に書き始めてしまうと，そのプロジェクトで自分の苦労した
話や自慢したい話ばかりの論文になる可能性が高いので，必ず章立てを作成しよう。

　**設問文や問題文には出題者が「論述してほしい」と意図していることが記述されて
いる**。これをもとに章立てを作ると，「論述すべき内容」を整理することができ，論
述のための正しい着想が得られる。逆に，章立てを作る過程で何の着想も得られなけ
れば，その問題は選択すべき問題ではないといえるだろう。

### ■ 章と節に分け，タイトルを付ける

　設問ア，設問イ，設問ウ，それぞれへの解答が，第１章，第２章，第３章に該当す
る。一つの設問に要求事項が複数ある場合は，章の中を節に分ける。設問アの１つめ
の要求事項への解答を1.1節に，２つめの要求事項への解答を1.2節に，という具合

である。次の問題例で章立てを考えてみる。

「AとB」のように要求事項が２つある場合は，
　　第1章　　AとB
　　　1.1　　A
　　　1.2　　B
と章立てすればよい

工数の見積り時点を
節のタイトルに
加えてもよい

**設問文**　──　H26問1より抜粋

設問ア　あなたが携わったシステム開発プロジェクトにおける**プロジェクトの特徴**
　　と，**見積りのために入手した情報**について，あなたがどの時点で工数を見積
　　もったかを含めて，800字以内で述べよ。

設問イ　設問アで述べた見積り時点において，プロジェクトの特徴，入手した情報
　　の精度などの特徴を踏まえて**どのように工数を見積もったか**。見積りをでき
　　るだけ正確に行うために工夫したことを含めて，800字以上1,600字以内で具
　　体的に述べよ。

設問ウ　設問アで述べたプロジェクトにおいて，見積りどおりに工数をコントロー
　　ルするための**プロジェクト運営面での施策**，その**実施状況及び評価**について，
　　あなたが重要と考えた施策を中心に，発見した問題とその対策を含めて，
　　600字以上1,200字以内で具体的に述べよ。

実施状況と評価を２つに分けても
１つにまとめてもどちらでもよい。
ここでは設問ウのユニットを２つ
にするので一つにまとめる

工夫したことを別の節として分けても，
工数の見積り方法の中に含めてもよいが，
分けた方がユニット単位で述べやすい

**章立ての例①**

第1章　プロジェクトの特徴と見積りのための入手情報
　1.1　プロジェクトの特徴
　1.2　見積りのための入手情報
第2章　工数の見積り方法
　2.1　工数の見積り方法
　2.2　見積りを正確に行うための工夫
第3章　運営面での施策と実施状況と評価
　3.1　プロジェクト運営面での施策
　3.2　実施状況と評価

要求事項が１つしかない場合は，節に分けずに章だけでもよい。例えば，第２章を節に分けず，「第２章　工数の見積り方法」だけにして次のような章構成でもかまわない。

```
章立ての例②

第1章　プロジェクトの特徴と見積りのための入手情報
　1.1　プロジェクトの特徴
　1.2　見積りのための入手情報と見積り実施の時点
第2章　工数の見積り方法
第3章　運営面での施策と実施状況と評価
　3.1　プロジェクト運営面での施策
　3.2　実施状況と評価
```

▶第２章を節に分けない場合の章立ての例

　しかし，ユニットを用いて論述する場合，ユニット内のテーマが一つ，長さが300字程度を基準にすることを考えると，特に第２章は文字数の下限が一番長い章でもあるため，ユニットは最低でも２つ以上あるほうが論述しやすい。

■ 章・節のそれぞれに書くべき内容のヒントを問題文から抜き出す

　Step❶で述べたように，問題文には，出題者が書いてほしいと考えているポイントや方向性が記述されている。これを抜き出して確認する。

　この問題の場合，設問イの第１の要求事項として「どのように工数を見積もったか」を論述することが求められている。これらの要求事項に対しては，ヒントとして問題文に例示（誘導）が以下のように２つある。

　　　・工数の見積りは，見積りを行う時点までに入手した情報とその精度などの特徴を踏まえて，開発規模と生産性からトップダウンで行ったり，WBSの各アクティビティをベースにボトムアップで行ったり，それらを組み合わせて行ったりする
　　　・PMは，所属する組織で使われている機能別やアクティビティ別の生産性の基準値，類似プロジェクトの経験値，調査機関が公表している調査結果などを用い，使用する開発技術，品質目標，スケジュール，組織要員体制などのプロジェクトの特徴を考慮して工数を見積もる

後者の例示は，同時に設問アでの第１の要求事項である「プロジェクトの特徴」で述べるべき事項のヒントであり，第２の要求事項である「見積りのために入手した情

報」についてのヒントにもなっていることに気づいてほしい。同様に，設問イの第2の要求事項，設問ウの要求事項に関しても，問題文から該当するヒントを抜き出してみる。

**■ 問題文と設問イ** （H26問1より抜粋）

問1　システム開発プロジェクトにおける工数の見積りとコントロールについて

…省略…

　工数の見積りは，見積りを行う時点までに入手した情報とその精度などの特徴を踏まえて，開発規模と生産性からトップダウンで行ったり，WBSの各アクティビティをベースにボトムアップで行ったり，それらを組み合わせて行ったりする。PMは，所属する組織で使われている機能別やアクティビティ別の生産性の基準値，類似プロジェクトの経験値，調査機関が公表している調査結果などを用い，使用する開発技術，品質目標，スケジュール，組織要員体制などのプロジェクトの特徴を考慮して工数を見積もる。未経験の開発技術を使うなど，経験値の入手が困難な場合は，システムの一部分を先行開発して関係する計数を実測するなど，見積りをできるだけ正確に行うための工夫を行う。

…省略…

**要求事項の例示（誘導）**

具体例

設問イ　設問アで述べた見積り時点において，プロジェクトの特徴，入手した情報の精度などの特徴を踏まえて**どのように工数を見積もったか**。見積りをできるだけ正確に行うために工夫したことを含めて，800字以上1,600字以内で具体的に述べよ。

**要求事項**

問題文からヒントを抜き出す

第1章　プロジェクトの特徴と見積りのための入手情報

1.1　プロジェクトの特徴

　・使用する開発技術
　・品質目標
　・スケジュール
　・組織要員体制

これらのうち，2.1と関係するものについて述べる

❷演習編

午後Ⅱ─①攻略テクニック

1.2　見積りのための入手情報
- ・所属する組織で使われている機能別や
  アクティビティ別の生産性基準値
- ・類似プロジェクト経験値
- ・調査機関が公表している調査結果

> 2.1と関係
> するものに
> ついて述べる

第2章　工数の見積り方法
2.1　工数の見積り方法
- ・見積りを行う時点までに入手した情報とその精度などの特徴を踏まえて，開
  発規模と生産性からトップダウンで行ったり，WBSの各アクティビティをベ
  ースにボトムアップで行ったり，それらを組み合わせて行ったりする
- ・所属する組織で使われている機能別やアクティビティ別の生産性の基準値，
  類似プロジェクトの経験値，調査機関が公表している調査結果などを用い，
  使用する開発技術，品質目標，スケジュール，組織要員体制などのプロジェ
  クトの特徴を考慮して工数を見積もる

2.2　見積りを正確に行うための工夫
- ・経験値の入手が困難な場合は，システムの一部分を先行開発して関係する計
  数を実測するなど，見積りをできるだけ正確に行うための工夫を行う

第3章　運営面での施策と実施状況と評価
3.1　プロジェクト運営面での施策
- ・システム開発標準の整備と周知徹底
- ・要員への適正な作業割当て

3.2　実施状況と評価
- ・プロジェクトの進捗に応じた工数の実績と見積りの差異や，開発規模や生産
  性に関わる見積りの前提条件の変更内容などを常に把握し，プロジェクトの
  コストや進捗に影響を与える問題を早期に発見して，必要な対策を行う

## Step❷　論述ネタを考える

　章立てができた後，章・節それぞれの内容に整合した，論述ネタを考える。**論述ネ
タとは，そのユニットで論述する材料のことである。**

　論述ネタを考える作業は，設問イ（第2章）と設問ウ（第3章）から先に行うほう
がよい。設問ア（第1章）で述べる事例を先に決めてしまうと，実際のプロジェクト
の内容や状況に縛られて，設問イ（第2章）や設問ウ（第3章）の発想が狭められて

しまいがちになる。先に，**論述のメインにあたる部分の論述ネタを自由に考え**，その
あとで，**論述ネタに合った事例を選んだほうが柔軟に対応できる**。

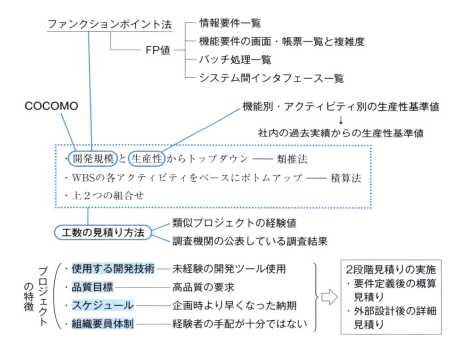

　論述ネタは，「高度なもの」や「カッコいいもの」である必要はない。高度なもの
やカッコいいものを論述しようとすると，文章を書く手が進まなくなる。むしろ平凡
なこと，誰でもやっている当たり前のことにしたほうが，スムーズに論述できるし，
読み手にも伝わりやすい。

　思いついた論述ネタは，「章立て」に追記するとよい。何を書くべきかを頭の中だ
けで考えていると，構想がループして作業が止まってしまったり，漏れや抜けが生じ
やすい。紙に書き出すことで，漏れや抜けのチェックも行いやすい。

❷演習編

午後Ⅱ─①攻略テクニック

第1章　プロジェクトの特徴と見積りのための入手情報

1.1　プロジェクトの特徴

　　　使用する開発技術 ──────── **未経験の開発ツールの使用 → 2.2につながる**

　　　品質目標 ──────── **高品質の要求**

　　　スケジュール

　　　組織要員体制

**このうち2.1で述べる**
**見積り方法で必要な**
**ものだけを挙げる**

1.2　見積りのための入手情報

　　　所属する組織で使われている

　　　　　機能別やアクティビティ別の生産性基準値

　　　類似プロジェクト経験値

　　　調査機関が公表している調査結果

**FPを求める**
**ための情報**

**を1.2で述べる**

**ファンクション**
**ポイント法**

第2章　工数の見積り方法

2.1　工数の見積り方法

　　　見積りを行う時点までに入手した情報とその精度などの特徴を踏まえて，開発規模と生産性からトップダウンで行ったり，WBSの各アクティビティをベースにボトムアップで行ったり，それらを組み合わせて行ったりする

　　　所属する組織で使われている機能別やアクティビティ別の生産性の基準値，類似プロジェクトの経験値，調査機関が公表している調査結果などを用い，使用する開発技術，品質目標，スケジュール，組織要員体制などのプロジェクトの特徴を考慮して工数を見積もる

**調整に**
**利用する**

**算出時に**
**利用する**

2.2　見積りを正確に行うための工夫

　　　経験値の入手が困難な場合は，システムの一部分を先行開発して関係する計数を実測するなど，見積りをできるだけ正確に行うための工夫を行う

第3章　運営面での施策と実施状況と評価

3.1　プロジェクト運営面での施策

　　　システム開発標準の整備と周知徹底

　　　要員への適正な作業割当て

**マニュアル**
**成果物サンプル，テンプレート**
**ガイドブックの作成**
**説明会・勉強会 ─── 理解度チェック**
**　　　　　　　　　　　クシート**

3.2　実施状況と評価

**把握のためのモニタリング**

　　　プロジェクトの進捗に応じた工数の実績と見積りの差異や，開発規模や生産性に関わる見積りの前提条件の変更内容などを常に把握し，プロジェクトのコストや進捗に影響を与える問題を早期に発見して，必要な対策を行う

**クリティカルパス上の作業の遅れ**
**への対策にする**

**このまま利用するが，もっと具体的に**

▶**論述ネタを組み立てる**

## Step❸ 事例を選ぶ

**Step❷** で選んだ論述ネタに整合するプロジェクトやシステムを考える。つまり，答案で論述するプロジェクトの事例を選定する。事例とは，設問ア（第1章）で論述する内容のことである。

例えば，「ファンクションポイント法による見積り」を論述ネタにする場合でも，そのプロジェクトの特徴が，「使用する開発技術に実績があるのか未使用なのか」や「品質目標が一般的なものなのか高品質が求められているのか」や「スケジュールに余裕があるのか厳しいのか」というプロジェクトの特徴によって，状況が異なってくる。

事例はあらかじめいくつか用意しておくと楽である。例えば，次のようなパターンを参考に，自分の経験をもとに事例を用意しておこう。経験の少ない受験者は，雑誌記事や書籍，あるいは過去のプロジェクトマネージャ試験の午後Ⅰ問題などを参考に，3つ程度の事例をまとめておくとよい。

### ┃事例┃

**パターン1** システムの再構築→ERPパッケージの導入
- 販売管理システム，営業支援システムなど
- スコープ管理，変更管理，コミュニケーションなどのテーマで利用しやすい

**パターン2** システム構築　Web系システム
- ネットショッピング，予約システムなど
- 開発技術，品質管理，要員調達，非機能要件などのテーマで利用しやすい

**パターン3** 基幹系システム
- 基幹業務に多く用いられる伝統的なシステム
- どのような問題テーマでも利用できる

**Step❷** までの作業で，すでに論文全体の構想ができあがっている場合には，構想に合う事例を選ぶ。そうでない場合は，自信のある論述ネタをいくつか選び，それらに矛盾しない事例を選ぶ。

事例を決めた後，事例と整合しない論述ネタをボツにする。また，論述する予定のユニット数から考えて多すぎる場合も，最適と思われる論述ネタを残して残りは捨てることも必要である。思いついたからといってすべてを論述しようとすると，単なる羅列になったり，具体性に欠けやすくなるからである。

ボツにする論述ネタについては，「重要と考えた施策を中心に」などという設問の

指示があるような場合に，ボツにする論述ネタと選んだ論述ネタを2～3個羅列し，
「このうち私はこういう理由でこの点を重要と考え重点的に実施した。具体的には，…」
などと述べてから，選んだ論述ネタについて説明するとよい。

## Step④ 論述ネタをチェックする

論述ネタをチェックする際の重要なポイントは次の3点である。

---

**■論述ネタのチェックポイント**

❶ ☑ 設問のすべての要求事項に答えているか？
  ［例］プロジェクトの特徴が求められているにもかかわらず，
     背景や経緯だけに終始している

❷ ☑ 章立ての中で，論述ネタは必要十分か？
  ［例］2.1節の論述ネタだけが残り，
     2.2節の論述ネタが落ちてしまっている

❸ ☑ 事例と矛盾していないか？
  ［例］プロジェクトの特徴で述べた事実と矛盾するような施策が
     残っている

---

「ステップ法」は，一歩一歩着実に合格論文を作成する方法である。ミスの少ない
方法ではあるが，ミスをゼロにできるわけではない。事例に合わない論述ネタをボツ
にする際に，必要な論述ネタまで切り捨ててしまい，結果的に要求事項に関する論述
に漏れが生じてしまうこともある。例えば「検討し，工夫した点」が求められている
にもかかわらず，検討した点ばかりに偏ってしまうこともあり得る。

このようなことがないように，次のステップに移る前に，論述ネタを再度チェック
する。チェック自体は簡単で，時間はそれほど掛からない。そして，チェックと同時
に，論点の等しいものは一つにまとめる。逆に，いくつかの論点を含むものがあれば，
分割することも検討する。論述に掛かる時間を考えると，最終的に，

・設問イ（第2章）は，2～3個の論述ネタ
・設問ウ（第3章）は，2個の論述ネタ

に絞り込むとよい。

問題点が見つかった場合は，原則的には論述ネタを修正して対応する。ただし，次の
ステップである実際の論述時に対応できることもあるので，そこは臨機応変に行おう。

## Step⑤ 論述ネタを展開し，論述する

Step⑤ では，論述ネタをもとに話を展開し，論述する。Step④ で確認された論述ネタを詳細化して，300字程度の文章を作成する。つまり，具体的な内容で肉付けして膨らませ，ユニットを書いていくのである。詳細化する際の観点には次のようなものがある。

> **詳細化する際の観点**
>
> ・論述ネタの内容をより詳しく説明するフレーズ
> ・適用したマネジメントや技法，施策・対応策
> ・具体的なシステムやプロジェクトへの言及
> ・対策が必要となった背景
> ・対策の具体的な内容・手順
> ・検討事項や分析内容
> ・施策や対策に対する評価

「文章を書くのが苦手！」という受験者は，このあとで展開法をいくつか紹介するので，それを参考にしてほしい。

また，大まかな目安として，60字程度の文を5つ作成できれば，300字のユニットが1つ完成する。そこで，まずは1つの論述ネタを5つの文で展開することを目標としよう。

「プロジェクトの特徴」が求められることの多い第1章の1つめの要求事項であるが，例えば，次のように展開すると，プロジェクトの背景やシステム開発の経緯に終始することを避けることができるので，参考にしてほしい。

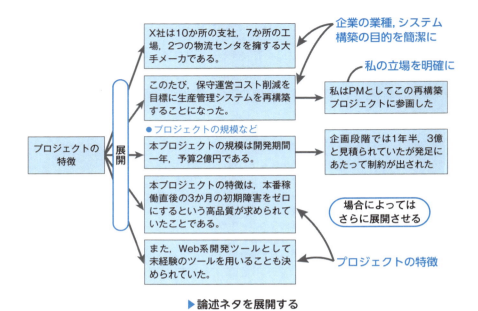

▶論述ネタを展開する

　論述ネタを核とし，**思いつくことを自由に書いていく展開法**である。手軽で論述も膨らみやすい汎用的な展開法である。しかし，発想が発散しすぎると論理が不明確な「筋道の通らない論文」になってしまうので注意してほしい。

　基本は，５Ｗ１Ｈの観点から論述ネタを展開する。

▶自由展開法の観点―その❶　５Ｗ１Ｈ

| 観点 | 使いやすさ | 説明 |
|---|---|---|
| What<br>（何を） | ★★★ | 問題に対処するために適用した技法や管理策，改善策<br>核にした論述ネタそのものがWhatに該当することも多い。<br>［例］工数の見積りを行うためにファンクションポイント法を<br>　　　利用した。<br>［例］限定範囲で利用して，見積りに必要なデータを収集した。 |

| Why<br>（なぜ） | ★★★ | Whatを適用した理由や背景<br>［例］（ファンクションポイント法を利用したのは）概算見積りで開発規模の算出に適しているからである。<br>［例］（見積りに必要なデータを収集したのは）未経験の開発ツールであったため，社内にない実績値を収集して，正確な見積りを行うためである。 |
|---|---|---|
| How<br>（どのように） | ★★ | Whatを適用した方法<br>［例］（ファンクションポイント法では）前述した入手情報から，概算規模をFP値として算出し，その後，FP値から各工程の概算工数を，生産管理機能における過去実績などを用いて算出した。<br>［例］（データ収集は）具体的には，生産管理システムの中で規模の小さな需要予測サブシステムで，別途研究チームを編成し，開発ツールを用いて短期の試行設計・開発を実施して見積りに必要な規模と工数を実測した。 |
| When<br>（いつ） | ★ | Whatを適用した時期など，期限やタイミングなどに関すること<br>［例］要件定義後の概算見積り時に（ファンクションポイント法を用いた）<br>［例］要件定義遂行と並行して（見積りに必要なデータを収集した） |
| Who<br>（誰が） | ★ | Whatにかかわった関係者に関すること<br>［例］プロジェクトマネージャである私が，見積もった。<br>［例］（データ収集には）別途，研究チームを編成したが，要員のスキルによって標準値にひずみが出ないように，平均的なスキルレベルの要員でチームを編成した。 |
| Where<br>（どこで） | ★ | 場所に関すること（あまり使わない）<br>［例］同じ場所にチーム全員を集めて作業をするように変更し，一体感を醸成し，作業のパフォーマンスを上げることに成功した。 |

　５Ｗ１Ｈの中でも，What，Why，Howは非常によく用いる観点である。展開に困った場合は，

- 何をしたのか？
- なぜしたのか？
- どのようにしたのか？

と自分に問いかけてみよう。また，プロジェクトマネージャとしての施策に目的や理由を加えて述べることで，単に実施した作業を羅列するよりもはるかに説得力が増す。
　５Ｗ１Ｈに次の観点を加えることで，展開がさらに具体的になり論述に現実味が生じる。

## ▶自由展開法の観点─その❷

| 観点 | 使いやすさ | 説明 |
|------|-----------|------|
| 目的 | ★★ | 施策や手法を選んだ目的・理由<br>［例］周知徹底のために，ガイドブックを作成・配布したうえに，理解度を把握するために，理解度チェックシートを作成し，自分の使用する標準の種類や範囲などを各自で確認できるようにした。 |
| 具体的には | ★★ | 手法，施策，対応策，手順などの説明<br>［例］具体的には，品質不良の兆候を早期に察知するために，外部設計書を対象に中間レビューを実施し，品質メトリクスを使用した管理を行い，指摘件数がプロジェクトで定めた基準範囲内であるかどうかをチェックした。 |
| 例えば | ★ | 実例<br>［例］例えば，新技術を採用する際には，過去の経験だけでなく，新技術に関する最新情報を事前に十分に収集して，リスク予算や要員面の見積りに加算すべき工数を適切に算出するなどして，見積り精度を高めていくことが必要と考える。 |

　なお，ここで挙げた観点はあくまでも参考であり，必ずこれらの観点で展開しなければならないわけではない。ある観点からの展開が思いつかない場合は，無理にその観点からの展開をする必要はない。複数の観点を一つの文に展開してもよいし，観点にこだわらずに思いつくことがあれば，まずはどんどん書いてみよう。自由に展開するからこその自由展開法である。

　次に，自由展開法の例を挙げてみる。

## ■ 自由展開法の例

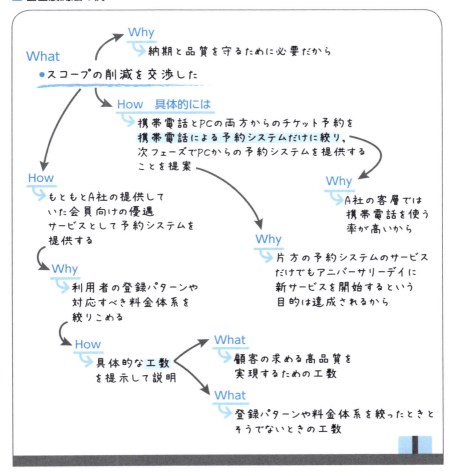

❷演習編

午後Ⅱ─①攻略テクニック

この例では，「（顧客と）スコープの削減を交渉する」という論述ネタを，自由展開法で展開している。なぜスコープを削減する必要があるのかといえば，納期と品質を守るのに必要と判断したためである。実際，顧客の全要求を受け入れることは難しい。そのプロジェクトにおける顧客の一番の目的を理解し，その点を受け入れる代わりに，プロジェクトを実現可能なものとするために顧客と交渉をする必要がある。

論述にあたっては，どのような案を提案したのかを具体的に述べ，さらに提案理由を明示することで顧客を説得した根拠を述べることになる。矢印の前後関係を考慮し，

適切な接続詞で文をつないで論述する。筋が通らない展開はボツにし，論述しながら思いついた展開を書き加えていけばよい。

## ■論述例

|  |  |
| --- | --- |
| （X）　スコープ削減の交渉 | |
| 　私は，納期と品質を遵守する代わりに，スコープを削減することをA社と交渉した。具体的には，携帯電話と | 100字 |
| PCの両方からチケットを予約できるようにすることを求められていたが，A社の交渉窓口に，どちらかの方法に絞ってサービスを開始しても，アニバーサリーデイに合わせた新サービスの開始というA社の当初の目的は達成されると説明すると同時に，携帯電話による予約を使 | 200字 |
| う率が高いA社の顧客層を考えて，まずは携帯電話からの予約システムを開始し，次フェーズでPCからの予約システムをA社が提供している会員向けの優遇サービスの一つに位置づけ，会員限定のサービスとしてシステム対応すべき料 | 300字 |
| 金体系を絞り込むことを説明した。交渉では，高品質な料金体系を実現させるための工数を過去の実績から具体的に提示し，サービスを絞った場合とそうでない場合の具体的な工数をそれぞれ提示することで，顧客の了承を得ることができた。 | 400字 |

## 1.3 "そこで私は" 展開法

前提となる状況や実施すべき施策を説明したうえで、「そこで私は」と受けてその具体的な施策やマネジメント、対応策、工夫点などを述べる展開法である。自由展開法には及ばないものの、プロジェクトマネージャとして自分が何を実施したのかを述べるのに、汎用的に使うことができるうえに、ほかの展開法でも流用できる。

前提から先に展開するのが基本的な論述である。

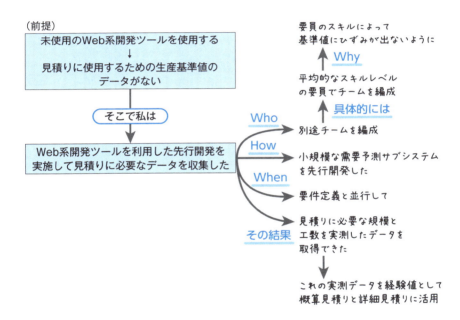

▶"そこで私は" 展開法

この展開法のよいところは、論理の筋が通りやすく、理路整然と論述できることである。論理がしっかりしているので、展開が少々ぶれても何とか収めることができる。また、前提と対処の2段階に分けて展開するので、前段と後段の展開の難易度を低くできる。ただ、ユニットを書くのに時間が掛かることが難点である。しかし、慣れてしまえばそれほど大変ではない。

②演習編

午後Ⅱ─①攻略テクニック

## 論述例

1 2 3 4 5 6 7 8 9 10 11 12 13 14 15 16 17 18 19 20 21 22 23 24 25

（X）　正確な見積りを行うための工夫
　未使用の開発ツールについての生産基準値のデータが
社内になかったため，見積りから実績が上ぶれするリス
クがあった。そこで私は，Web系開発ツールについて　100字
一部を先行開発し，Web系開発ツールを利用した場合
の生産性基準値を収集することにした。私の工夫点は，
要員のスキルによって基準値にひずみが出ないように，
平均的なスキルレベルの要員でチームを編成したことで　200字
ある。要件定義と並行して，小規模な需要予測サブシス
テムを先行開発し，見積りに必要な規模と工数を実測し
たデータを収集した。この実測データを経験値として概
算見積りに活用することで，見積り精度を高めることが　300字
可能となった。

## 1.4 "最初に，次に" 展開法

　実務手順を展開するのに，ぴったりの方法である。どのように実施したかが求められる要求事項に対して，経験上の手順を，「最初に…」「次に…」と列挙していく展開法である。

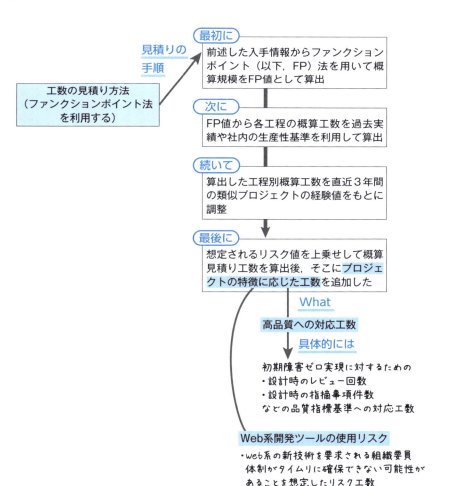

▶"最初に，次に" 展開法

次に示す論述例を見れば分かるとおり，実務手順を述べていくことで300字程度になる。ここに，手順の理由や詳細な説明，効果，"そこで私は"展開法を織り交ぜながら論述すると，500〜600字のボリュームを論述することはそれほど難しくはない。論述ネタが少なく，制限字数に満たないおそれがあるときには，この展開法が有効である。

## 論述例

（Ｘ）　工数の見積り方法

　私は，概算見積りを次の手順で行うことにした。

　まず最初に，前述した入手情報からファンクションポイント（以下，ＦＰ）法を用いて概算規模をＦＰ値として算出する。次に，求めたＦＰ値と，生産管理機能における過去実績や，工程をアクティビティに細分化した概算工数を算出する。続いて，算出された過去データの生産性基準を利用して，各工程の概算工数を，社内の工程別概算工数の見積りツールを活用して，直近三年間のＸ社の類似プロジェクトの経験値に基づいて調整する。さらに，想定されるリスク値を上乗せして，概算見積り工数を算定する。（100字／200字／300字）

　そして最後に，プロジェクトの特徴に応じた次に示す品質工数やリスク対応のための工数を加算する。具体的には，初期障害ゼロ実現に対応するための，設計時のレビュー回数や指摘事項件数・指摘事項対応件数といった品質指標基準への対応のための工数。そして，新技術として採用したＷｅｂ系開発ツールの使用リスクに対しては，Ｗｅｂ系の新技術など高度なスキルを要求される組織要員体制がタイムリに確保できない可能性があることを想定したリスク工数を加算した。（400字／500字）

## 1.5 テクニックの目指す先

　午後Ⅰ試験対策でも述べたことを繰り返すが，ステップ法の極意は「**ステップを意識せずに論文を作成する**」ことにある。

　ステップ法を習熟すれば，自然に不要なステップを省略できるようになる。やがては，問題文に線を引いたり，枠で囲んだりしたあとで，余白にアイデアをメモするなどの準備をするだけで，論述を開始できるようになるだろう。

　それを信じてトレーニングに励んでほしい。

❷演習編

午後Ⅱ─①攻略テクニック

427

# 2 合格論文の作成例

平成24年午後Ⅱ・問1を例に挙げて，論文を作成する手順を追ってみる。

**作成例1　システム開発プロジェクトにおける要件定義のマネジメントについて**
（H24問1）

**問1**　システム開発プロジェクトにおける要件定義のマネジメントについて

　プロジェクトマネージャには，システム化に関する要求を実現するため，要求を要件として明確に定義できるように，プロジェクトをマネジメントすることが求められる。

　システム化に関する要求は従来に比べ，複雑化かつ多様化している。このような要求を要件として定義する際，要求を詳細にする過程や新たな要求の追加に対処する過程などで要件が膨張する場合がある。また，要件定義工程では要件の定義漏れや定義誤りなどの不備に気付かず，要件定義後の工程でそれらの不備が判明する場合もある。このようなことが起こると，プロジェクトの立上げ時に承認された個別システム化計画書に記載されている予算限度額や完了時期などの条件を満たせなくなるおそれがある。

　要件の膨張を防ぐためには，例えば，次のような対応策を計画し，実施することが重要である。
　・要求の優先順位を決定する仕組みの構築
　・要件の確定に関する承認体制の構築
　また，要件の定義漏れや定義誤りなどの不備を防ぐためには，過去のプロジェクトを参考にチェックリストを整備して活用したり，プロトタイプを用いたりするなどの対応策を計画し，実施することが有効である。
　あなたの経験と考えに基づいて，設問ア～ウに従って論述せよ。

**設問ア**　あなたが携わったシステム開発プロジェクトにおける，プロジェクトとしての特徴，及びシステム化に関する要求の特徴について，800字以内で述べよ。

**設問イ**　設問アで述べたプロジェクトにおいて要件を定義する際に，要件の膨張を防ぐために計画した対応策は何か。対応策の実施状況と評価を含め，800字以上1,600字以内で具体的に述べよ。

**設問ウ**　設問アで述べたプロジェクトにおいて要件を定義する際に，要件の定義漏れや定義誤りなどの不備を防ぐために計画した対応策は何か。対応策の実施状況と評価を含め，600字以上1,200字以内で具体的に述べよ。

## Step❶ 章立てを作る

設問文から章タイトル（前頁 ███ 部分）を作り，問題文から該当するヒントを抜き出す（前頁┈┈部分）。章タイトルは，設問の要求事項に忠実に作成する。そうすることで，要求事項が抜けることによる不合格を防ぐことができる。

❷演習編

## Step❷ 論述ネタを考える

続いて Step❶ で組み立てた章立てより論述ネタを考える。

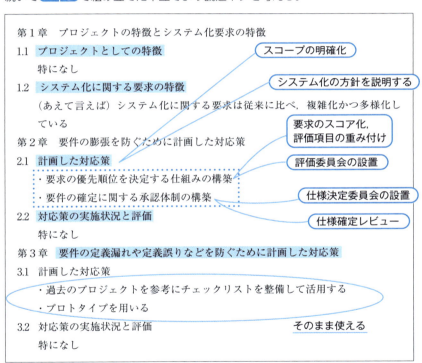

午後Ⅱ─①攻略テクニック

### ■ 第2，3章の論述ネタを考える

プロジェクトマネージャにとって，**要件の膨張**は頭の痛い問題である。2.1節では，要件の膨張を防ぐための対応策を洗い出す。高度な対策やマネジメントを考える必要はない。当たり前で平凡な方法を，書くべき内容のヒントを参考にしながら考える。

要件の膨張を防ぐための基本的な対応策は**スコープの明確化**である。つまり，プロジェクトでやるべきこととそうでないことを，きちんと切り分けることである。**システム化の方針や理念をあらかじめ説明しておく**のもよい。例えば，業務のやり方を標準プロセスに変更するような場合，最初に標準プロセスの意義を説明して利用部門の理解を得ることで，むやみなカスタマイズ要求を抑制できる。

　「**要求の優先順位を決定する仕組みの構築**」というヒントに着目すれば，要求をスコア化して優先順位を付けるという方法が思いつく。あらかじめ評価項目とその重みを用意しておき，要求をスコア化して優先度を判断するのである。評価委員会のような，要求の重要度を判断する組織を設置してもよい。これに利用部門が参加するよう定めておけば，利用部門が「要求を勝手にボツにされたという感情」を抱くことを抑えることができる。

　「**要件の確定に関する承認体制の構築**」からは，仕様決定委員会のような承認組織を思いつく。また，要件は早期に確定させなければ，膨張するおそれがある。これを防ぐためにも，できるだけ正式な形で仕様確定レビューを実施し，仕様の確定を公知することが望ましい。

　2.2節の「**対応策の実施状況と評価**」については，2.1節でとり上げた対応策について，「どのように実施したのか」「どんな効果があったのか」などについて述べればよい。例えば，システム化の方針説明について，

- ❶ 経営者が説明した
- ❷ 説得力が増した
- ❸ カスタマイズ要求が抑えられた
- ❹ 成功した

のように展開すればよい。

　3.1節は，ヒントが具体的なので非常に助かる。「**チェックリスト**」や「**プロトタイプ**」などは，そのまま使ってもよい。


## Step❸ 事例を選ぶ

　要件の膨張を抑えるためのマネジメントは，スケジュールやコストの制限を守るために行われる。これは，問題文の「…予算限度額や完了時期などの条件を満たせなくなるおそれがある」という記述からも裏づけられる。そこで，大前提として，

　　　・予算またはスケジュールが非常に厳しい

ことを事例に盛り込む。

　2.1節で「システム化の方針を説明する」を選ぶ場合には，さらに注意が必要だ。というのも，システム化の方針や理念を説明することでカスタマイズ要求を抑えられるということは，次のような流れを前提としているからだ。

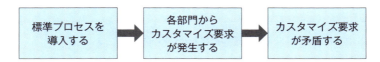

この流れに沿うならば，
　　・ERPパッケージの導入による業務改革
などは格好の事例となるが，このようなおおげさな事例でなくても，業務改革を伴うような事例であればそれでよい。例えば，
　　・店舗が大手に買収されて業務プロセスが大きく変わる
ことは，比較的身近な事例だ。
　さて，次のような事例を挙げておく。

---

**｜事例案｜**

　A社はパッケージを導入した経営管理システムの再構築を実施した。提携会社との関係で，システムの稼働時期はプロジェクトの開始から9か月後と定められていた。プロジェクトは，この期間内に新システムを立ち上げなければならなかった。

　パッケージが提供する標準プロセスを積極的に用いることで，業務プロセスを標準化することもプロジェクトのねらいである。しかし，業務プロセスの標準化は現場での反発も大きく，カスタマイズ要求が頻発することが予想された。スケジュールに影響を与えないためにも，要件定義の適切なマネジメントが不可欠であった。

---

**❷ 演習編**

**午後Ⅱ──① 攻略テクニック**

事例が定まったら，論述ネタをチェックする。ここでは，次の論述ネタを選ぶものとする。

---

第2章　要件の膨張を防ぐために計画した対応策

2.1　計画した対応策

・システム化の方針説明

・仕様確定レビューの実施

2.2　対応策の実施状況と評価

・成功した点をとり上げて述べる

第3章　要件の定義漏れや定義誤りなどを防ぐために計画した対応策

3.1　計画した対応策

・プロトタイプの作成

3.2　対応策の実施状況と評価

・成功した点をとり上げて述べる

---

❶ ☑ 設問のすべての要求事項に答えているか？
❷ ☑ 章立ての中で，論述ネタは必要十分か？
❸ ☑ 事例と矛盾していないか？

仕様確定レビューやプロトタイプはどんな事例にも適用できる汎用的な論述ネタ

要求事項に合うように章立てを作り，すべての章，節に論述ネタを割り振った

ステップ法に沿って章立てを作成していれば，チェック項目❶❷については問題ない。チェック項目❸についても，システム化の方針説明と矛盾しないよう，業務改善の事例をとり上げることにした。仕様確定レビューやプロトタイプの作成は，システム開発の事例を選ばない汎用的な論述ネタなので全く問題ない。

## Step⑤ 論述ネタを展開し，論述する

Step④ でチェックした論述ネタをいくつか選び，展開する。ここでとり上げなかった論述ネタについては，各自で展開・論述にチャレンジしてほしい。

### ■ システム化の方針説明

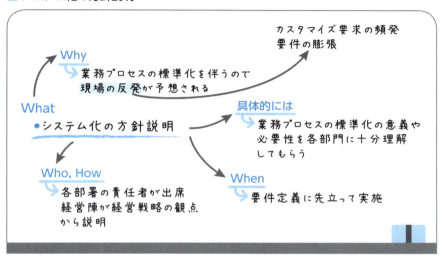

5W1Hの中でも，Why，What，Howの展開は，展開しやすいうえに，読み手の理解を深められる要素である。よって，常に「なぜ」「なにを」「どのように」と問いかけるように心がけたい。図中の**「現場の反発」**のように，展開中に現れた言葉をさらに具体的に説明するように展開を重ねてもよい。とにかく，思いついたことをどんどん書き加えていこう。

■ 仕様確定レビューの実施

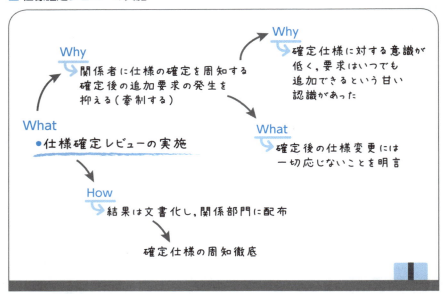

Whyにはおもしろい性質がある。ある事柄に対して，「なぜ」「なぜ」…と問いた
だすことで, より本質的な問題が浮かび上がってくるのである。図に示した例では, 「**追
加要求の発生を牽制する**」ことをさらにWhyで展開することで, 実はこの企業には「**要
求はいつでも追加できるという誤った文化が根付いていた**」という問題の背景を導い
ている。

## ■ 対応策の実施状況と評価

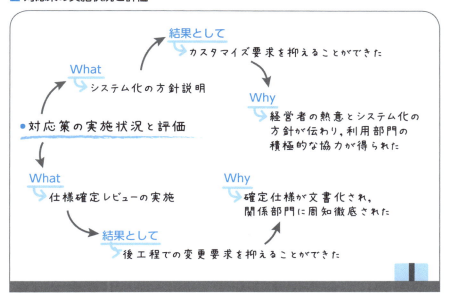

2.2節では，2.1節でとり上げた「**システム化の方針説明**」と「**仕様確定レビューの実施**」について対応策の実施状況と評価を述べる。このような場合の展開は，基本的には結果について言及したうえで，その要因（成功要因）を述べるという形で展開する。要因は2.1節で展開したことを繰り返すことになってしまうが，論述の流れで必要なのだから気にすることはない。

❷演習編

午後Ⅱ─①攻略テクニック

■ プロトタイプの作成

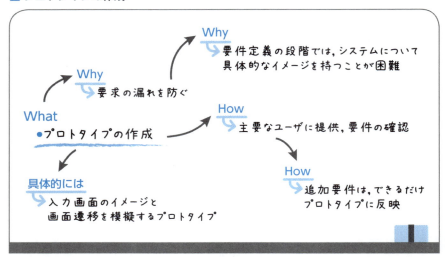

　書くことが思いつかなければ，一般的な事実を用いて展開しよう。なぜプロトタイプが必要なのかといえば，利用者に試してもらうことで要求の漏れを防ぎたいからだ。さらに，なぜ要求が漏れるのかといえば，要件定義の段階では，利用者がシステムについて具体的なイメージを持てないでいるからだ。これらはすべて教科書に書かれているプロトタイプの基本性質だ。

　しかし，教科書的な事実ばかり並べると論述に説得力がなくなるので，具体例にも言及する。そこで「**プロトタイプは入力画面のイメージと画面遷移を模擬する簡単なものとした**」と展開する。実はこれもプロトタイプの一般的な形式にすぎないのだが，うまく使えば具体性を演出できる。

## 論述例

```
 1  2  3  4  5  6  7  8  9  10 11 12 13 14 15 16 17 18 19 20 21 22 23 24 25
```

第１章　プロジェクトの特徴とシステム化要求の特徴
１．１　プロジェクトとしての特徴
　私がプロジェクトマネージャとして携わったプロジェクトは、パッケージを導入した経営管理システムの再構築プロジェクトである。　　　　　　　　　　　　100字
　提携会社との関係で、システムの稼働開始時期はプロジェクトの発足から9か月後と定められていた。かなり厳しい納期であるが、この期間内に新システムを立ち上げなければならなかった。そのため、カスタマイズや新機能の開発を最小限に抑えるような、要件定義のマネジメントが不可欠であった。
１．２　システム化に関する要求の特徴
　パッケージが提供する標準プロセスを積極的に用いることで、業務プロセスを標準化することもプロジェクトのねらいであった。このようなプロジェクトでは、パッケージの標準プロセスを、利用部門独自の業務プロセスに合わせるための変更要求が多くなりがちである。また要件定義の段階では、利用部門がシステムに対する具体的なイメージを持てないため、要件の定義漏れに気づかないことも多い。結果として、後工程で追加要求が数多く発生し、スケジュールに影響を与えることも十分に考えられた。これを防ぐためには、利用部門に具体的なシステムのイメージを与えつつ、早期に仕様を確定させる必要があった。

> スケジュールが厳しいことから、要件定義のマネジメントの重要性につなげる。

> 第2章、第3章のネタを導くような状況を記述すると、論述が膨らみ、つながりもよくなる。

> ここまでで600字。要求事項にきちんと答えていれば、この字数でも十分である。

```
 1  2  3  4  5  6  7  8  9  10 11 12 13 14 15 16 17 18 19 20 21 22 23 24 25
```

第２章　要件の膨張を防ぐために計画した対応策
２．１　計画した対応策
　要件の膨張を防ぐため、私は次のような対応策を計画した。
（１）　システム化の方針説明
　今回のシステム化では、パッケージの導入による業務プロセスの標準化も大きなテーマであった。ただし、何の準備もなく標準プロセスを押し付けると、現場での反発が大きく、カスタマイズ要求が頻発することが予想された。このような要求を抑えるためには、各部門が業務プロセスの標準化の意義や必要性を十分理解していることが必要である。そこで私は、要件定義に先立ってシステム化の方針説明会を実施することにした。説明会には各部署の責任者に出席してもらい、業務プロセスを標準化する意義について説明した。なお、説明に説得力を持たせるため、説明会の最初に、経営陣から経営戦略の観点から業務プロセス標準化の必要性について説明をしてもらった。
　説明会の終了後、部署の責任者による同様の説明会を各部署で実施してもらい、意識の統一を徹底した。
（２）　仕様確定レビューの実施
　要件定義の終了後、主要なユーザや関係部門の責任者

> 背景や理由(Why)をひととおり述べておく。

> 「そこで私は」と受ける。

> Whoも時には重要な展開となる。

> Howによる展開で具体性を。

> 責任者への説明会以外にも各部署への説明があると有効だと考え追加した。

を集めて，仕様確定レビューを実施することにした。関係者に確定仕様を周知徹底し，仕様確定後の追加要求の発生を抑えるためである。

もともと，当社の利用部門は確定仕様に対する意識が低く「要求はいつでも追加できる」という誤った認識を持つことも少なくなかった。また，必要な追加要求にはできるだけ対応してきたことも，これを助長してきた。このような悪循環を断つため，私は「確定後の追加要求には一切応じない」ことを明言した上で，仕様確定レビューに臨んだ。

仕様確定レビューの結果は文書化し，確定仕様として関係部門に配布した。これをもとに，各部門で確定仕様の説明会を実施してもらうことで，確定仕様の周知徹底を図った。

## ２．２　対応策の実施状況と評価

システム化の方針説明は，経営者自身が業務プロセスの標準化の重要性を認識していたため，問題なく実施することができた。経営戦略と会社の将来を見据えた説明は，経営者の熱意を伝えるのに十分であった。その効果もあり，業務プロセスの標準化に対して利用部門の積極的な協力が得られ，結果としてカスタマイズ要求を抑えることができた。

仕様確定レビューでは，若干の調整が出たものの，順調に実施された。確定仕様の文書化や関係部門への周知徹底の効果は大きく，後工程での変更要求を抑えることができた。少ない変更要求も，次フェーズに回すことを了承してもらえた。

---

## 第３章　要件の定義漏れや定義誤りなどを防ぐために計画した対応策

### ３．１　計画した対応策

要件定義の段階では，利用者がシステムについて具体的なイメージを持てないでいることもある。このようなシステム像の欠如が，要件の漏れにつながることも少なくない。これを防ぐため，私はシステムのプロトタイプを作成し，実際の担当者を含んだ主要なユーザに提供し，要件が満たされているかどうかを確認してもらうことにした。プロトタイプは入力画面のイメージと画面遷移を模擬する簡単なものとした。また，要件が追加されるびに，できる限りプロトタイプにも反映した。

### ３．２　対応策の実施状況と評価

プロトタイプを具体的に操作する過程で，利用部門から少なくない要件を引き出すことができた。それらの中には，利用部門が気づかなかったものや，当然のことと思い込んで定義されなかった要件も含まれていた。これらの要件が引き出せたことは，プロトタイプの大きな効果であった。また，追加された要件をプロトタイプに反映することで，利用部門の参加意識が高まり，仕様確定レビューを順調に実施できたことも，見逃せない効果であった。

何をしたかを述べてから，理由をつける記述法もある。実績が強調できる。

Whyをさらにwhyで展開すると，背景が導出できる。

確定仕様の周知徹底は，評価につながるキーポイント！

少々文章がカッコ悪くても気にしない！

第2章が1,225字。十分な量である。

下限600字なので対応策を一つに絞った。

理由を述べて「そこで私は」で受ける，論述の基本パターン！

対応策を一つに絞ったため，実施状況と評価についてもそれなりの記述量が必要。書けない場合は，対応策を一つ追加すればよい。

　一方で，要件が追加されるたびにプロトタイプを修正
したため，要件定義に要する時間が長くなり，1週間程
度のオーバーとなった。ただし，要件の定義漏れを原因
とする後工程での追加要件の件数をゼロに抑えることが
できたので，結果としてスケジュールの短縮に貢献でき
たと評価している。

600字

700字

第3章は700字。
求められた論点につ
いては漏れなく述べ
ているので，十分で
ある！

❷演習編

午後Ⅱ─①攻略テクニック

平成25年午後Ⅱ・問1を例に挙げて，論文を作成する手順を追ってみる。

**システム開発業務における情報セキュリティの確保について**
(H25問1)

**問1** システム開発業務における情報セキュリティの確保について

　プロジェクトマネージャ（PM）は，システム開発プロジェクトの遂行段階における情報セキュリティの確保のために，個人情報，営業や財務に関する情報などに対する情報漏えい，改ざん，不正アクセスなどのリスクに対応しなければならない。
　PMは，プロジェクト開始に当たって，次に示すような，開発業務における情報セキュリティ上のリスクを特定する。

・データ移行の際に，個人情報を開発環境に取り込んで加工してから新システムに移行する場合，情報漏えいや改ざんのリスクがある
・接続確認テストの際に，稼働中のシステムの財務情報を参照する場合，不正アクセスのリスクがある

　PMは，特定したリスクを分析し評価した上で，リスクに対応するために，技術面の予防策だけでなく運営面の予防策も立案する。運営面の予防策では，個人情報の取扱時の役割分担や管理ルールを定めたり，財務情報の参照時の承認手続や作業手順を定めたりする。立案した予防策は，メンバに周知する。
　PMは，プロジェクトのメンバが，プロジェクトの遂行中に予防策を遵守していることを確認するためのモニタリングの仕組みを設ける。問題が発見された場合には，原因を究明して対処しなければならない。
　あなたの経験と考えに基づいて，設問ア～ウに従って論述せよ。

**設問ア** あなたが携わったシステム開発プロジェクトのプロジェクトとしての特徴，情報セキュリティ上のリスクが特定された開発業務及び特定されたリスクについて，800字以内で述べよ。

**設問イ** 設問アで述べたリスクに対してどのような運営面の予防策をどのように立案したか。また，立案した予防策をどのようにメンバに周知したか。重要と考えた点を中心に，800字以上1,600字以内で具体的に述べよ。

**設問ウ** 設問イで述べた予防策をメンバが遵守していることを確認するためのモニタリングの仕組み，及び発見された問題とその対処について，600字以上1,200字以内で具体的に述べよ。

## Step① 章立てを作る

　設問文から章タイトル（前頁　　　　部分）を作り，問題文から該当するヒントを抜き出す（前頁　　　　部分）。章タイトルは，設問の要求事項に忠実に作成する（次頁）。そうすることで，要求事項が抜けることによる不合格を防ぐことができる。

❷演習編

---

第1章　プロジェクトとしての特徴と情報セキュリティ上のリスク
1.1　プロジェクトとしての特徴
　　　特になし
1.2　情報セキュリティ上のリスクが特定された開発業務とリスク
　　　・個人情報，営業や財務情報の情報漏えい，改ざん，不正アクセス
　　　・個人情報を新システムに移行する場合，情報漏えいや改ざん
　　　・接続確認テストの際の不正アクセス
第2章　リスクの予防策と周知方法
2.1　運営面での予防策
　　　・個人情報の取扱時の役割分担や管理ルール
　　　・財務情報の参照時の承認手続や作業手順
2.2　予防策の周知
第3章　予防策の遵守と問題への対処
3.1　予防策の遵守を確認するモニタリングの仕組み
　　　・予防策を遵守していることを確認するためのモニタリングの仕組み
3.2　発見された問題と対処
　　　特になし

---

午後Ⅱ—①攻略テクニック

作業を一人で行わせない（牽制）

作業結果を別の作業者が
チェックし，管理者が承認する

第1章　プロジェクトとしての特徴と情報セキュリティ上のリスク

1.1　プロジェクトとしての特徴

個人情報の管理責任を定める

特になし

1.2　情報セキュリティ上のリスクが特定された開発業務とリスク

　・個人情報，営業や財務情報の情報漏えい，改ざん，不正アクセス

　・個人情報を新システムに移行する場合，情報漏えいや改ざん

　・接続確認テストの際の不正アクセス

作業手順，ルールを定める
　・申請書の提出，許可
　・不要な項目のマスク
　・確実な削除　　など

第2章　リスクの予防策と周知方法

2.1　運営面での予防策

　・個人情報の取扱時の役割分担や管理ルール

　・財務情報の参照時の承認手続や作業手順

テスト環境の隔離
（サーバルーム，施錠）

2.2　予防策の周知

作業内容の事前申請，許可

第3章　予防策の遵守と問題への対処

3.1　予防策の遵守を確認するモニタリングの仕組み

管理者の作業への立会い

　・予防策を遵守していることを確認するためのモニタリングの仕組み

3.2　発見された問題と対処

記録の定期的な分析，確認

特になし

作業記録，承認印などの
定期的な確認，報告

監視カメラの映像，入退室記録
の分析（分析ツールの使用）

## ■ 第2，3章の論述ネタを考える

　問題文のヒントをもとに，第2，3章の論述ネタを考える。

　第2章で述べる運営面での予防策について，問題文では，

　　**・個人情報の取扱時の役割分担や管理ルール**

　　**・財務情報の参照時の承認手続や作業手順**

という例を挙げている。ヒントとしては少し曖昧だが，「データ移行の際に，個人情報を開発環境に取り込んで加工してから新システムに移行する場合，情報漏えいや改ざんのリスクがある」という状況と合わせて考えると分かりやすい。

　データ加工時の改ざんを防止するためには，**「作業を一人で行わせない」**ことが効

果的だ。例えば二人でペアを組み，作業役とチェック役を交代しながら作業を進めてみるとよい。「**作業結果を別の担当者が厳密にチェックし，さらに管理者が承認する**」という体制を作っておくのもよい。このような牽制の仕組みを用意し活用することで，改ざんのリスクを大きく減らすことができる。

　個人情報の管理のためには，「**情報管理の責任者**」を定める。さらに「**個人情報を取り扱う際の手順**」も定める。例えば，個人情報を使用する際には，

　　　・作業目的と必要なデータの範囲を明記した申請書を提出する

　　　・申請が認められた場合，必要最小限の情報を提供する

とする。これ以外にも，

　　　・不要な項目はマスクする

　　　・担当者以外は使用しない

　　　・不要なコピーや印刷は行わない

　　　・使用を終えれば確実に削除し，印刷物はシュレッダーにかける

などのルールが必要だ。

　本番データを用いたシステムテストにおいて，データが漏えいすることもある。ヒントに登場する「接続確認テストの際に，稼働中のシステムの財務情報を参照する場合，不正アクセスのリスクがある」という状況である。

　まず，誰もがテスト環境にアクセスできるような状況では，セキュリティは確保できない。そこで，最低限テスト環境を隔離する。パスワードやアクセス権といった論理的な隔離に加えて，物理的な隔離を実施すると効果的だ。

　テスト環境へのアクセス権はテスト環境の管理者が管理する。重要な情報にアクセスする場合には管理者が立ち会う，監視カメラで監視するなど，牽制の仕組みを用意する。

　**予防策の遵守を確認する方法**の一つに記録のチェックが考えられる。例えば，テストデータへのアクセスログをチェックすることで，ルールどおりにアクセスされているかどうかを確認できる。監視カメラの映像も，重要な記録である。これらの記録は定期的に分析して状況を報告する。

　作業のためデータを持ち出す場合には，データのコピーから削除までを管理する方策を考える。例えばデータにIDを付け，作業ごとに記録に残すようにする。この記録は定期的に分析しデータの現状を確認する。必要であれば調査を行う。

❷演習編

午後Ⅱ―①攻略テクニック

## Step❸ 事例を選ぶ

セキュリティがテーマの問題では，事例の選択にそれほど気を遣う必要はない。というのも，今となっては重要な情報を扱わないシステムのほうが珍しいからだ。よって，手持ちの中から適当な事例を選び，そこで扱う情報をとり上げ，漏えいや改ざんと結びつけて論述すればよい。

とはいえ，「セキュリティの確保」がテーマなだけに，個人情報や顧客情報を取り扱うシステム開発事例と相性がよいのは確かである。会員の個人情報を管理するインターネット販売や，顧客情報を管理する顧客管理システムなどが該当する。問題文の「財務情報の不正アクセス」に注目すれば，財務・会計系のシステム開発を導くことができる。

さて，次のような事例はどうだろうか。

---

**事例案**

A社の顧客管理システムを構築する。A社は健康器具や食品の通信販売を行う会社で，多様なチャネルを通じて顧客情報を収集している。このような顧客情報の管理と，それに結びつく販売履歴の分析は，A社のビジネスにとって非常に大きな意味をもつものであった。

プロジェクトは，開発対象の性質からもA社の重要資産である顧客情報を扱わざるを得なかった。社会的に大きな問題となった他社の例を見るまでもなく，その扱いには慎重を期すべきであった。

---

## Step❹ 論述ネタをチェックする

事例が定まったら，

❶ ☑ 設問のすべての要求事項に答えているか？
❷ ☑ 章立ての中で，論述ネタは必要十分か？
❸ ☑ 事例と矛盾していないか？

という観点から，論述ネタを今一度チェックしよう。

## Step⑤ 論述ネタを展開し，論述する

Step④ でチェックした論述ネタをいくつか選び，展開する。ここでとり上げなかった論述ネタについては，各自で展開・論述にチャレンジしてほしい。

### ■ 顧客情報の取扱いにおけるルールの策定

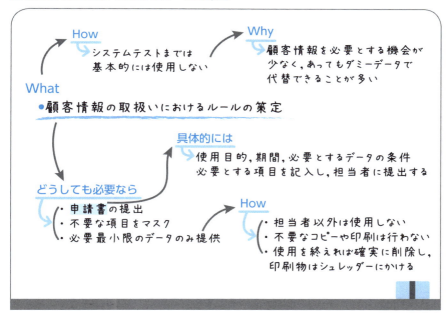

プロジェクトマネージャでは，提示された問題に対して「どのような対策を立てたか」という観点で問われることが多い。そのような場合には，

    What：どんな対策を立てたか

    Why：なぜその対策が必要となったか

    How：どのように実施するのか

を中心に，詳細（**具体的には**）や例示（**例えば**）を織り交ぜる。５Ｗ１Ｈを用いた自由展開法の典型例といえる。

■ 予防策の周知

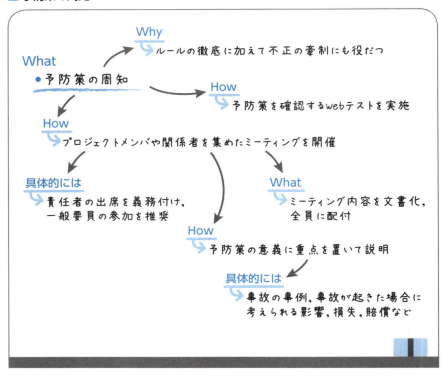

　展開のタイプは，大きく**列挙型**と**掘り下げ型**に分けることができる。ある論述ネタ（この場合は予防策の周知方法）について，いろいろな具体策を思いつくならばそれをどんどん列挙するよう展開すればよい。逆に思いつく具体策が少なければ，それをさらに掘り下げるよう展開する。

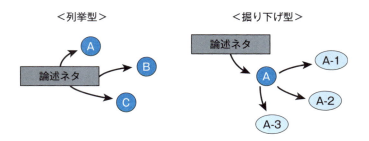

予防策の周知方法として，論文作成時にはミーティングしか思いつかなかったので，ミーティングを改めて５Ｗ１Ｈで展開するよう掘り下げた。

列挙型で展開に詰まった場合は，掘り下げ型に切り替えてみるとよい。それまで悩んでいたことがウソのように，スムーズに展開できることがある。

### ■ サーバルームの隔離と監視のモニタリング

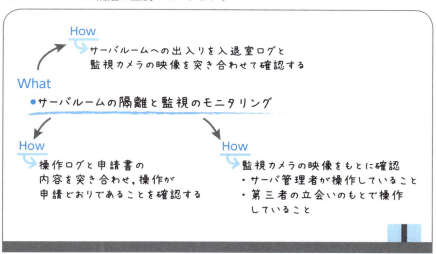

サーバルームへの出入りや操作については，入退室ログや監視カメラの映像，申請書の内容，アクセスログなどモニタリングの仕組みをいくつか思いつくことができた。そこで，それらを列挙型で展開する。

■ 発見された問題と対処

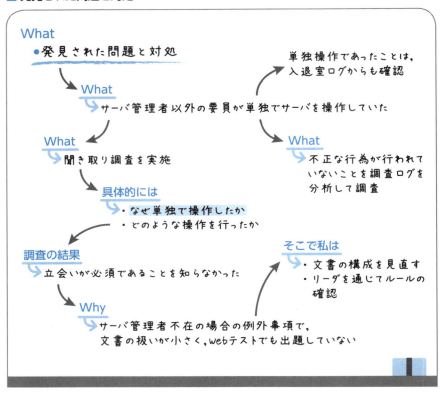

「サーバの単独操作」の発覚を掘り下げて展開した。問題の発覚から対処までの過程を，ほぼ時系列にしたがって展開している。このような場合は，順序よく対処を述べる「"最初に次に"展開法」を用いてもよい。

展開の大筋は，

　　［1］調査したところ，対象者はルールを知らなかった

　　［2］例外的な事柄だったので文書から抜けていた（扱いが小さかった）

　　［3］各グループのリーダを通じて，改めて徹底した

というものである。これは現実でもよくあることなので，展開のパターンとして押さえておこう。

## 第1章 プロジェクトとしての特徴と情報セキュリティ上のリスク

### 1.1 プロジェクトとしての特徴

　私がプロジェクトマネージャとして携わったプロジェクトはA社の顧客管理システムの構築である。A社は、健康器具や食品の通信販売を行う会社で、多様なチャネルを通じて顧客情報を収集している。このような顧客情報の管理と、それに結びつく販売履歴の分析は、A社のビジネスにとって非常に大きな意味をもつものであった。

　プロジェクトは、開発対象の性質からもA社の重要資産である顧客情報を扱わざるを得なかった。社会的に大きな問題となった他社の例を見るまでもなく、その扱いには慎重を期す必要があった。

### 1.2 情報セキュリティ上のリスクが特定された開発業務とリスク

　システムテストの段階で、A社の本番データを借り受けたテストを実施する。テスト環境にはテストチームを含む多くの要員が出入りすることが予想されるため、私は顧客情報の漏えいリスクが大きいと判断した。なお、システムテスト以前の工程でも、要求分析や設計、各種テストの段階で顧客情報の一部を参照することも考えられた。そのため、特にシステムテストを中心として、ライフサイクル全般にわたって顧客情報の漏えいリスクがあると判断した。

　なお、プロジェクトで用いる顧客情報は、A社から借り受けるコピーであるので、改ざんのリスクはないと考えた。

（右側の注釈）
- 顧客情報をとり上げるため、これと相性のよい顧客管理システムを事例に選んだ。
- 顧客情報の漏えいに気を配ることを述べ、後の論述につなげている。
- 情報漏えいの起きやすい業務としては、本番データを扱う、・システムテスト・データ移行・システム保守が定番。
- 改ざんリスクについても言及したほうが検討の広さをアピールできると考え追加した。
- 行数レベルで675字。論点は十分に網羅している。

## 第2章 リスクの予防策と周知方法

### 2.1 運営面での予防策

　1.2で述べたリスクに対処するため、私は情報セキュリティの専門家を交えたミーティングを開催して次の予防策を立案した。

　（1）顧客情報の取扱いにおけるルールの策定

　システムテスト以前の開発工程では、A社の顧客情報を必要とする機会はほとんどない。そこで、システムテストまでは、顧客情報を使用しないことを原則とした。やむなく使用する場合には、使用目的や期間、必要とするデータの条件、必要とする項目をA社の担当者に提出し、不要な項目をマスクした最小限のデータについてのみ提供を受けることにした。

　提供された顧客情報は、本来であれば管理者立会いの下で慎重に取り扱うべきであるが、作業効率との兼ね合いを考え、
・担当者以外は使用しないこと
・不要なコピーや印刷は行わないこと
・使用後は確実にデータを削除し、印刷物はシュレッダーにかけること
などをルールとした。

（右側の注釈）
- 運営面の予防策を「どのように立案したか」という部分に不安があったので、この一文を加えた。
- 申請などの手続き面を強調することで、運営面の予防策であることを印象付けている。
- 業務経験があれば、「例えば」で受けてマスクした項目の例などを述べれば具体性が増す。
- 論述ネタがルールの策定なので、ルールの具体例を出しておく。内容は簡単なものでかまわない。

（右側）
❷演習編

午後Ⅱ─①攻略テクニック

（2）　サーバルームの隔離と監視
　システムテストはA社から本番の顧客情報を借り受けてテストを実施するため、これまで以上に徹底した管理が必要だと考えた。テストルームには、テスト要員をはじめとするさまざまな要員が出入りするため、サーバが「人目にさらされた」状態になる。これを避けるため、私はテストルームからさらにサーバを隔離するためのサーバルームを設置することにした。サーバを直接アクセスできる端末はサーバルームにのみ設置し、サーバ管理者以外の要員は原則としてサーバルームへの立入りを禁止した。環境設定やシステムの修正でサーバをアクセスする場合には、
①各担当者がシステム修正の手順とファイルを作成し、リーダに提出する
②リーダは手順やファイルの適切さを確認・承認してサーバ管理者に提出する
③サーバ管理者は手順に沿って作業を行い、作業完了をリーダに報告する
という手順とした。なお、サーバルームはICカードによる入室制限を行い、監視カメラで24時間監視する。不審な行動が見られた場合にはすぐさま連絡するような体制とした。
2.2　予防策の周知
　予防策の周知徹底は、不正を牽制するためにも必要だと考えた。そこで私は、プロジェクトメンバや関係者を集めたミーティングを開催して周知に努めることにした。ミーティングには、責任者の出席を義務付け、一般要員の参加を推奨した。
　予防策は作業者に面倒な手順を強制するため、これに対する理解を十分得ることが重要だと考えた。そこで、予防策の意義を万一事故が起きた場合の影響や、事故の事例を交えて説明した。
　さらにミーティングの内容は文書化し、関係者全員に配布した。ミーティングに参加しなかった要員に対しては、出席した責任者から説明してもらうことにした。
　最後に予防策の理解を確かめるテストをWebを介して実施し、これに合格することを義務付けた。

600字
700字
800字
900字
1,000字
1,100字
1,200字
1,300字
1,400字

理由を述べて、「そこで私は」と受けて対処策につなげる定番の展開法。「そこで私は」ばかり使うといかにも雛形っぽいので「これを避けるため、私は」と受けた。

承認や手続き、役割分担を意識して、それっぽい手順を記述した。実務経験があれば、実施した手順を記述すればよい。

サーバルームのセキュア化なので、ICカードや監視カメラは必須かなと思って付け加えた。思いついたことはどんどん書こう！

文書化、説明会など誰でも思いつくネタで展開した。

行数換算で1,450字！　十分に記述できた。

1 2 3 4 5 6 7 8 9 10 11 12 13 14 15 16 17 18 19 20 21 22 23 24 25

## 第３章　予防策の遵守と問題への対処
### ３．１　予防策の遵守を確認するモニタリングの仕組み
（１）顧客情報の取扱いに関するモニタリング

　Ａ社から借り受けた顧客情報はデータにＩＤを付け，開発環境にコピーされてから削除されるまでの操作を，ＩＤで追跡可能とした。複製されたデータには別のＩＤを付け，すべてのＩＤについて生成から消滅までを管理した。印刷物についてはチームリーダの管理下に置き，利用状況をチェックし，リーダの責任で確実に廃棄することにした。これらの状況はプロジェクト会議で定期的に確認した。

（２）サーバルームの隔離と監視のモニタリング

　サーバルームへの出入りについては，サーバルームの入退室ログと監視カメラの映像を定期的に突き合わせて確認した。その際，サーバに対する操作が，申請どおりであることも確認した。サーバ管理者以外がやむなくサーバを直接操作する場合には，権限が限定されたＩＤでログインし，サーバ管理者が選んだ要員の立会いのもとで実施する。これについても，監視カメラの映像で確認した。

### ３．２　発見された問題と対処

　監視カメラの映像から，サーバ管理者以外の要員が単独でサーバを操作している場面が発見された。サーバ管理者が選んだ要員が立ち会っていないことは，入退室ログからも裏付けられた。

　私は緊急に要員を呼び出し，聞き取り調査を行った。同時に，その場面で取得されたログを分析し，不正な行為が行われたかどうかも調査した。

　調査の結果，管理者不在時に緊急の環境設定が必要となり，要員が単独で対処していたことが判明した。ログの分析からも，特に不正な行為は行われていないことも確認された。管理者が不在の場合は，管理者があらかじめ選んだ要員が立ち会うルールになっていたが，例外事項であるため文書での扱いも小さく，Ｗｅｂテストでも出題していなかった。私は，文書の構成を見直すとともに，各リーダを通じてルールの再確認を徹底した。

100字
200字
300字
400字
500字
600字
700字
800字
900字

コアとなる展開は

追跡の仕組みを作った → 定期的に確認

これに文書の廃棄など，当たり前のことを加えた。

実務経験があれば，具体例を交えて展開すれば論述が深まる。

ルールの例外事項が問題につながりやすい。3.2につなげるため，例外事項を記述しておいた。

問題行動があった
→呼び出す
→不正の有無を調査
→二度と起きないよう対処
という流れ。実に当たり前のことしか書いていない。

対処の前に分析を述べておくと論述が深まる。

行数換算で900字ほぼねらいどおり！

# 第5部

## 午後Ⅱ試験対策
### —②問題演習

# 1 出題傾向と学習戦略

## 1 出題テーマ

　午後Ⅱ試験の問題数は平成26年度より現在の2問に変わりました。直近5年間に出題された問題テーマ，マネジメント分野は次のとおりとなります。

▶直近5年間の午後Ⅱ問題一覧表

| 年度 | 問 | マネジメント分野 | 問題テーマ |
|---|---|---|---|
| H29年 | 問1 | ステークホルダ | システム開発プロジェクトにおける信頼関係の構築・維持について |
| | 問2 | 品質 | システム開発プロジェクトにおける品質管理について ★ |
| H30年 | 問1 | コミュニケーション | システム開発プロジェクトにおける非機能要件に関する関係部門との連携について |
| | 問2 | 統合 | システム開発プロジェクトにおける本稼働間近で発見された問題への対応について ★ |
| H31年 | 問1 | コスト | システム開発プロジェクトにおけるコスト超過の防止について ★ |
| | 問2 | 統合（問題解決） | システム開発プロジェクトにおける，助言や他のプロジェクトの知見などを活用した問題の迅速な解決について |
| R2年 | 問1 | 統合（検証フェーズ） | 未経験の技術やサービスを利用するシステム開発プロジェクトについて |
| | 問2 | リスク | システム開発プロジェクトにおけるリスクのマネジメントについて ★ |
| R3年 | 問1 | 資源 | システム開発プロジェクトにおけるプロジェクトチーム内の対立の解消について |
| | 問2 | スケジュール | システム開発プロジェクトにおけるスケジュールの管理について ★ |

※第5部 2 **午後Ⅱ問題の演習** では，上記中★印の問題を，次の各分野を代表する問題として掲載しています（H26，H27年度の問題を含みます）。
　1 品質／2 リスク／3 資源／4 統合／5 スケジュール／6 コスト

## 2 オーソドックスなマネジメントの流れはしっかりと把握しよう

　午後Ⅱ問題では，プロジェクトマネジメントにおける基本的なマネジメントについて，オーソドックスな内容が問われるという出題傾向があります。したがって，まずはこのマネジメント分野ごとの基本的なマネジメントの流れを学習してください。

　しかし，新試験になったH21年以降すでに30問以上が出題されていて，大きなマネジメントテーマの出題は，一通り終わったようにも感じられます。したがって，次回の試験では，1問は，誰もが論述材料を持っていると思われる問題テーマが出題されると思います。しかし，もう1問については，論述可能な対象者が少しだけ限定されるテーマで出題される可能性もあると思われます。オーソドックスなテーマでは，以前出題されたマネジメント分野について，計画段階と実行段階に分けて出題されたり，以前と異なるフェーズでのマネジメントについて出題されたりするかもしれません。オーソドックスなテーマについては，必ず対応できるようにしておく必要があります。

## 3 必要なキーワードをまとめよう

　問題文中に**論述の方向性や具体例**がほとんど示されないような問題が出題されたこともありましたが，最近の試験では，方向性や具体例が問題文で指示されるようになっています。したがって，問題文の指示に沿う形での論述や，何らかの論述のヒントを問題文から得ることが可能です。しかし，問題文の中に論述に必要なすべてのキーワードが示されるということはありません。ですので，試験対策としては，マネジメント分野ごとの最低限のキーワードや手法を自分で整理してまとめ，マネジメントの流れとともに理解しておくことが必要です。

## 4 設問アにも注目しよう

　午後Ⅱ問題の論点は，設問文によって指示されますが，プロジェクトの状況や情報システムについては，あまり**条件や制限をしないという方針**で出題されています。これは，受験者にとって，**事前に用意する題材が少なくてすむこと**を意味します。しかし，午後Ⅱ試験で大切なことは，**問題文の趣旨に沿いつつ，設問で指示された論点について，過不足なく論述すること**です。その意味で，**最初の設問アの論点が問題によって変わること**に留意することが重要です。設問アの最初の論点が"プロジェクトの特徴"なのか，"プロジェクトの概要"なのか，あるいは"プロジェクトの目標"なのかなど，きちんと確認してから書き始めるようにしてください。事前に準備した「プロジェクトの概要」を「そのまま書いてしまおう」というのでは，わざわざ自分で得点を低くしているのと同じです。必ず，求められている論点に正面から答える内容で論述してください。

455

## 5 求められた論点は多くても必ず網羅しよう

　設問イないし設問ウで求められた論点が以前より，若干ですが多くなっている傾向が見られます。設問の指示どおりに，論点に過不足がないように論じる練習が大切です。**特に求められた論点が抜けている場合**には，減点の対象になると思われますので，問われていることをしっかりと押さえて，漏れがないように論じる練習をしてください。

## 6 実際に手書きして，カスタマイズ能力を鍛えよう

　午後Ⅱ試験の対策として，自分の用意したプロジェクト事例を，与えられた論点に沿うものに短時間でカスタマイズすることに重点を置いた論述練習をすると効果的です。そのためには，マネジメント分野の異なるテーマについて，同じ事例で書いてみるとよいでしょう。

　また，このとき，必ず最低でも一度は手書きで書いてみましょう。あらかじめあらすじを決めていても，書き出すとつい筆が走ってしまって意図したのと違うところに力点をおいてしまうような結果になることがあります。手書きですと，消しゴムで消して書き直す作業の時間ロスが身に染みます。これらを経験することで，何を何字くらいにまとめて書くかということを常に意識しながら書くことができるようになっていきます。例えば，原稿用紙の右側の目安の位置に目印をつけておくなどの工夫で，ボリュームの調整が行いやすくなるので試してみてください。また，忘れている漢字が多いことにもきっと驚くと思います。「進捗」や「顧客」などの基本的な漢字は書けるようにしておきましょう。

---

### "論述の対象とするプロジェクトの概要" は必ず書こう!!

　R3年の本試験から"論述の対象とするプロジェクトの概要"を全項目について記入していない場合や項目と本文のプロジェクトが異なったり，項目間に矛盾があるなど，適切に答えていない場合には減点されることが，明記されました。必ず記入するようにしてください。

---

# 2 午後Ⅱ問題の演習

ここからの午後Ⅱ問題の演習では，論述に慣れるまで次の手順で行うとよいでしょう。

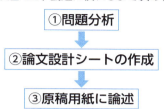

①問題分析

②論文設計シートの作成

③原稿用紙に論述

### ① 「問題分析」で問題を把握し，論文の章構成を具体化

「問題分析」は，第4部の □ **午後Ⅱ問題の解き方** で説明した **Step❶** の作業を具体化したもので，下記の手順で，問題に直接書き込んで，設問で求められている論点とそれに関係する問題文の具体的な指示を関連付けます（P459参照）。

- ・設問文で求められている論点を枠で囲み，1.1，1.2など章節の番号を振る
- ・上記論点と関係する問題文を紐付け，論述する観点や方向付けを確認する

### ② 「論文設計シート」で論文のあらすじをまとめる

「論文設計シート」は，第4部の □ **午後Ⅱ問題の解き方** で説明した **Step❷** と **Step❸** の作業で考えた事例や論述ネタを章節ごとにまとめて，**Step❹** のチェックを行う方法の一つです。

具体的には，**Step❶** で把握した論文の章構成や方向付けを念頭におきながら，**Step❷** や **Step❸** で論述ネタや事例を挙げた後で，章節のどこでどの論述ネタを述べるかをあてはめていきます。論文設計シートが埋まったら，設問アから設問ウまでの流れを確認したり，論点の過不足のチェックを開始します。具体的には，設問アから設問ウまでの論述に破綻がないか，一貫性があるか，設問イの内容を考慮したうえで設問アの内容は適切か，設問で求められている論点に重複や抜けがないか，など論文全体を見通してあらすじの修正を行います（P460，P461参照）。

午後Ⅱ―②問題演習

> 本番の試験では120分という時間制限があるので，ここまで丁寧な論文設計シートを作る余裕はありません。しかし，演習で論文設計シートを作って，それに沿って論述することを繰り返すことで，だんだん設計シートの書き込み量を減らしていくことができます。最終的には，問題用紙の空きスペースのメモであらすじをイメージして論述できるようにトレーニングしてください。

＊制限時間2時間

　プロジェクトマネージャ（PM）は，システム開発プロジェクトの目的を達成するために，品質管理計画を策定して品質管理の徹底を図る必要がある。このとき，他のプロジェクト事例や全体的な標準として提供されている品質管理基準をそのまま適用しただけでは，プロジェクトの特徴に応じた品質状況の見極めが的確に行えず，品質面の要求事項を満たすことが困難になる場合がある。また，品質管理の単位が小さ過ぎると，プロジェクトの進捗及びコストに悪影響を及ぼす場合もある。

　このような事態を招かないようにするために，PMは，例えば次のような点を十分に考慮した上で，プロジェクトの特徴に応じた実効性が高い品質管理計画を策定し，実施しなければならない。

・信頼性などシステム要求される事項を踏まえて，品質状況を的確に表す品質評価の指標，適切な品質管理の単位などを考慮した，プロジェクトとしての品質管理基準を設定すること
・摘出した欠陥の件数などの定量的な観点に加えて，欠陥の内容に着目した定性的な観点からの品質評価も行うこと
・品質評価のための情報の収集方法，品質評価の実施時期，実施体制などが，プロジェクトの体制に見合った内容になっており，実現性に問題がないこと

あなたの経験と考えに基づいて，設問ア～ウに従って論述せよ。

**設問ア**　あなたが携わったシステム開発プロジェクトの特徴，品質面の要求事項，及び品質管理計画を策定する上でプロジェクトの特徴に応じて考慮した点について，800字以内で述べよ。

**設問イ**　設問アで述べた考慮した点を踏まえて，どのような品質管理計画を策定し，どのように品質管理を実施したかについて，考慮した点と特に関連が深い工程を中心に，800字以上1,600字以内で具体的に述べよ。

**設問ウ**　設問イで述べた品質管理計画の評価，実施結果の評価，及び今後の改善点について，600字以上1,200字以内で具体的に述べよ。

●問題分析

問1　システム開発プロジェクトにおける品質管理について

　プロジェクトマネージャ（PM）は，システム開発プロジェクトの目的を達成するために，品質管理計画を策定して品質管理の徹底を図る必要がある。このとき，他のプロジェクト事例や全体的な標準として提供されている品質管理基準をそのまま適用しただけでは，プロジェクトの特徴に応じた品質状況の見極めが的確に行えず，品質面の要求事項を満たすことが困難になる場合がある。また，品質管理の単位が小さ過ぎると，プロジェクトの進捗及びコストに悪影響を及ぼす場合もある。

　このような事態を招かないようにするために，PMは，例えば次のような点を十分に考慮した上で，プロジェクトの特徴に応じた実効性が高い品質管理計画を策定し，実施しなければならない。

・信頼性などシステム要求される事項を踏まえて，品質状況を的確に表す品質評価の指標，適切な品質管理の単位などを考慮した，プロジェクトとしての品質管理基準を設定すること
・摘出した欠陥の件数などの定量的な観点に加えて，欠陥の内容に着目した定性的な観点からの品質評価も行うこと
・品質評価のための情報の収集方法，品質評価の実施時期，実施体制などが，プロジェクトの体制に見合った内容になっており，実現性に問題がないこと

あなたの経験と考えに基づいて，設問ア～ウに従って論述せよ。

**設問ア**　あなたが携わったシステム開発プロジェクトの特徴，品質面の要求事項，及び品質管理計画を策定する上でプロジェクトの特徴に応じて考慮した点について，800字以内で述べよ。

**設問イ**　設問アで述べた考慮した点を踏まえて，どのような品質管理計画を策定し，どのように品質管理を実施したかについて，考慮した点と特に関連が深い工程を中心に，800字以上1,600字以内で具体的に述べよ。

**設問ウ**　設問イで述べた品質管理計画の評価，実施結果の評価，及び今後の改善点について，600字以上1,200字以内で具体的に述べよ。

●論文設計シート

| タイトルと論述ネタ | あらすじ |
|---|---|

**第1章　プロジェクトの特徴と品質要求事項，考慮点**

**1.1　プロジェクトの特徴と品質面の要求事項**

| 自己紹介と立場<br>システム<br>受発注の最適化を目指す<br>プロジェクトの特徴<br>　大規模，高品質 | ・システム開発ベンダＰ社のPMとして参画<br>・科学機器卸Ａ社の受発注システム<br>・受発注の最適化で在庫削減，コスト削減を目指す<br>・工期1年，600人月の大規模プロジェクト<br>・社外ユーザが利用するため，高品質が要求された |

**1.2　品質管理計画策定上の考慮点**

| 複数グループでの品質管理 | 大規模であるため，複数グループに分けて品質管理を行う。全体品質確保のためには，バグ計測方法や品質管理の統一と均一化が必要。<br>製造工程までで60％のバグ摘出を目指す。<br>要求品質の高さから，社内規定最高ランクの品質目標とする。 |

**第2章　品質管理計画の策定と品質管理の実施**

**2.1　品質管理計画の策定**

| 計測方法の統一<br><br><br><br>品質管理単位と管理体制<br><br><br><br>品質管理の均一化 | ・Ｐ社全体のPMOから助言を得て計画を策定<br>・バグ計測方法の統一：バグ表の書き方，仕様書のバグ計測方法の統一，バグ分類方法の統一<br>・品質管理単位：品質管理単位8〜10人<br>・管理体制<br>　品質管理データのとりまとめ：PM配下にPOを設置してそこで実施<br>　PO：基準値と差異分析を行い，フィードバック<br>・品質管理の均一化：レビュー方法を工夫。外部設計〜製造工程は，グループ単位のウォークスルーを重視。グループ間の不整合の防止とバグレベルの均一化を図るため |

**2.2　品質管理の実施方法**

| 製造工程終了時点の状況<br>ドライバを使用した単体結合テストの実施<br><br><br><br><br><br>ウォークスルーとコードインスペクションの実施 | ・製造工程終了時点で，目標の60％に未達のコンポーネントがあったが，テスト密度は適切で信頼度成長曲線も収束している。ドライバを使用した単体結合テストを結合テストに先立って実施することを条件に次工程に移行させた<br>・単体結合テストでインタフェースミスのバグが多発<br>・インタフェースに着目した集中的ウォークスルーを関連担当者も含めて実施<br>・PMOに依頼して，結合テストと並行してのコードインスペクションを実施 |

### 第3章　品質管理計画と実施結果の評価，今後の改善点

#### 3.1　品質管理計画の内容および実施結果の評価

| 目標達成 | ・製造工程までに60%のバグ検出を達成できた<br>・サービスイン後1年間の不具合目標も達成できた |
|---|---|
| 反省点 | ・反省点は想定外の品質是正が必要だった点：原因はPOが十分に機能しなかったためであった<br>・ウォークスルーに関連担当者を動員しすぎた。結果予定コストをやや上回った |

#### 3.2　今後の改善点

| 品質コストを減らす | サービスイン後1年の不具合目標の達成は，そこで出たバグの対応コストを考えると，実現すべき目標であった。<br>しかし，想定外の品質是正にかかったコストを除いても，かかりすぎた。品質管理に関するコスト削減のために，今回の教訓も活かした手法を確立して，PMOと協働でノウハウを蓄積し，全社のプロジェクトに適用していきたい。 |
|---|---|

### 問1　解答例

### 第1章　プロジェクトの特徴と品質要求事項，考慮点

#### 1.1　プロジェクトの特徴と品質面の要求事項

　私は，システム開発ベンダP社のプロジェクトマネージャとして，科学機器卸A社の受発注システム開発プロジェクトに参画した。A社は，300店に及ぶ系列店との受発注を最適化することで，在庫削減，リードタイム短縮，コスト削減を実現することを目指していた。工期1年で600人月の大規模プロジェクトであり，開発ピーク時には80人の要員が必要であった。

　また，A社の受発注は限られたピーク時間帯に集中するため，ピーク時間帯の障害発生のない受発注システムにしてほしいと要請されていた。さらに，この受発注システムは社外の不特定のユーザが使用するため，画面インタフェースを含め，高い品質が要求された。

　本プロジェクトの特徴は，大規模であることと，サービスイン後の高品質が求められたことである。

#### 1.2　品質管理計画策定上の考慮点

　大規模プロジェクトのため，複数のグループに分けて品質を管理する必要があった。

午後Ⅱ─②問題演習

❷演習編

プロジェクト全体の品質管理と確保のためには，各グループのバグ計測方法の統一と品質管理の均一化が必要である。また，過去の経験から，大規模プロジェクトの場合，品質コストは，後工程になればなるほど高くなる度合いが大きいことが分かっていたので，外部設計工程から製造工程までで，60％のバグ摘出を目標とした。

　また，品質目標は，Ｐ社の社内規定を鑑み，トータルバグ摘出目標を20件／KLに設定した。これは社内規定の最高ランクの品質レベルだったが，プロジェクトの要求品質の高さから考えて，適切と判断した。さらに，サービスイン以降１年間の不具合発生目標を0.05件／KL以下とした。

## 第２章　品質管理計画の策定と品質管理の実施

### 2.1　品質管理計画の策定

　品質管理計画を策定するにあたり，Ｐ社の全社プロジェクトマネジメントオフィス（以下，全社PMOという）に品質管理計画の助言を受け，次の３点の具体的な品質管理計画を策定した。

　１点めは，バグの計測方法の統一を図ることである。具体的には，バグ表の書き方と，仕様書のバグ計測方法の統一である。また，バグ分類方法も統一し，バグ混入工程，バグ要因などが即座に分かるようにし，特定原因のバグが多くなった場合，工程の途中でその種類のバグを抑制できるようにした。

　２点めは，品質管理単位と管理体制である。製造コンポーネントの関連性を考慮し，品質管理の管理グループを８〜10人とした。品質管理データのとりまとめは各グループではなく，プロジェクトマネージャ配下にプロジェクトオフィス（以下，POという）を設け，そこで実施することにした。POでは，品質データの基準値との差異分析およびバグ要因の一次分析を実施し，各グループに即時フィードバックすることにした。

　３点めは，品質管理の均一化である。各グループで実施する品質管理に差異があると，全体の品質把握ができず，最終的にはサービスイン後の品質目標を確保できなくなるからである。具体的には，レビュー方法を工夫した。外部設計から製造工程までは，担当者間で行うピアレビューを前提とするが，グループ単位あるいはグループ間で実施するウォークスルーを重視した。その目的は，この段階で，グループにまたがるコンポーネント間のインタフェースの不整合を防止することと，グループ間，担当者相互のバグレベルの均一化を図ることである。このウォークスルーには，時間が許す限り，私自身も参画し，各グループのバグレベルと，全体の品質レベルを把握することにした。

## 2.2　品質管理の実施方法

　製造工程終了時点で，プロジェクト全体では，摘出バグ目標である60％を検出していたが，受注コンポーネントのバグ摘出は55％と目標未達であった。しかし，受注コンポーネントのテスト密度は適切で,信頼度成長曲線も収束していた。そのため，次の条件で，受注コンポーネントも単体テストに移行させることにした。すなわち，テストツールとしてドライバを使用した単体結合テストを，結合テストに先だって実施することである。これは，受注コンポーネントに画面および他コンポーネントとのインタフェースが多く，この部分に品質上の懸念があったためである。この単体結合テストで，懸念していたインタフェースミスのバグが多発した。

　そこで私は，このコンポーネントのインタフェースに着目した集中的なウォークスルーを実施した。ウォークスルーには，この受注コンポーネントに関連するコンポーネントの担当者を多数動員した。関連コンポーネントの担当者の作業遅延の危惧もあったが，プロジェクト全体から見て，最良の選択であると判断し，私自身も参加した。また，全社PMOに依頼し，結合テストと並行して，受注コンポーネントのコードインスペクションを実施した。このウォークスルーおよびコードインスペクションが功を奏し，その後の結合テストおよび総合テストは順調に進み，計画どおりサービスインすることができた。受注コンポーネントの単体テスト工程でのバグ摘出は増加したが，結合および総合テスト工程では目標バグ検出数を下回り，製造工程までのプロジェクト全体のバグ摘出目標である60％を達成できた。

## 第3章　品質管理計画と実施結果の評価，今後の改善点

### 3.1　品質管理計画の内容および実施結果の評価

　全社PMOの助言を参考に，プロジェクトに適切な品質管理計画を策定し，遂行できたことは評価できると考える。特に，3点の重点的な品質管理を実施したことによって，製造工程までのプロジェクト全体の検出バグ目標60％を達成することができ，サービスイン後1年間の不具合の目標も達成できた。

　しかし，受注コンポーネントで想定外の品質是正を実施せざるを得なかったことは反省点である。その原因は，設置したPOが十分に機能しなかったことにあった。POの人材育成や人材配置は軽視されがちであるが，今回のような大規模プロジェクトでは，その重要性を再認識して，POに，品質管理だけでなくプロジェクト推進を担ってくれる優秀な人材の配置を検討すべきだった。

　もう一つの反省点は，インタフェースミスのバグ収束のためのウォークスルー実施時に，関連するコンポーネントの担当者を動員し過ぎた点である。結果的には，作業

遅延を招いたものの，その後の工程でリカバリし，計画どおりにサービスインできた。しかし，コスト面では予定コストをやや上回った。外部設計書および内部設計書のレビュー段階で対処できていれば，少なくとも他コンポーネント担当者の作業遅延の影響は極小化できたと考える。

## 3.2　今後の改善点

　サービスイン以降１年間の不具合を0.05件／KLとすることは，サービイン後にバグ修正を実施するコストを考慮すると，実現すべき目標である。今回のプロジェクトでは，その目標を達成できた。これは，お客様だけでなく，このシステムを使用するユーザの満足度も向上するものである。この満足度は，単に一つのプロジェクトコスト増に代え難いものであると考える。

　しかし，今回実施した品質管理のコストは，受注コンポーネントのインタフェースミスの品質是正コストを除いても，かかり過ぎたと思う。今後は，品質管理に関わるコストを低減し最適化するために，今回のような品質管理の計画・実施の手法を実プロジェクトで実践的に確立し，そのノウハウを全社PMOと協働で蓄積し，全社のプロジェクトに適用する仕組み作りを進めたい。

## 2 リスク

②演習編

### 問2 システム開発プロジェクトにおけるリスクのマネジメントについて
(出題年度：R2問2)

　プロジェクトマネージャ（PM）は，プロジェクトの計画時に，プロジェクトの目標の達成に影響を与えるリスクへの対応を検討する。プロジェクトの実行中は，リスクへ適切に対応することによってプロジェクトの目標を達成することが求められる。

　プロジェクトチームの外部のステークホルダはPMの直接の指揮下にないので，外部のステークホルダに起因するプロジェクトの目標の達成にマイナスの影響がある問題が発生していたとしても，その発見や対応が遅れがちとなる。PMはこのような事態を防ぐために，プロジェクトの計画時に，ステークホルダ分析の結果やPMとしての経験などから，外部のステークホルダに起因するプロジェクトの目標の達成にマイナスの影響を与える様々なリスクを特定する。続いて，これらのリスクの発生確率や影響度を推定するなど，リスクを評価してリスクへの対応の優先順位を決定し，リスクへの対応策とリスクが顕在化した時のコンティンジェンシ計画を策定する。

　プロジェクトを実行する際は，外部のステークホルダに起因するリスクへの対応策を実施するとともに，あらかじめ設定しておいたリスクの顕在化を判断するための指標に基づき状況を確認するなどの方法によってリスクを監視する。

　あなたの経験と考えに基づいて，設問ア〜ウに従って論述せよ。

午後Ⅱ
—②
問題演習

**設問ア**　あなたが携わったシステム開発プロジェクトにおけるプロジェクトの特徴と目標，外部のステークホルダに起因するプロジェクトの目標の達成にマイナスの影響を与えると計画時に特定した様々なリスク，及びこれらのリスクを特定した理由について，800字以内で述べよ。

**設問イ**　設問アで述べた様々なリスクについてどのように評価し，どのような対応策を策定したか。また，リスクをどのような方法で監視したか。800字以上1,600字以内で具体的に述べよ。

**設問ウ**　設問イで述べたリスクへの対応策とリスクの監視の実施状況，及び今後の改善点について，600字以上1,200字以内で具体的に述べよ。

問2　システム開発プロジェクトにおけるリスクのマネジメントについて

　　プロジェクトマネージャ（PM）は，プロジェクトの計画時に，プロジェクトの目標の達成に影響を与えるリスクへの対応を検討する。プロジェクトの実行中は，リスクへ適切に対応することによってプロジェクトの目標を達成することが求められる。

　　プロジェクトチームの外部のステークホルダはPMの直接の指揮下にないので，外部のステークホルダに起因するプロジェクトの目標の達成にマイナスの影響がある問題が発生していたとしても，その発見や対応が遅れがちとなる。PMはこのような事態を防ぐために，プロジェクトの計画時に，ステークホルダ分析の結果やPMとしての経験などから，外部のステークホルダに起因するプロジェクトの目標の達成にマイナスの影響を与える様々なリスクを特定する。続いて，これらのリスクの発生確率や影響度を推定するなど，リスクを評価してリスクへの対応の優先順位を決定し，リスクへの対応策とリスクが顕在化した時のコンティンジェンシ計画を策定する。

　　プロジェクトを実行する際は，外部のステークホルダに起因するリスクへの対応策を実施するとともに，あらかじめ設定しておいたリスクの顕在化を判断するための指標に基づき状況を確認するなどの方法によってリスクを監視する。

　　あなたの経験と考えに基づいて，設問ア〜ウに従って論述せよ。

**設問ア**　あなたが携わったシステム開発プロジェクトにおけるプロジェクトの特徴と目標，制約，外部のステークホルダに起因するプロジェクトの目標の達成にマイナスの影響を与えると計画時に特定した様々なリスク，及びこれらのリスクを特定した理由について，800字以内で述べよ。

**設問イ**　設問アで述べた様々なリスクについてどのように評価し，どのような対応策を策定したか。また，リスクをどのような方法で監視したか。800字以上1,600字以内で具体的に述べよ。

**設問ウ**　設問イで述べたリスクへの対応策とリスクの監視の実施状況，及び今後の改善点について，600字以上1,200字以内で具体的に述べよ。

## ●論文設計シート

| タイトルと論述ネタ | あらすじ |
|---|---|
| **第1章　プロジェクトの特徴と計画時に特定したリスク** | |
| **1.1　プロジェクトの特徴と目標** | |
| 私の紹介 | ・私はSIベンダD社のシステムエンジニア |
| | ・E社のプロジェクトにPMとして参画 |
| プロジェクトの特徴 | ・在庫管理システムの再構築プロジェクト |
| | ・E社F社長とD社C社長間で決まったトップ案件 |
| | ・成功が必須のプロジェクトで納期とコストに余裕がない |
| 目標 | ・特に納期が厳しいが，納期と予算遵守が必須 |
| **1.2　外部のステークホルダに起因するリスク** | |
| 主要なステークホルダ | ・E社側F社長とE社PMのシステム部Gマネージャ，D社C社長 |
| 計画時に特定した外部ステークホルダに起因するリスクと理由 | ①トップの発言や承諾で要件追加や変更が発生するリスク。 |
| | ②頻繁な説明のための資料作成などの作業負荷によるメンバの負担が増加するリスク。 |
| **第2章　リスクの評価と対応策およびリスクの監視方法** | |
| **2.1　リスクの評価と対応策** | |
| ①のリスクの評価と対応策 | 評価値＝発生確率×影響度で，7以上で対応策を策定する。 |
| | ①影響度10発生確率0.8評価値8→対応策を策定する。 |
| | ①の対応策：発生確率を下げるため，社長のプロジェクトへの不安と不満を払拭する。F社長との接触機会を増やし，都度プロジェクト状況を説明し，理解を促す。不安や不満には即座に説明して解決に努める。C社長にも節目ごとに報告し，協力を依頼。F社長からの要求も断ってもらえる関係の構築。 |
| ②のリスクの評価と対応策 | ②影響度9発生確率0.9評価値7.2→対応策を策定する。 |
| | ②の対応策：影響度と発生確率の両方を下げる策としてPOを設置し，説明資料の作成担当とした。また，両社長に共通で使用できる資料とし，種類も減らした。POで作成が難しい資料はプロジェクトのWBSに組み込んだ。 |

| 2.2　リスクの監視方法 | |
| --- | --- |
| 監視のポイント<br>監視方法2点 | ・両リスクともに発生を速やかに把握すること<br>①F社長のプロジェクトへの見解をG部長を介して探る。<br>②プロジェクト要員にも客先との接触機会にトップ層の不満を察知したら，些細な違和感でも報告することを指示。 |

## 第3章　リスク対応策と監視の実施状況，今後の改善点

### 3.1　リスク対応策と監視の実施状況

| | |
| --- | --- |
| 概要設計：F社長の不満報告 | ・業務チームから，F社長が在庫管理画面の使い勝手に不満があるという報告がフェーズ終了間際にあった<br>・F社長の業務BPRの意思をE社メンバが知らずに画面仕様を決めたことが原因と判明→要求の一部を取込み，残りは別プロジェクトとして行うことを提案し，了解を得た |
| 詳細設計：営業部門からの変更要求と説明要求 | ・営業部門が画面変更をF社長に要求していることをG部長から聞いた→他部門で使用する画面の変更で対応可能<br>・営業部門の関わる画面についての説明依頼がきた→業務チームも作業に加わり，営業部門の画面を他部門で使用する画面の変更で対応することを説明・了承を得た |

### 3.2　今後の改善点

| | |
| --- | --- |
| 改善点2点 | ①ステークホルダの範囲を限定しすぎない。<br>②説明資料作成の負担をプロジェクトメンバにかけないようにしたい。 |

## 問2　解答例

### 第1章　プロジェクトの特徴と計画時に特定したリスク

### 1.1　プロジェクトの特徴と目標

　私は，SIベンダD社のシステムエンジニアである。今回，プロジェクトマネージャ（以下PM）として，電子部品メーカE社の在庫管理システムの再構築プロジェクトに参画した。本プロジェクトの特徴は，D社のC社長とE社のF社長間で決まったトップ案件であることで，そのため，D社とE社双方にとって必ず成功させなくてはならないプロジェクトであった。一方，納期と予算に余裕がなく，特に納期については厳しいスケジュールであったが，C社長が自社なら問題なくできると受注したことも

あり，納期と予算の遵守は必須であった。

## 1.2　外部のステークホルダに起因するリスクと理由

　本プロジェクトに影響力のある主要ステークホルダはF社長，E社側PMのシステム部G部長，およびC社長と考えた。私は過去に同様のトップ案件プロジェクトを担当したことがある。そのプロジェクトでは，トップ層の要請や言動によって，要件変更や要件追加が行われ，客先トップ層からの要請でプロジェクト状況の詳細な説明が頻繁に求められ，その都度資料作成で苦労した。よって本プロジェクトでも同様のリスクが発生しうると考え，外部ステークホルダに起因するリスクを，次の2点と考えた。1点目は，トップの発言や承諾によって，要件追加や変更が容易に発生する可能性が大きいことで，2点目は，ステークホルダに説明する資料の量と説明頻度，説明資料作成に必要な専門知識の点で，プロジェクトメンバの負担が増えることである。2点とも，プロジェクトの納期やコストに影響を及ぼす要因になる。

## 第2章　リスクの評価と対応策およびリスクの監視方法

### 2.1　リスクの評価と対応策

　私はプロジェクトでリスクを共有するために，リスク管理表を用意し，リスクごとの発生確率，影響度などを管理することにした。リスクの影響度は10段階評価で示し，リスクの大きさは影響度と発生確率の積を評価値とし，社内基準に従って，評価値が7を超えるリスクに具体的な対応策を検討する。1.2で述べた2つのリスクそれぞれについて次のように評価し対応策を策定した。1点目のリスクの影響度は，特に社長の発言や言動による品質，納期，コストへの影響が大きいことから，最大の10と判断した。発生確率は，F社長の評判やC社長の性格から考え，プロジェクト計画時には0.8とした。評価値は8なので，リスク対応策を策定することにした。このリスクは，影響度を下げることは難しいと考え，発生確率を下げる対応策を考えた。具体的には，トップ層のプロジェクトに対する不安と不満を払拭するために，E社トップ層，特にF社長とのコミュニケーションの機会を増やし，その都度，プロジェクト状況を伝えてプロジェクトへの理解を促すようにした。不安や不満が見受けられた時は，その場で説明して解決するよう努めた。また，自社C社長にも，プロジェクトの節目毎に状況を詳細に報告し，その都度，プロジェクトのバックアップをお願いすることで，良好な関係構築に努め，F社長から追加要求があっても，品質・納期・コストに影響する場合は，断ってもらうことも依頼できるような関係を築いた。

　2点目のリスクの発生確率はトップ層への説明頻度は高いと判断し0.9とした。影響度は，説明資料の量が多くなり，作成に必要な専門知識が必要になると，プロジェ

クトの進捗とコストに大きく影響するため8とした。評価値は7.2なので，このリスクも対応策を策定することにした。このリスクに対しては，影響度および発生確率を下げる対応策を考えた。具体的には，PM配下にプロジェクトオフィス（以下PO）を置き，説明資料はPOで作成することとし，説明資料の種類も減らし，可能な限り，F社長，C社長に共通に使用できるように工夫した。ただし，専門知識を要する資料はPOで対応することは難しいので，例えば，画面の遷移図など，説明時に必要になると思われる技術資料は，別途作成するのではなく，プロジェクトの中で作成できるようにプロジェクトのWBSを作成した。

## 2.2　リスクの監視方法

　リスクの監視のポイントは，両リスクとも，その発生を可能な限り速やかに把握することであると考えた。そこで，監視方法の1点目として，F社長のプロジェクトに対する見解を，G部長を介して探るようにした。そのために，G部長とはできる限り，時には雑談も交えてプロジェクトの課題を話し合い，信頼関係構築に努めた。会話の中で，F社長やE社トップ層の利害やプロジェクトに対する思いを聞き出すようにした。

　2点目として，プロジェクト要員には，客先トップ層の見解を察知するために，客先とのレビューや打合せなどの機会に，トップ層が不満を持っていそうに感じたときは些細な違和感でも報告するよう指示した。週次のプロジェクト会議でも報告を促すようにした。

## 第3章　リスク対応策と監視の実施状況，今後の改善点

### 3.1　リスク対応策と監視の実施状況

　概要設計フェーズの終了間際になって，業務チームのリーダからF社長が在庫管理の画面の使い勝手に不満を持っているという報告があった。C社長経由でF社長の真意を確認した。F社長は，今回の在庫管理システムの更改を契機に，業務のBPRを考えていたが，E社のプロジェクトメンバが，その意思を汲み取れずに，画面仕様を決めてしまったことが原因であることが分かった。現段階でF社長の要求を聞いて概要設計を見直すと，大幅なスケジュール変更が発生し，納期の遵守は難しくなるので，F社長の要求内容を精査し，全部を取り込むのではなく，一部は取り込み，残りは本プロジェクトとは別スケジュール，別コストで行うことを提案し，了承を得て，リスクを回避することができた。

　詳細設計に入って，営業部門が使用する製品管理画面について，営業部門が社長に画面変更を訴えていることがG部長との雑談で分かった。要求内容を教えてもらい，

他部門で使用する画面の変更で対応可能と判断できた時点で，営業部門長から新システム全体の画面遷移の中で，営業部門の係わる画面についての説明をしてほしいという依頼がきた。POだけでは対応できなかったので，業務チームが作業に加わったが，他部門で使用する画面の変更で対応できることを説明し，了承を得ることができた。事前に情報を得て対策を検討できたことで，対応方法をC社長経由でF社長に伝えてもらうこともでき，大きな問題にならず，資料作成もスムーズに行えた。

## 3.2　今後の改善点

　今後の改善点は2点あると考えている。1つ目は，主要なステークホルダの範囲を限定しすぎないことである。今回は，両社社長を主要なステークホルダとして，リスクを考えたが，E社の業務部門長に対しても配慮する必要があった。2つ目は，ステークホルダへの説明資料の作成については，可能な限りプロジェクトメンバに負担をかけないようにすることである。今回は，リスクを回避するためにプロジェクトの重要な時期に資料作成をしてもらうことになった。今後は必要資料の予測精度を高め，プロジェクト作業の一環として，計画に組み込むようにしたい。

## 問3 システム開発プロジェクトにおける要員のマネジメントについて

（出題年度：H26問2）

＊制限時間2時間

　プロジェクトマネージャには，プロジェクト目標の達成に向けて，プロジェクトの要員に期待した能力が十分に発揮されるように，プロジェクトをマネジメントすることが求められる。

　プロジェクト目標の達成は，要員に期待した能力が十分に発揮されるかどうかに依存することが少なくない。プロジェクト組織体制の中で，要員に期待した能力が十分に発揮されない事態になると，担当させた作業が目標の期間で完了できなかったり，目標とする品質を満足できなかったりするなど，プロジェクト目標の達成にまで影響が及ぶことになりかねない。

　したがって，プロジェクトの遂行中に，例えば，次のような観点から，要員に期待した能力が十分に発揮されているかどうかを注意深く見守る必要がある。

　　・担当作業に対する要員の取組状況

　　・要員間のコミュニケーション

　要員に期待した能力が十分に発揮されていない事態であると認識した場合，対応策を立案し，実施するとともに，根本原因を追究し，このような事態が発生しないように再発防止策を立案し，実施することが重要である。

　あなたの経験と考えに基づいて，設問ア～ウに従って論述せよ。

**設問ア**　あなたが携わったシステム開発プロジェクトにおけるプロジェクトの特徴，プロジェクト組織体制，要員に期待した能力について，800字以内で述べよ。

**設問イ**　設問アで述べたプロジェクトの遂行中に，要員に期待した能力が十分に発揮されていないと認識した事態，立案した対応策とその工夫，及び対応策の実施状況について，800字以上1,600字以内で具体的に述べよ。

**設問ウ**　設問イで述べた事態が発生した根本原因と立案した再発防止策について，再発防止策の実施状況を含めて，600字以上1,200字以内で具体的に述べよ。

## ●問題分析

問3　システム開発プロジェクトにおける要員のマネジメントについて

　プロジェクトマネージャには，プロジェクト目標の達成に向けて，プロジェクトの要員に期待した能力が十分に発揮されるように，プロジェクトをマネジメントすることが求められる。

　プロジェクト目標の達成は，要員に期待した能力が十分に発揮されるかどうかに依存することが少なくない。プロジェクト組織体制の中で，要員に期待した能力が十分に発揮されない事態になると，担当させた作業が目標の期間で完了できなかったり，目標とする品質を満足できなかったりするなど，プロジェクト目標の達成にまで影響が及ぶことになりかねない。　●いつ？

　したがって，プロジェクトの遂行中に，例えば，次のような観点から，要員に期待した能力が十分に発揮されているかどうかを注意深く見守る必要がある。

　　・担当作業に対する要員の取組状況　●何をする
　　・要員間のコミュニケーション　●対象は？

　要員に期待した能力が十分に発揮されていない事態であると認識した場合，対応策を立案し，実施するとともに，根本原因を追究し，このような事態が発生しないように再発防止策を立案し，実施することが重要である。

　あなたの経験と考えに基づいて，設問ア～ウに従って論述せよ。

**設問ア**　あなたが携わったシステム開発プロジェクトにおける●1.1 プロジェクトの特徴，●1.2 プロジェクト組織体制，要員に期待した能力について，800字以内で述べよ。

**設問イ**　設問アで述べたプロジェクトの遂行中に，●2.1 要員に期待した能力が十分に発揮されていないと認識した事態，●2.2 立案した対応策とその工夫，及び対応策の実施状況について，800字以上1,600字以内で具体的に述べよ。

**設問ウ**　設問イで述べた事態が発生した●3.1 根本原因と立案した●3.2 再発防止策について，再発防止策の実施状況を含めて，600字以上1,200字以内で具体的に述べよ。

（左余白・縦書き）

●プロジェクトへの影響

●事態を把握する方法は？

（右余白）❷演習編

午後Ⅱ―②問題演習

| タイトルと論述ネタ | あらすじ |
|---|---|
| **第1章　プロジェクトの特徴と要員に期待した能力** | |
| **1.1　プロジェクトの特徴** | |
| 自己紹介と立場<br>プロジェクトの名称<br>特徴 | ・システムインテグレータのSE，PMとして参画<br>・大手メーカA社の購買管理システムの再構築<br>・開発期間10か月<br>・自社のパッケージを採用する。<br>・新バージョンのリリース直後で自部署で初の案件<br>・カスタマイズに加え，追加開発も必要 |
| **1.2　プロジェクトの組織体制と要員に期待した能力** | |
| チーム構成<br><br>新バージョンの知識豊富なS氏 | ・自社6名，A社2名<br>・A社のY氏には業務リーダを担当してもらう。<br>・自社の他部署から，新バージョンの知識が豊富な<br>　S氏に参画してもらう。<br>・S氏には，Y氏の下で設計作業を担当してもらう。<br>　新バージョンの知識を活かした設計推進を期待 |
| **第2章　要員が能力を発揮できない事態と対策について** | |
| **2.1　要員が能力を発揮できないと認識した事態** | |
| 品質と生産性の観点で状況監視<br>品質と生産性の両方で問題を確認 | ・外部設計工程で問題を把握<br>〈品質〉中間レビューで不備，Y氏に原因を確認すると，S氏の業務要件の理解不足<br>〈生産性〉S氏から進捗遅れの報告。パッケージの不具合に起因する問題で対応策の検討に時間を要している。 |
| **2.2　対応策と工夫点および実施状況について** | |
| 品質：Y氏にS氏への指導要請<br><br>生産性：パッケージ部署からの情報収集，パッケージ部署への協力要請 | 品質：Y氏にS氏への新機能に関連する業務要件の指導とS氏との密なコミュニケーションを指示<br>生産性：社内のパッケージ部署からの情報収集を指示<br>パッケージ部署には，レビュー要員を出してもらうことと，専属の窓口を設けてもらい，問題発生時の対応を依頼 |

| 第3章　発生した事態の根本原因と再発防止策 | |
|---|---|
| 3.1　根本原因について | |
| 新バージョンのパッケージ採用の負荷の見極めが不足 | ・新バージョンでのパッケージで生じるパッケージそのものの不具合の発生度合いを考慮していなかった。<br>・新技術の導入時は，事前に情報を収集し，リスク予算や要員面の見積りに加算すべき工数を算出して，見積り精度を高める必要がある。 |
| 3.2　再発防止策と実施状況について | |
| プロジェクトの終結レビューで情報収集<br>パッケージ部署ともナレッジを共有し，以降のプロジェクトで活用する | ・反省会や終結レビューで作業負荷に関する情報を収集<br>・リスク予算や要員面の見積りに加算すべき工数を算出し，パッケージ部署にも報告<br>・パッケージ部署とも定期的な打合せを実施し，ナレッジの整備を行い，以降のプロジェクトで活用する仕組みを構築 |

## 問3　解 答 例

### 第1章　プロジェクトの特徴と要員に期待した能力

#### 1.1　プロジェクトの特徴

　システムインテグレータU社のシステムエンジニアである私が，プロジェクトマネージャとして参画したのは，大手メーカA社の購買管理システム再構築プロジェクトである。本プロジェクトは，企業価値の向上を目的とするプロジェクトで，開発期間は10か月，U社が開発した調達購買系業務のソフトウエアパッケージ（以下，パッケージという）を採用することが決まっていた。当該パッケージは新バージョンのリリース直後であり，この新バージョンの客先への導入は，私が所属する部署で初の案件であった。また，新バージョンではいくつもの機能強化に加え，データベース構造やソフトウエア内部構造も大きく変更されていた。さらに，A社独自の機能を実現するため，カスタマイズだけでなく，追加開発も必要であった。

#### 1.2　プロジェクトの組織体制と要員に期待した能力

　プロジェクトチームの構成は，U社社員6名とA社社員2名である。業務リーダは，業務に精通したA社のY氏に担当してもらった。また，新バージョンの導入経験者がいなかったため，弊社のプロダクト主管部署と交渉し，新バージョンの知識が豊富なテクニカルシステムエンジニアであるS氏の参画を承認してもらった。S氏には業務

リーダＹ氏の下で，パッケージのカスタマイズおよび追加開発のための設計作業を担当してもらう計画である。Ｓ氏に期待する能力は，新バージョンパッケージのデータベース構造やソフトウエア内部構造に関する知識を活用した設計推進である。

## 第2章　要員が能力を発揮できない事態と対策について
### 2.1　要員が能力を発揮できないと認識した事態
　品質と生産性の観点で要員の能力発揮状況を監視していたが，期間2か月の外部設計工程において，要員に期待した能力が十分に発揮されない事態が発生した。品質と生産性のそれぞれの観点から述べる。

(1)品質

　品質不良の兆候を早期に察知するために，2週間経過時点で外部設計書を対象に中間レビューを実施し，品質メトリクスを使用した管理を行い，指摘件数がプロジェクトで定めた品質管理基準範囲内であるかどうかをチェックした。指摘件数については，基準値を超えても下回っても問題が内在している可能性があるので，品質メトリクスによる判断には注意を要すると考えていた。その結果，基準値を1割程度上回る不備が検出された。Ｙ氏に不備の要因を確認したところ，パッケージ側の発注データに新たに追加した明細データ構造に関する設計ミスが多発していることと，ミスの大半が，Ｓ氏の業務要件の理解不足によるものだということが判明した。

(2)生産性

　プロジェクト全体の進捗管理は，毎週実施する進捗会議で行っていた。プロジェクト開始から4週間が経過した時点で，Ｓ氏から進捗の遅れが報告された。遅れの原因について，Ｓ氏に詳細な状況を確認したところ，未経験の機能の実装時に発生した問題の解決に時間がかかっていること，特にパッケージそのものの不具合に起因する問題の場合に，対応策の検討に時間がかかり，作業が滞っていることが分かった。

### 2.2　対応策と工夫点および実施状況について
　事態への対応策とその工夫，対応策の実施状況について，品質と生産性のそれぞれの観点から述べる。

(1)品質

　設計ミスの大半がＳ氏の業務要件の理解不足にあることから，Ｙ氏に，Ｓ氏への新機能に関する業務要件の指導と，Ｓ氏とのコミュニケーションを密に取るように指示した。また，その確認は，1週間後に中間レビューを実施して行った。指摘件数は，基準値の間に収まった。Ｓ氏の業務要件の理解が深まり，Ｙ氏とのコミュニケーションがうまく図れたことで，以降もＳ氏の業務要件の理解不足による設計ミスはほとん

ど発生せず，S氏に期待した能力が十分に発揮されるようになった。

(2)生産性

　パッケージの不具合に起因する問題で生産性が低下していることから，S氏に，報告・連絡・相談を確実に実施し，プロダクト主管部など，U社内の問合せ部署を最大限に活用して，情報を収集し対応することを指示した。加えて，プロダクト主管部に2つの特別応援を要請した。1つは，レビューに主管部要員を追加することである。この策は，生産性と品質の向上の両方に有効であり，上流工程でパッケージの理解不足による不具合を削減できる。このコストはプロジェクトで負担したが，リスク費用の範囲内で可能であった。2つめは，質問内容によっては，通常ルートでは時間を要することがあるため，主管部側との情報共有の密度を濃くすることである。特別の応援要請はU社のパッケージのプロダクト品質に起因するものであるという理由で，コストは主管部に負担してもらうことで合意を得た。具体的には，主管部側に専属の窓口を設け，問題発生時に即時の調査と回答を得ることができるようにした。この対策の実施によって，進捗遅れを解消できた。

## 第3章　発生した事象の根本原因と再発防止策

### 3.1　根本原因について

　今回の問題事象が発生した根本原因は，パッケージの新バージョン採用時の作業負荷を正確に把握できていなかったことにある。生産性指標は，パッケージの新バージョンを初めて導入することを考慮し，プロジェクトメンバが新バージョンの内容を習得する時間を加味して設定していたが，パッケージそのものの障害の発生度合いについては考慮していなかった。今後は，パッケージのみならず，新技術を採用する際には，過去の経験だけではなく，新技術に関する最新情報を事前に十分に収集して，リスク予算や要員面の見積りに加算すべき工数を適切に算出し，見積り精度を高めていく必要があると考えている。

### 3.2　再発防止策と実施状況について

　プロジェクトメンバでの反省会や，プロジェクト終結のレビューにおいて，作業負荷に関する情報収集と整理を行い，再発防止策として，リスク予算や要員面の見積りに加算すべき工数を適切に算出し，見積り精度を高めるために必要な情報をとりまとめた。これらの情報も，要員の育成や知的財産の整備計画などと併せて，次のプロジェクトへの提言として，プロダクト主管部に報告した。プロダクト主管部でもパッケージの新バージョンで発生した障害に対する対応と関係者への告知作業を進めていたため，プロダクト主管部と合同で定期的な打合せを行い，3か月をかけて各種の知的

財産の整備を行うとともに，次のプロジェクトでナレッジを収集・活用してもらうための仕組みを構築した。その後，これらの知的財産は，複数のプロジェクトで活用され，パッケージ導入案件での適切な見積りに寄与している。今後も知的財産の整備は継続していく予定である。

# 4 統合

## 問4 システム開発プロジェクトにおける本稼働間近で発見された問題への対応について (出題年度：H30問2)

*制限時間2時間

　プロジェクトマネージャ（PM）には，システム開発プロジェクトで発生する問題を迅速に把握し，適切な解決策を立案，実施することによって，システムを本稼働に導くことが求められる。しかし，問題の状況によっては暫定的な稼働とせざるを得ないこともある。

　システムの本稼働間近では，開発者によるシステム適格性確認テストや発注者によるシステム受入れテストなどが実施される。この段階で，機能面，性能面，業務運用面などについての問題が発見され，予定された稼働日までに解決が困難なことがある。しかし，経営上や業務上の制約から，予定された稼働日の延期が難しい場合，暫定的な稼働で対応することになる。

　このように，本稼働間近で問題が発見され，予定された稼働日までに解決が困難な場合，PMは，まずは，利用部門や運用部門などの関係部門とともに問題の状況を把握し，影響などを分析する。次に，システム機能の代替手段，システム利用時の制限，運用ルールの一時的な変更などを含めて，問題に対する当面の対応策を関係部門と調整し，合意を得ながら立案，実施して暫定的な稼働を迎える。

　あなたの経験と考えに基づいて，設問ア～ウに従って論述せよ。

**設問ア**　あなたが携わったシステム開発プロジェクトにおけるプロジェクトの特徴，本稼働間近で発見され，予定された稼働日までに解決することが困難であった問題，及び困難と判断した理由について，800字以内で述べよ。

**設問イ**　設問アで述べた問題の状況をどのように把握し，影響などをどのように分析したか。また，暫定的な稼働を迎えるために立案した問題に対する当面の対応策は何か。関係部門との調整や合意の内容を含めて，800字以上1,600字以内で具体的に述べよ。

**設問ウ**　設問イで述べた対応策の実施状況と評価，及び今後の改善点について，600字以上1,200字以内で具体的に述べよ。

問4　システム開発プロジェクトにおける本稼働間近で発見された問題への対応について

　　プロジェクトマネージャ（PM）には，システム開発プロジェクトで発生する問題を迅速に把握し，適切な解決策を立案，実施することによって，システムを本稼働に導くことが求められる。しかし，問題の状況によっては暫定的な稼働とせざるを得ないこともある。

　　システムの本稼働間近では，開発者によるシステム適格性確認テストや発注者によるシステム受入れテストなどが実施される。この段階で，機能面，性能面，業務運用面などについての問題が発見され，予定された稼働日までに解決が困難なことがある。しかし，経営上や業務上の制約から，予定された稼働日の延期が難しい場合，暫定的な稼働で対応することになる。

　　このように，本稼働間近で問題が発見され，予定された稼働日までに解決が困難な場合，PMは，まずは，利用部門や運用部門などの関係部門とともに問題の状況を把握し，影響などを分析する。次に，システム機能の代替手段，システム利用時の制限，運用ルールの一時的な変更などを含めて，問題に対する当面の対応策を関係部門と調整し，合意を得ながら立案，実施して暫定的な稼働を迎える。

　　あなたの経験と考えに基づいて，設問ア〜ウに従って論述せよ。

**設問ア**　あなたが携わったシステム開発プロジェクトにおけるプロジェクトの特徴，本稼働間近で発見され，予定された稼働日までに解決することが困難であった問題，及び困難と判断した理由について，800字以内で述べよ。

**設問イ**　設問アで述べた問題の状況をどのように把握し，影響などをどのように分析したか。また，暫定的な稼働を迎えるために立案した問題に対する当面の対応策は何か。関係部門との調整や合意の内容を含めて，800字以上1,600字以内で具体的に述べよ。

**設問ウ**　設問イで述べた対応策の実施状況と評価，及び今後の改善点について，600字以上1,200字以内で具体的に述べよ。

## ●論文設計シート

| タイトルと論述ネタ | あらすじ |
|---|---|

### 第1章　プロジェクトの特徴と本稼働間近で発見された問題

#### 1.1　プロジェクトの特徴

| 私の立場<br>対象システムの概要<br>プロジェクトの特徴 | ・私はPMとして参画<br>・食品メーカの基幹システムの再構築<br>・パッケージの最新バージョンを先行リリースで採用と運用要員を少人数化するためのインフラとサービスを導入することが特徴<br>・ベンダからの最新情報の入手や迅速な対応が必要 |
|---|---|

#### 1.2　解決困難であった問題とその判断理由

| 計画立案機能の処理目標時間の未達問題<br>伝票出力が特定条件で正常印字できないという問題 | ・性能面での問題原因はパッケージが提供する処理の問題<br>・機能面の問題は，帳票ツールの問題<br>・どちらもベンダに修正対応を依頼したが，一定の時間を要するために，稼働日までの解決は困難 |
|---|---|

### 第2章　状況把握と影響分析及び対応策の立案

#### 2.1　状況の把握と影響の分析

| 計画立案機能の性能問題の分析<br><br>帳票出力機能の問題 | ・問題が生じる条件を分析し，週次・月次処理の問題発生箇所を特定。週次の計画立案について，関係部門との調整が必要<br>・印字機能が白紙となる条件をある程度絞込み，ベンダに報告，分析してもらう。問題の生じる条件が特定でき，修正依頼をだした。 |
|---|---|

#### 2.2　当面の対応策

| 計画立案機能の対応策<br>帳票機能の対応策 | ・2つの対応策を関係部門に示し，共に検討。両案を比較検討し，一時的なシステムの利用制限で対応<br>・通信欄の入力内容から問題を起こす文字を修正して対応 |
|---|---|

### 第3章　実施状況とその評価，及び今後の改善点

#### 3.1　当面の対応策の実施状況と評価

| 計画立案機能の対応策<br>帳票機能の対応策 | ・運用は問題なく行え，対応策は有効だった。ベンダが週次計画までに修正対応をしてくれた。関係部門との情報共有で協力が得られた<br>・画面入力時の負担増にも関わらず，大きな問題は発生せず，有効だった |
|---|---|

❷演習編

午後Ⅱ─②問題演習

| ベンダとの事前の話し合いで早期解決を図るようにしたい | ・今後は，事前に発注者側とベンダ側で双方のできることを詰めておいて，問題への早期解決ができるようしたい<br>・帳票などのユーザの関わる内容への助言が可能なように申し送りをした |
| --- | --- |

## 問4 解 答 例

### 第1章　プロジェクトの特徴と本稼働間近で発見された問題

#### 1.1　プロジェクトの特徴

　私がPMとして参画したプロジェクトは食品メーカS社の基幹システム再構築である。S社は醤油およびその関連加工品の製造販売を行う中堅企業である。現システムの老朽化と，保守要員確保の困難さを受け，業務プロセスの効率化と業務の見える化並びに運用要員の少人数化を目指して，基幹システムを再構築することになった。新システムには，中堅製造業向けのコンパクトで実績豊富な国産ソフトウェアパッケージ（以下，パッケージという）の最新バージョンを採用する。

　プロジェクトの特徴は，採用するパッケージやツール類の最新バージョンを先行リリースで使用すること，及びメンテナンス作業や少人数での運用を可能にするインフラやサービスを導入することである。そのため，ベンダから最新情報を入手すること，及び問題の発生時に迅速に質問に回答してもらうことが必要であった。

#### 1.2　解決困難であった問題とその判断理由

　稼働予定日間近に問題が二点発生した。一つは，システム適格性確認テストで発生した問題で，計画立案機能に関する特定の条件において，計画した時間内に処理が終了しないという性能面での問題である。もう一つは，システム受入テストで発生した問題で，伝票出力時に特定の条件下で正常に印字できないという機能面での問題である。

　調査の結果，性能面の問題はパッケージシステムが提供する計画立案処理の問題であり，機能面の問題は帳票ツールの問題であることが分かった。いずれもベンダに修正コードを依頼したが，対応には一定の時間を要することが分かり，予定の本稼働日までの解決が困難なため，対応策を考えることになった。

## 第２章　状況把握と影響分析及び対応策の立案

### 2.1　状況の把握と影響の分析

　システム適格性確認テストで発覚した計画立案機能の性能問題については，計画立案機能が当システムの中核を占める機能だったので，パッケージの採用を決めた当初から，性能は最重要課題と位置づけて調査を進めていた。パッケージベンダからの性能予測情報を入手し，机上シミュレーションを行い，前工程では大量データで実施したテストも問題はなかったので，今回の問題が発生した時の条件を分析した。計画立案業務は対象製品，工程によって，日次，週次，月次処理がある。日次処理は問題がなかったが，週次および月次処理として運用する「長期の計画立案」で問題が発生することが分かった。なかでも，計画対象期間が一定値を超過し，かつ計算機能の基準情報の中のある部品の対象点数が一定値を超過した場合に，問題が発生することが判明した。月次処理は本稼働直後には実行されないので，修正対応期間に多少の猶予はあるが，週次の計画立案には猶予がなかったため，利用制限，または運用の変更で対応する必要がある。計画立案部門及び運用担当と調整することにした。

　システム受入テストで発覚した帳票出力機能の問題は，受注内容確認書，見積書，出荷伝票が白紙で印刷される場合があるという現象だった。他の帳票もすべて確認したが，販売管理系の３帳票のみに問題が発生していた。調査の結果，当該帳票に共通で存在する「通信欄」項目内で改行していることが原因らしいことが分かった。帳票ツールのベンダにも報告し，問題のケースを詳細に分析してもらったところ，帳票データに改行が含まれ，かつ何種類かの特定文字を含む場合に不定期に動作が不安定になることが判明した。ベンダのサポート情報には，上がっていなかったので，すぐに修正を依頼した。３帳票のみの問題だったため，当該帳票を管理している販売部門と調整することになった。

### 2.2　当面の対応策

　計画立案部門には，２つの対応策を提示し，関連部署と一緒に検討した。一つは，週次および月次の計画立案業務のみ本稼働時期を後ろにずらし，一時的に利用制限を行うという策である。週次及び月次の計画は，中長期の製造・購買計画立案には必要だが，製造及び購買の業務には支障がないことは確認できていたので，当面の策として有効だと考えた。

　もう一つは，計画対象品目を，問題が発生する部品を含む加工品を除いたグループだけにして，計画を立案する案である。顧客側には，加工品のグループ情報があるので，問題が発生する部品を除いて，計画立案することは可能であるが，運用を一時的に変更することになるので，担当者への説明や連絡等が別途必要になるという問題が

あった。双方を比較検討して，長期の計画立案機能に関しては一時的なシステムの利用制限で対応することで計画立案及び運用の担当者の合意を得た。

　帳票の問題は販売管理系の特定の帳票印刷で発生することが分かっていたので，以下のように一時的に販売管理部門で運用ルールを変更して対応してもらうように調整した。帳票データの通信欄に改行があり，いくつかの特定文字を使用したときに不定期に動作が不安定になるので，「通信欄」項目を使用する際は，他のテキストエディタに文面を入力して，数種類の特定文字を使わないように調整してからシステム画面の「通信欄」に貼り付けを行うことを提案した。入力担当者には負担をかけるが，該当帳票で通信欄に入力があるケースは，販売部門全体で1日に数件程度と頻度が少ないので，問題なく合意を得ることができた。

## 第3章　実施状況とその評価，及び今後の改善点
### 3.1　当面の対応策の実施状況と評価
　計画立案機能の一時的利用制限は，当初から日次の計画ができていれば，業務への支障はないので，予定通り本稼働できた。また，パッケージベンダとは，問題発生時から情報交換を頻繁に行っていたので，週次計画までに修正コードが入手できた。今回は，パッケージベンダとの情報共有だけでなく，利用部門にも可能な限り情報を提供したことが，利用部門の協力につながり，大きな問題が発生することなく，修正版適用まで通常業務を行うことができた。この対応策は有効だったと評価している。

　帳票問題の回避策も利用部門を巻き込んで，一緒に対策を検討した過程があったので，画面入力時の負担は増えたが，大きな問題とはならず，実施した対応策は有効だったと評価している。

### 3.2　今後の改善点
　帳票ツールの修正版の入手時期についてのベンダからの回答が遅く，ユーザの負担増の期間が想定以上に長びいた。今後は，起こりうる問題だけでなく，事前に発注者側でできることと，ベンダ側でできることを双方で詰めて，問題が起こっても早期に解決できるようにしたい。

　また，システムが動くか否かのレベルの責任だけでなく，帳票などのユーザが関わる内容についても助言できるよう，今回の問題はプロジェクト内で申し送りを行った。加えて，システムの発注者とだけでなく，あらゆるステークホルダと公式・非公式のあらゆる場を活用した情報交換を通じて，速やかな対応につなげる努力をしていきたいと考えている。

❷演習編

## 5 スケジュール

### 問5 システム開発プロジェクトにおける スケジュールの管理について

(出題年度：R3問2)

＊制限時間2時間

　プロジェクトマネージャ（PM）には，プロジェクトの計画時にシステム開発プロジェクト全体のスケジュールを作成した上で，プロジェクトが所定の期日に完了するように，スケジュールの管理を適切に実施することが求められる。

　PMは，スケジュールの管理において一定期間内に投入したコストや資源，成果物の出来高と品質などを評価し，承認済みのスケジュールベースラインに対する現在の進捗の実績を確認する。そして，進捗の差異を監視し，差異の状況に応じて適切な処置をとる。

　PMは，このようなスケジュールの管理の仕組みで把握した進捗の差異がプロジェクトの完了期日に対して遅延を生じさせると判断した場合，差異の発生原因を明確にし，発生原因に対する対応策，続いて，遅延に対するばん回策を立案し，それぞれ実施する。

　なお，これらを立案する場合にプロジェクト計画の変更が必要となるとき，変更についてステークホルダの承認を得ることが必要である。

　あなたの経験と考えに基づいて，設問ア〜ウに従って論述せよ。

**設問ア**　あなたが携わったシステム開発プロジェクトにおけるプロジェクトの特徴と目標，スケジュールの管理の概要について，800字以内で述べよ。

**設問イ**　設問アで述べたスケジュールの管理の仕組みで把握した，プロジェクトの完了期日に対して遅延を生じさせると判断した進捗の差異の状況，及び判断した根拠は何か。また，差異の発生原因に対する対応策と遅延に対するばん回策はどのようなものか。800字以上1,600字以内で具体的に述べよ。

**設問ウ**　設問イで述べた対応策とばん回策の実施状況及び評価と，今後の改善点について，600字以上1,200字以内で具体的に述べよ。

午後Ⅱ─②問題演習

問5　システム開発プロジェクトにおけるスケジュールの管理について

　　プロジェクトマネージャ（PM）には，プロジェクトの計画時にシステム開発プロジェクト全体のスケジュールを作成した上で，プロジェクトが所定の期日に完了するように，スケジュールの管理を適切に実施することが求められる。

　　PMは，スケジュールの管理において一定期間内に投入したコストや資源，成果物の出来高と品質などを評価し，承認済みのスケジュールベースラインに対する現在の進捗の実績を確認する。そして，進捗の差異を監視し，差異の状況に応じて適切な処置をとる。

　　PMは，このようなスケジュールの管理の仕組みで把握した進捗の差異がプロジェクトの完了期日に対して遅延を生じさせると判断した場合，差異の発生原因を明確にし，発生原因に対する対応策，続いて，遅延に対するばん回策を立案し，それぞれ実施する。

　　なお，これらを立案する場合にプロジェクト計画の変更が必要となるとき，変更についてステークホルダの承認を得ることが必要である。

　　あなたの経験と考えに基づいて，設問ア～ウに従って論述せよ。

**設問ア**　あなたが携わったシステム開発プロジェクトにおけるプロジェクトの特徴と目標，スケジュールの管理の概要について，800字以内で述べよ。

**設問イ**　設問アで述べたスケジュールの管理の仕組みで把握した，プロジェクトの完了期日に対して遅延を生じさせると判断した進捗の差異の状況，及び判断した根拠は何か。また，差異の発生原因に対する対応策と遅延に対するばん回策はどのようなものか。800字以上1,600字以内で具体的に述べよ。

**設問ウ**　設問イで述べた対応策とばん回策の実施状況及び評価と，今後の改善点について，600字以上1,200字以内で具体的に述べよ。

● 具体的には

● 注意点

## ●論文設計シート

| タイトルと論述ネタ | あらすじ |
|---|---|
| **第1章　プロジェクトの特徴とスケジュール管理の概要** | |
| **1.1　プロジェクトの特徴と目標** | |
| プロジェクトの特徴 | ・自動車の電子部品販売会社Ａ社は西日本を中心とした大手卸売り会社，東日本進出を目指しＢ社を吸収合併<br>・合併後の事業規模に対応できるよう受発注システムを1年で再構築する，事業展開の都合上，納期重視<br>・プロジェクトはＡ社とSIベンダの当社メンバで構成 |
| 目標 | ・納期までに，両社の業務フローを最適化して統一する<br>・Ｂ社は業務フローの最適化に賛成，説明会はＡ社で担当 |
| 私の立場 | ・SIベンダのＰＭとして参画 |
| **1.2　スケジュール管理の概要** | |
| 進捗管理の概要 | ・週1回の進捗会議で進捗状況を把握<br>・ガントチャートにイナズマ線を表記<br>・進捗率と残作業時間で進捗把握<br>・進捗基準の明確化 |
| 進捗管理の工夫点 | ・クリティカルパスと進捗確認のチェックポイントを明確にすることで納期達成可否を評価 |
| **第2章　進捗差異の状況把握と対応策，遅延のばん回策** | |
| **2.1　進捗差異の判断とその根拠** | |
| 進捗差異の状況 | ・受発注業務の画面処理でユーザ承認遅れ発生<br>・Ｂ社の担当者が納得できず，承認を保留している状況 |
| 判断の根拠 | ・この状況のままでは，画面処理の概要設計終了が1か月以上遅れる可能性もある<br>・現状の体制でクリティカルパス上の作業の1か月以上の遅れを吸収することはできないため，対応策が必要と判断 |

| 2.2 | 進捗差異の発生原因に対する対応策 | |
|---|---|---|
| | 進捗差異の発生原因 | ・B社の業務フローの最適化の説明会参加率が低かったこと，B社担当者の関わる業務フローが以前より冗長であることが原因 |
| | 対応策 | ・B社の担当者の理解を得る必要がある |
| | | ・全B社担当者へ業務フローの最適化の説明会開催，またその部署で冗長な作業があっても全体としては最適化されたフローであることを実例で示す |
| | | ・そのための時間を取るため，サービスイン時期の延期，コスト増額を要請 |
| | | ・ステアリングコミッティからはサービスイン時期のキープを要請され，コスト増額は調整課題に |

| 2.3 | 進捗遅延に対するばん回策 | |
|---|---|---|
| | 進捗遅延に対するばん回策 | ・ユーザレビューが終了したものから詳細設計に入る。また，概要設計では業務担当部門を専任化する |
| | | ・作業期間の短縮を図るオーバーラッピングを採用 |
| | | ・要員追加によるクラッシング技法も採用 |
| | スケジュール計画の変更手続きと業務担当者の専任化及びコスト負担について | ・スケジュール変更について社内PMに検証してもらう |
| | | ・A社のステークホルダのコンセンサスを得て，ステアリングコミッティで議論 |
| | | ・コスト増に対してもA社も応分を負担する同意を得る |

## 第3章　対応策とばん回策の実施状況と評価，改善点

| 3.1 | 進捗差異の対応策の実施状況と評価 | |
|---|---|---|
| | 対応策とばん回策の実施状況 | ・説明会の実施によってB社担当者の業務フロー最適化への抵抗を大きく減らし，承認を保留していた担当者も納得してくれた |
| | 対応策とばん回策の評価 | ・ユーザレビューは1ヵ月遅れで終了，詳細設計では半月遅れまでばん回し，最終的なサービスイン時期はキープ |
| | | ・ばん回策が有効だった |

| 3.2 | 今後の改善点 | |
|---|---|---|
| | 進捗差異の発見の早期化 | ・進捗会議の報告に問題が無くても，ユーザレビューにサンプリング的に参加し，早期発見に努めるようにしたい |
| | ステークホルダ情報の重複確認 | ・B社を重要なステークホルダでリスクとして認識していたのに，A社からの情報だけで対策の必要性がないと判断していた |
| | | ・今後は，重要なステークホルダについては，一つの情報源だけでなく複数のルートで情報を集めて確認する |

## 問5 解答例

### 第1章　プロジェクトの特徴とスケジュール管理の概要

#### 1.1　プロジェクトの特徴と目標

　西日本を中心に事業展開している大手自動車電子部品販売会社Ａ社が，東日本への進出を目指していて，首都圏を中心に事業展開するＢ社との吸収合併が決まった。合併後の事業規模への対応として，受発注システムを１年で再構築する。事業展開の都合上，納期遵守が必須で，プロジェクトはＡ社とSIベンダである当社メンバで構成される。また，プロジェクト目標は，納期までに両社の業務フローを最適化して統一することである。Ａ社からはＢ社も業務フローの最適化に賛成との説明があり，Ｂ社への説明会などはＡ社で担当するとのことであった。当社がこのシステム再構築を受注し，私はプロジェクトマネージャ（以下PM）として参画した。

#### 1.2　スケジュール管理の概要

　納期目標を確実に達成させるために，進捗の把握は，週１回の進捗会議で行うことにした。本プロジェクトでは要員の増減や担当替えも多くなるので，効率的に管理できるように進捗報告の様式を統一した。そして進み遅れが即座にわかるように，ガントチャートにイナズマ線を表記させるようにした。

　また，週毎の作業完了予定を明確にし，その進捗率と残作業時間を把握することで進捗管理を行おうと考えた。進捗の評価に個人差があるとプロジェクト全体で的確な進捗把握ができなくなるため，進捗評価の基準を明確にした。具体的には，ドキュメント完了や内部レビュー完了などのマイルストーンごとの進捗率を定めた。

　さらに，納期目標達成可否が評価できるように，クリティカルパスを明確にしてスケジュール差異の発生を抑えなければならない作業を把握できるようにすると同時に，スケジュール上で進捗確認のチェックポイントを明確にするよう工夫した。

### 第2章　進捗差異の状況把握と対応策，遅延のばん回策

#### 2.1　進捗差異の判断とその根拠

　進捗確認のチェックポイントとして定めた概要設計のユーザレビューの段階で，クリティカルパスに当たる受発注業務の画面処理の進捗遅れを把握した。この業務のチームリーダにヒアリングすると，ユーザとのレビュー会議で，Ｂ社の業務担当者が業務フローの変更に納得できずに承認を保留していて，ユーザ承認が得られない状況が続いているとのことであった。

業務担当者が納得していないという状況を考えると，この先のレビュー会議でも承認が得られない可能性があり，このままでは，概要設計完了の見込みが1ヵ月以上遅れるだけでなく，テストや検収の段階でも問題が発生する可能性が考えられる。全体スケジュールから考えると，クリティカルパスの作業が1ヶ月以上遅れだけでも納期が遵守できない可能性は高い。

## 2.2　進捗差異の発生原因に対する対応策

私はB社業務担当者が納得できない理由について，A社PMであるD課長に尋ねた。その結果，合併に起因する業務の発生で多忙な社員が多く，業務フローの最適化についての説明会への参加率が低かったことや，承認を保留している担当者の業務フローだけを見ると以前の業務フローよりも冗長的な作業があることが分かった。

私は，B社担当者を押し切るのではなく，納得を得ることが大事だと考え，D課長とも相談して，改めてB社への業務フローの最適化についての説明会を開催し，すべてのB社担当者に最適化の必要性を伝えることや，一部だけを見ると最適化ではないと感じる業務フローであっても全社的に見ると最適化が保証されている業務フローであることの実績を具体的に示すことにした。そのための時間が必要なことから，サービスインの延期，あるいはコスト増額の必要もあると考え，その検討を上位者に要請した。この件は，プロジェクトの重要事項として，A社と当社の上位者が出席するステアリングコミッティで議論した。その結果，合併日のサービスインの時期はずらせないこと，説明会や関連作業を含め，要員増加に関するコストの増額は調整課題となった。

## 2.3　進捗遅延に対するばん回策

進捗遅延に対するばん回策としては，ユーザレビューが終了したものから詳細設計に取り掛かり，それ以後の工程も順次実施することにした。同時に，D課長と調整し，A社とB社の業務担当者をレビュー完了まで，プロジェクト専任とする案を立てた。

加えて，当社要員を増やし，作業期間の短縮を図るクラッシングも取り入れたが，それだけではばん回できないことが分かり，製造工程まででスケジュール通りとなるようにファーストトラッキングも実施した。スケジュール変更では，手戻りがでないように関係者との合意形成や進捗の細かい把握に努めた。

ばん回策実施に当たっては，スケジュール変更についてのミスがないことを当社PMOに検証してもらい承認を得た。その後，業務担当者の専任化も含めてスケジュール変更について，A社上層部の同意も得た上で，ステアリングコミッティに諮り，承認を得た。同時に費用増の負担についても検討してもらった。A社もB社の状況を把握できておらず，また，その状況認識が異なっていたことへの責任があることから，

応分の負担をすることに同意してもらった。

### 第3章　対応策とばん回策の実施状況と評価，改善点
### 3.1　対応策とばん回策の実施状況と評価

　業務フローの最適化に関する説明会には，前回欠席者だけでなく，参加者もできるだけ参加してほしいことを伝え，重要性を伝えた。また，説明会ではこれまでの業務フロー導入企業の実績を作業時間やコストなど目に見える指標で示すとともに，新しい業務フローの経験者からの声も具体的に伝える工夫をした。特に，業務フローの変更で少しでも作業負担が増える箇所については，その理由やその作業が後工程の作業をどれほど軽減するのかを具体的に示した。その結果，Ｂ社担当者の業務フロー最適化への抵抗は大きく減り，ユーザ承認を保留していた担当者にも納得してもらえた。今後のテストや検収，システム導入を考えると必要なことだったと考える。ユーザレビューの終了時期は計画よりも1ヵ月遅れでの終了となったが，ばん回策によって，詳細設計終了時には遅れを半月までばん回し，製造工程でスケジュール通りとなり，予定通りにサービスインできた。毎週の進捗報告やガントチャートのイナヅマ線，進捗報告のチェックポイントでの進捗把握などで遅れの幅が減っていることが実感でき，メンバのモチベーションを高く維持できた。講じたばん回策は，妥当だったと評価している。

### 3.2　今後の改善点

　今後の改善点の1点目は，進捗差異の発見の早期化である。システムの業務要件，特に画面の運用性には，エンドユーザの納得感を得ていることが重要であることは経験上，分かっていた。今後は，進捗会議の報告を信用しすぎずに，数値的に問題がなくても，ユーザレビューなどにサンプリング的に参加し，進捗差異が発生しそうか否かを早期発見できるようにしたい。

　2点目は，ステークホルダ情報の重複確認である。Ｂ社は受発注システムの重要なユーザであり，ユーザレビューの承認者でもあるため，スケジュール上のリスクとして認識していたのに，Ａ社からの情報だけで対策を講じる必要が無いと判断していた。今後は，重要なステークホルダについては，一つの情報源からの情報を鵜呑みにせず，複数のルートから情報を収集して内容を確認するようにしていきたい。

＊制限時間2時間

　プロジェクトマネージャ（PM）には，プロジェクトの計画時に，活動別に必要なコストを積算し，リスクに備えた予備費などを特定してプロジェクト全体の予算を作成し，承認された予算内でプロジェクトを完了することが求められる。

　プロジェクトの実行中は，一定期間内に投入したコストを期間別に展開した予算であるコストベースラインと比較しながら，大局的に，また，活動別に詳細に分析し，プロジェクトの完了時までの総コストを予測する。コスト超過が予測される場合，原因を分析して対応策を実施したり，必要に応じて予備費を使用したりするなどして，コストの管理を実施する。

　しかし，このようなコストの管理を通じてコスト超過が予測される前に，例えば，会議での発言内容やメンバの報告内容などから，コスト超過につながると懸念される兆候をPMとしての知識や経験に基づいて察知することがある。PMはこのような兆候を察知した場合，兆候の原因を分析し，コスト超過を防止する対策を立案，実施する必要がある。

　あなたの経験と考えに基づいて，設問ア～ウに従って論述せよ。

**設問ア**　あなたが携わったシステム開発プロジェクトにおけるプロジェクトの特徴とコストの管理の概要について，800字以内で述べよ。

**設問イ**　設問アで述べたプロジェクトの実行中，コストの管理を通じてコスト超過が予測される前に，PMとしての知識や経験に基づいて察知した，コスト超過につながると懸念した兆候はどのようなものか。コスト超過につながると懸念した根拠は何か。また，兆候の原因と立案したコスト超過を防止する対策は何か。800字以上1,600字以内で具体的に述べよ。

**設問ウ**　設問イで述べた対策の実施状況，対策の評価，及び今後の改善点について，600字以上1,200字以内で具体的に述べよ。

## ●問題分析

問6　システム開発プロジェクトにおけるコスト超過の防止について

❷ 演習編

　プロジェクトマネージャ（PM）には，プロジェクトの計画時に，活動別に必要なコストを積算し，リスクに備えた予備費などを特定してプロジェクト全体の予算を作成し，承認された予算内でプロジェクトを完了することが求められる。

　プロジェクトの実行中は，一定期間内に投入したコストを期間別に展開した予算であるコストベースラインと比較しながら，大局的に，また，活動別に詳細に分析し，プロジェクトの完了時までの総コストを予測する。コスト超過が予測される場合，原因を分析して対応策を実施したり，必要に応じて予備費を使用したりするなどして，コストの管理を実施する。

●EVMによるコスト管理の方法

1.2の具体例

　しかし，このようなコストの管理を通じてコスト超過が予測される前に，例えば，会議での発言内容やメンバの報告内容などから，コスト超過につながると懸念される兆候をPMとしての知識や経験に基づいて察知することがある。PMはこのような兆候を察知した場合，兆候の原因を分析し，コスト超過を防止する対策を立案，実施する必要がある。

　あなたの経験と考えに基づいて，設問ア～ウに従って論述せよ。

**設問ア**　あなたが携わったシステム開発プロジェクトにおけるプロジェクトの特徴とコストの管理の概要について，800字以内で述べよ。

**設問イ**　設問アで述べたプロジェクトの実行中，コストの管理を通じてコスト超過が予測される前に，PMとしての知識や経験に基づいて察知した，コスト超過につながると懸念した兆候はどのようなものか。コスト超過につながると懸念した根拠は何か。また，兆候の原因と立案したコスト超過を防止する対策は何か。800字以上1,600字以内で具体的に述べよ。

**設問ウ**　設問イで述べた対策の実施状況，対策の評価，及び今後の改善点について，600字以上1,200字以内で具体的に述べよ。

午後Ⅱ―②問題演習

●論文設計シート━━━━━━━━━━━━━━━━━━━━━━━━

| タイトルと論述ネタ | あらすじ |
|---|---|
| **第1章　プロジェクトの特徴とコスト管理の概要** | |
| **1.1　プロジェクトの特徴** | |
| 自己紹介と立場<br>システム<br>契約形態<br><br>プロジェクトの特徴<br>　顧客との良好な関係，<br>　大規模なのでPO設置 | ・システム開発ベンダのPMとして参画<br>・電気機器メーカA社の故障修理システムの再構築<br>・要件定義工程は準委任契約，基本設計工程以降は一括請負<br><br>・A社側PMのシステム課長のB氏とは本音のいえる関係<br>・PM配下にPOを設けてコスト管理作業を分担してもらう |
| **1.2　コスト管理の概要** | |
| ＥＶＭで管理<br>コスト管理データの取り纏めは，ＰＯで実施<br><br>プロジェクト会議を週一開催 | 社内メンバの作業コストは，日々の実績工数に社内の工数単価を乗じ積み上げて算出。外部委託費は進捗率と外部委託の発注単価を乗じた費用。<br>コストは，業務別の作業チーム単位で管理。POで差異分析。<br>会議で進捗とリスクの有無を把握。 |
| **第2章　コスト超過の兆候と根拠および防止対策** | |
| **2.1　コスト超過につながる兆候とその根拠** | |
| コスト超過の兆候の報告<br>過去のプロジェクト経験からユーザの承認遅れは危険と判断<br>B課長への状況確認 | ・基本設計工程終盤，ＰＯから"故障クレーム業務"がコスト超過の兆候→レビュー会議でユーザの承認遅れが発生<br>・担当者異動，新任から機能追加や仕様変更の要求が出ている→主張が通ると多くの仕様変更が発生→コスト超過，スケジュール遅延 |
| **2.2　コスト超過の兆候の原因と防止対策** | |
| 旧担当者のイメージ不足，見通しの甘さ<br>変更要求は少ないという見通し<br>迅速な対応のためにCCBの開催方法や主体を変更 | ・当初，ＣＣＢは月2回，開催主体もA社とS社の経営層としていた<br>・ＣＣＢの開催主体を両社の実務責任者であるPMに変更＆事由が発生する毎にＣＣＢを開催<br>　メンバには仕様追加や仕様変更の要求はその必要性と根拠を明確に示し，かつ速やかに上げることを徹底 |

| 第3章　対策の実施状況と評価および今後の改善点 | |
|---|---|
| 3.1　対策の実施状況と評価 | |
| 仕様追加と仕様変更は最低限に | ・変更要求に対する必要性についても費用や期間を含めて検討し，速やかに結論を出すことができた<br>・追加費用の一部は当社も負担<br>・追加費用を予備費から捻出することを伝える際，ＥＶＭによる進捗とコスト予測を定量的に提示して，ステークホルダを説得 |
| 打ち込みテスト段階：オペレータから出された要求 | ・画面のタッチが多すぎる上，画面の切替えも多く，作業効率が落ちるので，改良して欲しい→最低限の修正を実施し，残りはサービスイン後に追加開発 |
| ＣＣＢの体制変更が有効だった | ・必要最低限の変更要求と，迅速な対応ができた<br>・最終的なコスト予測が行えたことで，予備費の使用についても社内のステークホルダの納得が得やすかった |
| 3.2　今後の改善点 | |
| プロジェクト開始時に有効なＣＣＢ体制を考えておく | メンバにも仕様追加や仕様変更はその必要性と根拠を明確にし，それぞれのＰＭに速やかに上げることを周知させる |
| プロトタイプの利用方法 | ユーザに関連業務との適合性や業務運用の整合性を判断してもらうのは難しいことを当初から考慮したい |

## 問6 解 答 例

### 第1章　プロジェクトの特徴とコスト管理の概要

#### 1.1　プロジェクトの特徴

　私がベンダ側のプロジェクトマネージャ（以下ＰＭ）として参画したプロジェクトは，電気機器メーカＡ社の故障修理システムの再構築である。要件定義工程はＡ社のシステム部門や業務部門と協力して準委任契約で進めて，基本設計工程以降は，その結果に基づいて算出した工数で一括請負契約を締結した。Ａ社側ＰＭのシステム課長のＢ氏とは，共に過去のシステム構築に携わったことがあったので，お互いに本音が言える良好な関係だった。また，比較的大規模なプロジェクトだったので，ＰＭ配下にプロジェクトオフィス（以下ＰＯ）を設け，コスト管理作業を分担してもらうことにした。

## 1.2　コスト管理の概要

　プロジェクト遂行中のコストは，ＥＶＭで管理し，予算範囲に収まるようにコントロールすることにした。社内メンバの作業コストは，日々の実績工数に社内の工数単価を乗じ積み上げて算出した。外部委託費は進捗率と外部委託の発注単価を乗じた費用を用いた。この二つの費用の合計を現時点のシステム開発費の実績コストとした。

　コストは，8〜10人の業務別の作業チーム単位で管理し，コスト管理データの取り纏めは，ＰＯで実施した。ＰＯではコストデータをもとに，予算との差異分析を実施し，各グループに即時フィードバックし，コスト差異分析は，プロジェクト予算額に現時点までの進捗率を掛けた出来高と実績コストを比較して行うことにした。

　また，各作業チームのリーダが参加するプロジェクト会議を週一回開催し，進捗と合わせてリスクの有無なども速やかに把握するようにした。

## 第2章　コスト超過の兆候と根拠および防止対策
## 2.1　コスト超過につながる兆候とその根拠

　基本設計工程の終盤が近づいた頃，ＰＯから"故障クレーム業務"がコスト超過の兆候を示しているという報告が上がってきた。この業務のチームリーダにヒアリングすると，A社とのレビュー会議でユーザの承認遅れが発生しているとのことであった。この業務はユーザインタフェースの画面が多い業務であったため，要件定義工程で使用頻度の最も高いお客様識別画面のプロトタイプを作り，A社業務部門の合意を得るという手続きを踏んでいた。

　私は過去に，ＰＭ補佐として参加したプロジェクトで，ユーザの承認遅れの対応を業務チームに任せたために，ユーザ調整が後手に回り，大幅コスト超過になったことがあった。その経験から，このユーザの承認遅れは，大幅なコスト超過の兆候と考えた。A社の状況を確認するために，B課長にこの業務チームの状況を聞いたところ，業務部門の要件定義に参加していた担当者が異動になり，新担当者から新たな要求が出ていることが分かった。新担当者は今のままでは業務運用に耐えられないとして，機能追加や仕様変更を求めており，業務部門の総意としてA社内で主張しているため，この主張がとおると，多くの仕様変更が発生し，スケジュール遅延やコスト超過は避けられない状況であった。

## 2.2　コスト超過の兆候の原因と防止対策

　私は，当該業務のチームリーダに仕様追加や仕様変更した場合のコストと期間の見積りの算出を指示した。私も要件定義書を見直し，スコープのチェックを開始し，B課長との調整作業に入った。

画面が具体的になり，関連業務との連携のイメージが明らかになると，当初の要件だけではカバーできないことが見えてくるので，業務部門の実務担当者から追加要求が出ることは想定していたが，ここまでの仕様追加や仕様変更はスコープ外である。確かに旧担当者の見通しは甘かったが，スコープは契約時に確定しており，本件の責務はＡ社側にある。しかし，Ａ社との交渉は難航した。

当該業務の仕様変更や仕様追加は変更管理委員会（以下ＣＣＢ）に上げることになっていた。当初，仕様変更要求は少ないと想定して，ＣＣＢは月2回，開催主体もＡ社とＳ社の経営層としていたが，この体制では，予算と納期を守ることは難しいと判断し，Ｂ課長と打開策を話し合った。迅速な対応を第一に考えて，ＣＣＢの開催主体を両社の実務責任者であるＰＭに変更することを提案した。その他，仕様追加や仕様変更の事由が発生する毎にＣＣＢを開催することと，経営層には，ＣＣＢの事前あるいは事後に内容を説明して了承を得ることについて，承諾を得た。同時に両社メンバに対しては，仕様追加や仕様変更の要求はその必要性と根拠を明確に示し，かつ速やかにそれぞれのＰＭに上げるよう徹底した。

## 第3章　対策の実施状況と評価および今後の改善点

### 3.1　対策の実施状況と評価

私とＢ課長の利害はプロジェクト成功という点で一致していたので，仕様追加と仕様変更は最低限に絞るという方針で，変更要求に対する必要性についても費用や期間を含めて検討し，速やかに結論を出すことができた。スコープは両社合意のうえ決めていたので，追加費用の大部分はＡ社側が負担したが，ＣＣＢの開催が増えた分の工数など，追加費用の一部は当社も負担した。追加費用を予備費から捻出することを伝える際は，ＥＶＭによる進捗とコスト予測を定量的に提示してステークホルダを説得した。

発生した変更要求の中で特に対応に苦慮した要求は，打ち込みテスト段階でオペレータから出された要求である。画面のタッチが多すぎる上，画面切替えも多く，作業効率が落ちるので改良してほしいという内容だった。サービスインまでの期間がなかったので，Ｂ課長と相談し，タッチを減らす最低限の修正を実施し，残りはサービスイン後に追加開発することにした。業務部門との交渉はB課長に依頼し，何とか了解を得た。追加開発の予算はA社に確保してもらうことになり，最低限の修正費用は弊社も予備費で一部対応した。

ＣＣＢの体制変更で，必要最低限の変更要求と迅速な対応ができた。また，ＥＶＭによる定量的な進捗とコストの把握，最終的なコスト予測が行えたことで，予備費の

使用についても社内のステークホルダの納得が得やすくなり，プロジェクトの進捗への影響を最小限に抑えることができた。

## 3.2　今後の改善点

　今後の改善点は二点ある。一点目は，最初から変更要求に速やかに対応できるＣＣＢの体制を敷いておくことである。また，ユーザ側，ベンダ側のメンバにもプロジェクト開始時に仕様追加や仕様変更はその必要性と根拠を明確に，それぞれのＰＭに速やかに上げることを周知したい。

　二点目は要件定義工程でのプロトタイプの利用方法である。画面などが具体的でない状況で，ユーザに関連業務との適合性や業務運用の整合性を判断してもらうのは難しいということを今後はより考慮したい。今回は使用頻度の最も高い画面のプロトタイプのみで，ユーザの利用部門と合意を得たが，今後は，スケジュールやコストの制約だけを優先するのではなく，後工程でのリスクを考慮した計画が立てられるようなプロトタイプの利用を実施したい。

············ MEMO ·····················

情報処理技術者試験

2022年度版
ALL IN ONE パーフェクトマスター　プロジェクトマネージャ

（2019年度版　2018年9月1日　初版　第1刷発行）
2022年2月20日　初　版　第1刷発行

| | | |
|---|---|---|
| 編　著　者 | Ｔ　Ａ　Ｃ　株　式　会　社 | |
| | （情報処理講座） | |
| 発　行　者 | 多　　田　　敏　　男 | |
| 発　行　所 | ＴＡＣ株式会社　出版事業部 | |
| | （ＴＡＣ出版） | |

〒101-8383
東京都千代田区神田三崎町3-2-18
電話 03 (5276) 9492 (営業)
FAX 03 (5276) 9674
https://shuppan.tac-school.co.jp

| | | |
|---|---|---|
| 組　　版 | 株式会社　グ　ラ　フ　ト | |
| 印　　刷 | 株式会社　光　　　　邦 | |
| 製　　本 | 株式会社　常　川　製　本 | |

© TAC 2022　　　Printed in Japan

ISBN 978-4-300-10060-8
N.D.C. 007

# 情報処理講座

## 選べる 5つの学習メディア

豊富な5つの学習メディアから、あなたのご都合に合わせてお選びいただけます。
一人ひとりが学習しやすい、充実した学習環境をご用意しております。

---

### 通信[自宅で学ぶ学習メディア]

#### Web通信講座 [eラーニングで時間・場所を選ばず学習効果抜群!]

**DLフォロー付き**

インターネットを使って講義動画を視聴する学習メディア。
いつでも、どこでも何度でも学習ができます。
また、スマートフォンやタブレット端末があれば、移動時間も映像による学習が可能です。

**おすすめポイント**
- ◆動画・音声配信により、教室講義を自宅で再現できる
- ◆講義録(板書)がダウンロードできるので、ノートに写す手間が省ける
- ◆専用アプリで講義動画のダウンロードが可能
- ◆インターネット学習サポートシステム「i-support」を利用できる

---

#### DVD通信講座 [教室講義をいつでも自宅で再現!]

**Webフォロー付き**

デジタルによるハイクオリティなDVD映像を視聴しながらご自宅で学習するスタイルです。
スリムでコンパクトなため、収納スペースも取りません。
高画質・高音質の講義を受講できるので学習効果もバツグンです。

**おすすめポイント**
- ◆場所を取らずにスリムに収納・保管ができる
- ◆デジタル収録だから何度見てもクリアな画像
- ◆大画面テレビにも対応する高画質・高音質で受講できるから、迫力満点

---

#### 資料通信講座 [TACのノウハウ満載のオリジナル教材と丁寧な添削指導で合格を目指す!]

配付教材はTACのノウハウ満載のオリジナル教材。
テキスト、問題集に試え、添削課題、公開模試まで用意。
合格者に定評のある「丁寧な添削指導」で記述式対策も万全です。

**おすすめポイント**
- ◆TACオリジナル教材を配付
- ◆添削指導のプロがあなたの答案を丁寧に指導するので記述式対策も万全
- ◆質問メールで24時間いつでも質問対応

---

### 通学[TAC校舎で学ぶ学習メディア]

#### ビデオブース講座 [受講日程は自由自在!忙しい方でも自分のペースに合わせて学習ができる!]

**Webフォロー付き**

都合の良い日を事前に予約して、TACのビデオブースで受講する学習スタイルです。教室
講座の講義を収録した映像を視聴しながら学習するので、教室講座と同じ進度で、日程はご
自身の都合に合わせて快適に学習できます。

**おすすめポイント**
- ◆自分のスケジュールに合わせて学習できる
- ◆早送り・早戻しなど教室講座にはない融通性がある
- ◆講義録(板書)付きでノートを取る手間がいらずに講義に集中できる
- ◆校舎間で自由に振り替えて受講できる

---

#### 教室講座 [講師による迫力ある生講義で、あなたのやる気をアップ!]

**Webフォロー付き**

講義日程に沿って、TACの教室で受講するスタイルです。受験指導のプロである講師から、
直に講義を受けることができ、疑問点もすぐに質問できます。
自宅で一人では勉強がはかどらないという方におすすめです。

**おすすめポイント**
- ◆講師に直接質問できるから、疑問点をすぐに解決できる
- ◆スケジュールが決まっているから、学習ペースがつかみやすい
- ◆同じ立場の受講生が身近にいて、モチベーションもアップ!

# 情報処理講座

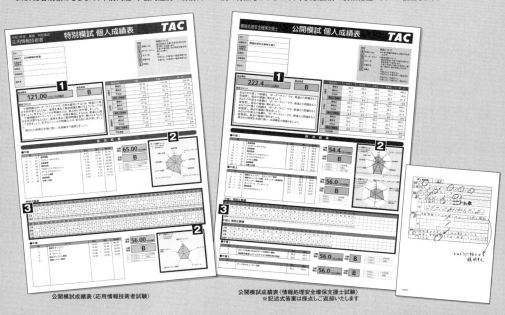

# CompTIA 講座のご案内
## 実務で役立つIT資格 CompTIAシリーズ

## 激動のクラウド時代
# Transferrable Skill がキャリアを作る！
### （応用のきくスキル）

大規模システム開発から、クラウド時代へ——

IT業界の流れが大きく変わりつつあります。

求められるのは、いくつかの専門分野・スキルレベルにまたがった **≪マルチスキル≫**

IT業界はクラウド化に伴い、必要とされる人材とスキルが大きく転換しています。

運用をする側も、また依頼をする側も、IT環境を網羅的・横断的に理解し、システムライフサイクル全般を理解している「マルチスキルな人材」が必要であると言われています。

ワールドワイドで進展するクラウド化のなかで、ベースとなるネットワーク・セキュリティ・サーバーなどの基盤技術は、IT関連のどの職種にも応用のきく≪Transferrable Skill≫です。

激動のクラウド時代、社会の変化に対応できるキャリアを作るために、Transferrable Skill を習得し、CompTIA認定資格で証明することはとても重要です。

## CompTIA がクラウド時代にあっているワケ

| | |
|---|---|
| ワールドワイド ベンダーニュートラル | 全世界のITベンダーが出資して参加する団体のため、1つのベンダーに偏らない技術、用語で作成されています。そのため、オープンなクラウド時代に最適です。 |
| 実務家による タイムリーなスキル定義 | 各企業の現場の実務家が集まって作成される認定資格のため、過不足なく現在必要とされるスキルを証明することができます。また、定期的な見直しが行われているため、タイムリーな技術や必要なスキルが採用されています。そのため、多くの企業で人材育成指標として採用されています。 |
| 網羅的・横断的 | PCクライアント環境からサーバー環境まで、必要とされるほぼ全てのITを横断的に評価できる認定資格です。また、これらの環境を運用、または利用する上でも必要となるセキュリティやプロジェクト管理の分野の認定資格も提供しています。 |

| OS | アプリケーション | アプリケーション | Security+ セキュリティ | Project+ プロジェクト管理 |
|---|---|---|---|---|
| サーバー環境：Server+ | | | | |
| ネットワーク環境：Network+ | | | | |
| クライアント環境：A+ | | | | |

詳しくは、ホームページでご確認ください。
▼TAC
　https://www.tac-school.co.jp/kouza_it.html
▼CompTIA日本支局
　https://www.comptia.jp/

## 『実務で役立つIT資格CompTIA』シリーズは、学習に最適な教材です

資格の学校 TAC

お問い合わせは

通話無料 **0120-000-876** 携帯・PHSからもご利用になれます

平日 ▶▶▶12：00〜19：00　土曜・日曜・祝日 ▶▶▶9：30〜17：00

# 専用教材のご案内
## TACだからできるCompTIAの専用教材

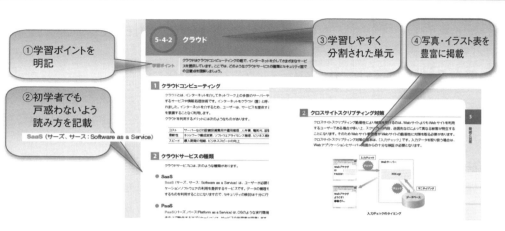

①学習ポイントを明記

②初学者でも戸惑わないよう読み方を記載

SaaS（サーズ、サース：Software as a Service）

③学習しやすく分割された単元

④写真・イラスト表を豊富に掲載

| ジャンル | タイトル | サイズ | 定価(本体価格＋税) |
|---|---|---|---|
| ネットワーク技術 | Network+ テキスト N10-007対応版 | B5変形 680頁 | ¥6,050- |
| | Network+ 問題集 N10-007対応版 | A5 228頁 | ¥2,750- |
| サーバー | Server+ テキスト SK0-004対応版 | B5変形 436頁 | ¥6,050- |
| | Server+ 問題集 SK0-004対応版 | A5 180頁 | ¥2,750- |
| プロジェクトマネジメント | Project+ テキスト PK0-004対応版 | B5変形 324頁 | ¥4,400- |
| | Project+ 問題集 PK0-004対応版 | A5 168頁 | ¥2,750- |
| クラウド コンピューティング | Cloud+ テキスト CV0-002対応 | B5変形 520頁 | ¥6,050- |
| | Cloud+ 問題集 CV0-002対応 | A5 168頁 | ¥2,750- |

※通信講座や模擬試験も取り扱っております。
※TACは、CompTIA認定プラチナパートナーです。

CompTIA ホームページ

## https://www.tac-school.co.jp/kouza_it.html

# TAC出版 書籍のご案内

TAC出版では、資格の学校TAC各講座の定評ある執筆陣による資格試験の参考書をはじめ、資格取得者の開業法や仕事術、実務書、ビジネス書、一般書などを発行しています!

## TAC出版の書籍　*一部書籍は、早稲田経営出版のブランドにて刊行しております。

### 資格・検定試験の受験対策書籍

- ○ 日商簿記検定
- ○ 建設業経理士
- ○ 全経簿記上級
- ○ 税 理 士
- ○ 公認会計士
- ○ 社会保険労務士
- ○ 中小企業診断士
- ○ 証券アナリスト

- ○ ファイナンシャルプランナー(FP)
- ○ 証券外務員
- ○ 貸金業務取扱主任者
- ○ 不動産鑑定士
- ○ 宅地建物取引士
- ○ 賃貸不動産経営管理士
- ○ マンション管理士
- ○ 管理業務主任者

- ○ 司法書士
- ○ 行政書士
- ○ 司法試験
- ○ 弁理士
- ○ 公務員試験(大卒程度・高卒者)
- ○ 情報処理試験
- ○ 介護福祉士
- ○ ケアマネジャー
- ○ 社会福祉士　ほか

### 実務書・ビジネス書

- ○ 会計実務、税法、税務、経理
- ○ 総務、労務、人事
- ○ ビジネススキル、マナー、就職、自己啓発
- ○ 資格取得者の開業法、仕事術、営業術
- ○ 翻訳ビジネス書

### 一般書・エンタメ書

- ○ ファッション
- ○ エッセイ、レシピ
- ○ スポーツ
- ○ 旅行ガイド (おとな旅プレミアム/ハルカナ)
- ○ 翻訳小説

# 書籍の正誤についてのお問合わせ

万一誤りと疑われる箇所がございましたら、以下の方法にてご確認いただきますよう、お願いいたします。

なお、正誤のお問合わせ以外の書籍内容に関する解説・受験指導等は、**一切行っておりません。**
そのようなお問合わせにつきましては、お答えいたしかねますので、あらかじめご了承ください。

## 1 正誤表の確認方法

TAC出版書籍販売サイト「Cyber Book Store」の
トップページ内「正誤表」コーナーにて、正誤表をご確認ください。

**CYBER** TAC出版書籍販売サイト
**BOOK STORE**

## URL:https://bookstore.tac-school.co.jp/

## 2 正誤のお問合わせ方法

正誤表がない場合、あるいは該当箇所が掲載されていない場合は、書名、発行年月日、お客様のお名前、ご連絡先を明記の上、下記の方法でお問合わせください。
なお、回答までに1週間前後を要する場合もございます。あらかじめご了承ください。

### 文書にて問合わせる

● 郵 送 先　〒101-8383 東京都千代田区神田三崎町3-2-18
TAC株式会社 出版事業部 正誤問合わせ係

### FAXにて問合わせる

● FAX番号　**03-5276-9674**

### e-mailにて問合わせる

● お問合わせ先アドレス　**syuppan-h@tac-school.co.jp**

※お電話でのお問合わせは、お受けできません。また、土日祝日はお問合わせ対応をおこなっておりません。
※正誤のお問合わせ対応は、該当書籍の改訂版刊行月末日までといたします。

乱丁・落丁による交換は、該当書籍の改訂版刊行月末日までといたします。なお、書籍の在庫状況等により、お受けできない場合もございます。
また、各種本試験の実施の延期、中止を理由とした本書の返品はお受けいたしません。返金もいたしかねますので、あらかじめご了承くださいますようお願い申し上げます。

(2020年10月現在)